JN297658

# システム安全学

―文理融合の新たな専門知―

柚原直弘・氏田博士 共著

KAIBUNDO

# はじめに

　科学・技術は社会に多大な便益を提供してきた。しかしながら、その一方で、科学・技術は巨大技術システム事故、欠陥製品、交通事故、都市の安全問題、環境破壊、汚染問題、情報安全・セキュリティ問題、医療事故といったように、日々の生活のおよそすべての領域において安全を脅かすような事態を産み出した。

　高度な科学・技術によって構築されたシステムが社会インフラともなっている今日では、たった一つの事故でも大惨事になってしまう。

　それゆえ、いたるところで安全・安心が謳い文句となっているように、現代社会は誰もが安全で安心して暮らせる社会とは言い難く、安全問題は21世紀の課題とされている。

　多くの事故事例からわかるように、現代社会の広範にわたる安全問題は、従来の安全工学の範囲をはるかに超えて、人々の価値観や人間の行為・行動、組織、社会、文化にまで及ぶ社会問題である。そのため、安全問題の全体像を捉え、問題を解決することが難しくなっている。

　そのため、安全を対象とする学問は、既存の分野ごとの「安全工学」を超え、法、経済、社会などの人文系の学問分野に及ぶ広がりと内容を持つものとならざるをえない。つまり、安全の実現・確保のためには、学際ではなく、理系・文系融合の新たな専門知の体系が必要なのである。

　現在のような悪状況を克服して、誰にとっても安全で安心して暮らせる社会を実現するためには、教育機関にあっては、分野を問わない安全の専門家（safety professional）となる多くの人材の教育・育成に力を注ぐことが肝要である。

　とりわけ、さまざまな企業や機関において安全の実現・確保に直接携わる安

全技術者や安全管理者，運用者が基本とすべき考え方は，それぞれの立場・状況において，不安全事象が起こる前に，それを予測し，防ぐ，それでも不安全事象が起こってしまった際には，望ましくない状態に陥らない前に修正する，さらには，万一，望ましくない状態に陥ったとしても，それがインシデントや事故に至る前に回避行動が取れるようにする一連の安全方策を事前に考え出し，実行できるようにすることである．それには，安全問題を俯瞰的に捉えて，最適な解決策を導き出す安全専門家（safety professional）であることが望まれる．

安全の専門家となる多くの人材が社会のさまざまな現場に入ってそれぞれの役割を演じることによって，誰にとっても安全で安心して暮らせる社会の実現が進むことが期待される．

本書の目的は，少しでもそれに資することにある．

本書は，著者らのこれまでの討論と学会誌や学術講演会などで発表した内容を骨格として，「システム安全学」としてまとめたものである．本書の「システム安全学（system safety studies）」は，さまざまな分野における安全の実現・確保および安全問題の解決に共通に適用できる普遍性のある思想や諸概念，原理（考え方の道筋），原則，方法・方法論，基礎事項，手法などを，一般化の観点に立って知識の体系として構築することを目指したものである．つまり，本書の「システム安全学」は，どの分野にも適用できる概念・原理（考え方の道筋）を基軸とした"分野横断の専門知"の体系化を目指したものである．したがって，これは個別分野ごとの「安全工学」や個別分野ごとの「安全学」の上に成り立つ，言わば「メタ安全工学」「メタ安全学」という立場にある．

このように本書の内容は，対象とするシステムの安全設計または運用管理上の指針や手順を直接的に与える，いわゆるハウツーやガイドブック的なものではない．この本に述べることの重点は，システム安全の基本概念や知識，応用方策について理解を深めてもらうことにある．基本的だからこそ，さまざまな対象・場面で活用可能だし，自分なりの応用も利くはずである．

ルソーの教育論『エミール』（岩波文庫）に，「18歳になってアカデミーにお

いて哲学（自然学）で梃とはどういうものかを学ぶが，12歳の農村の子で，アカデミーのいちばん優れた機械学者よりもよく梃を用いることができないような者はいない」という一説がある。アカデミーの学生は「学知」を，農村の子供は「実践知」を学ぶということだろう。「学知」と「実践知」は異なるものである。

橋本努は著書『学問の技法』（ちくま新書）のなかで，「教育学者の里見実は「それでは，農村の子供は，"梃とは何か"を知っていることになるのだろうか」という問いを学生たちに示し，回答を小論文形式で求める授業をしていると言う。その内容は，里見実「働くことと学ぶこと―私の大学での授業」（太郎次郎社）にまとめられている」と述べて，里見実が紹介する学生のレポートから1つ引用して，紹介している。

> 「12歳の少年は生涯その労働の中においてのみ，より有効な"梃"の使い方を知るようになるかもしれないが，基本的にはこれ以上の発展は望めないと思われるのに対し，18歳の生徒は一生を通して多くの分野に"梃"の原理を応用して行く可能性を持っていると思われる。そのため，両者とも"梃"とは何かは知っているが，その知っている内容が違い，また"梃"を使っていく方向も違っていると思われる。」

まさに我が意を得たりの見解である。

上に記した本書の狙いを踏まえて読んでいただければ，本書は対象を問わず，広くさまざまな分野における安全の実現・確保および安全問題の解決のための重要な視点や示唆を見いだすことができるだけの有用性は有しているものと考えている。

本書は5部，全11章で構成されている。執筆に当たっては，柚原が主として，はじめに，第1章，第2章，第3章，第4章，第6章，第7章，第9章，第10章，おわりに，を担当し，氏田が主に第5章，第8章，第11章を担当した。

各部および各章のおおよその内容は以下のとおりである。

第1部「共通化のための概念形成」は，第1章から第4章の全4章から成っている。全章によって，さまざまな分野における安全の実現・確保および安全

問題の解決に共通に適用できる"分野横断の専門知"を導き出す基盤となる「共通化のための概念」を形成する。

　第1章では，必要となる分野横断の専門知の考究に資すべく，技術システムの変遷ならびに多くの分野における代表的な事故事例の分析結果から安全問題の特徴を明らかにする。あわせて，安全を脅かす側と脅かされる側の視点から安全問題を考察する。それぞれの考察の結果は，次章以降において導く，分野によらない安全の実現・確保および安全問題の解決に必要な知識が，システム全体としての安全の達成に適うものであるかを確認するのにも使われる。

　第2章では，まずシステム安全学を必要とする背景を示し，"分野横断の専門知"の体系化を試みた本書のシステム安全学の意味合いと学問的立場を明らかにする。それを踏まえて，そのシステム安全学の知識体系を構築するための礎とするアプローチについて述べる。次いで，本章に続く各章での理解を容易にするために，導き出した基本思想と知識内容の概要を先立って示す。最後にシステム安全学が対象とする安全問題とシステム安全学の位置付けについて述べる。

　第3章では，まず安全の定式化を行い，そこから安全の概念と安全性の概念を定義する。次いで安全の概念に基づいて分野を超えて安全を実現・確保するための5つの基本概念を導き出す。第5章以降の各章で論じる思想や諸概念は，これらの基本概念を基盤としている。

　第4章では，まず分野を超えて対象の全体像を共通に把握・理解するための礎とするシステム思考，システム概念，システムズアプローチ，事故の未然防止を考えるシステム安全，次いで安全問題の構造を明らかにするためのシステム構造化技法などについて述べる。

　第2部「分野に共通する概念」は全2章から成っている。ここでは，安全の実現・確保あるいは安全問題を考えるに際して，どのような分野にも共通するリスクの概念と事故の概念のそれぞれを第5章，第6章に述べる。これらは，第7章「リスクベースの安全管理」，第8章「ヒューマンエラーのマネジメント」，第9章「システムの安全設計」，第10章「システム安全解析」の基盤となる概念でもある。

　第5章では，対象システムの安全性の改善目標の決定や技術システムの選択

においても重要な役割を果たすリスク概念について説明する。

　第6章では，事故の概念と事故事象を普遍化した事故モデルによって事故事象を理解する枠組みを提供する。事故の概念や事故モデルは分野共通なもので，安全の実現・確保の根幹を成す。あわせて，事故を解析するための首尾一貫した基礎と，効果的な方法で事故に対応するための方法論について述べる。これは，後の章で述べる事故調査のための基本的知識でもあり，事故発生の抑制と，発生した場合の影響を軽減させる方策の導出にも役立つ。

　第3部「管理における思想」は全2章から成っている。ここでは安全を達成するための思想について述べる。システムの安全の実現には，設計時にシステムに安全方策を造り込むことと同時に，運用において安全を確保することが不可欠である。

　第7章では，まず安全管理の概念および「MIL-STD-882—システム安全のための標準技法」を基に安全管理活動の内容を述べる。システムの安全管理活動には，「MIL-STD-882」の「システム安全プログラム計画」の考え方が大いに参考になる。これは多方面で活用され，安全確保の取り組みの王道的な考え方として評価されている。これらに次いで，個別の課題である危機管理や事故調査，安全情報についても述べる。

　第8章では，実際のシステムの安全は運用に関わる人間のエラーや組織が犯す過誤に大きく依存するため，システムの安全の実現・確保にはヒューマンファクターとヒューマンエラーの視点が必要になるので，最初にそれらについて述べ，続いて組織過誤，さらにその根底にある安全文化について述べる。

　第4部「工学における思想」は全2章から成っている。ここでは，システムの安全の実現・確保を図る諸々の方策を創り出すための基礎として必要な思想，考え方，手法などを中心に述べる。

　第9章では，安全設計の思想，大規模システムに安全を造り込むために不可欠な設計の諸概念や方策，設計技法などについて述べる。決定論的および確率的安全設計の思想，深層防護などのシステムの安全設計のための概念，安全関連システムの安全設計の考え方，ソフトウェアの安全設計など，大規模システムに安全を造り込むために不可欠な設計の諸概念や方策，設計技法などについて説明する。

第10章では，システムの設計における安全解析の思想，予防型のシステム安全解析の進め方と安全性解析手法の概要を述べる。とくに，複雑な「社会−技術システム」あるいは大規模システムの安全解析には確率論的安全解析（PSA）が不可欠なので，それに必要な数学的知識の若干を述べる。

第5部「社会との関わりに関する諸概念」は第11章「安全問題と社会との相互作用」のみであるが，ここではシステムの安全に取り組む技術者が考慮すべきシステムと社会との関わりをさまざまな視点で考察する。

第11章では技術，とりわけ「社会−技術システム」が国民的合意の下で発展していくには，人々の価値観・倫理観や行動様式（安全文化）だけでなく，社会的受容や事故による社会・環境への影響も考慮することが不可欠であるので，それに関わる「社会−技術システム」の社会的受容の背景，科学・技術者の社会的責任，技術者倫理，社会的動機付け，法律，規制や規格，報道の役割などについて論じる。

本書が，安全の分野に携わる多くの技術者や安全管理者の参考書として，また安全に関する専門知を学ぶ学生諸子に大学での講義の副読本として読まれ，誰にとっても安全な社会の実現にわずかでも貢献できることを祈りつつ，本書を世に送り出したいと思う。

# 目　次

## 第1部　共通化のための概念形成

### 第1章　技術システムの変遷と安全問題の特徴 ... 3
1.1　社会化した技術システム ... 3
1.2　安全問題の変遷 ... 5
1.3　現代の技術システムが関わる安全の問題の特徴 ... 7
1.4　安全を脅かす側と脅かされる側の視点で見た安全問題 ... 17

### 第2章　システム安全学とは ... 19
2.1　用語"システム安全"誕生の歴史的背景 ... 19
2.2　本書の「システム安全学」とは ... 22
2.3　システム安全学構築の視座 ... 26
2.4　システム安全学の基本思想と知識体系の概要 ... 29
2.5　システム安全学の対象問題 ... 31
2.6　システム安全学の位置付け ... 32

### 第3章　安全の基本概念 ... 35
3.1　安全と安全性という用語について ... 35
3.2　安全の定式化と定義 ... 37
3.3　安全の性質 ... 45
3.4　安全管理が基本 ... 47
3.5　安全の予測 ... 48
3.6　安全性の概念 ... 50
3.7　安全性の尺度：リスクの概念 ... 50
3.8　不安全性の限界：受容可能リスク ... 52
3.9　安全形成の基底 ... 54
3.10　安全を保つ制御能力に関する概念 ... 56
3.11　"想定外"とは ... 69
3.12　安全と信頼性 ... 74

| | | |
|---|---|---|
| 3.13 | 安全とセキュリティ | 76 |
| 3.14 | システム安全学の基本思想 | 81 |

## 第4章　分野共通化の思想 ............................................. 85
| | | |
|---|---|---|
| 4.1 | 共通化のための原理 | 85 |
| 4.2 | システムの概念 | 86 |
| 4.3 | システム構成とシステム境界 | 95 |
| 4.4 | システム思考 | 98 |
| 4.5 | 同型性 | 101 |
| 4.6 | システムズアプローチ | 103 |
| 4.7 | 2種類のシステムズアプローチ | 106 |
| 4.8 | システムの構造を求める方法論 | 108 |
| 4.9 | システム安全 | 118 |

## 第2部　分野に共通する概念

## 第5章　リスク概念 ..................................................... 127
| | | |
|---|---|---|
| 5.1 | リスクの基本概念 | 127 |
| 5.2 | 個人リスクの表現法 | 128 |
| 5.3 | 社会のリスク | 130 |
| 5.4 | 安全性目標の設定は社会的課題 | 132 |
| 5.5 | 安全性目標とリスク管理目標 | 135 |

## 第6章　事故の概念と事故モデル ..................................... 149
| | | |
|---|---|---|
| 6.1 | 使用される用語の意味 | 149 |
| 6.2 | 事故とは何か | 150 |
| 6.3 | 事故事象の予測可能性 | 158 |
| 6.4 | 事故のタイプ | 160 |
| 6.5 | 事故に対処する考え方 | 160 |
| 6.6 | 事故解析の思考 | 162 |
| 6.7 | 事故モデル | 166 |
| 6.8 | 事故という事象の本質や特徴の理解・把握 | 168 |
| 6.9 | 事故を理解するための事故解析：事故解析技法と事故モデルの対応 | 187 |
| 6.10 | 将来の事故を防止する方策を学ぶ | 193 |

## 第3部　管理における思想

### 第7章　システムの安全管理 ......................................... 203
- 7.1　安全管理の概念 ................................................ 203
- 7.2　体系的な安全管理活動 .......................................... 208
- 7.3　組織における安全部門の位置づけ ................................ 216
- 7.4　システム安全管理部門の活動 .................................... 219
- 7.5　危機管理 ...................................................... 236
- 7.6　「リスクマネジメント」と「危機管理」 .......................... 241
- 7.7　インシデントおよび事故調査への参加 ............................ 244
- 7.8　安全情報システム .............................................. 253

### 第8章　ヒューマンエラーのマネジメント ............................. 261
- 8.1　ヒューマンエラーマネジメント .................................. 261
- 8.2　ヒューマンファクターの視点 .................................... 262
- 8.3　ヒューマンエラーの捉え方 ...................................... 264
- 8.4　組織的な対応策によって ........................................ 274
- 8.5　安全文化とは .................................................. 283
- 8.6　安全文化の維持 ................................................ 289
- 8.7　システムの安全を確保するための組織能力 ........................ 291

## 第4部　工学における思想

### 第9章　システムの安全設計 ......................................... 299
- 9.1　システムの安全設計とは ........................................ 299
- 9.2　システムの安全設計思想 ........................................ 306
- 9.3　システムの安全設計と安全解析 .................................. 311
- 9.4　システム安全設計の諸概念 ...................................... 313
- 9.5　大規模システムの安全設計の考え方 .............................. 320
- 9.6　安全原則とリスク低減設計の方策 ................................ 321
- 9.7　フェールセーフを実現するための設計技法 ........................ 330
- 9.8　安全関連システムの安全設計の考え方 ............................ 334
- 9.9　ソフトウェアの安全設計 ........................................ 337
- 9.10　ソフトウェアの信頼性 ......................................... 345
- 9.11　人間の信頼性解析 ............................................. 347
- 9.12　「人間-機械」系の安全設計 .................................... 350

| | | |
|---|---|---|
| 9.13 | 「人間–機械」系設計の原則 | 352 |
| 9.14 | 人間中心設計の概念 | 354 |
| 9.15 | 「人間–機械」系におけるタスク配分設計 | 356 |
| 9.16 | 新しいタイプのシステム安全設計問題 | 358 |

**第10章　システム安全解析** .................................... 363

| | | |
|---|---|---|
| 10.1 | システム安全解析の目的 | 363 |
| 10.2 | 安全解析の思想 | 365 |
| 10.3 | 事前解析に基づく予防型のアプローチ | 366 |
| 10.4 | 大規模システムの安全性解析法 | 367 |
| 10.5 | システム安全解析のプロセス | 369 |
| 10.6 | システムライフサイクルにおける安全性解析 | 376 |
| 10.7 | ソフトウェア安全解析 | 390 |
| 10.8 | 故障モード・影響解析（FMEA）手法 | 393 |
| 10.9 | フォールトツリー解析（FTA）手法 | 396 |
| 10.10 | 確率論的安全解析（PSA） | 415 |
| 10.11 | 確率論的安全解析におけるリスク評価の課題 | 419 |

## 第5部　社会とのかかわりに関する諸概念

**第11章　安全問題と社会との相互作用** ............................ 425

| | | |
|---|---|---|
| 11.1 | リスク受容と社会的背景 | 425 |
| 11.2 | 安全性目標設定の社会的視点 | 427 |
| 11.3 | 科学者・技術者の社会的責任 | 428 |
| 11.4 | リスク認知とリスクコミュニケーション | 428 |
| 11.5 | 高度技術システムに対する安心の要件 | 431 |
| 11.6 | 企業，技術者が問われる「倫理」 | 434 |
| 11.7 | 安全のための社会的動機付け | 435 |
| 11.8 | 法律は安全にどこまで寄与できるか | 436 |
| 11.9 | 安全性向上のための規制と規格 | 439 |
| 11.10 | 安全性向上のための報道の役割 | 440 |

おわりに ................................................................ 443

索引 .................................................................... 451

# 第1部

# 共通化のための概念形成

第1部は，第1章から第4章の全4章で構成されている。全4章を通して，「共通化のための概念」を形成する。これは，さまざまな分野における安全の実現・確保および安全問題の解決に共通に適用できる"分野横断の専門知"を導き出す基盤となる概念である。第1章では，必要となる分野横断の専門知の考究に資すべく，技術システムの変遷ならびに多くの分野における代表的な事故事例の分析結果から安全問題の特徴を明らかにする。第2章では，システム安全学を必要とする背景を示し，本書のシステム安全学の意味合いと学問的立場を明らかにする。次いで，このシステム安全学の知識体系を構築するための礎とするアプローチについて述べる。これを踏まえて，第3章において，まず分野に拠ることのない安全の定式化を行い，それに基づいて5つの基本概念を導き出す。これらの基本概念は，第5章以降の各章で論じる思想や諸概念の基盤となる。第4章では，異なる分野を共通に捉えるための思想について述べる。それは，システム思考，システム概念，システムズアプローチ，事故の未然防止を考えるシステム安全，などである。

# 第1章
# 技術システムの変遷と安全問題の特徴

　社会生活に不可欠となっている技術システムを「社会–技術システム（societal-technical system）」と呼ぶ。「社会–技術システム」では，いったん事故が発生すると，それによって莫大な損失を招くことになるので，安全の実現・確保が極めて重要である。

　さまざまな分野における安全の実現・確保および安全問題の解決に共通に適用でき，かつ，必要となる専門知について考究するには，まず現在の安全問題の特徴を洞察することが必要である。それには，技術システムの変遷に随伴して安全問題の特徴も変化しているという事実を考慮することが肝要である。そこで，本章では多くの分野における事故事例の分析結果から安全問題の特徴を明らかにするとともに，安全を脅かす側と脅かされる側の視点から安全問題を考察する。これらの考察の結果は，次章以降において導く，分野によらない安全の実現・確保および安全問題の解決に必要な知識が，システム全体としての安全の達成に適うものであるかを確認するのにも使われる。

## 1.1　社会化した技術システム

　人間観の一つにホモ・ファーベル（工作する人の意）があるように，最も原始的な原人段階でも，身の回りの自然に存在した物体を道具や武器として利用するために，自然界にあるものを使って「道具をつくる道具」を製作することを学んだ。これが原初的な道具であり，技術である。

　さらに，安全，健康，快適な環境を創り出すという目的で，自然界の資源に手を加えて，人工物を創り出してきた。それは，人類が過去につくった人工物

も含めた自然環境（拡大された自然）を改変し，また操作することによって達成される。そのための有用な手段が技術である。つまり，人工物を創り出すことと技術を創り出すことは一体であった。

このように，道具や機械・システムといった人工物は，目的の達成や課題解決の手段として使われることから，人工物は目的ならびに機能という属性を持つ。つまり，人間と人工物との間には直接的あるいは間接的な関わり合いが必然的に存在し，人工物は人間の意図の達成に相応しいように働き，使われたときに，はじめて意味のある存在となる。

このことは，これまでとは異なった問題が生じた場合には，既存の人工物は必ずしも有効ではなくなることを意味する。いわば目的外の使用だからである。そのために，また新しい人工物を考案しなければならなくなる。これが，道具や機械，システムが時代とともに変遷する理由である。

産業革命以降，道具や機械，システムへの要求，人間の活動環境は拡大の一途をたどってきた。さらに科学・技術が発展し，現代社会では，科学・技術の恩恵を拒絶しては一日たりとも生活できないほど，我々の生活のなかに高度科学・技術の成果が深く入り込んでいる。

我々の生活にとって最も大切な水について考えてみよう。水道水はいまや不可欠で，これを断たれれば生活は極めて困難になる。このように，水道のシステムは，いまや社会的なものであり，水道技術は社会が成立するための不可欠な一要因である。水の製造には，水に固有の，そして高度な生産のための技術があるが，それは営利のための技術ではなく，安全で良質な水を必要なだけ供給することを目的としている。

確かに，このような高度技術社会においても，技術や技術システムの採択それ自体は当事者にゆだねられてはいる。しかし，高度技術社会では，そのシステムを選択しないことによる不利益が大きくなり，採択は必然的な強制とほとんど変わらなくなる。その結果として，我々の生活は社会化した技術や技術システムという公共財に依存した生活とならざるをえなくなっている。

本書では，社会化したこのような技術システムを「社会–技術システム（societal-technical system）」と呼ぶ。それは，物理的人工物，人間，組織，資源，法的人工物および社会に関係する要素を持つシステムで，そこには人間，

組織，技術それぞれの間に複雑な相互作用が存在する．

「社会−技術システム」では，いったん事故が発生すると，それによって莫大な経済的，社会的損失を招くという点で，より社会性が強調されることになる．

一般公衆にとって，このような技術システムは自身による決定や制御ができない対象だけに，技術システムに不安を感じているのはよく知られていることである．したがって，「社会−技術システム」の安全問題は，これまでのように技術部門に限定された問題ではなく，管理組織のあり方も含めた組織全体の問題，社会との関わりの問題，端的に言えば「組織の安全文化」の問題であると認識することが極めて重要である．

「社会−技術システム」に限らずリスクを含まない科学・技術はないが，リスクを上回る効用があるからこそこれまで受け入れられてきたことは事実である．「社会−技術システム」に頼り切っている現状では，技術が生み出した問題も，またそれを上回る技術で解決するという方向性を選ぶ以外の考え方をなかなか持てないのはまっとうなことなのである．

## 1.2 安全問題の変遷

技術システムに関する安全問題の変遷を，システムの複雑さの観点で捉えたのが図 1-1 である．年代に沿って，技術システムの安全問題の特徴を見てみよう．

システムが現代ほど複雑でなかった時代には，技術の欠陥が問題の発生源であり，技術的対応によって事故を防止できると考えられていた．システムがより複雑になるにつれて，それを操作する人間の能力限界に突き当たるようになり，ヒューマンエラーによる事故が起きるようになった．その典型が 1979 年にスリーマイル島（TMI）原子力発電所で起きた事故である．

このため，エラーを犯す個人が問題の発生源と考えられ，要員の適切な選抜と訓練によって要員の能力向上を図り，またインタフェース設計を適切に行うことがエラー防止に有効と考えられるようになった．

その後，技術システムだけでなく，技術システム側における管理や組織体制に潜む欠陥などの多様な要素の複雑な相互関係による事故が発生するようにな

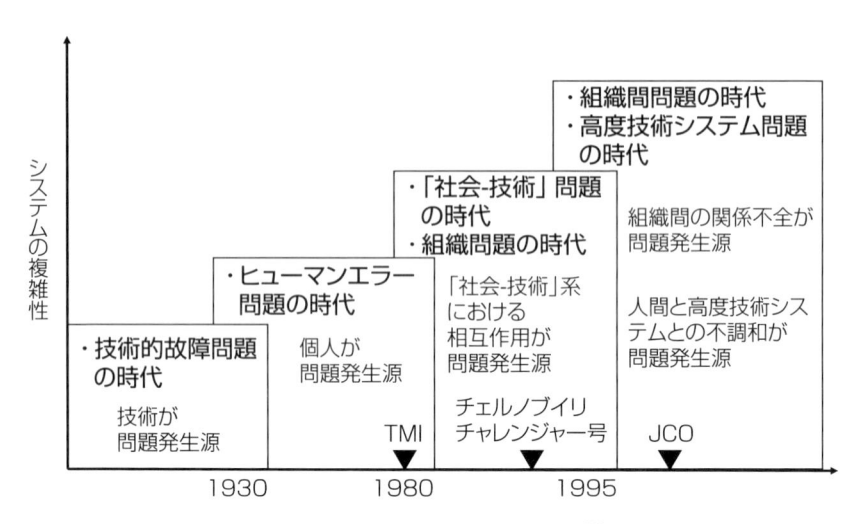

図1-1　技術システムの安全問題の変遷（古田[1]の図に加筆）

った。次に問題となったのが，技術と社会の相互作用，つまり技術システム側の人間・組織と外部組織・社会との相互作用が引き起こす事故である。これらは組織事故と呼ばれる。1999年に我が国で発生したJCO臨界事故は，組織の安全文化の劣化が根底にある組織事故の典型である。

　1986年のチェルノブイリ原子力発電所の爆発・放射能汚染事故は，技術と社会の相互作用の時代に発生したものであるが，不全な組織間関係により安全文化が劣化するという特徴も備えた新しいタイプの事故の前兆であった。同年に起きたスペースシャトル・チャレンジャー号の事故は，技術システム自体の欠陥も原因とはなったが，内外組織の要因が複雑に絡んでいた。

　この種の安全問題には，技術，人間，管理，組織，社会における要因の複雑な相互関係が関わっているので，より広く「社会−技術」問題と呼ばれる。

　さらには，技術システムや企業の組織内部だけでなく，外部の関係者や国内外の契約企業組織との関係不全が問題の発生源である事故が目立つようになり，海外を含めた組織間関係も含めた包括的問題解決の枠組みが必要になってきた。複合要因により発生し，その影響が社会的規模に至る，いわゆる組織間の問題が発生源となるのが最近の事故の特徴である。

このように，昔はハードウェアの故障が問題の中心だったが，技術的な改良・発展によりハードウェアの故障が少なくなり，その分ヒューマンエラーが重要な時代になった。ヒューマンエラー発生を予防する設計の考え方と設計技術の進化によって，ヒューマンエラーの発生は低減したものの，高度情報処理系を備えた技術システムにおける新たなタイプのヒューマンエラーや，組織内や組織間の欠陥が背景にある意思決定の失敗による事故が発生するようになった。さらにまたその背後要因には，「組織の安全文化」の欠如あるいは劣化がある。

　そして，現代の大規模な技術システムの事故は，その影響が組織全体のみならず社会に及ぶ深刻なもので，社会問題となっている。

　80年以上も前に，物理学者・随筆家の寺田寅彦は『経済往来』に，「文明が進むほど天災による損害の程度も累進する傾向があるという事実を十分に自覚して，そして平生からそれに対する防御策を講じなければならないはずであるのに，それがいっこうにできていないのはどういうわけであるか」と書いて警鐘を鳴らしている。確かに損害の規模は増大している。文明の進展と共に世の中が一様化され集中化されるから，天災による一部分の破綻が全体に対して致命的に広がることになる。不幸にもこの言葉が，東日本大震災，福島原発災害の形で，現代日本において的中してしまった。

　以上のように，技術の巨大化・複雑化と高度化に伴い，安全問題が社会化する現象があらゆる技術分野で発生している。安全の実現・確保のために，人々の価値観・倫理観や行動様式（安全文化）だけでなく，社会的受容や事故による社会・環境への影響も考慮することが不可欠になっている。

## 1.3　現代の技術システムが関わる安全の問題の特徴

　現代の技術システムが関わる安全の問題の特徴を明らかにするために，原子力，航空・宇宙，鉄道，化学プラント，医療などの分野それぞれにおける代表的ないくつかの事故を，集めた資料や事故調査委員会の事故調査報告書，および第三者機関による調査報告書に基づいて分析した[2]。

ここには，調査した事故事例のなかから，中華航空 A-300-600 型機事故，ボーイング B-787 型機のバッテリーの発火トラブル，福島第一原子力発電所事故を取り上げて，前節に述べた技術変遷の観点で解釈した結果を示す。

### (a) 中華航空 A-300-600 型機事故

　1994 年 4 月，台北発名古屋行き中華航空 A-300-600 型機（乗客乗員 271 人）が，手動操縦で名古屋空港に着陸進入，墜落 1 分 40 秒前に起きた姿勢角やエンジン推力のわずかな異変をきっかけに飛行状態が大きく狂い始め，滑走路の近くに墜落した。この事故は，乗客乗員 264 人が死亡するという我が国の航空史上 2 番目の大惨事であった。

　この事故の場合も例にもれず，以前にこれと類似の異常運航が起こっていた。とくに，ヘルシンキ空港での A-300-600 型機の事例は，中華航空機の墜落事故を彷彿とさせるものであった。しかしながら，残念なことに，この事故に至るまで，エアバス社はパイロットの手順違反が事故原因であるとの見解をとった。

　運輸省航空事故調査委員会の事故調査によって，事故につながった複数の要因の連鎖が解明されている[3]。

　この事故の背景要因として，操縦士，中華航空，エアバス社，フランス航空局それぞれについて，次のようなことが挙げられる。

① 操縦士の問題
　　両操縦士は自動操縦システムの理解に欠け，手動操作で自動操縦を手動操縦に切り替えられると思っていた可能性がある。機長と副操縦士との間の強すぎる権力勾配があって，副操縦士は，モード変更ができず，操縦桿が重くて機体が反応しないことを，機長に適切に伝えていない。
② 中華航空の問題
　　自動操縦システムについての教育訓練は必ずしも十分でなかった。前年にエアバス社の技術通報を受領していたが，事故時は未改修のままであった。
③ エアバス社の問題

A-300-600 型機，A-310 型機が飛行中に異常な機体姿勢に陥るという類似した事例が，1985 年，1989 年，1991 年に 1 件ずつ発生していたにもかかわらず，エアバス社はこれらの事例についてユーザに十分な説明をしておらず，改修対策の指示が遅れた。運航マニュアルのゴーアラウンドモードの解除手続きの説明は理解し難いものであった。自動操縦時における水平安定板の作動警報音を設計変更で削除していた。

④ フランス航空局の問題

操縦士が自動操縦を解除（オーバーライド）することの危険性に対して，「正しい操作をすれば事故は防げたはずだ」という立場をとって，改修を義務付ける処置を採らなかった。もし，早い時期に改修を義務付ける処置が採られていれば，名古屋での中華航空機の事故は避けられた可能性が極めて高い。

運輸省航空事故調査委員会は，事故調査結果に基づき，台湾民用航空局ならびに仏国耐空性管理当局に安全勧告を行っている。

この事故には，2 人の操縦士の知識・技量不足の問題，両操縦士間の権力勾配に関する問題，所属する企業組織内部に関する問題，当該企業と製造会社間の問題，製造会社内部の問題，製造会社と規制・監督機関の間の問題などが存在している。これらは，組織事故および社会－技術問題である。また，この事故は，自動化のあり方，自動化システムの設計思想に関する問題をあらためて提起した。

(b) ボーイング B-787 型機のバッテリーの発火トラブル

2013 年 1 月，ボストン・リーガン空港で駐機中の JAL のボーイング B-787 型機のバッテリーの発火トラブルが発生した。その 8 日後，飛行中の ANA の同型機の操縦室下のメインバッテリー（リチウムイオン電池）の発煙トラブルが発生し，高松空港に緊急着陸した。米運輸安全委員会（NTSB）は，バッテリーのセルの 1 つがショート，他のセルも高温となり発火した可能性が大と発表したものの，原因調査が難航し，米連邦航空局（FAA）がボーイング B-787

型機の運航を一時停止すると発令する事態に至った。

　NTSB は約 2 年間の調査を経て 2014 年 12 月 1 日に最終の事故調査報告書を発表した [4]。原因は，バッテリーに使われている GS ユアサ製のリチウムイオン電池の設計と，異物混入など製造工程，ボーイングの設計，FAA の認証プロセスに欠陥があったと結論づけた。バッテリーを構成する 8 つの「セル」のうちの 1 つが回線ショートを起こして熱暴走と呼ばれる異常な高温に至り，熱が他のセルにも広がって発火したが，報告書ではこの可能性をボーイングが排除したこと，同社や FAA における認証の問題が発見できなかったと指摘し，ボーイングに 2 項目，FAA に 15 項目，GS ユアサには製造工程と従業員への適切な訓練の徹底の 1 項目の安全上の改善点を勧告した。

　バッテリーだけでも，電気系統システムはフランスの航空機器大手タレス社，バッテリー本体の製造は GS ユアサ，電池管理ユニットは関東航空計器，充電器は米国セキュラプレーン・テクノロジーズと，日本，フランス，米国など 8 か国にまたがっている。さらに，下請け・孫請け会社が入っている。

　この発火トラブルもまた，設計，製造，組織における安全管理，国を超えた組織，規制・許認可機関などが関係した組織事故および社会–技術問題である。バッテリーという小さな規模のシステムであっても，システム構成要素の個々の開発は細分化され，また国際分業になっている。その結果，誰も全体を見通すことができないという現代のシステム開発に共通する問題がこのトラブルにも顕在している。

（c）福島第一原子力発電所事故
　不幸にも，2011 年 3 月の東日本大震災・大津波において，福島第一原子力発電所は炉心溶融（メルトダウン）と水素爆発を伴う過酷事故（シビアアクシデント）によって大量の放射性物質の飛散と放射能汚染水の海洋流出を引き起こした。

　政府には東京電力福島原子力発電所における事故調査・検証委員会が，国会には東京電力福島原子力発電所事故調査委員会，事業者である東京電力に福島原子力事故調査委員会，政府ならびに東京電力とは独立した一般財団法人日本

再建イニシアティブに福島原発事故独立検証委員会の計4つの事故調査委員会が設けられ，それぞれの調査方針により事故の調査と検証を進め，報告書を公開した[5]。4つの調査報告書では，同じ問題・疑問点に関してまったく逆の結論が導かれていることも少なくない。

ここでは，レアイベントの扱いと危機管理の不手際の観点から考察する。

レアイベントとは，発生頻度が低いが，その影響（被害）は大きい事象である。たとえレアイベントのリスクと，発生頻度は高くてもその影響は小さい事象のリスクが同じであっても，レアイベントを扱うには困難がある。

発生頻度が高いがその影響は小さい事象に対しては，ハード的な対策を比較的容易に講ずることができ，費用もさほどかからない。かつ，その対策により経済的に得する場合も多い。一方，レアイベントは影響（被害）が大きいため，その対策費用が大きくなる可能性が高い。その上に，発生頻度が低いため，対策の必然性を政策決定者に理解してもらうのが難しいのである。

今回の事故に関して，「想定外事象」という言葉がよく聞かれたが，実態は「想定すれども考慮せず！」で，事象は想定していたがその対応策まで考慮するには至らなかったということである。要するに，問題はリスク・ベネフィットのトレードオフラインの引き方にある。つまり，事故が起こる前の「まさかという思い」が，リスク軽視・コスト重視の意思決定に導き，対応策を講じなかったということであろう。結局は組織の安全文化に帰着する問題である。

さらに，安全にかかわる人工物を対象とする以上，ヒューマンファクターと共通原因故障の問題，共通モード故障の問題はつねに念頭に置いておくべきであるのだが，それが不十分であったと思われる。

また，システム境界（4.2節参照）を外部からの送電施設を含む（経済産業省令では，原子力発電所に外部から交流電源を供給する送電線・鉄塔は原子炉施設には含まれていない。2011年の福島第一原子力発電所事故においては，鉄塔が倒壊して送電停止となり外部交流電源を喪失した）ように広く設定して，津波と地震をこの原子力発電所施設全体に作用する外乱と見て，外乱に対するシステム全体（原子力発電所施設全体）の安全性を検討する観点，およびシビアアクシデント発生時の安全確保をシステム全体を俯瞰的に捉えて検討する視点の重要性を十分に認識していなかったことが推測される。

もう一つの問題は危機管理の不手際であり

- 初期対応の遅れ，意思決定の遅れ，外部支援要請の遅れ
- 政府（菅総理を代表とする），官僚（原子力安全基盤機構），当事者（東京電力）の連携の不手際
- 緊急時の情報公開のお粗末さ

は指弾されてしかるべきであろう。

　なかんずく，初期事故対応の遅れは，その後の収束に向けた展開を困難にした。重要なポイントは，1 号機の非常用復水器（IC）への対応だろう。実際は，全電源が失われた 1 号機の冷却装置は不作動であったのだが，それを命綱である IC だけは，機能が維持されていると考えていた。この思い違いが，1 号機はもとよりすべての号機の事故のその後の展開を大きく変えることになった。この思い違いの元には，IC に関する基本的な知識の不足と操作の未経験がある。IC の弁には，放射性物質の外部への漏出を防ぐために，何らかの異常時には弁を自動的に閉じる「フェールクローズ」と呼ばれる安全設計が施されていた。なぜ，当初から誰も，この仕組みを持つ IC は作動しない可能性があることに気付くことができなかったのか。調査によって，東電で IC の安全設計の仕組みに関しての知識を持っている人は，1, 2 号機の当直員（運転員）以外にはほとんどいない状態であったこと，原子炉運用開始前の試験時に IC の作動試験を行って以来，40 年間一度も動かしていないことが明らかになった[6]。さらに，IC の操作に関する情報が，事故対応の最前線で操作を担当する中央制御室と事故対応の指揮をとる発電所対策本部との間で共有されなかった。そのため，対応に当たる現場が分断された状態が続き，収束作業を大きく後退させた。

　もう一つのポイントは，ベント作業と主蒸気逃がし安全弁（SR 弁）開放作業が極めて難航したことである。ベント作業は，原子炉格納容器の内圧が基準値を超えた際に，その破壊を防ぐための最後の手段である。原子炉 1 基のベントでも世界初であったのに，複数機のベントを原子炉の状態によって対応の順を決めながら実施することが迫られた。しかも，放射能という壁が，ベント作

業の実施を阻んだ。運転員たちが受けていたベントの訓練は，非常用電源から電気が供給されている前提に立ったものだった。今回のような電源がない場合のベントは，まったく想定されていなかった。そのため，運転員たちは，線量が高い過酷な現場，時間的余裕がない状況の下で，しかも手探り状態で工夫に工夫を重ねて，手動でいくつもの弁を操作しなければならなかった。

　1号機から3号機の原子炉の圧力を下げる主蒸気逃がし安全弁（SR弁）の逃がし弁機能をマニュアルにない手動で作動させる作業も同様であった。とくに，2号機では難航した。この過酷な作業に当たった計測制御グループの人たちは，多くの被曝をした。SR弁メーカーの技術者やSR弁の機構に詳しい識者がいたにもかかわらず，SR弁を開けるための重要な情報が2号機には届くことなく，作業に当たっていた中央制御室の社員の試行錯誤の末，やっと開くことができた[6]。さらに，5号機では，2号機に先行して，工夫を重ねた末に高温高圧状態でSR弁を開放することに成功していたのだが，残念ながら，5号機での工夫に関する情報は，発電所対策本部および本店対策本部と共有されることなく，2号機には届かなかった[7]。これらの事実は，重要な技術情報を共有するシステムが決定的に欠如していた証左の一つである。

　安全確保の死角となっていたのは，非常用復水器やSR弁の仕組みの基本的知識ならびに対応操作を熟知する訓練が不足していたこと，消防ポンプによる注水がラインの途中から漏れて原子炉に十分に届かなかったことなどである。その結果，メルトダウンを防げなかった。

　この事故にも，現代の大規模システムに共通する問題が顕在している。それは，システムが大規模であるがゆえに，激烈な地震と設計条件に設定した波高（東京電力が自主的に採用）を超えた津波によって原子力発電所の構成要素と要素間にどのような不安全事象が起きるのかを全体的に見通すのが難しいということである。したがって，今回のようなマニュアルやこれまでの訓練をはるかに超えた未知の領域の事態が発生したときに，その対応に当たる人々の誤判断・不手際を少しでも減らすよう備えておかなければならない。つまり，シビアアクシデント解析・リスク評価を行う専門家が想定するような危機的状況について事前に学習し，それへの対応訓練を常日頃確実に実施しておくアクシデ

ントマネジメント（事故対応・管理）が不可欠なのである。その訓練がなされていれば，万が一シビアアクシデントが起こっても，パニックに陥ることはないだろう。さもないと，今回のように後手後手の対応になってしまうことは必定である。

　福島第一原子力発電所事故のすべては，想定外の全電源喪失に帰結するとは言い難い。この事故には，例示はしないが，原子炉の安全系や施設設計の技術的問題，東京電力の問題，アクシデントマネジメントの問題，情報収集・共有の問題，危機管理体制の問題，原子力安全・保安院の指導の問題，国の省令の問題などが複雑に絡んでおり，技術システム側の人間・組織要因だけでなく，外側の複数の組織との間の問題が主たる要因となる新しいタイプの事故の典型である。

　次に，多くの事故事例の対象をシステムとして認識する観点（4.2 節参照）に立って，各事故事象の分析結果を基にして構成した安全問題の構造を図 1-2 に示す[7]。

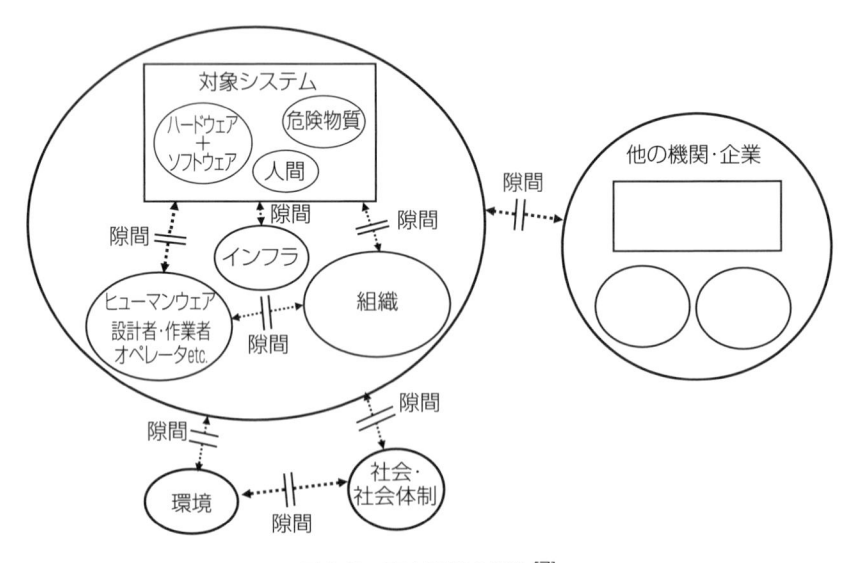

図 1-2　安全問題の構造[7]

図 1-2 の構造は，巨大技術システムばかりでなく，情報システム，医療機器，人々が広く使用する工業製品などの技術システムが関わる安全の問題にも共通するものである。また，考察の対象をこの構造のように捉える視点は，多様な状況における事故の全体像を把握するのにも極めて有効である。

この構造の根底にある現代の技術システムが関わる安全の問題の特徴として次のような事項をあげることができる。

- 技術者は自分が担当しているサブシステムと他のサブシステムとの相互作用を理解していないことが多い。
- サブシステム自体の不適切な設計や不適切な運用手順，不十分な訓練などに起因するヒューマンエラーが事故の原因となることが多い。
- コンピュータによる重層的な情報処理系をサブシステムに持つ大規模で複雑なシステムでは，人間オペレーター（操作員や運転員，操縦者）が感知しない形で自動制御が行われるので，人間オペレーターにとってシステム内部で何が起きているのかがわかりにくく，透明感の乏しいシステムを形成させることになった。システムと人間オペレーターの間の物理的な乖離と認知的な乖離という新たな事故要因が存在している。
- システム要素の一つであるハードウェア自体の安全性については評価しやすいので，事故原因がハードウェア自体にあることは極めて稀である。自組織内の他のグループや各契約先それぞれが担当したサブシステムを結合する部分（インタフェース）に個々のサブシステム自体には見られなかった新たな事故要因が潜んでいる。
- 安全問題の多くは，技術システムのシステム要素自体の問題というよりは，ハードウェア，ソフトウェア，人間，自組織，他組織などのシステム構成要素間あるいはサブシステム間の境界問題である。すなわち，安全問題はシステム要素間の相互作用を媒介する仕組みであるインタフェース問題に帰着する。
- 安全問題には，ハードウェアやソフトウェアの信頼性や安全はもとより，組織管理の姿勢，設計者や運用者の姿勢と動機，従業員の意識やモ

ラル，法体系・規制の効果などが関係している。
- 組織内に安全への明確な目的がないか，あっても組織内で共有されていない。
- 組織構造に欠陥があり，効果的なコミュニケーションが図られていない。
- 環境は技術システムの構成要素であるが，環境からの影響や環境への影響に関しての考慮が十分でなく，本来なら予見可能な環境の変化に対応するための十分な資源が組織に組み込まれていないことが多い。

ちなみに，本章に挙げた 3 つの事故事例はもちろん，2004 年 3 月に発生した森タワーの回転ドアによる死亡事故，2001 年 1 月の焼津沖上空で起きた日航機同士のニアミス，2009 年 3 月に発覚した島根原発の点検漏れ問題，1999 年に横浜市立大学病院で起きた患者取り違え事故などを採ってみてもこれによく当てはまる。

要するに，現代の技術システムが関わる安全の問題の最も主たる特徴は，システム構成要素間あるいはサブシステム間の「隙間の問題」，つまりインタフェース問題に帰着することである。

このような「隙間の問題」が発生する源には，システムが複雑・大規模になったことに加えて，視点の「タコツボ」化がある。

人間は，ある対象を理解しようとするとき，最初に視点を定める。しかし，一つの視点では，その視点固有の面しか理解できない。多面的な視点で捉えることで理解が深まるのである。その助けになるのは，システム安全インタフェース（7.4.2 項参照）である。

一つの視点から見た対象を全世界としてしまう「タコツボ」化では，対象を十分に認識できない。その結果，要素間あるいはサブシステム間の関係が理解できなくなり，システム要素間あるいはサブシステム間の隙間に問題の原因が生じることになる。

## 1.4 安全を脅かす側と脅かされる側の視点で見た安全問題

さらに，安全問題は図1-3に示すように，安全を脅かす側（特定の対象システムに働きかけて，何らかの形で望ましい結果を得ようとする）と安全を脅かされる側（働きかけの結果から，何らかの形で利便を受ける人や人々）との関係としても図式化できる[2][8]。

働きかける主体は企業，組織，技術者，作業員などであり，働きかけられる主体は消費者や患者，企業や機関で働く人々，特定地域住民，公衆などさまざまである。

この図式のなかで，安全問題は，目標とは異なる好ましくない結果が生じ，それによって人間への危害または資材の損傷が発生することによって生じる。そして，安全問題の複雑さは，安全を脅かされ被害を受ける主体と働きかける主体との関係（契約や承知・承諾）に支配される。

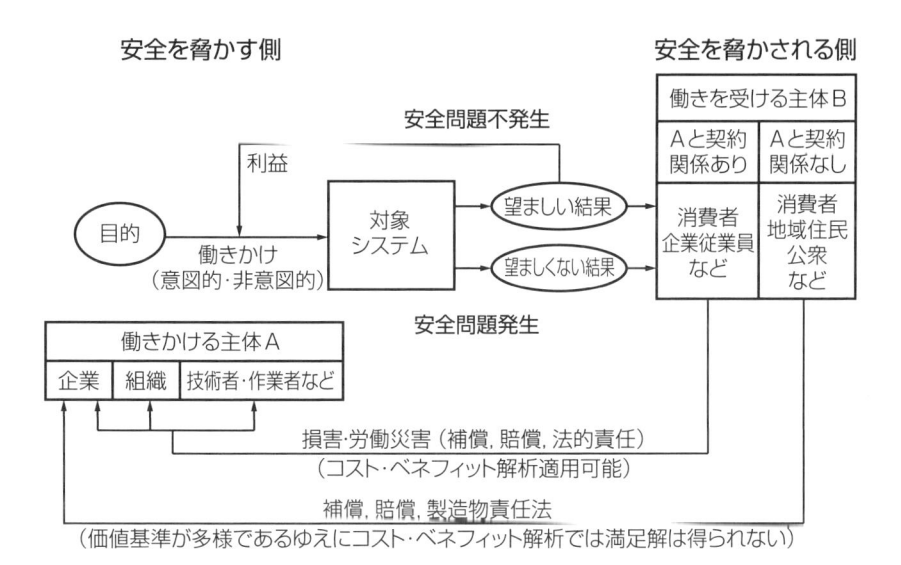

図1-3 関係の視点で描いた安全問題の図式

とりわけ厄介なのは，特定地域住民，公衆など不特定多数の第三者が被害者となる場合である．この典型が公害問題や環境問題であるが，原子力関連施設の問題もこれに当てはまる．

「社会–技術システム」の安全問題は，価値基準が多様であるゆえに，社会の合意形成の問題に帰着することになるので，単純なコスト・ベネフィット解析やゲーム理論では満足な解を得ることができず，そのためリスクコミュニケーションに真摯に取り組むことが肝要となる．

上に述べたように，現代社会の安全問題あるいは事故原因は，ハードウェアからソフトウェア，ヒューマンファクター，そして組織，組織間の問題へと，しだいに社会化する様相を帯び，ますます複雑になっている．しかも，不安全事象あるいは事故の多くは，システム要素間あるいはサブシステム間の隙間に存在する問題に起因する．このように，安全問題には，単に技術・工学のみでなく，管理，組織，法や社会との関係など，これまで人文系の学問分野の対象とされてきた事柄が含まれており，それらを切り離しては安全問題の全体像を把握することはできない．

## 参考文献

[1] 古田一雄編著：ヒューマンファクター10の原則，日科技連出版社，2008年
[2] 柚原直弘，氏田博士 他：安全学を創る，日本大学理工学研究所所報，第100号，2003年
[3] 運輸省航空機事故調査委員会：中華航空公司所属エアバス・インダストリー式A300B4-622R型B1816名古屋空港平成6年4月26日：航空機事故調査報告，1996年5月
[4] National Transportation Safety Board：Auxiliary Power Unit Battery Fire Japan Airlines Boeing787, JA829J, Boston, January 7, 2013, Incident Report NTSB/AIR-14/01 PB2014-108867.
[5] 国立国会図書館，経済産業調査室・課：福島第一原発事故と4つの事故調査委員会，調査と報告，第756号，2012年
[6] NHKスペシャル『メルトダウン』取材班：メルトダウン 連鎖の真相，講談社，2013年
[7] NHKスペシャル『メルトダウン』取材班：福島第一原発事故7つの謎，講談社現代新書，2015年
[8] 柚原直弘：安全学の構築に向けて，電子情報通信学会誌，Vol.88, No.5, 2005年
[9] 柚原直弘：安全学を創る，日本信頼性学会誌，Vol.26, No.6, 2004年

# 第2章
# システム安全学とは

　本章では，まずシステム安全学を必要とする背景を示し，"分野横断の専門知"の体系化を試みた本書のシステム安全学の意味合いと学問的立場を明らかにする。それを踏まえて，このシステム安全学の知識体系を構築するための礎とするアプローチについて述べる。次いで，本章に続く各章での理解を容易にするために，導き出した基本思想と知識内容の概要を先立って示す。最後にシステム安全学が対象とする安全問題とシステム安全学の位置付けについて述べる。

## 2.1　用語"システム安全"誕生の歴史的背景

　我が国では1980年頃に，災害が大型化しその原因が複雑になるにつれて，各方面でシステム安全（system safety）という言葉が使われ始め，システム安全の重要性が認識されるようになってきた[1]。

　システム安全の概念の形成は，1940年代に事故調査から学んだ教訓を適用してより安全な装備を設計・製造しようと呼びかけた工学および安全分野の集団の草の根運動に始まっている。それは「fly-fix-fly（飛んでは直し，飛んでは直し）」というシステム設計手法に対する不満の当然の帰結であった。確かに，飛んでは直す手法は，まったく同じ原因による事故の再発を減らすには有効だったが，国防総省，後には他の調達機関にとっては，費用がかかりすぎ，とりわけ核兵器の場合にはこの手法は容認できないことが明らかになってきた。この認識が，事故が起こる前に防ぐことを考えるシステム安全手法の採用を促すことになった。

システム安全の最初の公式的な発表は，1946年の第14回航空科学学会（Institute of Aeronautical Sciences：IAS）における，A. Wood の"The Organization of an Aircraft Manufacturer's Air Safety Program"と題した発表であると言われている。そのなかで，"設計において安全に焦点をあてること""先進的な事故解析""安全教育""事故解析の統計的管理"が強調された。

　Wood の論文は W. Stieglitz の重要な論文に参照され，最終的に1948年に IAS の"Aeronautical Engineering Review"に"Engineering for Safety"として掲載された。その論文のなかには，「飛行機の安全は，性能や安定性や構造強度などと同様に設計され，飛行機に組み込まれなければならない」「安全は特定の問題として考えるべきものである」「安全グループが，会社内における強度，空力，重量などと同じように重要な部門に位置付けられなければならない」「安全に関わる業務を前向きに評価するのは極めて困難である。事故が起こらないときには，設計のある独特の特徴が事故を防いでいるのを証明することができない」などのシステム安全に関する将来を見通した観点が述べられている。

　システム安全（system safety）という言葉自体は，飛行機に機力操縦方式が採用されたり，兵器システムに「複雑さの壁」が現れたりした時分から使われ始めた。システム安全草創期のリーダーは米国空軍であった。1950年代の安全問題は軍の影響を強く受け，安全解析はシステムの企画から廃棄までのシステムライフサイクルの全段階のなかで，とくに運用のフェーズに集中していた。題目に"システム安全の概念"という用語を冠した最初の論文は，航空安全のパイオニアの一人である C. O. Miller による"Applying Lessons Learned from Accident Investigations to Design Through a Systems Safety"であるとされる。この論文は Flight Safety Foundation のセミナーで発表された。

　1960年代では宇宙開発競争がシステム安全の発展を促す原動力となった。システム安全の重要性を認識させるきっかけになったのがミサイルシステムの開発であった。並行開発方式によったミサイルシステムは，たび重なる事故を起こし，ついに廃棄に追いやられた。システムの複雑さのために多くのサブシステムの接点すなわち境界域に問題が多発したことなどがその失敗の原因であった。当時は，システム安全は独立した部門として認められておら

ず，また特別な責任も割り当てられることもなく，安全は設計者や技術者各人の判断に委ねられていた。1962年4月になって，やっとシステム安全に関する最初の米軍の仕様書（MIL-S-38130A）が定められた。この仕様書は1969年6月に「MIL-STD-882A：Standard System Safety Program for Systems and Associated Subsystem and Equipment: Requirement for」となった[2]。今日，さまざまな分野や業界で活用されるようになってきたリスク評価（Risk Assessment）を主体とするリスクベースドアプローチの概念は，この規格にさかのぼる。その後の他の政府機関や民間産業におけるシステム安全要件の多くは，この規格に基づいている。この規格は米軍装備に関する契約で必須になっているが，一般産業におけるシステム安全にもこのスペックが用いられてきており，システム安全プログラムの必要事項作成上の基礎および有力な指針となっている。この規格もB版，C版，D版と改訂が重ねられ，最新版は2012年に発行された「MIL-STD-882E：Standard Practice System Safety」となっている。NASAにおいても，1967年のアポロ1号（AS-204）の悲惨な火災事故を契機に安全を系統的に考えることに力を注ぎ，1970年3月に「NHB 1700-1（Vol.3）：NASA Safety Manual，System Safety」を発行している[3]。また，欧州では2002年に，すべての宇宙プロジェクトに適用できる規格「ISO 14620-1:2002 System Safety ―Safety Requirement―，Part 1：System Safety」が発行されている。そして，2000年代に入って"システム安全"を冠したハンドブックが発行あるいは改訂されるに至っている。その代表的なものに，米国航空宇宙局のNASA/SP-2010-580：NASA System Safety Handbook, Vol.1, System Safety Framework and Concepts for Implementation, 2011，米国空軍のAir Force Safety Agency：Air Force System Safety Handbook, 2000，米国連邦航空局のFAA：System Safety Handbook, 2000がある。これらの規格やハンドブックの表題の「システム安全」は，「システムのライフサイクルのすべてのフェーズを通じて，運用上の有効性と適合性，時間，およびコストの制約の下で，受容可能なリスクを達成する（すなわち，安全の最適化）ために工学および管理の原則，基準，技術を適用すること」と定義されている。

　航空・宇宙分野と原子力発電分野とにおける安全への取り組み方・方法には，多くの共通性がある。顕著な相違は，原子力発電プラントでは基本的安全

策として停止に頼れるが，航空機ではそれがつねに選択できないことである。さらに，軍用航空分野と宇宙分野では，安全に対して同じ取り組み方を選ばなければならない。両者は，他の技術分野と異なる多くの特徴を共有している。たとえば，最新の技術の限界を広げる極めて複雑な設計，ミッションの目的に適合させる新しいあるいは革新的な設計に関する要求，まだ実証されていない新技術の絶え間ない導入，試験が制約されている，などである。

　化学産業は，航空分野および原子力分野と異なっている。大きな違いは，両分野ほどの国による規制がないことである。代わりに，プロセス産業における安全への取り組み方は，保険という保護手段によるものであった。それは，業界で共通に使われている"損失防止（loss prevention）"という用語に反映されている。この場合の損失は，損傷したプラントの金銭的損失，製造損失，第三者要求である[4]。しかし，化学や石油産業でも，プラントの複雑さの増加，規模の拡大，新技術の採用が始まったので，事故結果と環境への関心が以前にも増すことになった。プロセス産業における典型的な潜在的危険は，火災，爆発，毒物排出の3つである。多くの場合，これらの潜在的な危険に対する解析は，設計過程の後の段階で，あるいは既存のプラントに対して実施されていたことに対して，システム安全の取り組み方に近づけるよう強い訴えがなされてきた。それでも，まだ力点は要素の信頼性と防止システム（安全系（safety system）と呼ばれる）に置かれているとの指摘がある[5]。

　このように，同じ巨大技術システムといっても，安全への取り組み方・方法には，分野によって違いがある。いずれにしても，以上にいうシステム安全の対象は，システムの構築・運用がますます複雑化し，事故の影響も極めて大きくなった巨大技術システムの安全である。

## 2.2　本書の「システム安全学」とは

　第1章に述べたように，現代社会の安全問題あるいは事故原因は，ハードウェアからソフトウェア，ヒューマンファクター，そして組織（これもシステムとして認識できる），組織間の問題へと，しだいに社会化する様相を帯び，ますます複雑になっている。そして，どんな些細な安全問題を取り上げても，そ

れを押し広げていくと，その国の技術，政治，経済，社会，思想，モラルというような面の本質にぶつかることになる。

したがって，これまでのような技術的・工学的な側面からの個別各論的な安全の追求や改善，労働安全からのアプローチ，法律や制度の整備といった範疇に留まる限り，広範な安全の問題を解決するには自ずと限界がある。

我が国においては，1971年に日本規格協会・信頼性数理分科会が刊行した『安全性工学入門』にシステム安全の兆しがうかがえる[6]。同書でいう安全性工学は，主として発生する災害の要因および経過の究明と，災害防止に必要な科学および技術に関する系統的な管理技術体系としている。その目的は，事故の発生を防止すること，および災害発生後の被害を最小限にすることである。対象とする分野は，天災，火災，公害，労働災害，安全性（構造，システムなどの安全）であるとしている。また，そのなかで，同書の技術的な範囲を超えているが，「安全の問題は，どんな些細な問題を取り上げても，それを押し広げていくと，その国の政治，経済，社会，思想，モラル，科学技術というような面の本質にぶつかる」と述べている。

1979年に中村は「安全工学原論」を作りあげることを提案し，安全に関する共通の法則や理論を求めなければならないと述べている[7]。

柚原とFerryは1981年に「安全学の体系」とした私案を示した[8]。それは，安全管理，システム開発初期段階で安全設計を指向するシステム安全，分野横断のシステム安全工学（化学安全工学，機械安全工学，電気安全工学などの個別分野の安全工学を横断する安全工学），安全教育を合わせて体系としたものである。安全学とした理由は，安全性の目標値や安全管理技法など，科学にはそぐわない事柄が含まれることにある。

ちなみに，村上は著作（1998年刊行）において，"安全という概念が価値である以上，安全という概念を包括的な視点から論ずる学問は科学とは馴染まず「安全学」である。安全学の方法論の一部は，安全工学のそれと重なるところが少なくないとしても，なお，そこからこぼれるものを，安全学は拾い上げるものである"と論定している[9]。

前章で見たように，現代の安全問題には，単に技術・工学のみでなく，管理，組織，法や社会との関係などの人文系の学問分野の事柄が含まれているので，

これらを切り離しては安全問題の全体像を把握することはできない。このことは，分野を超えて安全を包括的に考える学問は，すべての対象をハードウェアから社会までを含む総体として捉えられなければならないこと，文理融合の新しい学術領域となることを示唆している。この融合の意味するところは，単なる異なる知どうしの加算ではなく，複数の異なる知のそれぞれの力を互いにかけ合わせて新たな内容に結実させることである。

　この新しい学術分野の構築を試みた本書の表題「システム安全学（system safety studies）」は，①すべての対象を丸ごと総体として認識する視座に"システム"を据えること，②分野を超えて"安全"を対象としていること，③安全問題は工学，科学には馴染まない管理，法，社会などの人文系の学問分野の視点も交えて捉える必要があること，④文理融合の新しい学術領域として"学"が相応しいこと，を表徴したものである。システム安全学のイメージを図2-1に示す。

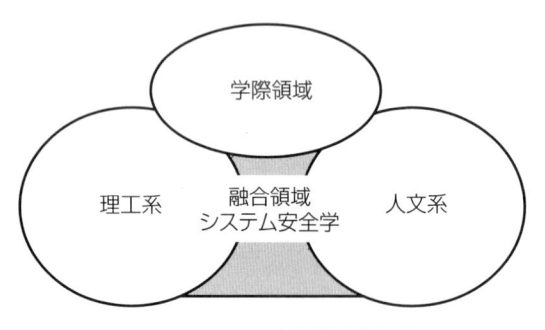

図2-1　システム安全学は分野融合

　図2-2に「システム安全学」の対象領域を示す。図のような，物理的人工物，人間，組織，環境，法・規制および社会に関係する要素を持つシステム（技術システム）は，社会と不可分である様相を帯びている。

　Hughesによると，「技術システム」は問題解決のための巨大で複雑な存在であり，「技術が社会を形成するし，また，社会によって技術が形成されもする」という因果関係を持つものであるとされる[10]。

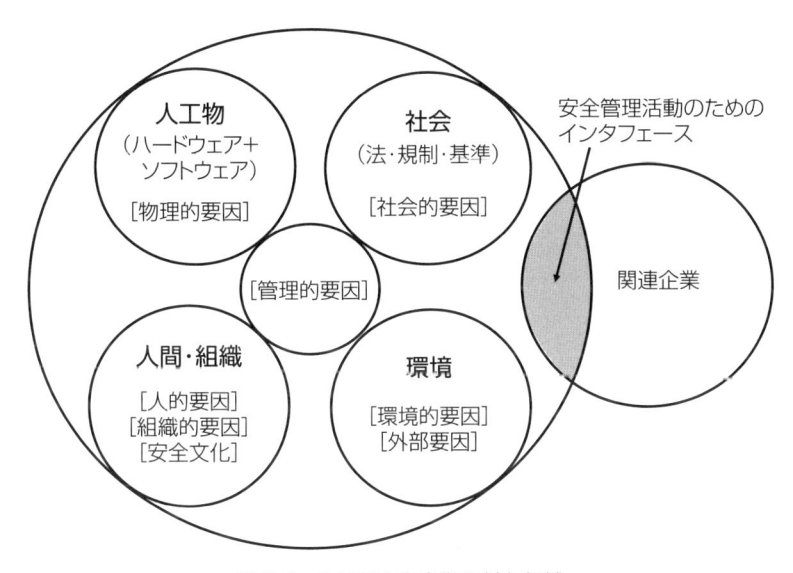

図2-2 システム安全学の対象領域

　いまや我々の生活は電力システム，各種交通システム，道路網，上下水道システム，インターネット，医療システム，物流システムなど，社会インフラ化した技術システムや高度技術システムという公共財に依存せざるをえなくなっている。そこで，本書では社会化したこのような技術システムを「社会-技術システム（societal-technical system）」と呼ぶことにする。「社会-技術システム」は単なる「マン・マシン・システム」に比べてシステムの複雑さにおいてより複雑で，いったん事故が発生すると，それによって莫大な経済的，社会的損失を招くという点で，より社会性を強調されている。ここで言うシステムの複雑さとは，人間，組織および技術の間に存在する相互作用の複雑さである。
　しかし，「社会-技術システム」という用語は，社会性を強調してということではなく，技術，人間，組織および社会に関係する領域を持つシステムを指して用いられている例もある。
　ところで，巷間，「組織事故」という用語が使われているが，その原語が「organizational accident」であることからわかるように，会社組織や企業の有り様に起因した事故ということを強調したものであって，これも会社組織や企

業をシステムとして把握しさえすれば，「システム事故」として捉えうるのである。

以上からわかるように，この「システム安全学」は，さまざまな分野における安全の実現・確保および安全問題の解決に共通に応用できる普遍性のある思想や諸概念，原理（考え方の道筋），原則，方法・方法論，基礎事項，手法などを，一般化の観点に立って知識の体系に構築することを試みたものである。つまり，本書の「システム安全学」は，どの分野にも適用できる概念・原理を基軸とした"分野横断の専門知"の体系化を目指したものである。したがって，これは個別分野ごとの「安全工学」や個別分野ごとの「安全学」の上に成り立つ，言わば「メタ安全工学」「メタ安全学」という立場にある。もちろん，前節で述べた MIL-STD-882 や NASA/SP-2010-580 の「システム安全」と共通するところもあるが，本書の「システム安全学」は安全の対象を巨大技術システムに限定したり，あるいはシステム安全工学を意味したりするものではない。

## 2.3 システム安全学構築の視座

これまでに，安全学を安全に関する学問の体系であるとして，その体系を①安全の理念（理念的側面），②「機械安全工学」「化学安全工学」などの個別安全工学において共通に利用できるもの（組織的側面，人間的側面，技術的側面），③各分野に固有のもの（機械安全，交通安全，原子力安全，システム安全，製品安全，医療安全などの各分野の安全）を 3 階層に構造化した形に整理するというアプローチが提案されている。このアプローチによる安全学は，学問の体系としていることからもわかるように分野を超えた安全学というのではなく，安全に関する学問や各側面の内容の相対的関連を示したものということであろう。このことは，次のことからも明らかである。理念的側面に安全の定義が含まれているが，安全の定義は分野や規格によって異なっている。さらに，最下層にある個別分野の安全は，分野固有の知識や規格を主とするからこそ個別分野の安全であって，そこに共通知識を見いだすのはむしろ逆である。

分野を超えて横断的（トランスディシプリナリー：transdisciplinary）に安全

を対象とする学問であるシステム安全学の構築は,「安全」をどのようなフレームワークで切り取るかというものの見方を定めることから始める必要がある。

そこで,著者らはシステムサイエンスをフレームワーク・学際的共通言語として用いて,トランスレーショナルアプローチ(translational approach)と呼ばれる考え方に立ってシステム安全学の知識体系の構築を試みた[11]。

アプローチとは,物事の本質にせまる,あるいは問題を解決する方法論や取り組みのことである。ここで注意しておくべきことは,方法論(methodology)と方法(method)は異なるということである。方法とは,数学のように問題に対して所定の手順を適用していけば必ず同じ答えが得られるものであるが,方法論は,ある順序に従って,各種技法や手法を用いて結果を導くが,その結果は必ずしも同一ではなく,用いる人の個性や能力に支配されるものである。

トランスレーショナルアプローチは次の3つの事項を三位一体的に駆動するアプローチである。

① 概念,ロジック,モデルを開発する科学的知識
  概念(concept)は物事の本質を捉える思考の形式で,物事の本質的な特徴とそれらの関連を内包する。概念は同一の本質を持つ一定範囲の事物(外延)に適用されるので一般性を持つ。
② 多様な学問領域の知の海図を創り,それに基づいて課題解決法を分野横断的な方法で開発する知識
③ 研究者,実務家とともに問題関与者を実際に巻き込み課題を解決する実践知
  トランスレーショナルアプローチは,概念・ロジック・モデル・手法の開発と,それらを現実世界へ適用することによる現場からの学びとを循環させて,概念・ロジック・モデル・手法を進化させ一般化するという循環構造をとるのである。つまり,研究者が自ら実践に参加し,実践の場を通じて方法・方法論や技術を発展させていくアクションリサーチ活動である。

本書のシステム安全学は,トランスレーショナルアプローチの①,②に該当

する以下の知識を基盤として構築されたものである．
　なお，それぞれの具体的知識は，当該の章に詳しく述べる．

## (1) 対象を共通に認識し，知識を一般化するための知識

　分野を超えて横断的に安全問題の全体像を把握・理解するには，対象を共通に認識・表現するための視座（フレームワーク）が必要である．

　そこで本書では，その視座に，対象をシステムとして認識するシステム思考（システム的なものの見方，考え方）を基本とするシステムズアプローチ（systems approach）を据える．これは解釈論的アプローチである．

　加えて，分野を超えて安全を実現・確保するための知識は，一般化されたものでなければならない．知識を一般化・普遍化するには「抽象度を上げる」ことが必要である．それには，一段高い視点から全体を俯瞰して見通さなければならない．つまり，知識を一般化するための知識としてもシステムズアプローチが適する．

　一言で"分野横断のより広い立場から"といっても，視点と立場を具体的に限定しなければ，共通化を図ることは容易ではない．そこで，考察の対象とする範囲を広い分野とするように一般化して，対象を｛人工物（ハードウェアやソフトウェアを含む物理的要素，危険物），人間（人的・組織的要素），環境（人工環境，自然環境）および社会的要素から成るシステム｝として統一的に捉える（図2-2参照）．もちろん，社会–技術システムもこれに漏れるものではない．

　以上の詳細は第4章「分野共通化の思想」において述べる．

## (2) 安全の実現・確保の基軸となる概念や思想を導き出す知識

　最初に安全の定式化を行い，それに基づいて安全の基本概念を組み立てて，そこから対象分野を超えて安全を実現・確保するための基軸となる思想を導き，システム安全学を形作る思想を明らかにする．この詳細は第3章に述べる．

　次いで，分野に共通する概念としてリスク概念を第5章に，事故の概念を第6章に述べる．事故の概念は，事故という事象の理解，安全の実現・確保の裏支えとなるので，これも共通なものとなる．

## 2.4 システム安全学の基本思想と知識体系の概要

　本書のシステム安全学は，上述のアプローチに基づいて，安全の定式化，共通化概念などから導き出した思想を基に，体系的に構築したものである。

　システム安全学の全容は次章以降での論考から定まるのであるが，後に続く各章の内容の把握を助け，理解を深めるために，それに先立ってここに結論的に述べておく。

　システム安全学の基本思想は，①分野横断化を図るための分野共通化の概念（第4章）と，安全基本概念（第3章）から導かれる次の②～⑥，②分野に共通する概念（第5章，第6章），③リスクベースの管理思想（第7章，第8章），④システムに安全方策を造り込むための工学的思想（第9章），⑤安全性を事前解析するための工学的思想（第10章），⑥安全問題と社会との相互作用（第11章）である（図3-8参照）。

　それでは，安全の実現・確保，あるいは安全問題の解決を図るための学問であるシステム安全学における知識は，少なくともどのような知識から成るのであろうか。それは，上の6つの基本思想を具体的に知識に展開し，体系的に組み上げたものである[11][12]。これについても，次章以降に先立って，結論的に箇条書きで示しておく。これらの詳細内容は関係する章において述べられている。

① 安全問題を包括的・全体論的な立場のアプローチで考える知識
② 安全を管理するための知識
③ 安全を実現・確保するための知識
④ 安全という価値をシステムに造り込むための技術・方法を扱う知識
⑤ 人の行為を理解するための知識
⑥ 安全と社会との相互作用を考える知識

　なお，次章以降に述べられたシステム安全学の専門知の体系を教育カリキュラム（案）の形態にまとめたものを本書の「おわりに」に示してある。あわせて，それら専門知は，第1章に図示した現代の安全問題の構造（図1-2）にお

けるシステム要素およびサブシステムの問題，ならびにシステム要素間やサブシステム間の隙間の問題の解決に必要な知識となっている．つまり，システム全体としての安全を実現・確保する役割を果たすものとなっていることを示してある．

　システム安全学はすぐれて問題指向的であって，個別分野における具体的対象の安全の実現・確保や安全問題を解決するには，システム安全学における分野横断的な基本概念・思想，知識からスタートして，対象としている安全問題の解決に取り組むなかで，これまでの個別分野の安全に関する専門知識や知見を有機的に結合させるというプロセスを踏むことが必須となる．ここにおいて，「システム安全学」と既存の個別安全工学，法・規格類とが有機的に結び付けられる．なお，後者の個別分野の安全工学，特定分野の実務に関わる知識や法・規格類については，これまでに多くの出版物がある．

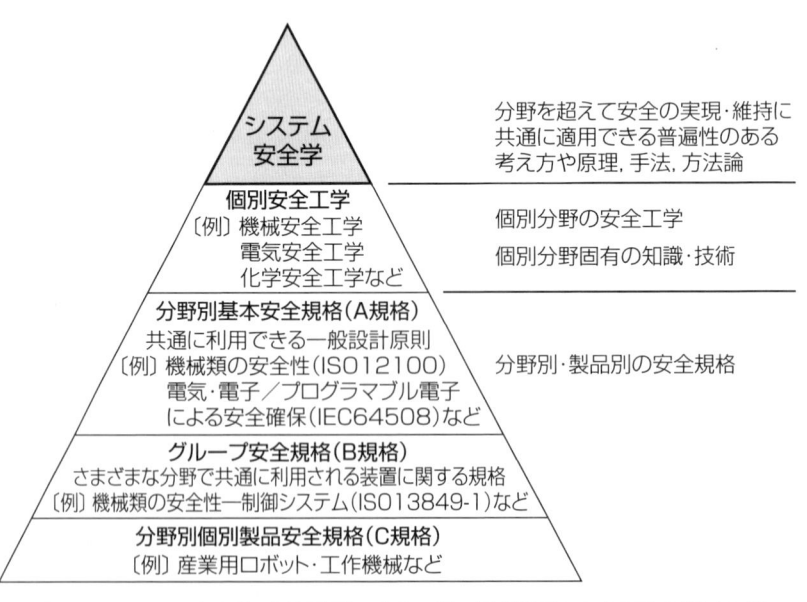

ピラミッド図：

- システム安全学 — 分野を超えて安全の実現・維持に共通に適用できる普遍性のある考え方や原理，手法，方法論
- 個別安全工学　〔例〕機械安全工学，電気安全工学，化学安全工学など — 個別分野の安全工学／個別分野固有の知識・技術
- 分野別基本安全規格（A規格）　共通に利用できる一般設計原則　〔例〕機械類の安全性（ISO12100），電気・電子／プログラマブル電子による安全確保（IEC64508）など — 分野別・製品別の安全規格
- グループ安全規格（B規格）　さまざまな分野で共通に利用される装置に関する規格　〔例〕機械類の安全性—制御システム（ISO13849-1）など
- 分野別個別製品安全規格（C規格）　〔例〕産業用ロボット・工作機械など

図2-3　システム安全学，個別分野の安全工学，個別分野の安全規格の階層の例

以上をまとめると，システム安全学とこれまでの個別分野の「安全工学・技術」および安全規格との関係は，図2-3に示すような階層構造として表せる。システム安全学は分野を問わず成立するものであるが，個別安全工学や安全規格は各論的なものになる。図には，機械分野を例として機械安全の国際規格を示してあるが，他の分野でも階層構造に変わりはない。

これまでの考察から明らかなように，システム安全学は社会の価値観の動的な変化や他の領域の学問や技術の発展のなかでつねに成長していく学問であるといえよう。

## 2.5　システム安全学の対象問題

安全問題の解決において，根本原因と結果の間の因果関係が意味を持つのは，根本原因が原理的に制御可能な場合である。このことから，システム安全学が対象とするものは，安全問題の担当者（安全技術者・安全管理者）が技術的に変更あるいは制御可能な問題である。これには，安全に関わる組織の問題や技術的な不法行為，社会との接点における問題も含まれる。たとえば，技術システムの安全問題，環境問題，生活用製品の安全問題，健康・医療の安全問

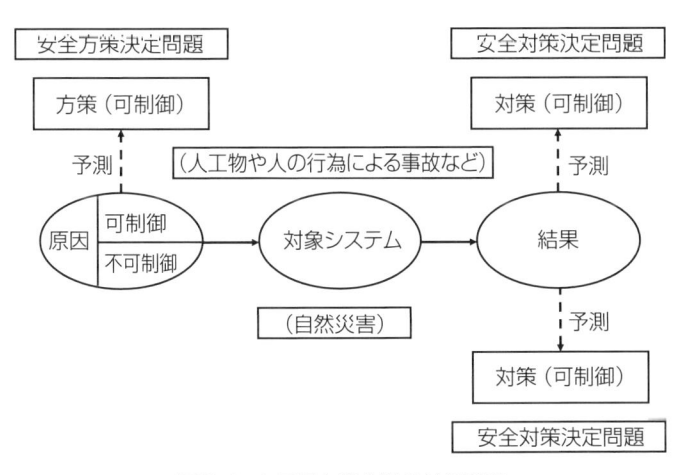

図2-4　システム安全学の対象問題

題，遺伝子操作の安全問題，情報セキュリティやソフトウェア安全の問題，都市の安全問題，交通安全問題などが挙げられる。この場合の安全問題は，図2-4 に示すように，原因，原因から結果への過程，結果を予測し，最小の被害に留める安全方策を決定する問題となる [11][12]。

自然災害では，その原因となる自然事象の生起は制御できないが，いかなる安全対策を採るかによって被害結果は異なる。安全対策は制御可能であることから，この場合の安全問題は，原因の発生と規模，結果を予測し，最小の被害に留める安全対策を決定する問題となる。

このように，システム安全学が対象とするものは，安全担当者（安全技術者・安全管理者）が技術的に変更あるいは制御可能な問題である。安全担当者には手が届かない以下のような問題は，システム安全学の対象に含めない。

- 天災は直接的には含まないが，災害防止は含む
- 戦争，テロ，サボタージュは直接的には含まないが，災害防止は含む
- 経済的なリスク問題は含めない
- 国家の安全保障問題は対象外である

## 2.6　システム安全学の位置付け

本書のシステム安全学の学問分野における位置づけを図 2-5 に示す。

科学は，図に示すように，大きく自律科学，産業科学，生存基盤科学に区分できる [13]。生存基盤科学とは，人間の生存に関わる基盤についての知識を得ようとする科学である。防災・環境などに関する学問はその典型である。生存基盤科学の特徴の一つは，伝統的な科学の方法論の枠からはみだすことである。仮説検証のループが閉じず，モデルに基づいて解析やシミュレーションを行った結果を実証することはできない。解析やシミュレーションはモデルの実証のためではなく，社会的意思決定を支援するために行われる [14]。その意味で，本書のシステム安全学の科学と工学における位置付けは，生存基盤科学に属するものとなる。

図2-5 システム安全学の位置づけ

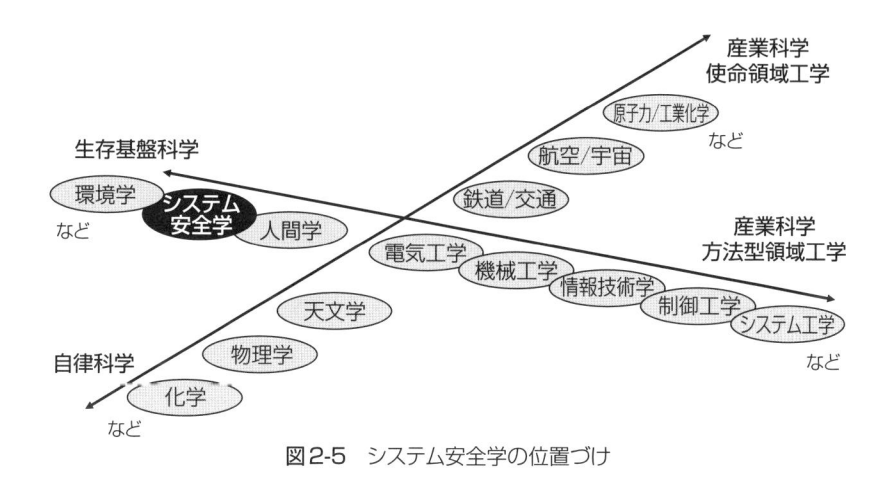

## 参考文献

[1] 林喜男：システム安全，安全工学，第18巻，第6号，1979年
[2] DoD：MIL-STD-882 A Standard System Safety Program for Systems and Associated Subsystem and Equipment: Requirement for, 1969.
[3] NASA：NHB 1700-1 (Vol.3) NASA Safety Manual, System Safety, 1970.
[4] L. Frank：Loss Prevention in the Process Industries, Vol.1 and 2, Butterworths, 1980.
[5] N. Leveson：White Paper on Approach to Safety Engineering, http://sunnyday.mit.edu, 2003.
[6] 日本規格協会・信頼性数理分科会編：安全性工学入門，日本規格協会，1971年
[7] 中村林二郎：安全工学原論を待望する，安全工学，第18巻，第5号，1979年
[8] 柚原直弘，T. S. Ferry：システム安全と米国における安全性に関する活動（その1），日本航空宇宙学会誌，Vol.29，No.328，1981年
[9] 村上陽一郎：安全学，青土社，1998年
[10] T. P. Hughes：Technological momentum. In M. R. Smith, & L. Marx (Eds.), Does technology drive history?: The dilemma of technological determinism (pp.101–113). Cambridge, MA, MIT Press, 1994.
[11] 柚原直弘，氏田博士 他：安全学を創る，日本大学理工学研究所所報，第100号，2003年
[12] 柚原直弘：安全学の構築に向けて，電子情報通信学会誌，Vol.88，No.5，2005年
[13] 吉川弘之：テクノグローブ，工業調査会，1993年
[14] 現代科学技術と地球環境学・第1章，岩波講座「地球環境学」第1巻，岩波書店，1998年

# 第3章

# 安全の基本概念

　本章では，まず分野に拠ることのない安全の定式化を行い，そこから安全の概念と安全性の概念を定義し，次いでそれに基づいて分野横断で安全を実現するための5つの基本概念を導く。それらは，安全の基本概念から導かれる，①分野に共通する概念，②リスクベースの管理思想，③設計時にシステムに安全方策を造り込むための工学的思想，④システムの安全性を事前解析するための工学的概念・手法，⑤社会との関わりに関する諸概念，である。

　なお，本章では便宜上，システムならびに複雑性に関する用語を未定義のまま使うが，それらの詳細は第4章で述べる。

## 3.1　安全と安全性という用語について

　Safety という言葉が「安全」あるいは「安全性」と訳されていることによるのか，たとえば機械安全，機械安全性といったように，「安全」と「安全性」が混同して用いられていることが多い。しかし，"安全"と"安全性"はまったく異なる概念である。この両者に違いがあることは，たとえば safety valve（安全弁），safety glass（安全ガラス），safety zone（安全地帯），road safety（道路交通安全），safety standards（安全基準/安全規格）という用語はあるが，「安全性弁」「安全性ガラス」「安全性地帯」「安全性規格」のように使われないことからも窺える。

　さらに，「性」にも2つの字義がある。漢字源によれば「性」は人や物に備わる本質・傾向であり，広辞苑では「性」は（多く接尾語的に）物事のたち・傾向とされている。「本質」は，それを取り去ってしまうと，その物事が成り

立たなくなるような，その物事にとって最も重要な性質である。一方，「傾向」は性質・状態などが一定の方向に傾くこと，またはその具合，傾きである。接尾語的に使われる傾向の意としての「性」は，「程度あるいは度合」を表してもいる。たとえば，「生産性（productivity）」や「利便性」の「性」である。ちなみに，「生産性」は生産過程に投入された労働力その他の生産要素が生産物の産出に貢献する程度である。さらに，「性」の本質の意味での使われ方は対象事物全体に及ぶ本質を指し，「傾向」の意のほうは個別事物を対象としなければ議論は成り立たない。

　ところで，安全は化学物質の性質のようにもともと備わっている性質ではなく，価値観の下に対象物に造り込むものなので，人工物の安全を対象にした場合の「性」は「本質」のほうではなく，もっぱら「程度あるいは度合」を指すものと考えるのが妥当である。たとえば，「自動車の安全を向上させる」は正しくなく，「自動車の安全性を向上させる」である。それは，自動車の安全の程度を向上させる（損害や被害が発生する可能性を低くし，損害や被害の大きさを小さくする）ことである。そして，「安全な自動車」は「安全性の高い自動車」を意味しているのである。

　同様に，"問われる航空機/原子炉の安全"と"問われる航空機/原子炉の安全性"の意は異なるものであり，前者はそれを安全としてよいかを問うものであり，それに答えるにはその安全の度合い，つまりその安全性でよいかどうかの評価・判断をしなければならない。一方，後者はその安全性でよいかを問うものであり，それに答えるにはその安全性を安全としてよいかどうかの評価・判断をしなければならい。

　このように，どちらの問いでも用語"安全と安全性"が対をなし，どちらが評価・判断の対象となるかの違いだけである。このことが安全と安全性が混同されていることの一因かと思う。

　さらに，前者は航空機/原子炉と呼ばれる対象全体に対して成立するとしても，後者はある特定の航空機/原子炉を対象としなければ議論できない。よって，より厳密な議論をするには，文脈に合わせて両者を峻別して用いることが肝要である。

　このため，本書では「安全」の概念と「安全性」の概念を明確に定義する。

そして，本書では「システム安全」と「システム安全性」という用語を使い分ける。

## 3.2　安全の定式化と定義

　本書の対象である人工物の安全ならびにその実現を考えるには，まず安全（safety）という概念を明確にしておく必要がある。安全にもさまざまな定義がみられる。広辞苑では，安全とは"安らかで危険のないこと。平穏無事""物事が損傷したり，危害を受けたりするおそれのないこと"とされている。このように，安全は身に降りかかる物事が起こらなかったことによってだけ表面化するものであり，健康は失って初めて実感できるのに似て，安全は実際に見える事故が発生するまでは具体的実体として捉え難い。まさに"無形は，有形を借りて姿を表す"のとおりのものである。

　人工物に対する安全の分野でよく引用されるのは，JIS 規格や安全側面を定めた安全規格の指針（国際規格 ISO/IEC Guide 51:1999）における定義である。JIS Z 8115:2000 では，安全（safety）は"人への危害または資（機）材の損傷の危険性が，許容可能な水準に抑えられている状態"と定義されている。ここでの危害（harm）は「身体の傷害，または所有物及び環境のき損によって直接又は間接的に生じる人の健康逸失」とされ，対象が人だけに限られている。一方，ISO/IEC Guide 51（JIS Z 8051:2004）[1] では，安全（safety）は"受容できないリスクがないこと"と定義されており，安全はリスクという概念を介してしか定義できないことになる。このリスクとは「危害の発生確率及びその被害の程度の組み合わせ」，危害（harm）とは「人の受ける身体的傷害もしくは健康被害，または財産もしくは環境の受ける害」とされ，人に加えて財産，環境も対象になっている。この定義で問題になるのは，リスクにおける「危害の発生確率及び被害の程度」が既知でないこと，受容できないリスクというのは「誰にとって受容できない」のかである。ISO/IEC Guide 51 には受容できないリスクの定義はなく，許容可能なリスク（tolerable risk）が，社会における現時点での評価に基づいた状況下で受け入れられるリスクとされているのみである。

以上の定義は，これらが確定できなければ成り立たない定義となっている。

さらに，受け入れ不可能なリスクはないという表現は，リスクがないことを言っているわけではないので，事故や損傷といった不安全な事象が起こることもありうることを含意している。

なお，2002年に発行されたリスクマネジメント用語規格（ISO/IEC Guide 73:2002）を改定した ISO/IEC Guide 73:2009 では，リスクが再定義されて，リスクは「事象の発生確率と事象の結果の組み合わせ」，結果は「事象から生じること」と新たに定義されている。そして，事象の結果には好ましくない影響と好ましい影響の両方が含まれ，また，期待値から乖離しているものとなっている。このように結果が好ましくない結果だけに限定されなくなったが，安全に関するリスクを考える場合は，結果はつねに好ましくないものであるので，従来どおり，好ましくない影響だけを考えることとされている。

Leveson は，工学用語の定義にはポストノーマルサイエンス（科学では決着がつけられない状況）の概念を含むべきでないとして，受け入れ可能な損失というような観点から安全を定義する考え方に異議を唱え，安全は「事故や損失がないこと」であると定義し，この理想にどれだけ近いかを決定することが最もわかりやすいと述べている [2]。

また，日本学術会議 人と工学連絡委員会 安全工学専門委員会が平成12年3月に報告した「社会安全への安全工学の役割」では，「安全」を「外的事由により心身の安寧が損なわれないでいる状態，および自己が所有する経済的価値をもつ物品の価値の減少や損失が発生しない状態」としている [3]。ここでは，損失評価の対象が自己の物品だけに限定されている。

以上に対して，米国軍用規格 MIL-STD-882E:2012 における安全（safety）の定義は"人の死傷，職業病，機器や資材の損傷または損失，あるいは環境への被害を起こす状態がないこと"で，より明確である [4]。NASA/SP-2010-580 System Safety Handbook では，回収不可能な宇宙機のようなシステムに対しては，この"機器や資材の損傷または損失"を"ミッション目標の劣化あるいは喪失"に変えると意味がわかるだろうとしている [5]。さらに，古くは，人や

資材が置かれる環境という視点から、安全は"人あるいは物品の置かれる環境が、予期しない事象や不注意による事象で、人の死傷や物品の破損を招くものではないことの保証"とした定義も見られる[6]。ここでは、特定の人とか人数を問うていないことに注目しなければならない。

以上から明らかなように、とりわけJIS規格やISO/IEC Guide 51の安全の定義は、安全の定義というよりも、むしろ安全性の評価に近い。すなわち、対象についての十分な知識を持った人が、実務の場面で使用する評価・判断の尺度として利用する視点に立った定義、つまり「これをもって安全と判断する」という意思決定の拠りどころの感が強い。その理由は3.8節で述べる。

いずれにしても、以上の定義には安全の本質的特性が陽に表されてはいない。なぜならば、これらの定義における状態というのは、人が価値観の下に英知を働かせて実現するもので、化学物質の性質のようにもともと対象物に備わっている性質でも、自動的に生成されるものでもない。本来、存在するのは潜在的危険源だけである。

つまり、安全は日常的に英知を働かせ続ける不断の活動の結果として実現された状態なのである。であるから、安全の本質（概念）は、安全の実現を図る活動の動的過程（プロセス）のなかにこそ認められるのである。

そこで本書では、その活動の動的過程を表出させるように安全を定式化し、安全を定義する。

(1) 安全の定式化

以上の考察を基にして、秋田による安全の定式[7]も参考にして、安全を次のように定式化する。

安全とは"我々を取り巻く物理的人工物や人、組織、資源、環境によって構成される人工的自然（拡張された自然）において、現存していないが、将来において起こりうる危険源（potential hazard：ハザード）に対して、人の英知という内的要素を作用させる不断の活動によって実現されていると判断されるハザードと英知とが動的に平衡している現実の状態（dynamic equilibrium state）"である[8]。すなわち、この動的平衡状態とは、ハザードが顕在化する

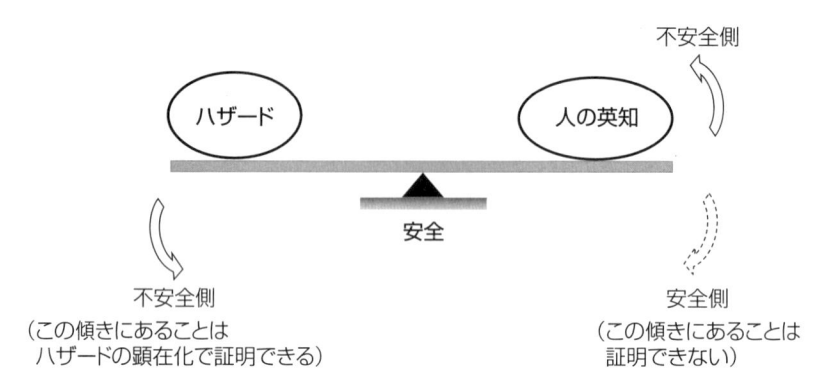

図3-1 安全という状態（動的平衡状態）

のを人の英知によって抑え込んで，「現時点において，人の負傷または死亡，あるいは機器・資材の損傷または損失，環境被害の発生がない状態にある」ことをいう。このイメージを図 3-1 に示す。

　ここでいう英知とは安全に関する学術知と実践知，ならびにそれらの応用を図る知識や知恵のことである。

　動的平衡（dynamic equilibrium）とは自然科学分野で使われる言葉で，たとえば，作用する力や正・負の反応速度が釣り合っている，系への入・出の速度が同じであるなどのことで，状態が時間的に変化しないことをいう。動的平衡状態の意味は，自動車が半径 $R$ の道路を外側にも内側にも外れることなく高速走行している様子をイメージすればわかりやすいだろう。この状態が実現するのは，自動車に作用する遠心力とタイヤが発生する向心力とが，そして自動車に作用する抗力とエンジンによる駆動力とが，それぞれ釣り合っているからである。遠心力もタイヤが発生する向心力も自動車が動いていることによって発生する力である。この状態が動的平衡状態である。いま，この状態にある自動車が極めて滑りやすい路面の道路（要因）に急にさしかかった場合には，運転者が何の操作（英知）も加えなければ自動車は道路から外側に急激にスリップ（ハザード）して不安全な事態になる。平衡状態は崩れたのである。平衡状態を崩す要因は他にもある。たとえば，運転者の判断ミスや操作エラーによっても平衡状態は崩れる。このように，現時点で実現されている動的平衡状態

は，時々刻々と変化する過程のなかでの一時的な状態に過ぎないのが一般的である。

ハザードという概念にもさまざまな定義がある。機械類の安全性に関する規格（JIS B 9700-1:2004）では，ハザードとは"危害の潜在的根源"とされている。もともと，この潜在的の意味は原文「potential hazard」の potential の邦訳で，"現存はしていないが，将来において起こりうる"ということであるが，"外には現れず，隠れている"と読み取れる誤った説明が多い。

しかし，この規格では，無人の荒野に置かれた爆発物も，墜落したとしても人や対象物が置かれた環境には影響がない空域を飛行している航空機もハザードということになってしまうという問題がある。つまり，ハザードは第4章に述べるシステムの境界にも依存するということである。また，将来の可能性であるので，ハザードは，人や対象物が置かれた環境や条件に関係するかどうかを考慮して定義されなければならない。

JIS B 9700-1 に対して，MIL-STD-882D（2000）ではハザードを"人への傷害，病気あるいは死亡，機器や資材の損傷または損失，あるいは環境への被害を引き起こす現実の状態あるいは将来起こりうる状態"と定義している。さらに，この改訂版の MIL-STD-882E（2012）では，ハザードは"人の死傷，職業病，機器や資材の損傷または損失，あるいは環境への被害をもたらす想定外の事象あるいは一連の事象（すなわち mishap）を引き起こす現実の状態あるいは将来起こりうる状態"と定義が変わっている。つまり，882E では，ハザードは"mishap を引き起こす現実のあるいは将来起こりうる状態"となった。また，mishap の定義も，882D の"死亡，傷害，職業病，装備や資産の損傷あるいは損害，環境への被害をもたらす予想外の一つの事象あるいは一連の事象"から"意図しない死亡，傷害，職業病，装備や資産の損傷あるいは損害をもたらす一つの事象あるいは一連の事象"に変わっている。882D には mishap リスクを"mishap の潜在的過酷さと生起確率の観点による mishap の影響と可能性の表現"とした定義があったが，882E ではこの定義がなくなり，代わりにリスクの定義"mishap の過酷さと mishap が起こる確率の組み合わせ"が加わっている。なお，ハザードと mishap の用語はともに用いられている。

しかしながら，損害や被害をもたらすのは状態や事象に限られないので，本

書ではハザードをより広く，"人に対する障害や健康被害，または人が価値を置く対象や環境に対して被害をもたらす可能性を持つ実体，状態，行為，現象といった外的危険要素"のことと定義する。

ヒューマンエラーは人自体に含まれる危険要素として，また原子力発電所のような社会の基本的インフラストラクチャーにおけるハザードは環境におけるハザードとしても認識しなければならない。

日本語では一般に危険という用語が使用されているが，英語ではハザード（hazard），ペリル（peril），デンジャー（danger）などに区別されている[9]。ペリルは損害を現実に発生させる差し迫った危険事態を，デンジャーは一般的な危険事態を指すもので，ハザードとは異なる。

また，一般に安全の反対語は「危険」と言われることが多いようであるが，そうではなく，「安全」の反対は「不安全（unsafe）」という状態である。つまり，不安全（unsafe）とは"ハザードが顕在化して，人の負傷または死亡，あるいは機器・資材の損傷または損失，環境被害が発生すると判断される危険な状況（circumstance）に曝されている状態"である。

以上の定式に基づいて，安全を次のように定義する。

(2) 安全の定義

安全（safety）は"ハザード（現存しないが，将来，起こりうる危険源）に対して学術知や実践知を不断に適用する知的活動によって，ハザードと人の英知との動的平衡が一時的に実現されていると判断される現実の状態，すなわち人の負傷または死亡，あるいは機器・資材の損傷または損失，環境被害の発生がない一時的な現実の状態（state）"である。

動的平衡状態，つまり安全は，事故や損失が起こっていないことによって認識される現実の状態である。この安全の定義は，前述の Leveson の安全の定義とも符合する。

3.3 節の安全の性質および 3.7 節のリスクの概念で述べるように，安全は客観的に担保された根拠に基づく概念ではない。つまり，どの程度の損失や被害を，損失や被害として認識するかによって，ハザードと英知との平衡の判断基準が異なることになる。すなわち，安全の価値は「相対的」なものであり，決

して「絶対的」に定まるものではない。したがって，その判断は個人によっても，あるいは個人にとってか集団もしくは社会にとってか，によっても異なる。

以上のように安全は状態であるので，実体・物では定義できない概念である。たとえば，「安全な自動車」は「安全性の高い自動車」の言い換えにしか過ぎないのである。また，定義における現実の状態というのは，安心のような心の状態ではない。

次に，このように定義された「安全」についていくつか補足しておく。

- 安全（安全という現実の状態，安全な状態）は，最初から自然と存在するものでも，自生や自己組織化するものでもない。存在するのはハザードだけである。ハザードが存在している状況は，すでに「安全」ではない。また，安全は一時的な状態にしか過ぎないので，一度実現されてもそのまま保たれ続けることが保証されるものではない。
- ハザードと人の英知との平衡状態は非対称性を持つ。すなわち，不安全は一つのハザードの顕在化だけで証明できるが，安全はすべてのハザードの除去あるいは制御されていることでしか実証できない。また，平衡状態は，少なくとも英知が負けていないことを示しているだけで，どれだけ勝っているかを示してはいない。つまり，いくら英知が勝っていても平衡状態にある（不安全事象が起きていない）としか認識されないのである（図 3-1 参照）。
- 安全の定義自体には，誰にとっての安全か，個人あるいは社会を対象とするのかといったことを含む必要はない。なぜなら，それはまさに安全性の定量・評価の問題なのである。
- 安全は状態であるので，目標になっても目的にはなりえない。
- 安全は状態そのものなので，安全の定義は時制には無関係に成立するものである。過去に平衡状態が保たれていたとすれば，過去においては安全という状態にあった。過去に事故があっても，その影響が現在に及んでいなければ，現時点は安全という状態にある。また，現時点で事故でなければ，現時点は安全という状態にある。さらには，安全の概念は将来についても成り立つ。たとえば，自動車の予防安全技術の一つである

自動ブレーキは，現時点では衝突事故が起きているわけではないが，ごく短時間先の将来の状態を現時点で予測してみると衝突事故（不安全な状態：ハザードの顕在化）になる可能性が高いと判断して，現時点でブレーキを作動させて，将来の安全という状態の実現を現時点で図るものである。このことは，兆候ベースの安全診断でも同じである。

このように，安全の定義は，過去とか，現在，将来といった時制によって変わるものではなく，時制とは無関係に成立する。

- 安全は，幸福や平和，好き嫌いと同じように，望ましいかどうかの対象になる特質でもあるので，主観的な価値と捉えることができる。よって，視点と立場が異なれば価値の対立が生じることにもなる。さらに，価値は時代，文化，環境，状況によって変化する一種の社会的状態でもあって，文明的な側面を持つ。つまり，この平衡状態は「一種の社会的・動的状態」でもあるので，社会という視点から捉えることが必要になる[7]。

それゆえに，安全に関する問題の多くには価値判断や社会的合意が枢要となるので，もはや従来の伝統的科学（normal science）に基づく問題解決は不可能で，ポストノーマルサイエンス（post normal science），あるいはトランスサイエンス（trans science）と呼ばれる状況での問題である[10]。

トランスサイエンスは米国のオークリッジ研究所の核物理学者・原子力工学者であるアルビン・ワインバーグ（Alvin Weinberg）が提唱したもので，"科学に問うことができるが，科学が答えることができない問題"を指す造語である[11]。

ここに，システム安全学が安全を社会との関わりで捉える思想を含まなければならない根拠の一つがある。なお，社会との関わりについては第5章「リスク概念」ならびに第11章「安全問題と社会との相互作用」で述べる。

## 3.3 安全の性質

さて，安全という状態は，当たり前の状態としてもともと存在するものでも，自動的に実現されるものでもなく，自己組織化されるものでもない．安全は想定したハザードに対して学術知や実践知を不断に適用する知的活動によって，人が作り出すものである．それでは，この安全という状態の性質はどのようなものなのだろうか．それは，上述した動的平衡状態の性質，すなわち「安定性（stability）」を調べることで明らかにできる．

本書の対象である複雑なシステムの特性は，つねに変動するダイナミックなものである．その変動はシステム内部の内因的（endogenous）変動と環境における外因的（exogenous）変動の双方に由来する．それらの変動は時間的・空間的に組み合わさったり，相互作用したりするので，変動を予見したり想定するのは難しい．

さらに，システムには平衡状態を崩すような多くの不確かな諸要因による擾乱（disturbance）がつねに作用する．

不確かさ（uncertainty）は「影響は既知であるが，その発生確率は不明である」を意味する概念で，それには大別して2つの種類がある．1つは「構造化されない不確かさ（unstructured uncertainty）」で，根拠や原因がはっきりしない漠然とした不確かさ（曖昧さ：ambiguity）を表している．他の1つは「構造化された不確かさ（structured uncertainty）」で，根拠や原因のはっきりしている不確かさを表す．

このような不確かさを持つ擾乱要因として，技術的要因，人的要因，社会的要因，自然環境要因が考えられる．安全の実現においてとりわけ問題となるのは「構造化されない不確かさ」を持つ擾乱である．そして，それらの多くは，我々が完全には想定・網羅することができないハザードやハザードが顕在化するプロセス，個人や集団などに由来するものである．

したがって，予見ならびに想定しえなかった，あるいは想定はしたものの考慮に入れなかった不確かな諸要因による擾乱（disturbance）を受ければ，安全という状態，すなわちハザードと英知との動的平衡状態は必ず崩れる．それに対して何がしかの適切な対応策が講じられない限り，ハザードが顕在化し，不

安全な状態が生起する。そして，状態はシステム設計や運用の際に想定された範囲外にまで遷移していき，災害や事故を招くことになる。

このような特質の平衡状態はひとたび崩れてしまうと，自動的，自律的に元の平衡状態に戻ることは絶対にないのである。このような性質を持った平衡状態を「不安定な平衡状態」という。

このように，安全という状態は絶対に不安全側にしか崩れないという"不安定な特性：静的不安定"を持つものである。静的不安定なシステムは"動的に不安定な特性：動的不安定"も持つので，運転・運用時にひとたび動的平衡状態が崩れてしまうと，自動的，自律的に平衡状態に戻ることはないのである。したがって，平衡状態に戻す何らかの対応を加え続けない限り，時間と共に状態は悪化していき，ついには被害や損害が発生する事故に至ってしまう。

このことを図示したのが図3-2である。

システムに潜在する事故に結びつく要因を漏れなく想定できなかった，あるいは想定はしたものの考慮に入れなかったという意味での「想定外」はつねに

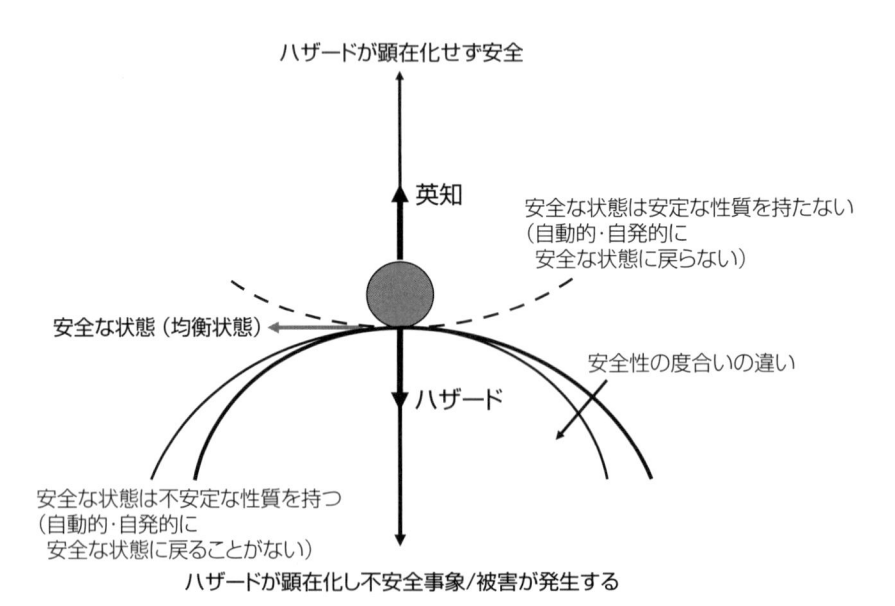

図3-2 安全の性質

ありうる。安全といっても事故が起こる可能性はつねにある。このように，安全は一次的なもので，絶対に事故は起きない，事故の起きる可能性はないことを意味する「絶対安全」は本来存在するものではない。

よって，「絶対安全」や「絶対安全が目標」などという安易な発想や要求は，時には不具合情報の隠匿や事故隠し，安全情報（安全に関する情報）の透明化への妨げにつながることを肝に銘ずるべきである。

## 3.4 安全管理が基本

上に述べたような性質を持つ安全は，システムの計画→設計→製作→運用→廃棄までのライフサイクルの各フェーズにおいて学術知や実践知を不断に適用する能動的な知的活動によって実現・保持されるものである。この活動が安全管理活動（safety management activity）に当たるものである。

さて，日本語で管理や運営，経営などと訳されるマネジメントは，規範に従って指示・命令によって集団をまとめていく行動といった意味が強い。しかし，本来の意味は，それらとニュアンスが異なっている。マネジメントの意味は，「望ましいとする目標」を設定し，適切な「方法・手段」を定め，それを実行して，その目標を達成していく動的活動である。このプロセスにおける一つ一つの行為が確実に実施されなければならないので，そのためのチェックも必要となる。

つまり，安全管理（safety management）とは，「望ましいとする目標」を安全性目標に設定し，その安全性目標を達成・維持するための適切な「方法・手段」を定めて，それを実行していく動的活動である。この安全管理活動は，不安全事象や事故の発生を予防するだけでなく，運転・運用時に不幸にも起こった不安全な状態を再び安全な状態に回復させる知的活動にも及ぶのである。

安全管理をこのように捉えると，安全管理という概念は制御という概念そのものであると認識することができる。3.9節に述べてあるように，制御の概念は「ある目的に適合するように対象となっているものに所要の操作を加えること」である。つまり，安全管理は，制御可能である組織（システム）における各種活動を調整して，制御不可能な変動と残存リスクが存在する対象システム

の安全を実現・確保することとなる。そして，その安全管理の礎には3.9節に述べるサイバネティックアプローチ（cybernetic approach）が相応しい。これが，"安全管理が基本"という意味である。

また，安全管理を制御と捉えることによって，安全管理と，高度技術システムのハードウェアやソフトウェアにおける制御，オペレーターによる制御とを一連の流れに結合させることが可能となる。

さらに，安全は絶対的な状態ではないことに加えて，技術的にも経営資源的にもすべてのハザードに対応することはできないので，達成可能な安全のレベルを無事故とするのは無理がある。したがって，これまでの「事故ゼロ」を目指す安全管理ではなく，安全管理の思想を「リスクベースの安全管理」に変えなければならない。これについては第7章に述べる。

なお，3.7節にあるように安全性をリスクで評価することから，安全管理（safety management）という用語にリスク管理（risk management）が当てられることもあるが，本書はあくまでも安全を対象としているので，安全管理（safety management）に統一している。

## 3.5 安全の予測

不安全事象（ハザードが顕在化した危険事象）やその生起過程を予見あるいは予測できる場合もあるが，必ず可能というわけではない。複雑なシステムでは，事故に結びつく潜在的要因（causal factor）がつねに存在し，事故には必ずいくつかの潜在的要因が関与していることはよく知られている。そしてあるとき，事故によってそれが初めて明らかになる。もし，事前に不安全な事象やその生起過程を完全に知りうるなら事故は防ぐことができる。

しかしながら，事故から学ぶことが歴史的に続いていることからもわかるように，設計段階で，またときにはその後にあっても，コンピュータ制御や新技術を大幅に採用した高度技術システムにおけるハザードシナリオ（hazard scenario）につながる要因（causal factor）とハザードシナリオを漏れなく同定（identification）したり，技術システムのダイナミックな変化を予測したり，実際に生起する事故シーケンス（accident sequence）を漏れなく想定することは

できないので，事前に対応方策をシステムに十全に組み込んでおくことはできない。これは，不安全に至らしめる可能性のある除去しきれないハザードがつねに存在していると考えなければならないことを意味している。

ハザードシナリオは，事故につながる要因が実際に人や対象物にとってハザードとなる動的な過程の筋書きで，発生する中間の事象や状態の遷移をその条件，タイミング，動作などと共に表したものである。たとえば，ドライバーにとって自車両の横転はハザードである。この場合のハザードシナリオの一つは，車両の横転を引き起こす要因（路面の凍結）から横転という状態に至る動的過程の筋書きである。中間の事象には急激なハンドル操作，状態にはスリップなどがある。したがって，ハザードシナリオを断ち切ることができれば，ハザードとして顕在化することはない。これが，ハザードの除去や制御ということである。

事故シーケンスは，事故に至らせるいくつかの条件や小さなトラブル，操作ミスといった一連の出来事の組み合わせにおける発生順序，発生のタイミングなどを表したものである。

できることは，学術知や実践知を活用して，事前にシステムの計画→設計→製作→運用→廃棄までのライフサイクルの各フェーズにわたって，事故につながる要因，ハザードシナリオとその影響を可能な限り予測・解析（徹底した事前解析）して，あらかじめ制御策（要因の除去・ハザードシナリオの制御を行う安全設計）を施し，管理手続きを通じてハザードの管理を行うとともに，万が一の事故に対して被害の最小化を図るための方策を事前に徹底的に検討しておくことである。このアプローチが，システム安全学の工学的思想の根幹である。システム安全学における工学的思想は第 9 章，第 10 章に述べる。

つまり，安全の実現にとって本質的に必要なのは「リスクに対する感性（risk sense）と予知力」である。それらを養う訓練には，事故事例が役立つ。それぞれの事故の背後には多くの共通因子がある。事故事例を「他山の石」「殷鑑遠からず」として，「リスクに対する感性と予知力」を養う訓練や事故防止に有効に活用するには，事故についての知識を理解しておくことが重要である。それを「事故の概念」と題して第 6 章に述べる。

## 3.6　安全性の概念

　本章の冒頭に述べたように，安全性の「性」は「程度あるいは度合」なので，安全性は安全の程度を表す。安全性の意味するところは次のようになる。

　安全の性質で述べたように，ハザード（hazard）と人の英知との動的平衡状態は静的・動的に不安定である。不安定であるということは，平衡状態がいったん崩れてしまうと，そのままではやがて不安全な事象による被害が発生することを意味している。つまり，安全性は，平衡状態の静的不安定の度合いを平衡状態の崩れやすさの程度で，動的不安定の度合いを予想される被害の大きさの程度で表す概念である。

## 3.7　安全性の尺度：リスクの概念

　それでは，「安全性」，すなわち「平衡状態の静的および動的不安定性を合わせて評価する物差し（尺度）」は何であろうか。評価とは，一般に評価対象の属性，挙動などがいかに目的に合致しているかを，ある価値観に基づいて明確にすることである。著者らは，リスク（risk）の概念がそれに相当するものと考えている。

　その説明に先立って，まずリスクの概念について簡単に述べておく。なお，リスク概念の詳細は 5.1 節で述べる。

　同じリスクという言葉を使っていても，学問分野の違いでまったく異なった意味で使われているので注意が必要である。たとえば，社会学の分野におけるリスク認知ではリスクは「恐れ」という感情そのものであり，リスクコミュニケーションではリスクは政策決定の合意形成過程における 1 つの評価因子の役割である。

　各分野の定義をほぼ集約するものとして，以下の 3 つを挙げることができる。

① 損失を生じる確率
② 事故や災害といった個人の生命や健康に対して危害を生じさせる事象
③ ある事象に対して，その事象が発生する不確実性と事象が生起したことによって生じる損失の大きさを総合的に勘案することによって測られる

量のことである。定量は，ある事象 $E_i$ に対しての影響の期待値，すなわち事象の発生確率 $P(E_i)$ とそれによって生じる損害の大きさ（影響の大きさ）$I(E_i)$ の積を生起事象の数だけ加算したもの：$R = \sum I(E_i) * P(E_i)$ が使われるのが普通である。

経済学者フランク・ナイトは，確率のわかっている環境と確率さえわからない環境は区別すべきであると主張し，確率によって計測できる不確定なことをリスク（risk），計測できないものを真の不確実性（uncertainty）と呼んだ。つまり「リスク」は少しも不確実ではなく，本当の不確実性は確率がわからないもので，過去の生起頻度から割り当てられもしないたぐいのものである。

また，エルスバーグの実験結果によれば，人々は明らかに「確率の与えられた環境」と「確率さえわからないような不確実性」とを嗅ぎ分け，後者のほうを嫌う。このような人の性向を「不確実性回避」と呼んでいる[12]。

経済学や意思決定に用いられるリスクは基本的には①に該当するものである。工学分野では③の定義が使われるのが普通である。安全工学の分野も同様である。ちなみに，ISO/IEC Guide 51 では，リスクは「危害の発生する確率および被害の程度の組み合わせ」，危害（harm）は「人の受ける身体的損害もしくは健康障害または財産もしくは環境の受ける害」と定義されている。

このようにリスクの概念の定義はさまざまなので，本書ではリスクの語源に照らしてリスクの特性を考慮し，リスクを定義する。リスクの語源は「絶壁の間の狭い水路を船で行く」という意味だといわれている。この意味からすると，リスクの対象は人の行為に伴う不安全事象および人の手である程度は制御できる不安全事象に限られ，人の手で制御できない地震や火山噴火といった自然現象の発生そのものはリスクの対象としない（ただし，被害の規模は可制御なので対象となる），確率の範囲には 0 と 1 は含まれないと限定したうえで，リスクを「特定の不安全事象 $E_i$（特定のハザードが顕在化した危険事象）の発生確率 $P(E_i)$ とそれによって生じる損害の大きさ $I(E_i)$ の積を事象の数だけ加算したもの：$R = \sum I(E_i) * P(E_i)$」と定義する。なお，生じる損害の大きさは「特定のハザードによる危害の大きさ」と「その危険事象に暴露される時間と頻度」に依存するので，生じる損害の大きさはそれらの積あるいは和などの関

数で求める。

　以上から，安全性（平衡状態の静的および動的不安定性）を測る物差しにリスク概念が相当することがわかる。つまり「不安全事象の発生確率」は"平衡状態の静的不安定の程度（平衡状態の崩れやすさ）"を測る尺度に対応し，「不安全事象の生起に伴って発生する被害の大きさ」は"動的不安定の程度（それが崩れたときに発生する被害の大きさ）"を測る尺度に対応する。

　しかしながら，リスクの値を求めるとなると，実際にはリスクが未来を予測するものであるという本質のために，正確な定量が難しい，あるいは誤差幅が大きすぎるという問題がある。

　類似の技術システムの故障確率などは過去のデータから定量的に予測することができるが，新技術を使うなど多くの場合では，発生確率と被害の大きさが明確に定量できない。そのような場合には，たとえば発生確率の大きさを「1：発生しそうにない，2：まれにしか発生しない，3：ときどき発生する，4：しばしば発生する」，損害の程度を「1：無視可能，2：軽微，3：重大，4：破局的」といったような重み（点数）付きのいくつかのクラスに分けて，その組み合わせで半定量的にリスクを評価するようなことになる。

　さらに，社会−技術システムには「構造化されない不確かさ」が含まれるので，確率論やリスクを前提することがある程度以上にはなじまないところがある。

　以上のような場合にあっては，確率計算によるリスクの絶対値にさしたる意味はなく，リスクは複数の異なる安全方策の効果を比較するための目安と見るべきであろう。

## 3.8　不安全性の限界：受容可能リスク

　以上からわかるように，受け入れ可能な静的・動的不安全性の限界を指すのが「受容可能なリスク」ということになる。すなわち，絶対安全は存在しない以上，もし平衡状態が崩れたときには，どの程度までの静的・動的不安全性なら受け入れ可能か，つまり，どの程度までのリスクの大きさなら「安全」として受け入れることができるかということである。

これを国際規格 ISO/IEC Guide 51 では安全の定義「安全（safety）は"受容できないリスクがないこと"」としているのである。このことが，3.2 節で，この定義は安全の定義というよりも，むしろ安全性の評価に近い，すなわち「これをもって安全と判断する」という意思決定の拠りどころの感が強いとした理由である。

リスク概念ならびに受容可能リスクの決定については第 5 章で述べる。それに備えて，ここでは受容可能リスクを考える上で必要な基本的なことを述べておく。

いま仮に 2 つの事象 A，B があり，それぞれのリスクは $R_A$，$R_B$ で，$R_A = R_B$ であったとする。ただし，リスクの内容には違いがあって，A のほうは事象の発生確率は高いがそれによって生じる損害の大きさは小さい，一方 B は事象の発生確率は極めて低いがそれによって生じる損害の大きさは極めて大きいものである。果たしてその積が同じ，つまり同じリスクであるからといって，両方を同等に考えてよいものであろうか。判断には，リスクの受容のされ方が，2 つの事象 A，B の影響が及ぶ範囲の広さの違い，影響が続く時間，被害を受ける人数の違いなどによって異なることに注意しなければならない。

発生確率は極めて低くても損害の大きさは極めて大きい場合は，ボパールでの化学プラント事故やチェルノブイリ原発事故，福島第一原発事故に見られるように，その影響は広く地域社会（第 4 章で述べる外部環境に想定された）にまで及ぶのが常である。また，その影響は多くの人々に対して極めて長い期間に及ぶ。このような場合は，人々の生活が成り立たなくなるので，社会的に受容されることは難しい。発生確率は極めて低くても被害が社会規模に及ぶ事象の場合には，社会的受容の問題となる。

したがって，社会的受容を考えると $R_A = R_B$ は成立せず，リスクはそれ以上の致命的な大きさになると認識しなければならない。発生確率は極めて低くても，被害が社会規模に及ぶ事象を想定外とすることはできないのである。

さらに，発生確率は極めて低くても被害が社会規模に及ぶ恐れのある社会-技術システムの社会的受容は，価値の選択と決定に関わる基本的な問題である。しかしながら，安全という価値は，そのときの技術水準，社会的状況，時

代や文化，地域によっても変わる絶対的なものではないので，コスト・ベネフィットやゲーム理論などの多くの意思決定の方法を用いた決定がそのまま社会的な決定にはならない。まさに"How safe is safe enough"の問題である。

つまり，社会‒技術システムの社会的受容という問題は，社会の合意形成の問題に帰着するので，第 11 章に述べるように，社会に対する説明とそれに基づく合意という手続きが必要になる。

したがって，社会‒技術システムの社会的受容の検討には，社会や経済などの価値に関する学問分野の幅広い知識が必要となる。

## 3.9　安全形成の基底

それでは，分野を超えて安全を形成するための共通原理は何に求められるのであろうか。

平衡状態（安全）を実現・確保する働きをなすのが「技術」と「情報・通信」であり，平衡状態が崩れるのを抑制する働きをなすのが「規格や規制のための法」や「安全文化」，「地域性や民族性」などである[7]。

### （1）「技術」と「情報・通信」

本書では，安全を実現・確保するための技術を「安全化技術」と呼ぶ。坂本は，高度技術社会における技術の特徴の一つに，「技術のための技術」がすべての根底にあることを指摘し，「安全化技術」は「信頼性技術」と同様にそのような技術の一つであると述べている[13]。したがって，「安全化技術」が分野横断のシステム安全学の工学的思想の根底となる。これについては第 4 部「工学における思想」で述べる。

「安全化技術」には，安全解析技術，安全設計技術，制御（自動制御，手動制御）技術，情報技術などが相当する。制御技術は，安全の確保ばかりでなく，不安全事象の発生によって緊急事態に至った場合に，安全な状態に回復させるのに不可欠である。制御には情報が不可欠である。

ゆえに，分野を超えて安全を形成するための共通原理には，機械，生物，さらに社会現象にまで及ぶ広範な対象の問題を統一的に論じるための共通原理を

「制御と通信（情報）」とするサイバネティックスに拠って立つサイバネティックアプローチ（cybernetic approach）が相応しい。

サイバネティックスの提唱者である N. ウィーナーは，あらゆるシステムにおいて"制御と通信"のメカニズムが本質的に重要であることを見抜き，著書「サイバネティックス」で，機械的，電気的人工物の問題であろうと，生体や社会組織の問題であろうと，それらは制御と通信と統計力学を中心とする一連の問題に本質的に統一されうるもので，制御と通信理論の全領域をサイバネティックスと呼ぶことにしたと述べている[14]。

しかも，一般的なサイバネティックシステムは入力と出力を持つシステム要素から成る構造として定義される。これらの入出力はエネルギーや物質の流れ，行為，情報である。

以上のことが第4章の分野共通化の思想の根底となっている。

ここに，制御の概念，情報の概念，通信について簡単に記しておく。

- 制御の概念
  JIS Z 8116 では，制御の概念は「ある目的に適合するように対象となっているものに所要の操作を加えること」と定義されている。つまり，制御はシステムや組織における調節や調整，管理という概念である。
- 情報の概念
  情報の概念は定義のしかたにより，さまざまな角度から描き出すことができるが，最も狭い概念でいえば，人や企業の活動，物作り，制御などの特定の目的に対して意味のある事実または知識である[15]。
- 通信
  これはシステムの要素間のコミュニケーションである。

(2) 法・規制や安全文化

「規格や規制のための法」や「安全文化」は，平衡状態を崩れないように拘束する抵抗力の意味を持つ。すなわち，不安定化するのを抑制する働きをなす。

その働きには予防注射のように副作用も伴っている。すなわち，「法・規制」を守ることは最低限の必要条件にすぎないのであるが，それを遵守してさえい

れば安全が保証されるものと勘違いして，それ以上の安全管理活動を怠ってしまうことである．とりわけ規制緩和の社会では，安全を実現・確保する上で，このことに強く留意しなければならない．

なお，法・規制，安全文化のそれぞれについては，第7章「安全管理組織」，第11章「安全問題と社会との相互作用」で述べる．

## 3.10 安全を保つ制御能力に関する概念

### 3.10.1 安全を保つ制御

システムには平衡状態（安全な状態）を崩すような多くの不確かな諸要因による擾乱（disturbance）がつねに作用する．その擾乱要因には，技術的要因，人的要因，社会的要因，自然環境要因が考えられる．そして，その多くは，我々が完全には想定・網羅することができないハザードやハザードが顕在化するプロセス，個人や集団などに由来するものである．

さらに，複雑なシステムの特性は，システム内部の内因的（endogenous）変動と環境における外因的（exogenous）変動によって，つねにダイナミックに変動する．その内因的変動と外因的変動は，時間的・空間的に組み合わさったり，相互作用したりするので，システムの変動を想定するのは難しい．

これまでに述べたように，安全という状態，すなわちハザードと英知とが平衡している動的状態は，静的・動的に不安的なものである．このような特質の平衡状態は，ひとたび崩れてしまうと，自動的，自律的に平衡状態に戻ることは絶対にないのである．

したがって，安全を保つには，何がしかの適切な対応を講じない限り，ハザードが顕在化し，不安全な状態が生起する．そして，状態はシステム設計や運転を考える際に想定されていた範囲の外にまで遷移していき，場合によっては災害や事故を招くことになる．

この"安全を保つようにシステムに適切な対応を講じること"は"制御"，そして適切な対応を講じる能力は"制御能力"と呼べる．

なぜなら，前節に記したように，制御の概念は「ある目的に適合するように

対象となっているものに所要の操作を加えること」と定義されるので，"ある目的"を"安全を保つこと"に，"所要の操作を加えること"を"適切な対応策を講じること"に置き換えれば，制御の概念に当たるからである．

安全を保つための制御は次の 2 つに大別される．

（1）平衡状態が崩れるのを妨げる制御（バランス型制御）
（2）平衡状態が崩れた場合に，安全な状態に回復させる制御（追従型制御）

付け加えて言うならば，一見，前者は Hollnagel の言う Safety-I（日本語訳では，安全ではなく安全性となっている）に，後者は Safety-II に対応するものに見える．

Safety-I は安全に関するこれまでの古典的な見方で，その目的は「物事が望ましくない状態に陥ることを阻止する」ことであって，物事が適正に進展する可能性をより高めることではないとされている[16][17]．このように，Safety-I は状態ではなく，むしろ何らかの制御である．その意味では，Safety-I は「平衡状態が崩れるのを妨げる制御」に該当するものである．

一方，Safety-II は「物事が適正に進む」状態であると定義されている[16][17]．そして，後述するレジリエンスエンジニアリングは Safety-II の観点に立つもので，システムが「予見されていた条件に加えて予見されていない条件下でも，求められている動作を継続する」能力を重視しているとしている[17][18]．このように，Safety-II では，状態といいながら，制御能力が含まれている．このような分類が，Safety（安全）は状態か制御能力かという疑問を生むことになる．また，従来想定されていた「安全」という概念を Safety-I と名付け，Safety-II は新しい安全概念，新しい安全観とした解説もある．しかしながら，Safety-II の概念は 9.4 節に示す国際原子力機関（IAEA）の原子力を対象にした基本安全原則による深層防護（defense-in-depth）の概念に的確に整合するもので，新しい概念であるとは言えない．さらに，静的な安全が Safety-I，動的な安全を Safety-II とした説明も見られる．ところが，平常時においても状態はつねに変動していて，それを許容範囲に抑えているのである．仮に譲歩したとしても，定常か非定常かの違いである．

紛れもなく，Safety-I と呼んでいるのは平常時（通常状態，警戒態勢）のハ

ザード管理に，Safety-IIは非常時（緊急事態，通常状態への復旧）の危機管理に相当するもので，安全管理は本来この両者を包含するのである。ちなみに，深層防護の概念・基本的考え方は，異常事象の制御から非常時の制御までカバーしている。要するに，Safety-IIの観点に立つとするレジリエンスエンジニアリングは，危機管理のための運転員や安全管理者の学習・適応能力の開発や必要な原理・方法，仕組みづくりに力点を置いて危機管理を再ネーミングした位置づけに過ぎないように思われる。

以上に述べたように，Safety（安全）は状態であり，Safetyを上のSafety-IとSafety-IIのように区別することはできないし，Safety-IやSafety-IIは新しい安全概念でもない。むしろ，Safety-IとSafety-IIの分類は，安全化方策を考えるうえでの分類上のネーミングと捉えるべきものである。それにSafetyの用語を当てるのは相応しくない。よって，著者らは，安全の概念自体をSafety-IとSafety-IIに分けるとする考え方には与しない。

以下に，それぞれの制御について説明する。

## （1）動的平衡状態が崩れるのを妨げる制御

安全の定義における動的平衡状態は，脆いものなのであろうか。まれにしか事故が起きないという事実は，実際の運転時における動的平衡状態は，ある程度の許容範囲を持つロバスト（robust）なものであることを物語っている。ロバストは"強健な"とか"頑固な"という意味で，ロバスト性（robustness）は頑強や頑健な性質を表している。

このことは，仮に何かの不都合な状態・事態の発生があっても，不安全事象や損害が生じる前に必要な対応策が取られ，あたかも何事もなかったように「ノーマルオペレーション」が遂行されるのが常態であるということを意味している。

つまり，動的平衡状態のロバスト性は"安全を保つようにシステムに適切な対応を講じること"で実現されているのである。すなわち，適切な制御によってシステムの挙動・状態を安全な範囲内に留めているのが現実の平衡状態であり，これが正常状態なのである。これが，実際の動的平衡状態はロバスト性を有しているということである。

それでは，ロバストな動的平衡状態を実現する制御とは何か。それは，平衡状態を崩すことになる要因を考えることで明らかにできる。まず，平衡状態を崩す要因のいくつかを以下に示す。

- システム設計において想定されなかった事象，あるいは想定はされたが設計には考慮されなかった事象の存在。
- 設計時に想定したシステム特性の変動や擾乱，ならびに運転操作を前提とした名目の（nominal）動的平衡状態は，実際の運転では成立していないのが常である。
- 不確かなシステム特性の変動や不確かな要因による擾乱は，運転員による状態推定や認識における誤差や判断間違い，ひいては操作間違いなどの源になる。
- 運転員が持つ対象システムのメンタルモデルと実際の対象システムとは乖離している。自動車の運転からも想像できるように，人が対象システムを運転するときには，対象システムの物理的構成や状態に関する心的イメージ（メンタルモデル）に基づいて必要な操作を決定する。たとえば，航空機や原子力プラントなどの，コンピュータによる情報処理系をサブシステムに持つ複雑なシステムでは，人が感知しない形で自動制御が行われるので，運転員にとってシステム内部で何が起きているのかを理解するのが難しい。また，複雑なシステムでは，運転員が実行するタスクとシステムが実際に実行するタスクとは大きく異なることになる。これらは，それぞれ評価の淵（gulf of evaluation），実行の淵（gulf of execution）と呼ばれる[19]。一般に，これらの乖離が存在するのが常である。システムが大規模・複雑になるほど，運転員が持つ対象システムのメンタルモデルは運転時の実際の対象システムとの乖離が広がり，ヒューマンエラーが発生しやすくなると考えられる。

そのようなことになれば，素早くメンタルモデルを修正できない限り，どのような行動をとれば思うような結果がもたらされるのか，その行動をとらなければどのような事態に陥っていくのかを正しく予測できなくなる。すなわち正しい状況認識ができなくなるという事態となり，平衡

状態を崩してしまう[20]。
- 設計者や運用者，安全管理者によって予測されていない変動，すなわち残された変動の大部分は次の2つになろう。ひとつは現場での予期できない変動，もうひとつはパイロット，オペレーター，整備員，保守作業員などのシステムにおける人的要素の予測できない行動，つまりヒューマンエラーや違反である。予測・想定されていない変動は，システムを不安全な状態に遷移させ，事故に至らせる潜在的な危険源として残っている。

次に，動的平衡状態を崩す源になるこのような要因に対してロバストな平衡点を実現する制御策を，以下の1，2，3に大別して示す。

1. システム設計時における静的制御
    ① システム特性の変動や不確かな要因による擾乱を想定して，それに対してロバストなシステムを設計する。この考え方をロバスト設計（robust design）という。
    ② 制御系の設計では，想定した範囲内のシステム特性の変動や擾乱があっても，動的平衡状態を保てる制御系を設計する。
        システムにある程度の条件変動があっても，その変動のなかで最悪の場合に対してシステムがロバスト性を持つシステム設計をする。これがロバスト制御（robust control）の基本的な考え方である。
        現代の航空機や原子力発電所，化学プラントなどに代表されるような高度に自動化された技術システムでは，あらかじめ設計者によって，予測可能なほとんどの変動に対して自動的に安定を保つ安全装置，想定したヒューマンエラーに対する安全対策が備えられている。
    ③ 想定したヒューマンエラーによって動的平衡状態が崩れるのを防ぐシステムを設計する。
        平衡状態を崩す主たる要因に，操縦者，運転員，整備員，保守作業員などのヒューマンエラーや違反がある。これに対する制御は，あらかじめヒューマンエラー防止方策をシステムに造り込む安全設計

を行うことである。これについては第9章「技術システムの安全設計」で述べる。

④ 透明性の高いシステムを設計する。
評価の隔たりと実行の隔たりを減らすヒューマンマシンインタフェースを設計する。これについては第9章「技術システムの安全設計」に述べる。

2. システムの運転・運用時における動的な制御
① 不安全な状態への遷移を防ぐ自動制御系を設計する。
ハザードが顕在化する条件と実際に生起する事故シーケンスを可能な限り予測して，その発生を抑制して不安全な状態への遷移を防ぐ自動制御（制御操作を機械によって行う制御）系を設計する。それには，システム同定，異常検知，状態推定，状態診断などの技術が必要である。

② 想定した機器の故障や誤動作，想定したヒューマンエラーによって不安全な状態に遷移したとしても，それから先への進行を防止し平衡状態を保つシステムを設計する。
それには，仮に機器の故障や誤動作，ヒューマンエラーによって不安全な状態への遷移が起こったとしても，それから先への進行を食い止めて事故に至ることを防ぐ，深層防護（defense-in-depth）と呼ばれる概念に基づく安全設計を原則とすること。深層防護は「ハザードが顕在化するプロセスの生起を防止する安全バリア（safety barrier）を多重に設けることにより，システムの安全性目標を達成する」という思想である[20]。安全バリアの設計については第9章「技術システムの安全設計」で述べる。

3. 不測の事態に備える"シナリオプランニング"と仮想訓練を実施する。
起こりうる不測の事態のシナリオを可能な限り設定して，それに対処する運転員や保守員による手動制御（人の知覚による判断や操作を利用して行う制御）能力や安全管理者の対応能力などの維持・向上を図る訓練を定期的に実施する。

以上をまとめると，想定したシステムが変動や諸々の擾乱などを吸収したり，運転員や安全管理者が状態・状況に対応したりする制御方策によって，動的平衡状態のロバスト性が実現されているのである。この動的平衡状態のロバスト性は，システムが不安全な状態に遷移するのを妨げる抵抗力であって，復元力や回復力ではない。

（2）動的平衡状態が崩れた場合に，安全な状態に回復させる制御
　システムには技術的要因や人的要因，社会的要因，自然環境要因による不確かな擾乱が作用する。そして，それらの多くは，我々が完全には予見も想定も網羅することもできないハザードやハザードが顕在化するプロセス，個人や集団の人などに由来するものである。
　また，システムの特性は内的・外的変動要因によってつねにダイナミックに変動する。変動要因は，時間的・空間的に組み合わさったり，相互作用したりするので，システムの変動を予測するのは難しい。
　つまり，技術システムのダイナミックな変動を事前に予測したり，実際に生起する事故シーケンスを漏れなく想定したりすることはできないので，事前に制御策をシステムに十全に施しておくことはできない。加えて，技術システムは設計された動作をするだけであり，想定されていない状況や事態には対応できない。
　したがって，予見や想定しえなかった，あるいは想定はしたものの考慮に入れなかった不確かな諸要因による擾乱やシステム特性変動が起これば，ロバストな動的平衡状態といえども必ず崩れる。それに対して適切な制御が行われない限り，状態はシステム設計や運転で想定された範囲外までに遷移していき，災害や事故を招くことになる。
　その制御には，人の持って生まれた本能や，想定外の状況や事態に対応する優れた適応能力，豊かな柔軟性などの人の特質に期待することになる。つまり，手動制御によって安全な状態に"回復"させる以外にない。
　その適応能力とはすなわち，想定された範囲外まで状態が遷移したときに安全な状態を取り戻す能力，あるいはシステムが致命傷を受けず，破局的状態になるのを回避する能力である。これは，不幸にして事故が避けられない状態に

至ってしまった場合には，被害を最小化する制御能力である．つまり，「状態・状況変化に対応しながら素早く安定化（安全な状態に回復）させる適応制御能力」である．

この適応制御能力は「レジリエンス（resilience：回復力）」と呼ばれる概念に相当する．もともとレジリエンスという用語は"病気や不快から素早く回復する能力"を意味する．生物生態学では「ある状態を維持するために系が吸収できる撹乱の大きさ」または「撹乱を受けている状態が変化してから元の安定に回復するまでの速度」と定義される [21]．

レジリエンスの能力には，個々人，チームが持つ価値観や態度，行動が深く関係する．それらは現場の風土，組織の安全文化の影響を強く受けながら形成されるので，適切な現場の風土，組織の安全文化の形成がチームや組織のレジリエンスを支えることになる．その高い能力を備えたシステムは「レジリエンスの高いシステム」あるいは「レジリエント性を有している」などと言われる．

しかしながら，正式に定まったレジリエンスの定義はなく，さまざまな定義が見られる．レジリエンスの概念を，変化し続けている条件下で成功を継続するための能力，あるシステムが安定した状態を維持して時には安定状態から逸脱しても速やかに原状に復帰する能力，システムがダイナミックに安定な状態を維持するかあるいは安定な状態を再獲得することを可能にする固有の能力，システムの特性を保つために状態の変化を防ぐかそれに適応する能力と定義したものもある [22]．これらの定義は，ロバスト性の概念を超えるものではない．これらはシステムを不安全にしそうな兆候を早期に検出すればするほど，安全な状態に回復するのは容易になるとしたことによるものだろう．

さらには，レジリエンスの概念を，業務上の潜在的な危険に対する抵抗力，回復力とした定義 [23]，変動や外乱を受ける前，受けている途中，受けた後でもシステムの機能を調整して，それによってシステムが想定内，想定外，いずれの状況に対しても必要な動作を維持することができる能力とした定義 [15][17]さえある．これらは，本項で区別して述べたロバストネスとレジリエンスの概念をまとめてレジリエンスとした定義である．

いずれにしても，安全を保つには，ロバストネスとレジリエンスの概念の違いを明確に区別して制御方策を考えるべきである．なぜならば，通常時に想定

した擾乱や変動によって動的平衡状態が崩れるのを妨げる制御方策と，想定されていない異常事態や重大事態が発生した場合に通常状態あるいはそれに近い状態に回復（安定化）させる制御方策とは別だからである．

そこで，本書ではレジリエンスを「想定外の深刻な異常事象/事故事象に直面し，一時的に危機的状況に陥っても，柔軟に適応的に対応し，システムの性能低下をなるべく抑えて安全状態を取り戻す個人，チーム，組織の回復力」と定義する．

最近，我が国でも Woods や Hollnagel，Reason らの著作の影響もあってか，レジリエンスやレジリエンスエンジニアリングという用語が使われることが多くなった．しかしながら，なかには，概念と工学は別物であるにもかかわらず，レジリエンスエンジニアリング（工学）がレジリエンス（概念）と同じ意味合いで使われている例もある．エンジニアリングの意味合いでいうならば，レジリエンスエンジニアリングは，レジリエンスの高い運転員や安全管理者，チーム，組織とするために必要な原理，方法，仕組みなどを創ることを目的とした工学ということになる．

以上から，安全を保つ制御の能力は次の2つに要約される．ロバストネスとレジリエンスは二者択一の対立概念ではなく，安全を保つには両能力が必須であることは言うまでもない．

- 安全保持におけるロバストネス：動的平衡状態が崩れるのを妨げる制御能力（バランス型制御の能力）
- 安全保持におけるレジリエンス：動的平衡状態が崩れた場合に，安全な状態に回復させる制御能力（追従型制御の能力）

そして，その高い制御能力の実現・確保は安全管理活動の一部となる．

ロバストネスとレジリエンスは概念としては異なるものである．しかしながら，安全を保つ上でその境が明確にあるわけではなく，その間にグレーな領域が存在する．なぜなら，レジリエンスは，システムの運転において想定外の深刻な異常状態が起こる前に，現状と安全境界との距離を認識して異常状態へのドリフトを察知し，起こりうる出来事や変化を予見・予測できる能力に関係するからである．

第 3 章　安全の基本概念　65

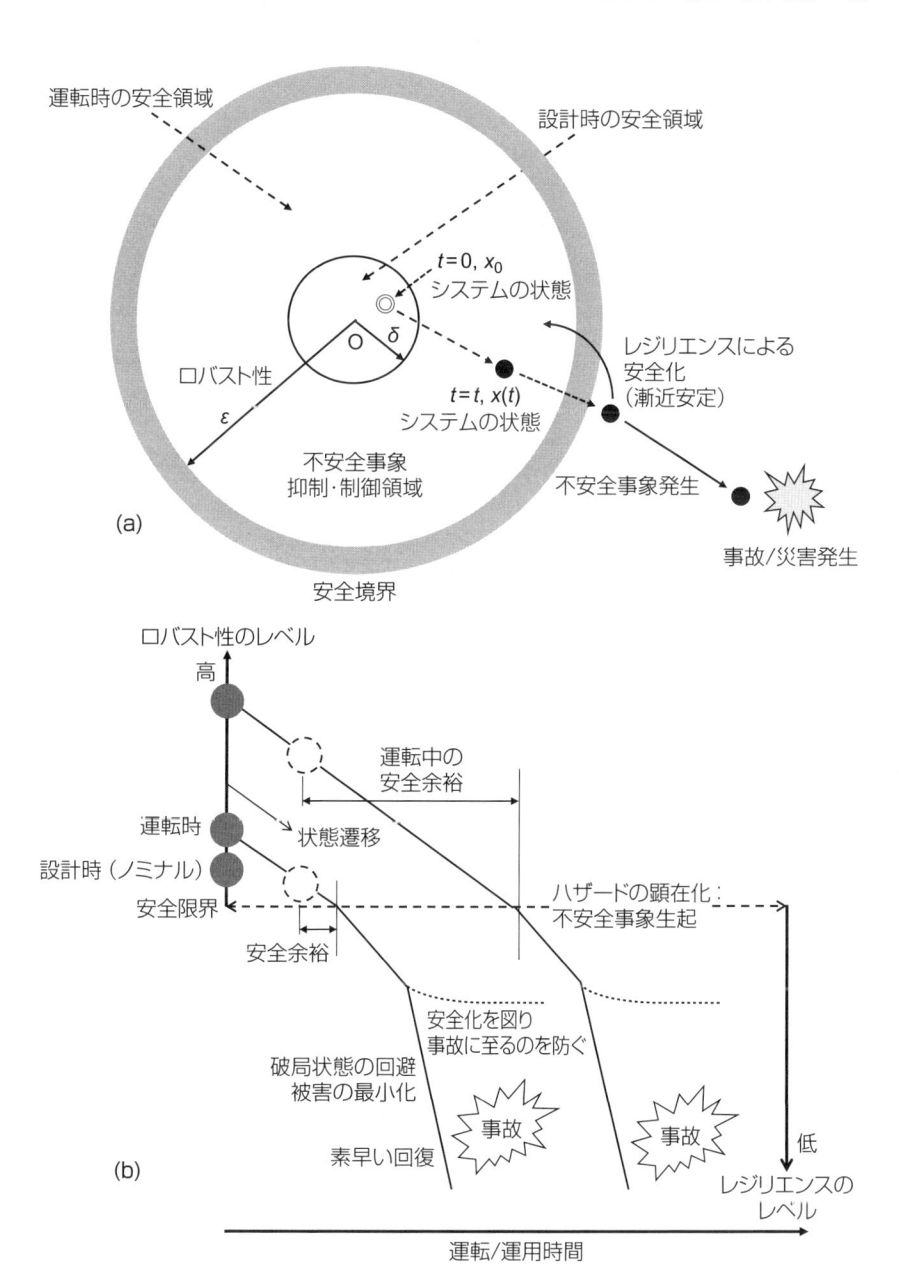

図3-3　ロバストネスとレジリエンス

以上を示したのが図 3-3 (a)，(b) である．ロバストネスが高いほど不安全事象の発生を抑制・制御でき，安全限界までの余裕を大きくすることができる．レジリエンスが高いほど不安全事象が破局的な事故へ進行するのを防ぐことができる．

安全管理活動には，ロバストネスとレジリエンスの能力を評価する原理や仕組みが必要となることから，その開発が望まれている．

その試みとして，次項にロバストネスのレベルを評価するための概念を述べる．なお，レジリエンスについては第 7 章「安全管理」，第 8 章「ヒューマンエラーのマネジメント」で述べる．

## 3.10.2　安全境界と運転中の安全余裕

ここでは，動的平衡状態が崩れるのを妨げる制御能力のレベルを評価する指標としての意味を持つ 2 つの概念を提案する．ひとつは「安全限界あるいは安全境界 (safety boundary)」で，これは平衡状態がどの程度まで崩壊すると不安全事象が生起するかという限界を表す概念である．もうひとつは「運転中の安全余裕 (safety margin)」で，安全境界までに残された余裕の程度，すなわち現状と安全境界との差を表す概念である（図 3-3 (b) 参照）．

しかし，現時点における安全性の度合い（リスク）も現時点での安全境界も，直接測定できる物理量ではないので，安全余裕もまた直接測定できない．したがって，動的平衡状態が崩れて安全余裕が徐々に減っていく状態（何らかの制御によって異常事態は現時点で回避されてはいるが，事態は悪いほうに進展している状態）にあっても，それに気付いたり，検知したりすることは難しい．仮に気付いたとしても，安全境界が示されていないので，この程度なら大丈夫と「逸脱の日常化 (normalized deviation)」となる．そして，ついには安全境界を越えてしまい，事故が起きてそれを知ることになる．この図式が複雑なシステム事故の背景に見られる，いわゆる"蛙のかま茹で"現象である．

それでは，安全境界や運転中の安全余裕を決定論的に導き出すことはできるのであろうか．残念ながら，ハードウェアならいざしらず，本書の対象である

{人（人的・組織的要因）・機械（ソフトウェアを含む物理的要因）・環境（人工環境，自然環境，社会的要因）}を要素とするシステムでは遷移していること自体がおそらく根本的に測定できるものではなく，それらを決定論的に明確に導き出すことは非常に難しい。安全境界を越えて不安全事象や事故が起こった結果としてそれが明確になるだけである。明らかなことは，安全余裕も安全境界も共に，個々人の安全意識やスキル，組織が安全をどのように考えているかその時々の組織の安全文化，現場の風土が反映されたものであり，それら自身で存在しているものではないということである。つまり，運転中の安全余裕や境界は変動するもので，確率的なパターンで表現できるかも疑わしい不確実なものであろう。

しかし，このことは運転中の安全余裕や安全境界の存在を否定するものではない。現に，第一線に立って，その時々の安全意識や信念に従って行動している人々は，システムのトラブルや不安全状態生起の兆候，安全管理活動への圧力やリソースの削減といったことを感じ取ることで，遷移や境界の存在を実感できているのである。このような状況を考慮した先行安全指標（leading safety indicators）の基準の例として，安全にかける予算額の大きさ，安全監査成績，安全点検の回数，安全管理会議の回数などが挙げられている[24]。これまでに安全文化[25][26]やエネルギーに関連したプロセス工業[27]，原子力発電プラント[28]などの先行安全指標プログラムが開発されてきた。

今後は，現状の安全余裕および将来の結果を推定するためのよりダイナミックな先行安全指標の研究が望まれる。それには，現時点での安全性と安全境界を推定する方法の開発が不可欠になる。安全境界は，工学分野の計数的なものや組織の信頼性といったことだけから推定できるものではなく，その推定はシステム内の状況・事態の把握・解釈能力のレベル，制御能力のレベル，予見のための学習能力のレベル，組織の安全文化や現場の風土のレベル，どのような安全意識に基づいてどのように行動するのかに関する経験知や暗黙知の形式知化（指標化）のレベル，といった組織能力も総合化して解釈論的に推定されるものであろう。一方，現時点での安全性も直接測定できないので，安全境界と同じ次元（dimension）を持たせるように，現時点でのシステムの状態変数やパフォーマンス，運転操作状態，保守管理状態，組織の安全文化や現場の風土

のレベルなどの寄与因子を総合化して解釈論的に推定しなければならない。したがって，運転中の安全余裕もまた解釈論的に推定するものとなろう。

このような方向を目指した研究として，最近になって，化学プロセスの先行安全性指標の開発を支援する構造化された方法が提案されている[29]。制御，フィードバック，プロセスモデルに基づくこの方法は，化学プロセスの不安全状態への移行あるいは相互に依存している安全バリア間の制御機能とシステム機能の劣化を探知するものである。また，この方法は，技術に関する先行指標あるいは組織に関する先行指標の開発に利用できるとしている。

### 3.10.3　安全を保つ制御のための情報

制御の世界に"測定できないものはコントロールできない"という言葉があるように，安全を確保する制御にも情報（安全情報）が不可欠である。それには3つのタイプがある。

① ロバスト化のための情報
過去に起こったミス，トラブル，インシデントや事故のデータとその原因に関する情報。それをシステムのライフサイクルにわたる安全設計・安全管理に活用する。
② 運転中の安全余裕の推移に関する情報
現時点におけるシステムの状態，事故の予兆を捉える情報。それをシステム運転時の安全管理・意思決定にフィードバックする。
③ 運転中の安全余裕の確保に関する情報
組織の安全文化，現場の安全風土，組織過誤，個々人の過誤や怠慢の意識などを長期にわたって時系列的に分析する。その今後を予測して安全余裕が減少しないように先駆けた制御（予測制御）に活用する。

安全を保つ制御のためには，この特徴の異なる3つの情報を同時並行的に収集・分析し，有効に活用することが必要である。

それには，安全情報システムの構築が必要になる。安全情報システムから得られる情報は，当事者の組織内ばかりでなく，同業他社はもちろんのこと，基

本的には他の分野でも活用することが可能なはずである。

なお，安全情報システムについては，第7章「安全管理」で述べる。

## 3.11 "想定外"とは

　福島第一原子力発電所事故の発災を報じた新聞各紙に，さまざまな文脈の「想定外」の文字が躍った。そして，3月13日に東京電力の社長が記者会見の席上，「今回の原発事故は想定を大きく超えた津波によって引き起こされた」との趣旨の発言をした。東京電力の経営陣に原子力分野の専門家の存在があったことから察すると，この発言における「想定外」の意は，「原子力発電所の計画・設計における設計条件に設定した津波の波高を超えている」ということであったものと思われる。

　しかし，この発言に対して，マスコミや評論家のなかにはこの言葉を誤解して，「地震調査会や研究機関による明治時代の三陸地震規模の地震による津波の波高の試算結果が原子力安全・保安院に報告されていたのに，保安院から改修を指示されなかったとして対策を取らなかった」「想定されていたのに意図的に無視した」「想定外は言い訳にならない」と非難したり，あるいは「波高を正しく見積もれなかった」と無能呼ばわりとも取れるような批判をした人たちがいた。

　これまでも，行政や企業の人たちが「今回の事態（あるいは不祥事）は想定外だ」として，事態に対応できなかった不首尾や不始末の責任回避や弁明に「想定外」を用いている場面を目にしてきた。「想定内」での対策さえ十分にしてこなかったことを，「想定外」という言葉で弁解するのは論外である。

　このような誤用や誤解による「想定外」によって，安全の問題の実態が歪められないように，「想定」の意味合いを考えてみる。

### 3.11.1 「想定」とは何か

　想定という言葉は「ある一定の状況や条件を仮に思い描くこと」（広辞苑）である。つまり，「想定」が「想定」としての意義を持つためには，はっきりした

内容と境界（範囲）を限定したものでなければならない．

「事故を想定して訓練する」と言っても，事故の内容や規模を決めなければ，訓練すべきことが具体的に決められない．津波の例で言えば，波高を「想定」して初めて対応策が立てられるのであって，「どんな津波にも耐えられる」対応策というのは，厳密な意味ではありえないし，具体的には何も意味しないものになる．

このように，「想定」は，つねに「if〜，then〜」と限定付きで，可能な限りにおいて不確実な未来に備えることなのである．たとえば，システム開発における設計段階で，システムの境界（4.2 節）や設計条件を具体的に限定することが「想定」なのである．したがって，それには組織の安全文化が大きく関係することは言うまでもない．

人間は，蓄積された知識と経験したことしか表現（想像）できない．もし，限定なしにすべてを見通せる存在があるとすれば，それは神であって人間ではない．

「想定」とはあくまで過去の経験に基づく未来に向かっての予見であり，必然的に不確かさを含んだ概念である．つまり，想定というものが不確実性のある状況下での意思決定である限り，想定外を完全になくすのは原理的に不可能である．

人間世界では「想定外」の事態に対してさえ，何らかの判断を下さなければならない局面があるのも冷厳な事実である．したがって，「想定外」のことも考えておく必要がある．

技術システムのように人間が造るものである以上，失敗は必ず起こりうる．したがって，できるだけ正確な想定をするためには，システムが使われる場面，使われ方，使う人間を含めて，考えうるあらゆる不安全事象やトラブル・事故を事前に吟味しておかなければならない．

大規模システムのように不確実性を持つ対象では，仮に同じ結果に至るとしても，そこに至る道筋は 1 つとは限らず，また確定することもできない．したがって，その道筋を網羅的に検討するために，シナリオ作りを事前に行うのが常である．これが，第 9 章および第 10 章に述べる確率論的安全解析の根底にある考えである．

正確な想定には，システム思考の能力，豊かな想像力が必要であるが，想定すべきことは机に向かっての思考から出てくるわけではない．現場の知識と経験，集団の知恵を必要とする．だがそこまで努力しても，あらゆる事故やトラブルを完全に想定することは不可能である．

したがって，想定が外れる事態はつねに起こりうると考えて，「何をどこまで想定したか，想定が外れた場合に備えてどこまで準備をしているか」が問題なのである．

さらに言えば，より適切な「想定」をするという立場では，つねに選択の余地と過去の選択の修正可能性があり，その点に関しては刻一刻と責任が伴うことになる．「想定」はつねに継続的に吟味されなければならない．

福島第一原子力発電所事故では，それが欠けていたと言わざるをえない．

### 3.11.2 想定外のケース

一言に想定外といっても，その中身を分析するとさまざまなケースがある．それを5つのケースに分けて以下に説明する．ただし現実の想定外はそれぞれが独立ではなく，いくつかのケースが複合していることが少なくない．

A. 本当に想定できなかったケース
   予測が不可能だった，あるいは予測する手段がなかった．
B. 想定はしたが，データが不確かであったり，関連学会や研究組織などがその発生確率は低いとしていることであったりで，想定から除外した．これには，想定はできたがそれを怠ったことも含まれる．
C. 発生は予測されたが，他の外部要因，ことにコストとのトレードオフの結果，経済的に見合わないことから，そんなことは当分起こらないだろうとして，想定から除外した，ないしは基準を緩やかにした．人工物の開発では，普通このようなトレードオフが行われるので，トレードオフ自体が問題ということではなく，問題はそのトレードオフラインの引き方である．そしてそれには，当事者やトップの価値観が大きく影響する．

D. 発生の可能性があることは承知したが，それによってもたらされる過酷な災害によって発生する混乱に不安を感じて，それを意識の外に追いやるために想定から除外する，あるいは「それは発生してほしくないこと」なので，「言ったことは実現する」という言霊神話から，「起きてほしくないこと」を言ったり想定したりすることはタブー視され，それを想定から除外した[30]。

E. 何も想定しなかったというケース
その原因は，当事者の怠慢，勉強不足，情報不足，想像力不足などが主なものである。また，結束力が強い，ないしは強力なリーダーシップがある閉鎖的な組織であったために，自分で問題に直面せずに，他者に依存してしまったことが原因である場合もある。

これまでのさまざまな技術システムの事故事例を見ると，ケース A は極めて少ない。B か C のケースが大半を占めている。

## 3.11.3 「想定外」をどうやって減らすか

最初に述べたように，想定というものが不確実性のある状況下での意思決定である限り，想定外を完全になくすのは原理的に不可能である。可能なのは「想定外」を可能な限り減らすことである。

① 過去の事例に学ぶ
正確な想定をするためには，自社の事故だけでなく他社の事故も含めて，過去の事故や災害例を仔細に検討して，その失敗に学ぶ姿勢が必要である。システムを構成するハードウェア，ソフトウェア，インタフェースなどだけでなく，運転・操作時に起こった問題点，設計思想も含めてシステム全体にわたる分析・評価を行うようにする。
航空機では 1982 年 6 月から 2005 年 8 月までの間に 12 件の想定外事故が起きている。たとえば，すべてのエンジンの空中停止，すべての油圧喪失，燃料切れ，大規模構造破壊，大規模火災，設計荷重を超えた荷重，両操縦士の意識喪失などである。これらは設計の段階では，運航中に起

きてはならない事故として十分考慮されている不安全事象であるが，それでも過去事例を見るとその想定を超えた過酷事象が実際に起きているのである．要するに，「起こる可能性が確率的にゼロでない限り，起きるときには起きる」のである．

② システム全体を対象にする

経験豊富な設計者・運転操作要員，保守要員，現場に詳しい人々などでシステム全体を把握して，考えうる限りの想定を盛り込んだ事象シナリオ，事故シナリオ（6.2.2項）を作り上げるようにする．その際には，「まさか」という楽観的，あるいはご都合主義的な考え方を捨てて，第三者の目でこれまで前提条件から排除されてきた事象を直視する必要がある．

③ 起こりうる最大のリスクを想定する

これは，「最善を望み，最悪に備えよ」の心構えで，いかなるときでも最悪のケースに備えておけということである．データが不足していたり，不確かであったりで，リスク解析の根拠とする条件の不確実性が高い場合には，システム設計や危機管理で想定した災害規模以上の想定外の規模とならないように，「起こりうる最大のリスクを想定する」のが基本的な考え方である．つまり，想定外の規模の災害としないためには，システム設計や危機管理において最悪のシナリオを想定しておくことである．最悪を想定しておけば，パニックになることなく，適切な対応をすることができるので，最悪の最悪にならなくてもすむ．

④ シナリオ想定型と人的リソース型を組み合わせた対応策を備える

災害の規模を想定外としないためには，シナリオ想定型と人的リソース型を組み合わせた対応策を整えておくべきである．ここで言っている人的リソース型とは，将来起こる不安全事象やトラブル，事故の種類や場所などにかかわらず，発生した事態に柔軟に対応する人々の能力に期待するということである．

シナリオ想定型の対応策に実効性がないわけではないが，想定されたシナリオの見直しがない限り対応範囲が硬直的になりやすいので，シナリオ想定型の対策には限界がある．そこで，シナリオ想定型に人的リソー

ス型による危機管理対応策を組み合わせた対応策を整えて，日ごろ訓練を実施しておけば，予想していなかった事態に直面しても，結果的に生ずる状況さえ同じなら，パニックに陥ることなく何らかの対策を打ち出せる可能性が高まる．つまり，より一層レジリエンス能力が高まることが期待される．

以下に，安全の問題の実体を把握するにあたって，安全の概念と混同されるいくつかの概念について述べる．

## 3.12　安全と信頼性

安全は信頼性や品質とは基本的に異なる概念である．安全は 3.2 節に，安全性は 3.6 節で定義したとおりである．Reliability は信頼性と訳されるが，それにもまた"信頼できる"という特性とその程度を表す尺度の両方の意味がある．前者が「信頼性」で，後者には「信頼度」という用語が当てられる．一般に信頼性は"システム，製品，部品などが与えられた条件で規定の期間中，要求された機能を果たすことができる性質"と定義される．JIS Z 8115:2000 では，信頼性は"アイテムが与えられた条件の下で，与えられた期間，要求機能を遂行できる能力"と定義されている．両定義の違いは，システム，製品，部品などがアイテムに，性質が能力に変わっているだけである．このように，信頼性の定義は通常運転されている系統（常用系）に対して適用される概念である．

これらの定義から想像されるように，故障を防ぐ（信頼度を向上させる）ための工学的アプローチと，ハザードの顕在化を防ぐ（安全性を向上させる）ためのそれとは明らかに異なるものである．

しかし，機能が発揮されなければ安全が損なわれる場合には，信頼度の向上が安全性の向上に直接結びつくので，これらの概念が往々にして混同される．たとえば，飛行中の航空機のエンジン故障，走行中の自動車のブレーキ故障は，信頼性が欠如した状態であり，これが原因で墜落，衝突といった事故に至れば，安全が欠如したことになる．このような意味では，安全と信頼性の間には重なる部分がある．しかし，システム要素に故障はなく，意図したとおりに

機能していても，事故が起こることがある．逆もまた然りで，システム要素に故障があっても，事故に至らないこともある．

　大規模な技術システムの安全は，信頼性とより直接的関係にある．大規模な技術システムでは，常用系以外に，通常時には停止していて異常が発生したときに立ち上がる安全系や，システムの停止時に立ち上がる待機系によってもシステムの安全が守られる．このように，システムの安全は常用系の信頼性と安全関連系の信頼性（この場合はアベイラビリティと呼ばれる）の組み合わせによって支配される．また，システム全体の安全運転員の適切な運転操作・介入によって守られるので，システムの安全には人の信頼性も関わっている．

　安全を考える上で留意すべきことは，システム要素が規定どおり正確にその機能を果たす十分な信頼性があっても，重大な事故が起こるシナリオもありうるということである．したがって，安全解析で故障のみを考慮すると，多くの潜在的事故要因が見過ごされることもあるので注意を要する．ここに述べた安全と信頼性の関係を図 3-4 に示す．

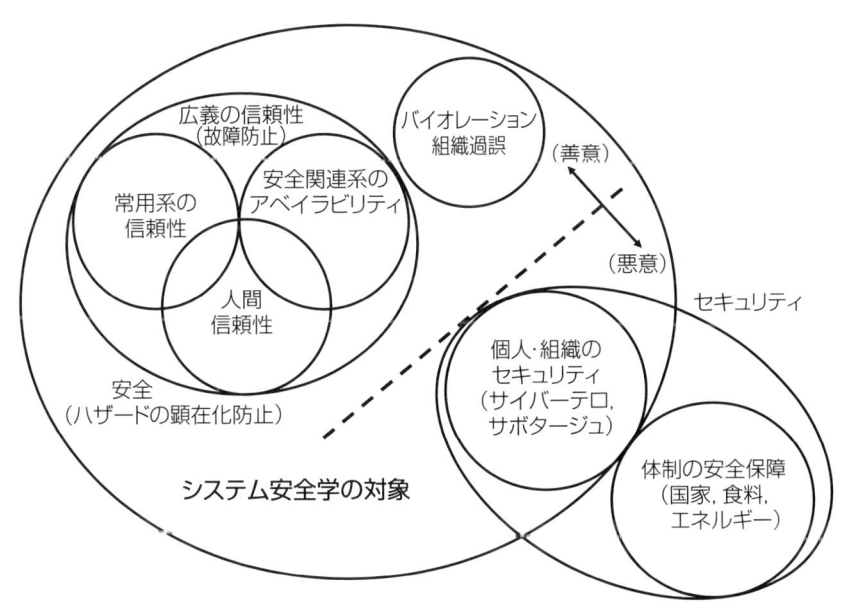

図3-4　安全，信頼性，セキュリティの関係

## 3.13　安全とセキュリティ

　安全と混同される概念に「セキュリティ（security）」がある。セキュリティは社会における人どうしの間に存在する危険（犯罪，社会秩序の破壊，戦争など）に対応した言葉で，安全とは異なる概念である。この違いは，"無人島に1人が漂着した場合には安全問題だけであるが，2人以上の場合はセキュリティ問題も生じる"といったように例えられたりする。

　情報セキュリティは"情報システムにおける「資産」を各種の「脅威」から保護すること"と定義される。

　ここでいう「資産」とは

- ハードウェア資産：処理装置，ネットワークなど
- ソフトウェア資産：データ，プログラムなど
- 人的資産：正社員，派遣社員など

「脅威」とは

- 意図的脅威：内部者あるいは第三者による盗聴，改ざん，破壊，不正使用
- 偶発的脅威：過失によるデータ破壊・消去，故障・災害による機能損失

である。

　このように，安全は災害や故障，エラーなどの偶発的脅威を対象とするのに対して，セキュリティは意図的な脅威（threat：たとえば，システムまたは組織に損害を与える可能性があるインシデントの潜在的な原因）を対象とするものである。この安全とセキュリティの違いを示したのが図 3-5 である。

　ところで，情報通信やコンピュータ関係の分野では，情報が関係する問題すべてに，情報セキュリティやインターネットセキュリティなどの言葉を当てているようである。

　図 3-5 に示したように，公衆の認識においては，偶発的か意図的かは問わずすべて安全の問題であり，そのなかでとくに意図的脅威の範囲をセキュリティ問題としているのが一般的であるように思われる。そのため，システム安全学

第 3 章　安全の基本概念　77

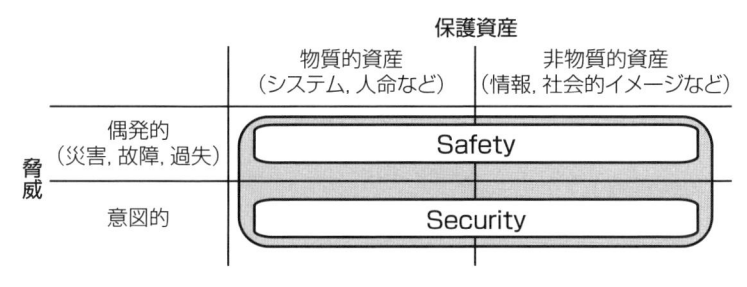

図3-5　安全問題とセキュリティ問題の区別

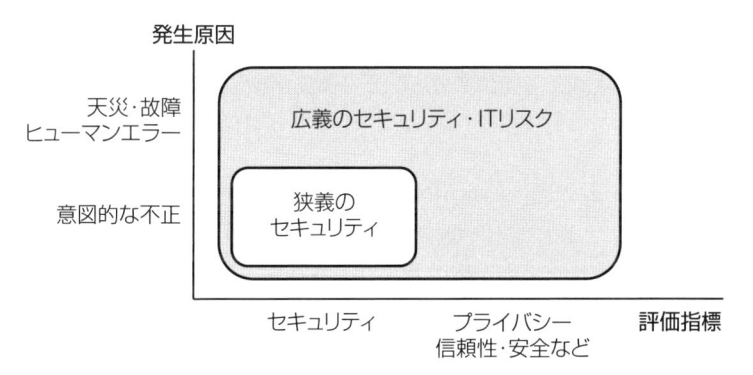

図3-6　偶発的脅威の範囲も含むとしたセキュリティ

はセキュリティも含むことになる。図 3-4 にはこのことも示されている。

　これに対して，最近になって，情報セキュリティ分野では，いろいろな意見があるものの，人による意図的な脅威だけでなく，一般的には安全の問題であると思われる災害や故障などによる偶発的脅威の範囲もセキュリティ問題とすべきとの提案がある[31]。これを図 3-6 に示す。

　しかしながら，問題解決には，安全とセキュリティの概念を明確に区別することが重要である。なぜなら，どちらに属する問題であるかによってその原因となる脅威の特徴が異なり，その適切な対応策も違ったものになるからである。このことを図 3-7 の"金融情報システムの機能停止"という事例で見てみよう。

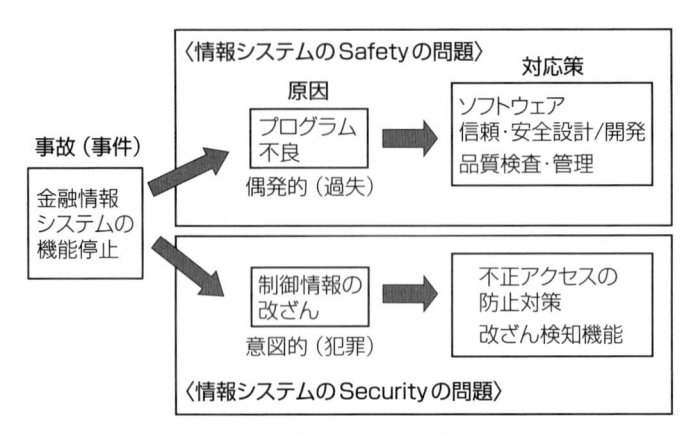

**図3-7** "金融情報システムの機能停止"の事故（事件）例 (永井[38]を基に作成)

- 情報システムの機能停止がプログラム不良（偶発的，過失）によるものであれば，これは事故であり，対応策としてソフトウェア信頼性・安全設計/開発，品質検査・管理が挙げられる「情報システムの安全問題」となる．
- 情報システムの機能停止が制御情報の改ざん（意図的，犯罪）によるものであれば，これは事件であり，対応策として不正アクセスの防止，改ざん検知機能が挙げられる「情報システムのセキュリティ問題」となる．悪意の行為には，漏洩・盗聴，改ざん，なりすまし，事後否認，暗号の不正使用，不正行為に関わる情報の通信などがある．

このことから，情報セキュリティ問題も厳密には"情報システムの安全問題"と"情報システムのセキュリティ問題"に区別して議論されなければならないことは明確である．

情報セキュリティ分野に従事する技術者は，もちろん両問題に対する対策を講じるわけであるが，その際に，物理的人工物や人・組織・資源に存在する偶発的な脅威に対する問題（安全の問題）と，社会における人どうしの間に存在する意図的な脅威に対する問題（セキュリティの問題）を区別して認識し，その対応策を検討することが重要である．

残念ながら，これまで「安全」と「セキュリティ」の概念の違いが認識されることは極めて少なかった。少ないなか，2013年3月に（独）情報処理推進機構が発行した「自動車の情報セキュリティへの取組みガイド」[32] に，攻撃者による悪意ある攻撃から資産を守る「セキュリティ」には，従来の「セーフティ」とは異なった考え方が求められるとして，安全とセキュリティの区別をみることができる。

　我々の日常生活は社会インフラである「社会–技術システム」に深く依存している。「社会–技術システム」には情報システムと制御システム（制御情報系と制御系）が組み込まれている。これまでは，制御システムはその目的に合った特別のソフトウェアで動作していたし，インターネットからも切り離されていたので，それがサイバーテロ攻撃を受けることは予想されていなかった。ところが，最近の制御システムはネットワークを介して他の情報システムと接続されることが多くなっている。ちなみに，経済産業省の調査では，4割近くの企業で制御系がネットワークによって外部と接続している実態が明らかになっている[33]。

　そのため，工場や社会インフラの「制御システム」を狙ったサイバー攻撃の懸念が高まっている。

　制御システムはさまざまなセキュリティへの脅威（たとえば，情報漏えいや不正アクセスなど）だけではなく，制御目標の変更，運用や操業停止，制御不能状態，事故など，安全への脅威にも直面している。

　もし制御システムの機能が破壊されることになると，電力・ガス・水道などのライフラインや交通網にとどまらず，生活に重要な物質の生産といったさまざまなシステムも影響を受けてしまう。その影響は計りしれない。ここ数年，電力・ガス・水道や鉄道・交通といった人々の生活を支える重要な社会インフラの制御システムのセキュリティに対する脅威が増大している。

　これまで閉じられた環境で構築，運用されていたため安全であると信じられてきた制御システムで，多くのセキュリティインシデントが発生している。世界の制御システムにおいて発生したインシデント数は2008年に10件，2009年は18件，2010年の報告によると累計数は196件に達している。

　古くは2001年，オーストラリアで下水監視制御システムへの不正侵入があ

り，浄水装置に異常が発生。2003 年に米国・フロリダ州の鉄道会社の信号システムがウイルスに感染，運行が 6 時間停止した。同じ年に，米国・オハイオ州の Davis Besse 原子力発電所で，制御システムにワーム型不正プログラム（通称 SQL Slammer）が侵入し，一部の安全管理システムや監視システムが約 6 時間の停止に追い込まれた。外部委託会社のパソコンが感染源であった。最近の事例では 2010 年に，イランのウラン濃縮施設のすべての遠心分離機の制御システムソフトウェアが「スタックスネット（Stuxnet）」と呼ばれるコンピュータウイルスに入り込まれ，制御停止に追い込まれた。2011 年にはブラジルの発電所の制御システムが「ワーム_ダウンアド（Downad）」に感染し，発電所の運転が停止。普及には数か月を要し，被害は甚大なものとなった。また，2013 年 8 月に米ラスベガスで開催されたハッカーの祭典で，車載システムをハッキングする手法が披露され，トヨタ自動車のプリウスと米フォード社のエスケープを実験台として，運転中に運転手の意思に反して急加速，ブレーキを作動，ハンドルを動かしたなどの例が発表されている[34][35]。2014 年 12 月，韓国の原子力発電所のコンピュータシステムが不正に侵入され，情報が流出した。まさしく，これらは"制御情報系の安全問題"である。

また，通信や鉄道，エネルギー関連の世界約 200 社のうち 80 % が自社システム（業務系を含む）への攻撃を経験し，その一部は制御系が攻撃の対象となっているらしいとの調査報告がある[33]。

我が国でも，制御機器メーカーがそのシステムへのマルウェアの侵入を予告されたことがあった。また，2011 年に，福島第一原発 1 号機の原子力建屋（核物質保護上の規制がかかっている）の立面図がインターネット上に流出したことがあった。経済産業省が 2011 年までに約 330 社を調査したところ，自動車工場や半導体工場などの制御システムがウイルスに感染して操業停止などの被害にあった例が約 10 件あったと報道されている[33]。

米国ではいま，電力網や天然ガスパイプライン，水道設備といった重要な社会インフラへのサイバー攻撃が急増している。米国土安全保障省は 2013 年 1 月，重要な社会インフラに対して 2012 年に 198 件のサイバー攻撃が確認されたことを明らかにした。これは前年の約 1.5 倍に当たり，しかもいくつかの事例では攻撃を防ぎきれなかったという[36]。

このような状況にあって，2014 年 2 月に米ホワイトハウスが重要インフラのサイバーセキュリティ強化に向けたガイドライン「Cyber Security Framework」を公表している．同ガイドラインには，重要インフラ分野の組織や企業がサイバーリスクに関する理解やコミュニケーション，およびサイバーリスクの管理を向上させるための世界的標準規格などが示されている[37]．

今後，車車間や路車間の情報通信による自動車の運転支援や，自動車の各種車載システムがインターネットを介して外部情報サービス系や監視・制御系に接続される時代の到来が予想されることから，情報システムのセキュリティに対する脅威ならびに情報システムの安全に対するハザードの同定と対応技術がますます重要になる．情報処理推進機構の「自動車の情報セキュリティへの取組みガイド」にも，自動車システムにおいても，従来のセーフティの機能と，従来の情報システムで得られたセキュリティ対策の知見を組み合わせた形で，対応していくことが重要であると指摘されている．

さらに，IoT（internet of things：あらゆるモノがインターネットを介して接続され，遠隔計測・監視や制御を可能にするといった概念）が急速に広がり，インターネットやビッグデータを活用する工場やプラントが増えてくると，重要な知財・機密情報の窃取，生産ラインや運転を制御するシステムへの攻撃の危険性が高まるので，情報安全と情報セキュリティをセットで議論し，対応策を十全に講じておくことがますます重要になる．また，医療機器や器具などのワイヤレス化の分野においても同様である．

以上に述べたように，システム安全学には情報セキュリティも含まれるが，情報セキュリティを扱った成書や規格の解説書が多数出版されているので，本書では情報セキュリティについては言及しない．

## 3.14　システム安全学の基本思想

前章ならびに本章の論考から引き出した分野を超えた安全の実現・確保に必要な考えは，システム安全学の基本思想として次の 6 つに集約される．①分野横断化を図るための分野共通化の概念（第 4 章）と安全の基本概念（第 3 章）から導き出した，②分野に共通する概念（第 5 章，第 6 章），③リスクベース

の管理思想（第7章，第8章），④設計時にシステムに安全方策を造り込むための工学的思想（第9章），⑤システムの安全性を事前解析するための工学的概念・手法（第10章），および⑥社会との関わりに関する諸概念（第11章）。

これらは有機的に関係していて，システム安全学は，図3-8の図的構造のように，6つの基本思想を要素とするシステム（体系）として捉えられる。なお，①～⑥の詳細は括弧内に示された章において論述される。

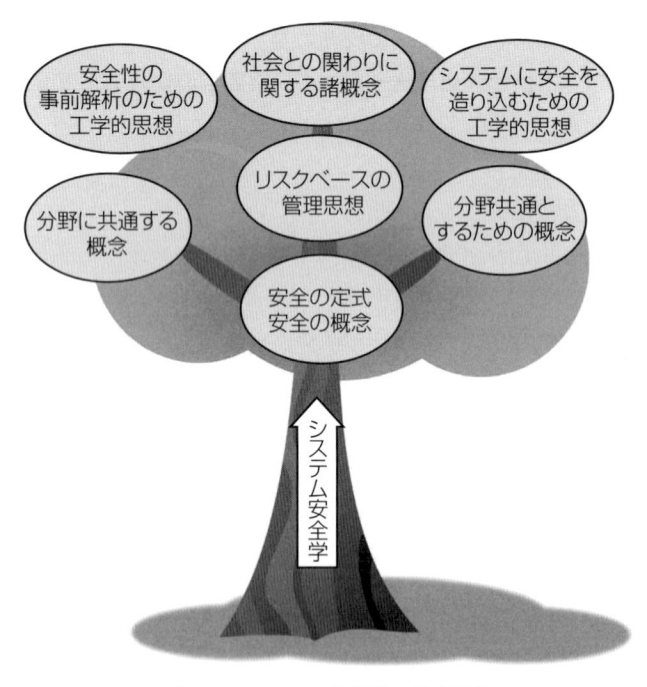

図3-8 システム安全学の基本思想

## 参考文献

[1] ISO/IEC：Safety aspects —Guidelines for their inclusion in standards, Guide 51, 2014.（JIS B 8051，安全面一規格への導入指針）
[2] N. Leveson：Safeware, Addison-Wesley, 1995.（松原友夫監訳：セーフウェア，翔泳社，2009 年）
[3] 日本学術会議 人と工学研究連絡委員会 安全工学専門委員会：社会安全への安全工学の役割，2000 年
[4] Department of Defense：MIL-STD-882E Standard Practice for System Safety, 2002.
[5] NASA：NASA/SP-2010-580, NASA System Safety Handbook, 2011.
[6] Rodgers, W. P.：Introduction to System Safety Engineering, John Wiley & Sons, New York, 1977.
[7] 秋田一雄：安全という価値の世界，安全工学, Vol.37, No.4, pp.216–220, 1998 年
[8] 柚原直弘，氏田博士 他：安全学を創る，日本大学理工学研究所所報，第 100 号，2003 年
[9] 蓮花一巳：運転時のリスクテイキング行動の心理的過程とリスク回避行動へのアプローチ，国際交通安全学会誌, Vol.26, No.1, 2000 年
[10] 小林傳司：トランス・サイエンスの時代―科学技術と社会をつなぐ，NTT 出版, 2007 年
[11] Alvin M. Weinberg：Science and Trans-Science (Masters of Modern Physics), Amer. Inst. of Physics, 1993.
[12] 小島寛之：確率的発想法，日本放送出版協会，2004 年
[13] 坂本賢三：先端技術のゆくえ，岩波新書，1987 年
[14] N. Wiener：Cybernetics or Control and Communication in the Animal and the Machine, The MIT Press and John Wiley & Sons, Inc., 1948.（池原止戈夫・彌永昌吉 他訳：サイバネティックス―動物と機械における制御と通信，岩波書店，1957 年）
[15] 合田周平：サイバネテックスの考え方，講談社現代新書，1997 年
[16] E. Hollnagel：Resilience: The Challenge of The Unstable, in E. Hollnagel, D. Woods, N. Leveson Ed.: Resilience Engineering: Concepts and Precepts, Ashgate Publishing, 2006.（北村正晴監訳：レジリエンスエンジニアリング，日科技連出版社，2012 年）
[17] E. Hollnagel：Safety-I and Safety-II: The Past and Future of Safety Management, Ashgate Publishing, 2014.
[18] R. Westrum：A Typology of Resilience Situations, in E. Hollnagel, D. Woods, N. Leveson Ed.: Resilience Engineering: Concepts and Precepts, Ashgate Publishing, 2006.（北村正晴監訳：レジリエンスエンジニアリング，日科技連出版社，2012 年）
[19] D. A. Norman：The Psychology of Everyday Things, Basic Books, New York, 1988.（野島久雄訳：誰のためのデザイン？，新曜社，1990 年）
[20] 柚原直弘，稲垣敏之，古川修編：ヒューマンエラーと機械・システム設計，講談社, 2012 年
[21] 宮下直，井鷺裕司，千葉聡：生物多様性と生態学，朝倉書店，2012 年
[22] N. Leveson, N. Dulac, et.al：Engineering into Safety Critical Systems, in E. Hollnagel, D. Woods, N. Leveson Ed.: Resilience Engineering: Concepts and Precepts, Ashgate Publishing, 2006.（北村正晴監訳：レジリエンスエンジニアリング，日科技連出版社，2012 年）
[23] J. Reason：The Human Contribution: Unsafe Acts, Accidents, and Heroic Recoveries, Ashgate Publishing, 2008.（佐相邦英監訳：組織事故とレジリエンス，日科技連出版社，2010 年）
[24] C. Tomlinson, B. Craig, M. Meehan：Enhancing Safety Performance with a Leading Indica-

tors Program, Human Factors in Ship design and Operation, Nov. 2011, London, UK.
[25] American Bureau of Shipping : Guidance Notes on Safety Culture and Leading Indicators of Safety, January 2012, Houston TX.
[26] T. Reiman, E. Pietikainen : Indicators of safety culture －selection and utilization of leading safety performance indicators, Report number 2010:07, Swedish Radiation Safety Authority.
[27] Energy Institute, LR and UK HSE Collaborative Report : Human Factors Performance Indicators for Energy and Related Process Industries. Energy Institute, Lloyd Register's EMEA and the UK Health and Safety Executive, 2010.
[28] M Sattison : Nuclear Accident Precursor Assessment: The Accident Sequence Precursor Program, In J. Phimister, V. Bier (eds), Accident Precursor Analysis and Management: Reducing Technological Risk Through Diligence, National Academy press, 2003.
[29] Ibrahim Khawaji : Developing System-Based Leading Indicators for Proactive Risk Management in the Chemical Processing Industry, MIT ESD Master's Thesis, May 2012.
[30] 伊沢元彦：なぜ日本人は、最悪の事態を想定できないのか―新・言霊論, 祥伝社, 2012 年
[31] 佐々木良一編著：IT リスク学, 共立出版, 2013 年
[32] (独) 情報処理推進機構：自動車の情報セキュリティへの取組みガイド, 2013 年
[33] 日経産業新聞, 2012 年 1 月 25 日
[34] http://hackaday.com/2013/07/26/defcon-presenters-preview-hack-that-takes-prius-out-of-drivers-control/
[35] http://www.asahi.com/tech_science/update/0804/TKY201308040061.html
[36] http://itpro.nikkeibp.co.jp/article/Interview/20130226/459134/?mle
[37] http://www.nist.gov/cyberframework/upload/cybersecurity-framework-021214-final.pdf
[38] 永井康彦：安全とセキュリティ, 安全工学シンポジウム講演予稿集, 2008 年

# 第4章
# 分野共通化の思想

　本章では，まず分野を超えて横断的に対象の全体像を共通に把握・理解するための礎とするシステム思考，システム概念，システムズアプローチ，次いで安全問題の構造を明らかにするためのシステム構造化技法，事故の未然防止を考えるシステム安全などについて述べる。

## 4.1　共通化のための原理

　共通化のおおもとは類推的思考・解釈である。類推するとはどのようなことか。アンディ・ボイドンらの著書[1]に，生理学者のロバート・バーンスタインらの"類推する"ことの定義が紹介されている。それによれば「"類推する"というのは，二つ以上の異なる現象や現象群を見て，その内部の関係性や機能に共通点があるのを見抜くこと」である。

　これは，サイエンスの特徴である要素還元主義の見方ともいえる。つまり，概念や事物は「総体・要素・相互作用」を三位一体としたシステムをつくるとみて，その要素群の相互作用で全体を理解する。そのとき広い視野に立って，要素群の関係性や相互作用，機能に共通点があるのを見抜くことで，無関係に見える概念，あるいは同じものに見えない事物を結びつける。

　本書で共通化の原理（考え方の道筋）とするのは，要素群の関係や機能に着目して対象をシステムとして認識するシステム思考（システム的なものの見方，考え方）を基本とするシステムズアプローチである。システムズアプローチは，複数の要因が複雑に絡んだ状況における問題の認識，その解決を図るときに有効である。

システムズアプローチはまた，構造主義に基づくアプローチと通底するものである。構造主義とは，物事の構造に着目して物事の本質に迫ろうとする思想的立場である。構造主義的に何かを考えるとき，あらゆる物事で共通であるものとして構造に着目する。構造主義を代表するフランスの哲学者レヴィ＝ストロースは，"「構造」とは，要素と要素間の関係とからなる全体であって，この関係は，一連の変換過程を通じて不変の特性を保持する"と説明している。つまり，構成する要素もその関係もすべて異なっているにもかかわらず，そこにある種の不変の特性（同型性）が見いだせる場合，それを構造と呼ぶわけである。

　このように構造主義は，ある一つの問題事象で成り立つ構造を，それ以外の並列的な問題や現象に当てはめて論理整合的に説明できるという思想である。つまり，あらゆる物事を構造として捉えて，まず全体を見て，そこから何らかの共通性を見いだしていく。

　たとえば，犬という集合名詞に属する個々の犬の寸法は大小さまざまだが，かなり似通った形状をしている。寸法に違いがあっても，ある犬を犬たらしめているのはその形状（構造）だと考えればわかりやすい。

　このように，あの出来事と同じとか，あの事故と似ているとかいうのは，そこに見えている構造が同じあるいは似ているということである。

　システムズアプローチの詳細について説明するには，まず「システム」とは何かを定義することから始める必要がある。それを受けて，システムズアプローチの基本にあるシステム思考（システム的なものの見方，考え方）の特徴について述べることにする。

## 4.2　システムの概念

(1) システムの定義

　システムという言葉の語源はラテン語の systema に発するといわれ，さらにその語源はギリシャ語の syn (= with or together) という接頭語と histemi (= to set) という動詞にあるといわれる。これからわかるように，システムという言葉は「共に位置させる (to set together)」という意味を持ち，対象を要素の

集合とそれらの間の関係という構造で認識するときの言葉である。すなわち，群や集合といった抽象的な概念を表す言葉である。このことからも明らかなように，対象を要素の集合とその上の関係という構造（これをシステムの構造という）で定義するときの言葉である。

　また，システム（system）という言葉はカオス（chaos）という言葉の対義語であるといわれる。カオスが混沌や混乱，無秩序などを意味することから，そのシステムは秩序のある状態を意味する。これらの言葉は全体としての秩序が保たれている状態を暗に示している。

　システムの定義は数多くあるが，このあたりまではどの定義でも異論のないところである。なぜ数多くの定義が存在するのかといえば，それは，システムが客観的実体として存在するものではなく，我々が対象を認識するときの一つの観点として存在するものだからである。

　次に，日本語では系，系統，体系，組織などと訳されるシステムの定義のいくつかを紹介する。

　JIS Z 8121 では"システムとは，多数の構成要素（element）が有機的な秩序を保ち，同一目的に向かって行動するもの"と定義されている。ここでの「有機的」（systematic）とは，各部分の間に緊密な統一があって，部分と全体とが必然的関係を有している有様のことで，また「同一目的」とあるのがシステム全体としての目的である。

　システム工学の学会である INCOSE（International Council on Systems Engineering）の定義 [2] は，"システムとは，規定された目的を達成するための，相互に作用する要素を組み合わせたものである。これには，ハードウェア，ソフトウェア，ファームウェア，人，情報，技術，設備，サービスおよび他の支援要素が含まれる"である。この「規定された目的」がシステムとしての目的であり，その達成のために各要素が組み合わされるのである。

　一般システム理論ではシステムを"動的に相互作用しあう要素の複合体"と定義している。このように，システムの認識では，まず全体があって要素があると考えるのであって，要素を集めて全体を構成するということではない。このことをよく表している定義は，"システムとは，種々の異なった多数の要素が，1) ある初期の目的を達成するために，2) 相互に関連し合い，3) 集合体

として統一された機能（function）を果たす，集合体を呼ぶものである"である[3]。「ある初期の目的」としたものが，システムとしての目的である。

以上のような意味を持つシステムの形容詞に相応しいのは，システマティック（systematic：体系的）ではなく，システミック（systemic）である。辞書では，システミックは生物学や医学的な用語として定義されているが，チェックランドらは"総体としてのシステムの，あるいは，総体としてのシステムに関する（concerning a system as a whole）"としている[4]。

(2) 対象の認識

前述した定義に基づけば，システムとは，対象を部分が結合されてできた総体として認識するときに対象につける統一的な呼び名であるといえる。対象としては，もの，活動，組織，現象，概念，情報，ソフトウェアなど，いろいろな形のものを取り上げることができる。人工物を対象とする分野で，システムとして認識する対象は，組織化された複雑なシステム（organized-complex system）である。

システムを構成する部分を要素（element）と呼び，要素の結合の仕方をシステムの構造（structure）という。さらに，構成要素もまた小さな複数の要素から構成されるシステムとして見ることができ，それをサブシステムという。つまりこれが，システムは多数の要素から構成されるということである。このように対象をシステムとして認識するときに，それは直ちにシステムの階層（hierarchy）という概念につながる。すなわち，システムの下方にはサブシステムが，さらにサブシステムをシステムと見るとその下方にはサブサブシステムが，さらに下方には…という階層が形成される。システムはまた，より大きなシステムの部分となっているので，上方への階層も形成される。このようにして，システムは階層構造として表せる。たとえば"システムの運用"をシステムと捉えて階層化してみると，大枠では技術システム，運転員グループ，運用管理組織，企業組織，国の規制機関，議会・立法府のように階層化できる。さらに，それぞれの階層に対して階層化を図ると，より詳細なシステム階層構造に展開できる。

下方および上方への無限の階層を切断するために，最小（機能）要素（minimum

functional element）と最大システム（maximum system）の概念を導入する。最小（機能）要素とは，それをもはやシステムとして認識しない要素のことである。最小（機能）要素は暗箱（black box）とみなされ，その特性は要素の属性として規定される。最大システムとは，それを部分とするより大きなシステムを考えないシステムである。最小要素から最大システムに至る階層をシステム階層のスパン（span）という。これは，解析や設計対象とするシステムの想定範囲と検討の細かさである。

最大システムを定めることを，システム境界（system boundary）を定めるともいう。システム境界の外側のシステムが，システムの環境（environment）あるいは外部システム（external system）と呼ばれる。システム内部には内因的（endogenous）変動や擾乱が，システム環境には外因的（exogenous）変動や擾乱が存在する。以上を図示したのが図 4-1 である。

さらに，図 4-1 のサブシステムの一つ一つがシステムとして扱え，それぞれのシステムごとの運用と管理（マネジメント）には互いに独立性があって，システム総体として一つの機能やサービスを提供するシステムは，システムオブシステムズ（System of Systems）と呼ばれる。たとえば，図 4-2 に示すスマートグリッド（Smart Grid）やスマートシティ（Smart City）はその例である。

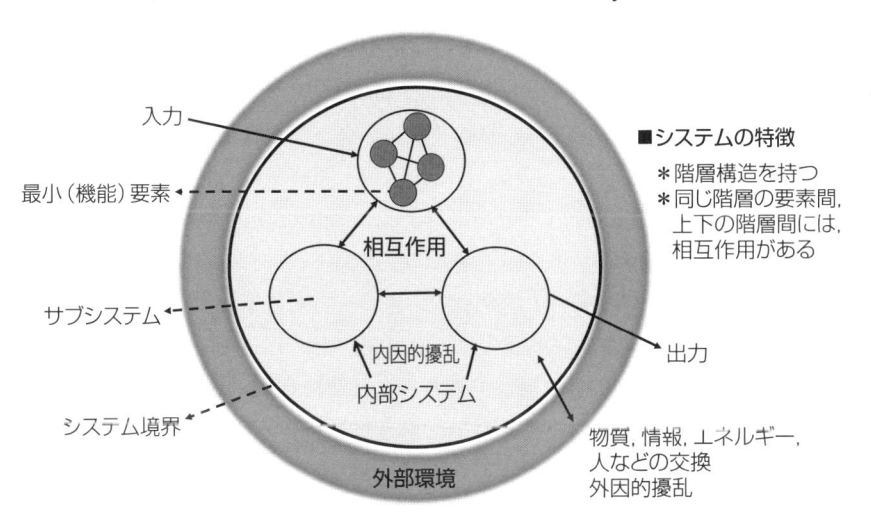

図4-1　システムの基本概念

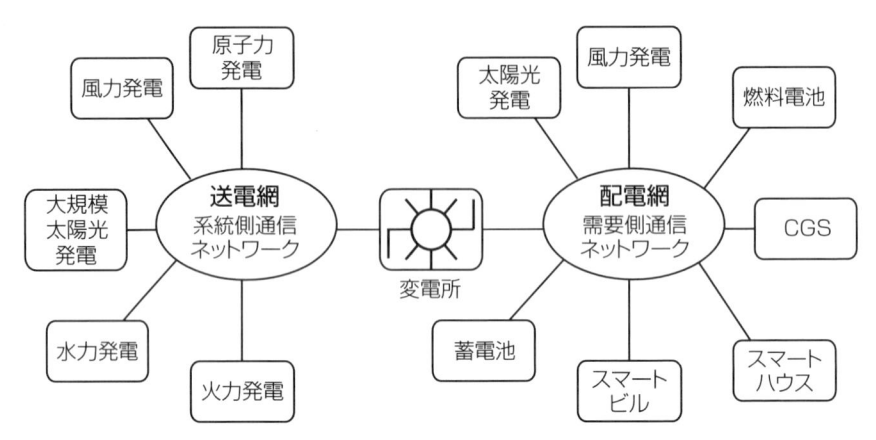

スマートグリッドとは，電力と情報の双方向ネットワークを整備し，
リアルタイムにエネルギーの需給調整を行う「賢い電力網」である。

**図4-2** スマートグリッド（NTTファシリティーズ[25]の図を基に作成）

　本書では，考察の対象とする範囲を広い分野とするように一般化して，対象を｛人工物（ハードウェアやソフトウェアを含む物理的要素，危険物），人間（人的・組織的要素），環境（人工環境，自然環境）および社会的要素から成るシステム｝として統一的に捉える（図4-3）。もちろん，第2章に述べた「社会-技術システム」もこれに漏れるものではない。

　たとえば，病院をシステムとして認識するとすれば，一般化した対象システム｛人間（人的・組織的要因）・機械（ソフトウェアを含む物理的要因）・環境（人工環境，自然環境，社会的要因）｝における人間要素は"医師，看護師，検査技師，患者，…"を要素とするサブシステム，機械要素は"治療用機器，診断用機器，リハビリ用機器，…"を要素とするサブシステム，環境要素は"診察室，救急救命室，手術室，…，医療制度，法，…"を要素とするサブシステム，さらにサブシステムの要素"医師"は"内科医，外科医，…"を要素とするサブサブシステムといったように展開できる。これとは逆に，ある病院を，地域の病院，救急病院，中核病院，各消防署，救急車，道路交通管制機関，ドクターヘリ，航空管制が役割分担しながら住民に医療を提供する"医療ネットワークシステムというシステムオブシステムズ"の一つの構成システムとして認

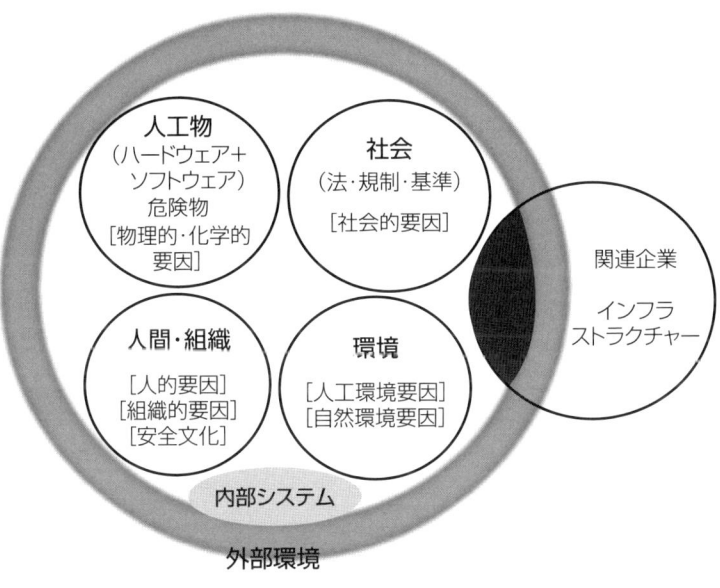

図4-3 対象とするシステム

識することもできる。
　同じ対象であっても，認識の観点が異なれば，異なる構造のシステムとなる。
　生産システムを，物理的，人間，情報，管理という4つのサブシステムとして捉えた例を挙げてみよう。物理的サブシステムには，装置，設備，材料などの無生物が要素として含まれる。人間サブシステムは物理的サブシステムを制御する。情報サブシステムは活動を承認し，行動を指導し，能力を評価するための情報を伝えたり，交換したりする。管理サブシステムは組織の目的と部門の活動目標を確立し，権限と責任を付与し，全組織と部門の活動を指導する。この生産システムを，装置，設備などのハードウェアだけを要素（モノ）とするシステムとして捉えた場合には，それはプロダクト（製品）システムと呼ばれる。また，生産システムを人間による制御の側面だけから捉えた場合には，それは個々のタスク（手順）を要素とするシステムとなり，プロセス（工程）システムと呼ばれる。
　ロケットは，多数の要素・部品からなるプロダクトシステムであるが，その

打ち上げ管制は一連の手順からなるプロセスシステムである。

(3) 要素間の相互作用の認識

要素間の相互作用とは，"要素あるいはその属性を結合している因果関係，入出力関係，論理関係，順序関係（前後，上下などの），配置関係，比較関係，包含関係，自然法則や方法による関係，社会的関係などの規定に基づく相互作用"のことと解釈できる。一般に複数の要素はネットワークとして相互に関連しあっているので，状態へのある対処が回りまわって，かえって状態を悪化させるポジティブフィードバックとなってしまう事態もありうる。これが相互依存性といわれることである。

安全問題を考えるとき，表面的にはまったく関係なく見える要素も，実は水面下でつながっていることがあるので，それを見落とさないことが重要である。関係する要素を漏れなく洗い出して，その関係と相互作用ならびに全体への影響を見極めれば，正しい判断が下せる。それには，高い視線と広い視野が不可欠である。さらに，対象システムはダイナミックなネットワークであると認識することである。すなわち，対象システムは一定不変ではなく，構成要素の特性に変化や変動があったり，システム構成要素間，サブシステム間やサブサブシステム間などの相互関係の相手も関係の強さも時間的に変わったりする非線形で時変なものである。

(4) 機能の階層関係

人工物は，目的の達成や課題解決の手段として造られ，使われることから，目的ならびに機能という属性を持つ。各要素の機能は，システムの全体機能を実現するのに必要な機能として定められることになる。その機能はまたいくつかの必要な下位の機能の組み合わせで実現される。このことから，要素やサブ要素などの特性は"機能"になる。このように，全体から部分を考える，あるいは上位概念によって下位概念を説明することがシステム思考（systems thinking）や統合的思考（synthetic thinking）の1つなのである。

この意味合いは，村上が著書のなかの"物事を岐て行くとどうなるか"で論述していることに通じるものである[5]。村上は，"細胞と組織，…個体と社

会，…といった関係を考察するときに，前者を使って後者を説明するというのが分析的思考であるとするなら，後者を使って前者を説明するというのがシステム的思考，あるいは敢えて言えば総合的思考に当たると思われる。そうした思考を取るとすれば，当然，目的論的説明，機能的説明が，その思考過程の中であるところを得るはずである。（中略）なぜなら因果法則による説明の基本的特徴は，説明される現象なり事項なりが，説明する側よりも理論的抽象化の低い場合に限って成り立つところにあり，その意味で，分析の段階を下降する方向に一致するのに反して，目的論的説明や機能的説明はちょうど因果的説明とは逆の道をたどるところから総合的思考の方向に値するのである"と述べている。

　機能的説明における"機能"は，技術システムや1人もしくは複数の人間，組織などが特定の目的を達成するために行わなければならない"働き"を意味する。もう一つの目的論的説明では，機能は「目的-手段」の関係として上位機能を下位機能へ展開するなかで用いられるもので，"目的を達成するために必要な手段"を意味する。上に述べたように，システムは階層構造を有しており，上位が目的とする機能，下位がその機能を実現するための手段とする見方である。目的機能（an end）-手段（a means）の関係で表現されたシステムの階層構造は「目的機能-手段階層構造（means-ends hierarchy）」と呼ばれる。

　機能の視点で対象システム総体を捉えると，機能ネットワーク（function network）や機能構造（function structure）として認識できる。後の4.8.2項に示す図4-6は機能構造の例である。

　このような階層構造のあるレベルは，その1つ下のレベルのサブシステムまたは要素が持っている性質や機能を全部あわせても出てこない性質や機能が発現する「創発性」という性質を持つ。したがって，システムは創発性を持つことになるので，システムについて"全体は部分の総和以上である"と言われる。

　たとえば原子力発電所の最上位の目的機能は電力生成であり，それを実現する下位手段として原子炉（熱発生），冷却材ポンプという配管（熱輸送），蒸気発生器（熱伝達）のようなサブシステムが設けられている。さらに原子炉という手段はその次の階層では熱発生機能を担う目的になっており，それを実現する下位手段として，炉心，冷却材流路，制御棒機構などが設けられている。

この機能の視点に立てば，組織は何の働きをするかで，組織内の人々は何をするかで特徴づけられる。同様に，社会–技術システム（societal-technical system）を目的論的な視点で捉えると，それはある目的機能を満たすための手段である。その手段は通常，人間と技術をどのように組み合わせるかの考究に基づいて実現されている。

### (5) 機能の表現

システムや要素の機能を表現する基本形式は「〇〇（目的語：名詞）を〇〇（他動詞）する」である。ある構成要素の機能の表現は，構成要素を主語とした表現にするとわかりやすい。

① 〇〇（構成要素）は，〇〇（目的語：名詞）を〇〇（他動詞）する
② 〇〇（構成要素）は，〇〇（目的語：名詞）を〇〇（補語：名詞）に〇〇（他動詞）する

このように構成要素の機能を，目的語と他動詞の結合（AND 結合），あるいは補語と目的語と他動詞の結合（AND 結合）で表現する。

〔表現例〕
① 電池は　電力を　貯蔵する
② 救急救命室は　緊急で入る患者に　救命処置を　施す

ここで，機能を F，補語を C，目的語を O，他動詞を V，AND 結合を・，OR 結合を + で表すと，ある要素の機能が"正常"な状態であるときは

$$F = V \cdot O \quad \text{あるいは} \quad F = V \cdot C \cdot O$$

となる。機能が"異常"な状態のときは，上式の否定をとって

$$\overline{F} = \overline{V} + \overline{O} \quad \text{あるいは} \quad \overline{F} = \overline{V} + \overline{C} + \overline{O}$$

となる。上の例で言えば，電池の機能が正常な状態であるときは「電力を貯蔵している」であるが，異常な場合は「電力を貯蔵していない」か「電力でないもの（たとえば熱）を貯蔵している」である。救急救命室の機能が正常な状態

である場合は「緊急で入った患者に救命処置を施している」で，異常なときは「緊急で入った患者に救命処置が施されていない」か「緊急で入った患者に救命処置でない処置を施している」か「緊急でない患者に救命処置を施している」などが導かれる。

　ハザードの同定は $\overline{O}$ と $\overline{C}$ を見いだすことである。安全の定式化で述べたようにハザードを完全に洗い出すことは不可能である。第 10 章に述べるように過去の経験的知識をガイドラインとして可能な限り同定するほかない。

## 4.3　システム構成とシステム境界

　対象の認識に際して留意しなければならないことが 2 つある。ひとつは「システム階層のスパンの認識の問題」，すなわち設計者がシステムとして捉える領域をどう認識するかの問題で，これは「システム構成の問題」でもある。何を要素とし，どこまでを最小要素とし，相互作用を何と捉えるかである。つまり，対象をシステムとして見る人が，問題をどう認識し，理解したかによって，システム階層のスパンは異なるし，ある人にとっての最小要素は，別の人にとってはシステムとなることもありうる。また，システムライフサイクルにおける設計，運用，廃棄といったフェーズごとに，システムの構成要素，内部環境，システム境界も異なることになる。

　設計フェーズでは，設計者は設定したシステム階層のスパン内で，要素と相互作用を定義し，秩序性を有する全体としてシステムを構成する。同様に，システム内の変動や擾乱も設計段階で想定される。これがモデル化や設計，制御の対象となるのである。要するに，考慮される領域は想定内の「システム」として明在的に扱われ，ここから漏れたものは（外部）環境に属することになるので，考慮されないことになる。

　もう 1 つは「システム境界の認識の問題」である。つまりシステム境界をどう設定するかである。設定されたシステム境界は所与のものとして扱われ，これによって，システムの空間的境界である「境界条件（boundary condition）」と，時間的境界である「初期条件（initial condition）」が決定される。システム設計はそれらを前提として行われる。そのため，システム環境の認識の誤り

は，公害問題や環境問題，想定外の問題といったことの根源となる。しかしながら，どれほど大きいシステム境界を設定したとしても，必ず外部は存在するので，想定外の存在は原理的に避けられないのである。

三宅によるシステム境界についての論考では，アシュビー（W. R. Ashby）の「最小多様度の法則（low of requisite variety）」を引いて，"複雑な環境の中でシステムが動作するためには，環境の複雑性に対応した複雑性をシステムが内在させる必要があり，システムの肥大化を避けて通ることができない。さらに，システムを認知し設計する人間の認知的，経済的，社会的有限性の問題にさえ直面することになるのである"と述べている[6]。

環境については情報がないことから，不完全で，確率論的に対応することになる。井上らは，文献 [8] を引いて，システムの目的や周囲環境が完全に記述できない問題は，条件により下記に分類されているとしている[7]。

- クラス 1：完全情報記述問題
  目的および環境に対する情報が観測者にとって既知であり，問題を完全に記述できる。このクラスの問題では，最適解の探索が中心課題になる。線形計画法，待ち行列理論，制御理論などの工学的設計問題はこのクラスに分類される。
- クラス 2：不完全環境情報問題
  目的に関する情報は既知であるが，環境に関する情報は観測者には予測できず，問題を完全には記述できない。このクラスの問題では，社会を含めた環境の変化に適応しての解探索が中心課題になる。
  たとえば，原子力発電所の開発は，原子炉や発電機の開発だけの設計課題を対象にすればクラス 1 と見ることが可能だが，核廃棄物や廃炉の問題や，地球的な環境課題という制約条件を含めて考慮すると，クラス 2 となる。近年，技術と社会のつながりが大きくなり，社会の制約条件がシステム開発に直接影響するようになり，クラス 2 として問題を捉える必要性が高まっている。
- クラス 3：不完全目的情報問題
  環境（制約条件）ばかりでなく，目的に関する情報も観測者には予測で

きず，問題を完全に記述できない．このクラスの問題では，目的も同時に定めていく必要がある．この場合は，目的を決めることと，目的問題の解の探索が同時に行われる．

たとえば，インターネットはクラス3のシステムの典型である．インターネットは目的の異なる独立したネットワークが相互に接続されたものであり，誰もその全体像を把握していない．インターネットの目的は日々刻々変化しており，新たな目的が加えられる．また，システムの境界も不定であり，つねに拡大し変動している．都市をシステムとして捉えると，クラス3のシステムと位置づけられることが多い．システム内に統一的な目的が存在せず，境界は不定であり，自律分散的に設計が進む．秩序や共通目的を与える手段は，法律，条例と良識である．

さらに，システム境界は境界固定型と境界移動型に大別できるであろう．前者は，設定された境界が明瞭にわかり，時間的・空間的に固定されるものである．対して後者は，境界が不明瞭で，時間的・空間的に移り変わっていくものである．福島原発事故の例に見るまでもなく，設計段階で境界固定型とされたシステム境界であっても，事態や社会的変化などによって時間的・空間的に変動することもあるので，つねに見直していかなければならない．ちなみに2014年7月，米国科学アカデミーは福島原発事故を受けて，これまで米国内で原発から半径約16キロ圏内が対象と定められている避難計画策定の範囲が不十分になる可能性を指摘して，事業者や米原子力規制委員会（NRAC）に緊急時の避難計画を見直すよう求めている．

この境界の違いの特徴は，松本の著書で"科学技術と社会の境界で発生する問題における，「どかん」型と「じわり」型の区別"として巧みに表現されている[9]．参考になるので一部抜粋して紹介する．なお，ここでは文中の科学技術をシステムに，社会を環境に，境界をシステム境界に，「どかん」型を境界固定型に，「じわり」型を境界移動型に読み替えるだけでよい．

「どかん」型とは，問題の原因と結果を構成する出来事が境界のはっきりした現場として現れるような形の問題である．たとえば，巨大装置プラントでドカンと爆発するような事故が典型的な例なので，そのような型の問題を「どか

ん」型と呼ぶことにする．この型の問題では，誰が当事者で，誰が利害関係者で，誰が第三者であるかも，比較的つかみやすいことが多い．

これに対し，「じわり」型とは，どこからどこまでが現場で，どこからそうでないかが必ずしも明瞭に線引きできない問題を指す．この型の問題は，問題の原因と結果をつなぐ時間的・空間的スケールが「どかん」型の問題に比べて桁外れに大きい．そのため，より本質的な不確実性を抱え込んでいる．時間的には数世代以上，空間的には地球環境全体に及ぶことはごく普通に想定できる．

たとえば，放射性廃棄物の最終処分問題，地球環境問題や遺伝子組み換え作物の問題などが象徴するとおり，この型の問題は一定時点で問題の広がりと深刻さを即断することが困難である．この型の問題では，誰が当事者で，誰が利害関係者で，誰が第三者であるかをにわかに見極めることが困難な場合が多い．「じわり」型の問題の解明は立ち遅れている．

さらに，2つの型が混合する問題もありうる．たとえば福島原発事故は，水素爆発に注目すれば「どかん」型であるが，その後の放射性物質の拡散問題に注目すれば紛れもなく「じわり」型である．

もとより，「知の失敗」を回避，克服するために，これまでに得たさまざまな知見が「どかん型」の問題にも「じわり型」の問題にも等しく適用される．だが，個別的な安全問題の検討には，どちらの型の問題なのかを見定める必要がある．

## 4.4 システム思考

システムズアプローチの基本であるシステム思考（システム的なものの見方，考え方）の特徴について述べる．システム思考とは，システムの概念を活用して意識的に体系化された思考のことである．つまり，対象をシステムとして捉えることを重視する考え方，すなわち対象をさまざまな要素の集合体とそれらの関係という構造として認識し，全体像を俯瞰し，その複雑な挙動を理解して，システムそのものの改善を図る思考である．

システム思考は，以下のような基本原則で特徴付けられる．

① 目的指向に立つ

人工物創成の最終目標は，目的を満足するシステムを実現することであり，そのための手段や形式は問わない。すなわち目的を満足する機能を持っていればその実体はどうでもよい。このことからシステム思考は必然的にトップダウン的な形式を持つことになる。すなわち具体的な実体から徐々に全体を構成していくというボトムアップの考え方と異なり，まずシステム全体の目的を明確にし，次にこの目的を満足するようなサブシステムの機能を考えるというように，つねに決定は上のレベルから下のレベルに向かって行われる。しかし，このことは下のレベルから上のレベルへのフィードバックが存在しないということを意味するものではない。

② 総体と部分との関係を重視する

局所的な最適化が，総体の最適化を保証するものではない。問題を大局的視点で捉え，サブ問題やサブシステムを扱う場合にも，つねにシステム全体との相互関係を重視する。これによってシステム総体のバランスが保たれ，同時に部分の果たす役割を積極的に考えることができる。

③ システムの階層構造を考慮する

直面している問題をつねに一段上のレベルから見る。すなわちシステムの縦方向の階層構造に従って，上のレベルとの整合性に注意する。また，サブシステムならびに要素の間には関係（因果，順序，入出力などの）と相互作用や相互機能（エネルギーや物質，作用，行為，情報などの流れ）が存在しているということを認識することが大切である。

「木を見て森を見ず」とならないよう，「枝葉も見て，木も見て，森も見て，山も見る」ことで全体像を把握・理解することである。このように，対象を階層構造として把握・理解するには，トップダウンの「俯瞰的視点」とボトムアップの「虫の目視点」が必要である。「俯瞰的視点」からの分析は，山を見，森を見，木を見，枝葉を見ると同時に，それらの間に存在する相互作用や働きを把握することである。この「俯瞰的視点」からの大局的理解をしたあとに，必要に応じて「虫の目視点」で，枝葉から木へ，木から森へ，森から山へというように，さらにそれぞれの局

所的理解を進める。

④ システムのライフサイクル全体を考慮
解決課題を，システムの計画→設計→製作→運用→再利用・廃棄までのライフサイクル全体にわたって考察することを重視する。

　どのようなシステムもいずれは新しいシステムと交替しなければならない。システムが大規模であればあるほど，この交替は困難である。したがってシステムは計画段階からこのことを考慮しておく必要がある。

⑤ 多数の代替案を考える
システム思考では目的の達成に重点を置くので，その手段は考慮の対象からはずされる。したがって，ある目的を達成する手段は一つではなく，多数の代替案が考えられる。つまり，できるだけ多くの代替案のなかから，あらかじめ定められた評価基準に従って最も適当な案を選択することが重要となる。

⑥ 学習と進化を考慮する
システムをとりまく環境や社会的価値はダイナミックに変化するので，当初最適とされたシステムであっても，時間の経過とともに状況に適応できなくなることがある。また，絶対的な安全は存在しえないので，何らかの不具合が生じるのは通常である。そのため，つねにシステムを改善していくことが肝要である。それには，環境や状況の変化に適応できるように学習と進化が行われる仕組みが用意されなければならない。

「学習する組織」の概念を確立したピーター・センゲが提唱して以来，システム思考が「学習する組織」にとっての「第5のディシプリン」と位置付けられている。それはシステム思考がグループや組織にとっての「共通言語」となることによるものである。システム思考は「思い込み」と呼ばれる人々の狭い見方を広げ，新しい視点で全体像を捉えるようにするので，「しなやかに強く，進化し続ける組織」をつくるための鍵を握っているとして重視されている。

## 4.5 同型性

ここでいう同型性（isomorphism）とは，型の上での類似性を意味する。異なる領域におけるシステムであっても，他のシステムとの同型性（共通性）を見いだすことで，解析法，総合の手順，構造化の方法，評価の方式などを体系化できる[10]。また逆に，個別性（固有の特殊性）に着目することで，同定，識別および個別システムの設計や評価のポイントを識別できる。よって，問題の解決には，共通と個別の両方の観点に立って，問題の実体の把握・理解を深めることが肝心である。

システムにおける「型」として，①要素の性質あるいは属性，②要素間の関係，③要素の属性がシステム構造を通じてシステムの属性として発現するプロセス，④システムの構造などが考えられる。

また，同型性を機能に着目して捉えることもできる。たとえば，増速歯車（回転数を増やす），アンプ（増幅する），ポンプ（増圧する），ジェットエンジン（運動量を増やす）は，"増やす"という機能で同型である。数学的には，$y = f(x)$，$y$：出力（属性），$x$：入力（属性），$f$：増加関数（関係）のように同じものとして抽象化できる。入出力の属性の属性値として回転数や速度を与えると，増速歯車やジェットエンジンといった異なる具体物になる。

"同じような事故が異なった時と場所で" "A社で起こることはB社でも"などと言われるように，安全問題の構図は類似しているばかりでなく，事故は類似の事故の再発であることが多い。同型性はこれにも通ずるものと思える。

また，同型性への着目は，事故データの共通・共有化，安全情報システム構築においても役立つ。

畑村の著書で紹介されている，事故や失敗の再発を防止するための「失敗まんだら」は，従来とは異なる新しい見方で失敗のシナリオが一目でわかるように工夫された図である[11]。それ自体で役立つのはもちろんであるが，同型性を考えるうえで極めて参考になるので，ここに引用して考察を加えてみよう。

まず著書に基づいて「失敗まんだら」について簡単に説明し，その後にシステム思考，同型性と対応させてみる。

「失敗まんだら」は，科学技術振興機構の「失敗知識データベース推進委員

会」による失敗知識データベースづくりのなかで生まれたものである。その開発の背景について，畑村は著書のなかで，"世の中では事故の事例集とか失敗の事例集のようなものがたくさん作られています。ところがこれらは事故や失敗の防止にはほとんど役立てられていないのが現実です。なぜ役立てられないかは，（中略）読む人たちにとって自分の行動に結びつくような形になっていないのです。事故や失敗に関するたくさんの事例があり，その説明や解説があるだけでは，読む人はそこから得られる知見を1つも生かすことができないのです"と述べている。さらに，データベースづくりでは，"失敗を生かそうとしている人が頭の中に持っている失敗知識の構造を明らかにし，それにしたがって個々の事例を記述したり，（中略）それを頭の中に吸収，定着させることができるような構造性を持たせることに注力した"としている。

　失敗はヒューマンエラーから起こるとして，失敗の脈絡を「原因」「行動」「結果」の3段階に分けて考えている。「失敗まんだら」全体は「原因」「行動」「結果」それぞれの「まんだら」（同型性）で構成されている。そして，それぞれの「まんだら」，たとえば「原因まんだら」は，中心部分に「失敗原因の分類」が，その外側には第1レベルの10のキーフレーズが，さらにその外側には第2レベルのキーフレーズが並ぶ。さらに，その外側に第3レベルのキーフレーズが並び，外側にいくほど失敗の中身がより具体的になる構造となっている。「行動まんだら」と「結果まんだら」も同じ構造になっている。図4-4に「原因まんだら」を示す。

　同書には，"科学技術振興機構の「失敗知識データベース」では，機械，材料，科学，建設の4分野の「失敗まんだら」が紹介されている。ただし，「失敗まんだら」自体は汎用性のあるものなので，たとえば示されている項目を多少変更することで他の分野でもすぐに応用することができる"と，その威力が述べられている。

　次に，「失敗まんだら」をシステム思考，同型性の観点で解釈してみよう。最初に，「失敗」をヒューマンエラーの視点で「システム」として認識している。「原因」「行動」「結果」がシステムを構成するサブシステム（第1レベル）である。失敗の脈絡は，この3つのサブシステムの直列の因果関係である。まずここに同型性の要件の1つを認めることができる。さらに，因果関係に基づい

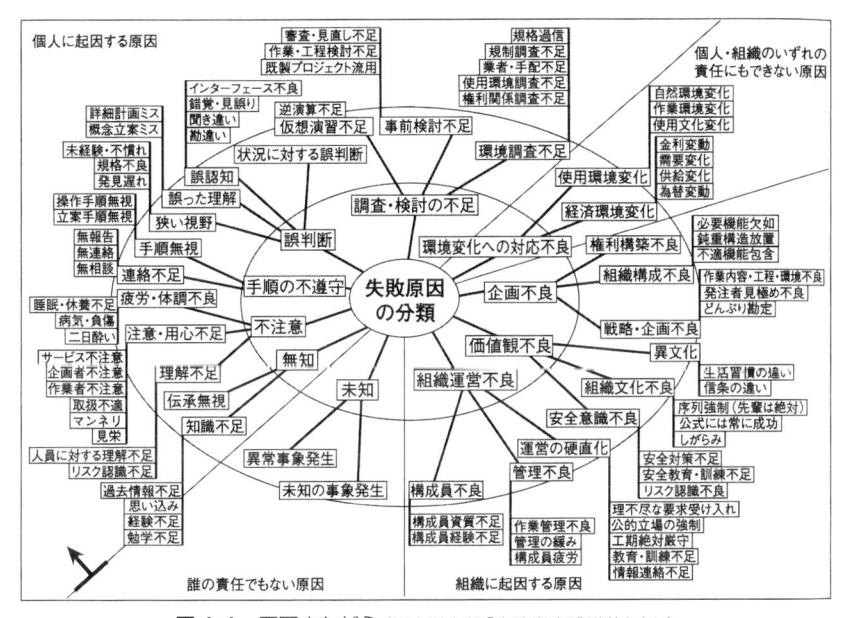

図4-4　原因まんだら（畑中洋太郎『失敗学実践講義』より）

て，サブシステムのそれぞれは10の要素から成るサブサブシステム（第2レベル）に，さらにその各要素それぞれは複数の要素から成るサブサブサブシステム（第3レベル）に，といったように，第4レベルの最小要素まで展開されている。このように，「失敗まんだら」は4階層構造のシステムとして認識されていることになる。

以上のように，「失敗まんだら」の表現形式は，上に述べたシステムにおける「型」の要件に合致しているので，同型性に着目したものと解釈できる。したがって，畑村が述べているように，「失敗まんだら」は当然，他の分野にも共通に適用できることになる。

## 4.6　システムズアプローチ

システムズアプローチのルーツは，1940年代にベルタランフィ（L. Bertalanffy）の提唱した「一般システム理論（general system theory）」と，同じく1940

年代にウィナー（N. Wiener）が創始した「サイバネティックス（cybernetics）」にある[12]。ベルタランフィは生体をシステムとして考察し，人間組織や社会システムなどの構造も生体システムと同型であるとして，これらを貫く一般原理として「同型性」を究明し形式化する新しい科学の領域として「一般システム理論」を提唱している。ウィナーは，生物システムや技術システムなどあらゆるシステムにおいて本質的で共通なのは"制御と通信"メカニズムであることを見抜き，それらを統一的に扱う新しい学問領域として「サイバネティックス」を創始した。一般システム理論と同じ頃に，カルマン（R. Kalman）が「動的システム理論（dynamic system theory）」を提案した。一般システム理論がシステムを静的に捉えたのに対して，動的システム理論は状態が時間的に変動するシステムを対象とし，システムの制御と観測に関わる公理的な体系を築いたものである。これらのシステム理論（system theory）では，異なる分野間におけるシステムの同型性に基づいて，対象を一般システムとして統一的に理解し制御することが目指されたのである。

　システム理論とサイバネティックスを核とするこれらのアプローチは「システムズアプローチ」として認められ，"成功裏にシステムを実現するための，分野横断のアプローチまたは手段"としてのシステム工学という分野も生まれた。

　システムズアプローチは，問題としている対象をシステムとして認識し，解決すべき問題をシステム思考に基づいて定式化し，その問題に対してシステム方法論，制御，情報を結集して取り組み，最適な解決の方策を得ようとするアプローチのことである。アプローチとは，物事の本質にせまる，あるいは問題を解決する方法論あるいは取り組みのことである。ここで注意しておくべきことは，方法（method）と方法論（methodology）は異なるということである。方法とは，数学のように問題に対して所定の手順を適用していけば必ず同じ答えが得られるものであるが，方法論とは，ある順序に従って，各種手法を用いて結果を導くが，その結果は必ずしも同一ではなく，用いる人の個性や能力に支配されたものとなる。したがって，安全問題へのシステムズアプローチにおいても，結果は取り組む人の安全に対する意識・態度や思考能力，知識・経験の違いによって影響される。

　最近の巨大技術システムでは，ハードおよびソフトを含めた構成要素の組み

合わせが多くなり，また複雑になってきている。加えて，巨大技術システムと人間・社会との結びつきによってさらに複雑さを増している。そのために，システムズアプローチの重要性が増している。

システムズアプローチは次のような特徴を有している。

① 要素の複雑な集合を取り扱う。
② 要素個々の機能および目的よりも全体の機能と目的を重視する。
③ 入力，出力およびその関係である機能を取り扱い，物理的な実体は何であるかは問わない。
④ 集合内の階層的な構成を認識し，各階層間の関係を重視する。
⑤ 集合と取り巻く環境との間で情報やエネルギー，物質，作用，行為などを交換する。
⑥ 組織化された複雑なシステムを対象とする。

ここでいう「組織化された」とは，何らかの目的を達成するように，システムを構成する要素と，その要素間の関係が規定されていることを意味する。

また，ここでの「複雑性（complexity）」は，次の2種類を意味する。

1つは「要素や種類による複雑性（detail complexity）」である。これは，システムの要素や種類が多く，要素がまたシステムとして認識されること，すなわちシステムの構造が階層的であることによる。

大規模システムは，要素の数が数万から百万にも及ぶ組織化された複雑なシステム（organized-complex system）となる。

もう1つは「動的な相互作用の複雑性（dynamic complexity）」である。これは，システム全体の大きさやそのなかの要素の数をいうのではなく，各サブシステムや要素が相互関係を持ち相互作用を及ぼしあうことによる。

- 要素のつながりや相互関係が密で多元的で，相互関係や強さが時間的・空間的に変化することによる。
- 原因と結果の関係があいまいで，また対処が功を奏すまでの時間が明らかでないことによる。

- 相互関係のなかった要素が，ある条件によって相互作用を持つことがあったり，あるいはその逆もあったりするなど，要素同士が非線形の関係にあることによる。

　以上のような複雑性と相互依存性は，巨大技術システムにはつねに存在する。したがって，これらは「社会–技術システム」における人間，組織および技術の間に存在する相互作用に見られる複雑さ（サブシステムが強連結か弱連結かに対応する）であるといえる。

　Perrow によれば，複雑な相互作用とは，目に見えず，すぐには理解できないような見慣れない事象や，予想もできない出来事の影響の連続である。よって，巨大技術システムは，彼が警鐘を鳴らしているように重大な事故を起こすリスクをつねに孕むので[13]，現代の安全問題においては動的な複雑性への対処能力が極めて重要となる。

## 4.7　2種類のシステムズアプローチ

　システムズアプローチには，最近2つの方向がある。その一つはハードシステムズアプローチ（科学的アプローチ）であり，他の一つはソフトシステムズアプローチである。前者の特徴は機械や情報処理系，制御系への対応を目的としていること，後者の特徴は人間や企業組織，社会，自然を含む複雑な環境の下で作動するシステム（予測できない状況に対応するための方策を講じる必要がある）への対応を目的としていることにある。

（1）ハードシステムズアプローチ

　これは，ガリレオ，ニュートン以来の科学に立脚した学問に沿って，しかもシステム思考を取り入れた方法である。法則や因果関係，論理関係などを拠りどころとする従来からの工学（機械工学や電気工学などの）において活用されているアプローチ（科学的アプローチ）である。したがって，高度技術システムであってもハードシステムズアプローチを基本にしている。

　このアプローチは，科学に基づいた客観性が重視される問題に威力を発揮す

るが，このアプローチを適用するにあたっては，関係者によって目的が共有され，価値観が一意であることが前提となる．古くは，ハードシステムズアプローチの成功例として米国のアポロ計画が挙げられている．

(2) ソフトシステムズアプローチ

これは，1981年のチェックランドの著書"Systems Thinking, Systems Practice"で提案された新しいシステム方法論（SSM：soft systems methodology）である．社会-技術システムなどのように，人間や組織，社会などサブシステムが多数存在するシステムへの対応を目的としたシステム方法論は，従来のハードシステムズアプローチに対比され，ソフトシステムズアプローチと呼ばれる．人間や組織，社会などが含まれる問題では，問題解決者らの主観的な価値観や判断および創造性が重要である．しかし，問題解決者らの価値観は一致していないのが一般的である．ソフトシステムズアプローチは，関係者が持つ価値観の相違を明らかにして議論するための手法として開発された．したがって，ソフトシステムズアプローチは組織や社会を含む複雑なシステムの問題に適用されるとき効力を発揮する．

社会-技術システムでは，技術システムに加えて，人間や組織，社会などの多数のサブシステム，システムに影響を与える環境や関連する他のシステムも多数存在するので，ダイナミックな複雑性への対処能力が重要である．また，そのようなシステムでは，要素間の非線形的・動的相互作用の結果として，「創発性」の問題も生じる．

このような対象に対しては，ハードシステムズアプローチ（科学的アプローチ）だけでは対処できない．それはチェックランドが指摘しているように，ハードシステムズアプローチが持つ次のような弱点によるものである．

① 複雑性にいかに対処するか，そのための方法が見つからない
② 社会現象や社会問題は，自然科学や工学の方法では検討されていなかった

などで，とくに人間を含むシステムでは自然科学的な取り扱いが難しかった．

安全問題の対象を人工物（ハードウェア＋ソフトウェア），危険物，人間，組織，環境および社会を要素とする結合体として統一的に捉えるシステム安全学では，ハードシステムズアプローチとソフトシステムズアプローチを併用することになる。

なお，ソフトシステムズアプローチの詳細については，参考文献 [4] [14] [15] などを参考にしてほしい。

## 4.8 システムの構造を求める方法論

一般に，問題の多くは，さまざまな小さい問題が複雑に混じりあって生じているため，あいまいな状態であることが多い。そこで，デカルトの言葉「難問は分割せよ」のとおり，大きな問題をより小さな問題に分解して，問題の階層構造を明らかにして，優先的に解決すべき問題を特定しなければならない。このことは，大規模・複雑なシステムでも同様で，システムを構成している要素，要素間の関係を漏れなく求め，システムの階層構造を把握することが困難となる。それに対処する方法論として，たとえば

- 階層構造化モデル（ISM：Interpretive Structure Modeling）[16] [17]
- DEMATEL（Decision Making Trial and Evaluation Laboratory）[16] [17]
- 階層化分析法（AHP：Analytic Hierarchy Process）[18]
- システムダイナミックス（System Dynamics）[19]

などが開発されている。

これらの方法論は，ほとんどあらゆる問題に適用できるので，複雑な技術システムはもちろんのこと，安全問題の対象としたシステムの構造解析にも適用できる。本書では，階層構造化モデル（ISM）の概要を紹介する。

### 4.8.1 システムの階層構造化法の安全問題への適用

ISM は米国のバッテル研究所の Warfield らが複雑な社会システムの問題を分析する手法として開発したものであり，大型プロジェクトに含まれる諸問題

の解析や，開発目標の設定などのように，多くの要因が複雑に絡みあっている問題に対して関係者が協力してその構造モデルをつくり上げる手法である。

階層構造化モデルとは，システムをサブシステムに分割したとき，そのサブシステムの内部における要素がどのように接続されているか，サブシステム同士がどのように関連して全体のシステムを構成しているかを表現するモデルである。これによって，あるサブシステムで起きた故障や不安全事象の影響が及ぶサブシステムが明らかになる。さらに，結合関係にあるサブシステムを階層構造化することで，サブシステム同士をつないでいる要素が明示できるので，サブシステム間の「隙間の問題」に対する系統的な探求が可能となる。

ISMの基本的な手順を，数学的詳細を省いて，次に説明する。なお，ここでのシステム要素をサブシステムに換えても計算手順に変わりはない。

- ステップ1：要素の抽出
  関係者のチームで，対象システムの要素と考えられるものを抽出，列挙する。
  システム要素 $S_1$, $S_2$, …, $S_n$ を規定する。
- ステップ2：関係の規定
  何をシステム要素間の関係とするかを規定する。
  規定された関係を $R$ とする。
- ステップ3：要素の一対比較
  2つのシステム要素 $S_i$, $S_j$ を取り上げ，規定された関係 $R$ が2つのシステム要素間に存在するかどうかを検討する。
  $S_i R S_j$：要素 $S_i$ は要素 $S_j$ に対して $R$ という関係がある。
  $S_i \underline{R} S_j$：要素 $S_i$ は要素 $S_j$ に対して $R$ という関係がない。
- ステップ4：隣接行列（adjacency matrix）の作成
  関係の有無を隣接行列 $A = [a_{ij}]$ の形で表現する。
  隣接行列はシステム要素番号を行，列の番号とする行列で，要素が1または0の値のみをとる行列である。このような行列はバイナリ行列と呼ばれる。

$S_i R S_j : a_{ij} = 1$（要素 $S_i$ と $S_j$ との間に関係があるとき）
$S_i \underline{R} S_j : a_{ij} = 0$（要素 $S_i$ と $S_j$ との間に関係がないとき）

- ステップ5：可達行列（reachability matrix）

隣接行列 $A$ に単位行列 $I$ を加えた行列 $(A+I)$ を求め，ある $n$ に対して

$$(A+I) \neq (A+I)^2 \neq \cdots \neq (A+I)^n = (A+I)^{n+1} = M$$

が成り立つまで，行列 $(A+I)$ に順次 $(A+I)$ をかけていく。
ただし，このべき乗計算はブール代数演算に基づいて行うものとする。
ブール代数演算のルールを表4-1に示す。

表4-1 ブール代数演算のルール

| + | 0 | 1 |
|---|---|---|
| 0 | 0 | 1 |
| 1 | 1 | 1 |

| × | 0 | 1 |
|---|---|---|
| 0 | 0 | 0 |
| 1 | 0 | 1 |

この行列 $M = (A+I)^n$ を可達行列という。

可達行列 $M$ の要素 $m_{ij}$ が1であれば，システム要素 $S_i$ から $S_j$ へ到達できる経路が存在することを意味している。もし $n = 3$ のときは，システム要素 $S_i$ からシステム要素 $S_j$ まで3本以下のパスを通って必ず到達できる。このように，可達行列はシステム要素間の直接的・間接的な関係のすべてを表すので，システムの構造を把握するうえで非常に重要な働きを持つ。

- ステップ6：各システム要素の階層分割

可達行列を見ると，基本的にはシステムの階層構造がわかる。しかし，システム要素が多い場合は判別が大変である。そこで，システムの階層構造をより明確に示すために，可達行列を用いてシステム要素の階層分割を行い，システムの階層構造を明らかにする。

まず，可達行列 $M$ に対して次のような操作を行う。可達行列 $M$ の要素が1である $m_{ij}$ の集合を求める。

$$R(S_i) = \{S_i \mid m_{ij} = 1\}$$

すなわち，可達行列 $M$ の第 $i$ 行をみて 1 になっている列に対応するシステム要素を集める．この $R(S_i)$ は可達集合（reachability set）といわれ，システム要素 $S_i$ から到達可能なすべてのシステム要素の集合である．

次に，可達行列 $M$ の第 $i$ 列をみて 1 になっている行に対応するシステム要素を集める．
$$Q(S_i) = \{S_j \mid m_{ji} = 1\}$$

この $Q(S_i)$ は先行集合（antecedent set）といわれ，システム要素 $S_i$ に到達可能なすべてのシステム要素の集合である．
$R(S_i)$，$Q(S_i)$ $(i = 1, \cdots, n)$ から
$$R(S_i) \cap Q(S_i) = R(S_i)$$

を満足するシステム要素の集合 $L_1$ を求める．

$L_1$ に属するシステム要素は，ほかのシステム要素からはこのシステム要素に到達できるが，このシステム要素からほかのシステム要素には到達できない．すなわち出口に相当する．そこでこのような要素の集合はシステムの階層構造の最も上位のレベルに属するとみなすことができる．この集合をレベル 1 とする．

次に，もとの可達行列 $M$ から $L_1$ に属するシステム要素に対応する行および列を削除した行列 $M'$ をつくり，この行列 $M'$ に対して同じ操作を行うことにより，第 2 レベル $L_2$ に属するシステム要素を決定する．以下，同様の操作を繰り返すことによって，次々と $L_3$，$L_4$，…が求まり，各システム要素を階層に分割することができる．

- ステップ7：階層構造図の作成
  最上位に第 1 レベル $L_1$ のシステム要素，その上に第 2 レベル $L_2$ のシステム要素というように，各システム要素をレベル順に配置した階層構造図を作成する．これは決まったものではなく，逆に階層構造図の下から順に第 1 レベル $L_1$，第 2 レベル $L_2$ と配置してもよい．
- ステップ8：同一レベルにあるシステム要素間の結合状態の詳細をみるそのための 2 つの方法を示すが，どちらによってもよい．

1つの方法は，可達行列 $M$ の行および列を入れ替える方法である．まず，可達行列 $M$ のサブシステムの行をレベル順に並べ替える．次に，その行列の列をレベル順に並べ替える．

もう1つの方法は，可達行列 $M$ について $M \cap M^{\mathrm{T}}$（T は転置を示す）を求めるものである．

これによって，隣接するレベル間のシステム要素の関係が明らかになる．

- ステップ9：得られた構造モデルの意味を解釈する
  チーム全員で得られた結果を検討する．せっかく構造モデルが得られても，その解釈が不十分では効果を上げることはできない．
- ステップ10：構造解明
  1回の作業で解明できなければステップ3からやり直す．多くの場合，最初の ISM によって問題の所在やチームの目的が明らかになり，さらに細部の問題やその対策選択に ISM を繰り返し用いることによって問題に対する系統的な探求が可能になる．

ここで，具体例を用いて上に述べた手順を示す．

【例】システムを構成するシステム要素（あるいはサブシステム）は7個である．それを $S_i$（$i = 1, 2, \cdots, 7$）とする．

システムの要素間の関係を規定して，求めた隣接行列（adjacency matrix）は

$$A = \begin{bmatrix} 0 & 1 & 0 & 0 & 0 & 0 & 0 \\ 0 & 0 & 1 & 0 & 1 & 0 & 0 \\ 0 & 1 & 0 & 0 & 0 & 0 & 0 \\ 0 & 0 & 0 & 0 & 0 & 1 & 1 \\ 0 & 0 & 0 & 0 & 0 & 0 & 0 \\ 0 & 0 & 0 & 0 & 1 & 0 & 0 \\ 0 & 0 & 0 & 1 & 0 & 1 & 0 \end{bmatrix}$$

である．このマトリクスからブール演算（表 4-1 参照）により可達行列 $M$ を求めると，次のようになる．

$$(A+I)^2 = (A+I)^3 = M = \begin{bmatrix} 1 & 1 & 1 & 0 & 1 & 0 & 0 \\ 0 & 1 & 1 & 0 & 1 & 0 & 0 \\ 0 & 1 & 1 & 0 & 1 & 0 & 0 \\ 0 & 0 & 0 & 1 & 1 & 1 & 1 \\ 0 & 0 & 0 & 0 & 1 & 0 & 0 \\ 0 & 0 & 0 & 0 & 1 & 1 & 0 \\ 0 & 0 & 0 & 1 & 1 & 1 & 1 \end{bmatrix}$$

この可達行列 $M$ のなかには隣接行列 $A$ にはなかった 1 の部分が存在する．これはこれらのシステム要素間には直接的な関係は存在しないが，別のシステム要素を介して間接的につながっていることを示している．

次に，可達行列 $M$ より各システム要素に対する可達集合 $R(S_i)$，先行集合 $Q(S_i)$ および $R(S_i) \cap Q(S_i)$ を求めると表 4-2 のようになり，式 $R(S_i) \cap Q(S_i) = R(S_i)$ を満たすシステム要素は $S_5$ のみであることがわかる．これより，第 1 レベル $L_1 = \{S_5\}$ と決まる．

表 4-2

| 要素 $i$ | 可達集合 $R_i$ | 先行集合 $Q_i$ | $R_i \cap Q_i$ |
|---|---|---|---|
| 1 | 1, 2, 3, 5 | 1 | 1 |
| 2 | 2, 3, 5 | 1, 2, 3 | 2, 3 |
| 3 | 2, 3, 5 | 1, 2, 3 | 2, 3 |
| 4 | 4, 5, 6, 7 | 4, 7 | 4, 7 |
| 5 | 5 | 1, 2, 3, 4, 5, 6, 7 | 5 |
| 6 | 5, 6 | 4, 6, 7 | 6 |
| 7 | 4, 5, 6, 7 | 4, 7 | 4, 7 |

次に，可達行列 $M$ から $S_5$ に対応する第 5 行および第 5 列を削除した行列 $M'$ を作成し，同じように式 $R(S_i) \cap Q(S_i) = R(S_i)$ を満たすシステム要素を求めると，表 4-3 を得る。

$$M' = \begin{bmatrix} 1 & 1 & 1 & 0 & 0 & 0 \\ 0 & 1 & 1 & 0 & 0 & 0 \\ 0 & 1 & 1 & 0 & 0 & 0 \\ 0 & 0 & 0 & 1 & 1 & 1 \\ 0 & 0 & 0 & 0 & 1 & 0 \\ 0 & 0 & 0 & 1 & 1 & 1 \end{bmatrix}$$

表 4-3

| 要素 $i$ | 可達集合 $R'_i$ | 先行集合 $Q'_i$ | $R'_i \cap Q'_i$ |
|---|---|---|---|
| 1 | 1, 2, 3 | 1 | 1 |
| 2 | 2, 3 | 1, 2, 3 | 2, 3 |
| 3 | 2, 3 | 1, 2, 3 | 2, 3 |
| 4 | 4, 6, 7 | 4, 7 | 4, 7 |
| 6 | 6 | 4, 6, 7 | 6 |
| 7 | 4, 6, 7 | 4, 7 | 4, 7 |

これから明らかなように，第 2 レベルは $L_2 = \{S_2, S_3, S_6\}$ となる。同様にして $M''$ と表 4-4 が得られ，$R''_i \cap Q''_i = R''_i$ を満たす要素は"要素 1，4，7"であるので，第 3 レベルは $L_3 = \{S_1, S_4, S_7\}$ となる。

$$M'' = \begin{bmatrix} 1 & 0 & 0 \\ 0 & 1 & 1 \\ 0 & 1 & 1 \end{bmatrix}$$

表 4-4

| 要素 $i$ | 可達集合 $R''_i$ | 先行集合 $Q''_i$ | $R''_i \cap Q''_i$ |
|---|---|---|---|
| 1 | 1 | 1 | 1 |
| 4 | 4, 7 | 4, 7 | 4, 7 |
| 7 | 4, 7 | 4, 7 | 4, 7 |

以上から，このシステムは 3 階層に分割できる。

さらに，同一レベルにあるシステム要素間の結合状態を明らかにするために，可達行列 $M$ のサブシステムの行と列をこのレベル順に並べ替えると

$$M = \begin{array}{c|ccccccc} & S_1 & S_2 & S_3 & S_4 & S_5 & S_6 & S_7 \\ \hline S_1 & 1 & 0 & 0 & 0 & 0 & 0 & 0 \\ S_2 & 0 & 1 & 1 & 0 & 0 & 0 & 0 \\ S_3 & 0 & 1 & 1 & 0 & 0 & 0 & 0 \\ S_4 & 0 & 0 & 0 & 1 & 0 & 0 & 1 \\ S_5 & 0 & 0 & 0 & 0 & 1 & 0 & 0 \\ S_6 & 0 & 0 & 0 & 0 & 0 & 1 & 0 \\ S_7 & 0 & 0 & 0 & 1 & 0 & 0 & 1 \end{array}$$

となる．これよりシステム要素 $S_2$ と $S_3$，$S_4$ と $S_7$ は互いに直接影響し合う強連結関係にあることがわかる．

なお，強連結関係は，隣接行列のブロック対角化，またはブロック三角化のアルゴリズムで求められるが，ここでは説明を省いた．

以上によって，システムの階層構造は図 4-5 のようになる．

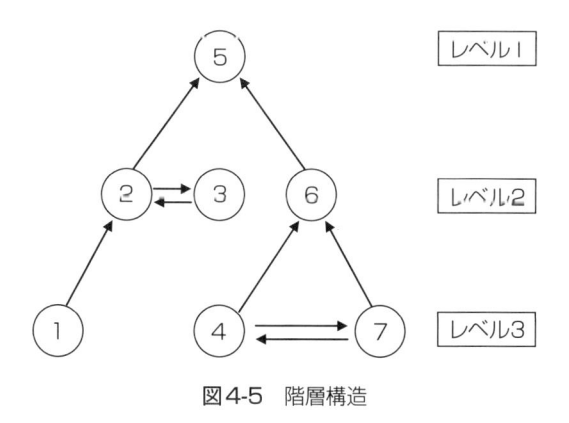

図4-5　階層構造

## 4.8.2 適用事例

ISM の適用事例を 2 つ，ごく簡単に紹介する．

1 つは，宇宙基地での有人活動の長期化への対応策として期待される再生型生命維持システムの概念設計に，ISM を適用して求めた機能階層構造モデルである[20]．その再生型生命維持システムは，人間の生活に必要な物質を再生しながら生命を維持するシステムで，人間・植物・物質循環システムなどから構成される．システムの機能要素は 39 で，要素間の関係は「目的-手段」の関係として規定されている．求められた機能階層構造を図 4-6 に示す．

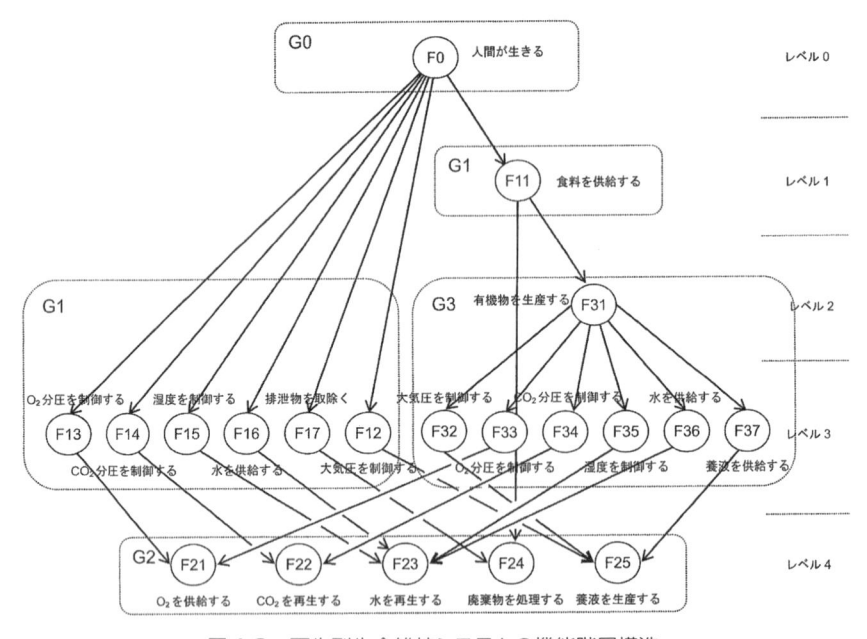

図4-6　再生型生命維持システムの機能階層構造

次の例は，原子力発電所トラブル隠しという社会問題に ISM を適用して，信頼失墜に至った不祥事の背景・要因を分析したものである[21]．対象問題（対象システム）は，次の 4 つのサブ問題（サブシステム）から構成されている．サブ問題は「国・行政の問題（構成要素は国と電力のあり方，他 1）」「事業者

の問題（構成要素は閉鎖性，他3)」「社会・マスコミの問題（構成要素は反原発運動，他2)」「隠蔽問題（構成要素はトラブル隠し）」である。関係の規定は，「直接的に影響を与えている意味の因果関係」である。図4-7が求められた階層構造である。

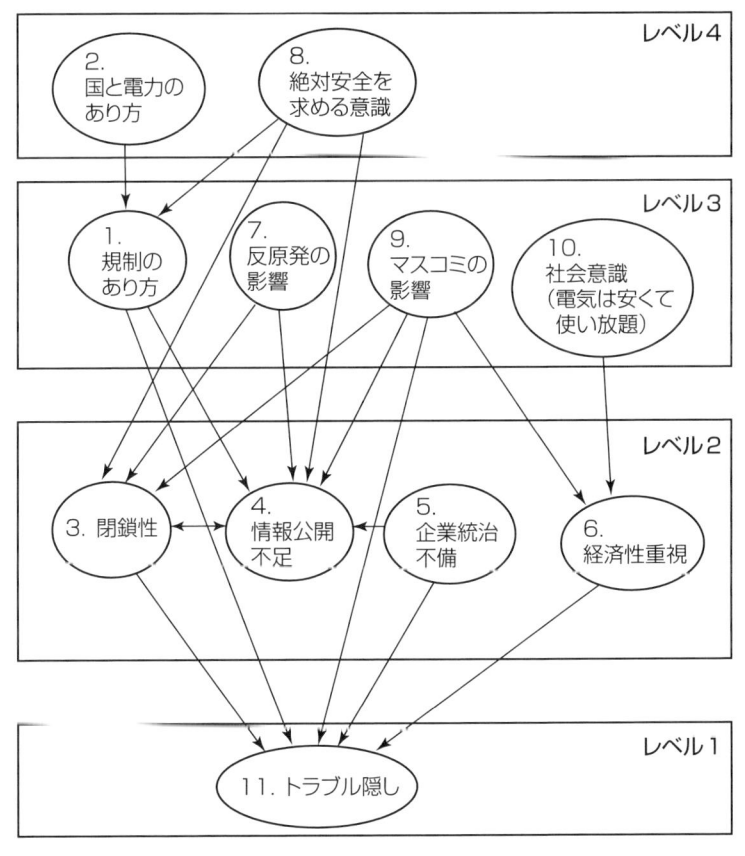

**図4-7** 原子力発電所トラブル隠し問題の階層構造（豊田，堀井[21]より）

## 4.9 システム安全

過去における安全の考え方は,「fly-fix-fly（飛んでは直し,飛んでは直し）」アプローチといわれる事後処理原則,すなわち事故が起こってから同様な事故を再び繰り返さないためには何をなすべきかを考えるという原則,あるいは事故が起こり犠牲が出るのを待ってから原因を除去する方法（tomb stone theory：墓石理論）に基づくものであった。しかし,これらの方法は,まったく同じ原因による事故の再発を減らすのには有効であるものの,設計変更や改修,交換のための費用がかかり過ぎ,また社会に対する長期的な影響や法的責任問題への懸念もあって,経済的ではなくなった。また,このような方法は核兵器や原子力プラントには容認できないことが明らかになってきた。このような認識が,事故の未然防止を考えるシステム安全（system safety）の導入を促すことになった。

また,航空,ミサイルシステム,宇宙開発,原子力と並んで製品安全の問題がシステムの安全の発展に寄与していることも見逃せない。とくに米国では消費者保護の立場から,製造業者に欠陥製品による事故の製品賠償責任（product liability）を負わせる例が増えている。このような状況は,事故防止の最も効果的で経済的なアプローチはシステム安全の考え方を積極的に取り入れることであるとの認識を促し,高い安全性を備えた製品の開発にとってシステム安全はますます重要なものとなってきている。

システム安全は,システム理論とシステム工学の方法論を礎にして,予見できる事故を予防し,そして予測できない事故に対してはその被害の最小化を図る学問分野である。被害には,人間の死亡や負傷のみだけでなく,資産の損害,任務の不達成,環境被害など,損失一般が含まれる。

### 4.9.1 システム安全の思想

システム安全の思想は,人の死傷,装置の損傷,環境被害などの損失を引き起こすような予期しない事象や不注意による事象が発生することなく,人と装置がある定められた環境の下で調和して働くことを保証することである。この

思想はまさに事前における不安全事象の明確化，解析，予防という概念を含意しているものである．

### (1) システム安全の定義

　システム安全の定義も，例に漏れず多様である．

　システム安全とは，「システムのライフサイクルの全段階（フェーズ），すなわちシステムの企画，設計，製造，運用，廃棄を通じて，運用上の有効性と適合性，時間および費用の制約の下で，安全性の最適化（すなわち受容可能なリスクの達成）を図るために，工学および管理の原則，基準，技術を適用すること」あるいは「システムのライフサイクル，すなわちシステムの企画，設計，製造，運用，廃棄の全段階（フェーズ）にわたって，運用上の有効性と適合性，時間および費用の制約の下で達成しうる安全性の最適な度合いを達成するように，システム安全管理およびシステム安全工学を適切に適用すること」「システムにおける構成要素もしくは構成要素間の欠陥によって生じるハザードが除去され，システムが最適条件下にあることの保証」などが代表的なものである．ここでいう安全性の最適化や安全性の最適度は，システム安全の要諦である．このことは，安全に関連する諸要因およびコストを含む制約条件を考慮して，事故などのリスクを合理的に可能な限り小さくすることを意味している．換言すれば，これはリスクベースドアプローチの概念である．つまり，「絶対安全」「災害撲滅」あるいは「ZD 運動」などのような，技術的な可能性や制約条件を考慮しない絶対的な安全化や無欠陥化を精神主義的に称えないことである．

　システム安全の眼目は，解析，設計および管理の方法論を通じてハザードの管理（management of hazards）を実現することである．そのために，システム安全は定義に見られるように，システム安全管理（system safety management）とシステム安全工学（system safety engineering）と称される 2 つの基本的要素で構成される．要求される安全性を実現・確保するためには，システムライフサイクルの各段階にわたって，システム安全管理とシステム安全工学を的確に用いることが肝要である．

　システム安全管理とは，システムの安全性目標を設定し，その安全性目標を達成・維持するための適切な「方法・手段」を定めて，それを実行していく動

的活動である。この安全管理活動は，不安全事象や事故の発生を予防するだけでなく，運転・運用時に不幸にも起こってしまった不安全な状態を再び安全な状態に回復させる知的活動にも及ぶものである。なお，システム安全管理の詳細は第7章「システム安全管理」で述べる。

　システム安全工学は，システムのハザードの同定，評価，除去，制御を行うために必要な工学的な原理や方法論，手法の応用を図るシステム工学の1分野である。これによって，システムの企画・開発段階の早い時期にハザードを見いだし，その除去，最小化あるいは制御を通じて，改修コスト，事故コスト，ライフサイクルコストの最小化，および過去に発生した問題の再発防止を図るためのシステム安全アプローチ（system safety approach）を行うものである。なお，これらの詳細は第9章「技術システムの安全設計」および第10章「システム安全解析」で述べる。

(2) システム安全アプローチの基本概念

　システム安全の概念に基づくシステム安全アプローチは，システムのハザードの同定−解析−制御として特徴付けられる事前解析に主眼を置くものである。すなわち，システムの企画・設計の初期段階において，システムのハザードをライフサイクルにわたって明確にし，リスクの解析・評価を行い，本質安全設計（intrinsic safety design）や最小ハザード設計（minimal hazard design）によってあらかじめ安全を造り込み，どうしても除去しきれない残存ハザードに対してはその発生確率を最小にするように制御あるいは管理することで，リスクを意図するレベル以下に抑える取り組みである。

## 4.9.2　システム安全の共通原則

　システム安全は比較的新しい学問分野で，いまも発展しつつあるが，システム安全のいくつかの一般的原則は，これまでも安全のさまざまな局面に対してずっと普遍である。この普遍の一般的原則がシステム安全と，他の安全およびリスクの管理に対する取り組み方との違いを示すものである。したがって，システム安全の普遍的な一般的原則は分野横断の共通原則として役立つ。

以下に，分野に共通するシステム安全の共通原則のいくつかを説明する[22][23]。これらについては，いろいろな文献や書物において同じような記述となっている。

- すでに完成した設計に安全を追加するのではなく，安全を設計に組み込むことを重視する。
  安全は，概念展開と要件定義の初期の段階の一部として考慮されねばならない。なぜなら，安全に影響を与える設計上の決定事項の70～90％はプロジェクトの初期段階においてなされるからである[24]。ハザードを制御するよりも除去することでもたらされる経済的効果の程度は，システム開発のどの段階においてハザードが同定され，そしてそれが考慮されるかによって決まる。システム開発プロセスの初期段階に安全を組み込むことで，最小の負の影響で最大の安全性が得られる。他の方策は，まずプラントを設計して，ハザードを同定し，その次にハザードが生起したときにハザードを制御するための保護装備や装置を後付けすることであるが，これは費用がかかる上に，あまり効果的でない。
- サブシステムや要素を扱うよりは，一体としてシステムを扱う。
  安全は，システム構成要素の特性ではなく，システムの創発的な特性（emergent property）である。よって，システム安全の主たる役割の1つは，システム構成要素間のインタフェースを解析・評価し，構成要素間の相互作用がシステムレベルの安全に与える影響を決めることである。システム構成要素レベルの安全に関する活動は，大規模で複雑なプロジェクトの一部であると同時に，システム安全管理の責務の一部である。要素の集合には，人間，機械，および環境が含まれる。
- ハザードを単なる故障以上により広い見方で捉える。
  ハザードはつねに故障によって引き起こされるわけではなく，また，すべての故障がハザードを引き起こすわけでもない。システムの要素が規定されたとおり正確にその機能を果たしていても，つまり故障がなくても，重大な事故が起こることもある。もし，故障だけを安全解析の対象にしたとすると，多くの潜在的事故が見逃されるだろう。さらに，故障

を防ぐ（信頼性を高める）ための工学的方法と，ハザードを防ぐ（安全性を高める）ための工学的方法は異なるもので，時には矛盾する。
- 過去の経験や規格よりも，解析を重視する。
  どのようにしてハザードを減少させるかに関する経験と知識を組み入れた実務規格と規定は，通常は長期にわたっての蓄積とこれまでの失敗によったものである。そのような規格や経験からの学習は，安全も含めた工学のあらゆる面で絶対に不可欠である。しかし，今日の変化のペースは速く，そうした経験の蓄積や，実証された設計を使用することが，つねに可能ではなくなった。そのためシステム安全解析によって，事故や事故に近い事象が起こる前に，それらを予測して，予防することが重要となる。
- 定量的方法よりも定性的方法を重視する。
  システム安全は，設計段階の可能な限り早期にハザードを同定して，それらのハザードを消去または制御するように設計するということに力点を置く。こうした設計の初期段階においては通常，定量的な情報はまだ存在していない。定量的な情報は，ハザードの優先順位付けを行うのに役立つであろうが，それが得られていない場合には，最もありそうなハザードを主観的に判断したとしても，それが適切であることが多い。このようなことは設計上の決定をなさねばならない初期段階において行われる。
  安全面の大部分は数値で評価することができないので，定量的評価は非現実的な仮定に基づいているのが通常である。それらの仮定は，しばしば述べられることのないものである。たとえば，「事故は故障によって起こる」「故障は偶発的である」「試験は完全である」「故障とエラーは統計的に独立である」「システムは適切な技術基準に基づいて設計，製造，運用，保守，管理されている」といったような仮定である。それに加えて，高度技術システムのいくつかの要素は，まったく新しいものであるか，あるいはこれまでに製造されたことのないもので，故障の統計データを得るほど十分な量が使われていないということがある。たとえ，このような定量的解析が，ある特定の設計の故障特性を比較するのに役立

つとしても，どのハザードを除去するか，あるいはそのシステムが許容可能な安全性を備えているかなどを判断するために，絶対的な確率値を利用することは問題である。
- システム設計におけるトレードオフの重要さおよび対立を認める。
 絶対に安全というものはなく，安全だけが唯一ということではなく，安全はシステム構築において滅多に第一義となることのない目標である。ほとんどつねに，安全は考えられるシステム設計に対する制約条件として働き，運用効率，性能，使いやすさ，時間，費用などの他の設計目標と対立するであろう。システム安全の手法と方法論は，リスク管理のトレードオフに関わる意思決定のための情報提供に重点を置いている。
- システム安全は，単なるシステム工学以上のものである。
 システム安全工学（system safety engineering）は，システム安全の重要な一部分である。しかし，システム安全の関心事は，システム安全工学の境界を越えて，政治的・社会的プロセス，管理の利害や考え方，設計者や運用者の姿勢と動機，ヒューマンファクターや認知心理学，事故調査と自由な情報交換に関する法制度の影響，世論などを含むところまで広がっている。

　今日の複雑・高度なシステムの構築においては，個別の契約先や個別のグループによって製作された部分を統合することが必要となる。たとえ各契約先やグループが，担当したシステム要素に安全を備えさせるためのステップを踏んだとしても，それらサブシステムをシステムに統合すると，部分を別々に眺めたときには見られなかった新しい故障モードやハザードが出現する。このような状況に対して，システム安全の共通原則とシステム安全アプローチを使用して，解析，設計，管理手順を通じてハザードの管理を行うことによって，許容レベルの安全性の達成およびシステムのライフサイクルコストの低減が実現できることが多くの工業分野において明らかになっている。

参考文献

[1] Andy Boynton and Bill Fischer : The Idea Hunter, John Wiley & Sons International, 2011. (土方奈美訳:アイデアハンター,日本経済新聞出版社,2012年)
[2] International Council on Systems Engineering : Systems Engineering Handbook, Ver.3.2, INCOSE-TP-2003-002-03.2, 2010.
[3] 中村嘉平,浜岡尊,山田新一:新版システム工学通論,朝倉書店,1997年
[4] P. Checkland, J. Scholes : Soft Systems Methodology in Action, John Wiley & Sons, Ltd., 1990. (妹尾堅一郎監訳:ソフト・システムズ方法論,有斐閣,1994年)
[5] 村上陽一郎:近代科学を超えて,講談社学術文庫,1986年
[6] 三宅美博:システム設計における共創という姿勢―自他分離の「境界」から自他非分離の「場」へ―,計測と制御,第51巻,第11号,2012年
[7] 井上雅裕 他,システム工学,オーム社,2011年
[8] 柘植綾夫:イノベーションを支える巨大複雑系社会経済システムの創成力強化,日本学術会議 公開シンポジウム講演資料集,2010年
[9] 松本三和夫:構造災,岩波新書,2012年
[10] 日本機械学会編:機械工学便覧 基礎編A7 システム理論,日本機械学会,1986年
[11] 畑村洋太郎:失敗学実践講義,講談社文庫,2010年
[12] N. Wiener : Cybernetics or Control and Communication in the Animal and the Machine, The MIT Press and John Wiley & Sons, Inc., 1948. (池原止戈夫・彌永昌吉 他訳:サイバネティックス―動物と機械における制御と通信,岩波書店,1957年)
[13] Charles Perrow : Normal Accidents: Living with High Risk Technologies, New York, Basic Books, 1984.
[14] P. Checkland : Systems Thinking, Systems Practice, John Wiley & Sons, Ltd., 1981.
[15] 五百井清右衛門,黒須誠治,平野雅章:システム思考とシステム技術,白桃書房,1997年
[16] 椹木義一,河村和彦 他:参加型システムズ・アプローチ―手法と応用,日刊工業新聞社,1981年
[17] 田村担之:構造モデリング,計測と制御,Vol.18, No.2, 1979年
[18] T. L. Saaty : Analytic Hierarchy Process, RWS Publications, 1990.
[19] Jay. W. Forrester : Principles of System, Wright-Allen Press, 1969.
[20] 宮島宏行,柚原直弘:概念設計過程の定式化に基づく再生型生命維持システムの概念設計支援ツールの開発,日本航空宇宙学会論文集,第54巻,631号,2006年
[21] 豊田武俊,堀井秀之:構造モデル化手法の社会問題への適用~原子力発電所トラブル隠しを題材に~,社会技術研究システム,社会技術研究論文集,Vol.1, 2003年
[22] Jerome Lederer : How far have we come? A look back at the leading edge of system safety eighteen years ago, Hazard Prevention, May/June 1986.
[23] Nancy G. Leveson : Safeware, Addison Wesley, 1995. (松原友夫監訳:セーフウェア,翔泳社,2009年)
[24] William G. Johnson : MORT System Safety Assurance Systems, Marcel Dekker Inc., New York, 1980.
[25] http://sgforum.impress.co.jp/article/1234 (NTTファシリティーズ)

# 第2部

# 分野に共通する概念

第2部では，安全の実現・確保あるいは安全問題を考えるに際して，どのような分野にも共通するリスクの概念と事故の概念のそれぞれを第5章，第6章に述べる。これらは，第7章「リスクベースの安全管理」，第8章「ヒューマンエラーのマネジメント」，第9章「システムの安全設計」，第10章「システム安全解析」の基盤となる概念である。

# 第5章
# リスク概念

　第2章に述べたように，リスクを安全性の尺度として用いることによって，対象システムの安全性を確率として定量的に，そしてより具体的に検討できる。そればかりでなく，リスクは対象システムの安全性の改善目標の決定や技術システムの選択においても重要な役割を果たす。たとえば，技術システムの安全性をどこまで改善する必要があるかは，リスク解析の結果と安全性目標の比較により定まる。また，さらなる安全性の向上を必要とするかどうかは，コスト・ベネフィット解析によって判断されるし，さまざまな代替案のなかからの最適改善案の選択は，リスクの改善度合いとそれに要するコストとのトレードオフに基づき決定できる。さらに，ある技術システムが社会に受け入れられるか否かは，その技術システムが持つリスクとベネフィットとのトレードオフに係る。

## 5.1　リスクの基本概念

　「リスク（risk）」の語源は，「絶壁の間を船で行く」という意味だといわれている。たとえ両岸が絶壁であっても，あえてそこを越えないことにはチャンスに巡り合う可能性もない。しかし，チャンスを得られるかは将来という不確定なものである。
　米国の経済学者フランク・ナイトは，不確定なことについて確率によって計測できるものをリスクと呼んでいる。
　一般に，リスクには，健康に対するリスクのみならず，環境リスク，投資リスク，企業経営リスク，政治リスクなど，さまざまなリスクがある。

ISO/IEC Guide 51（JIS Z 8051:2004）[1]では，リスクとは「危害の発生確率及びその被害の程度の組み合わせ」，危害（harm）とは「人の受ける身体的傷害もしくは健康被害，または財産もしくは環境の受ける害」とされ，人に加えて，財産，環境も対象になっている。

また，リスクマネジメント用語規格（ISO/IEC Guide 73:2009）では，リスクの再定義によって，リスクは「事象の発生確率と事象の結果の組み合わせ」，結果は「事象から生じること」と定義された。事象の結果には，好ましくない影響と，好ましい影響の両方が含まれ，また，期待値から乖離しているものとなっている。このように結果が好ましくない場合だけに限定されなくなったが，安全においてリスクを考える場合は，結果はつねに好ましくないものであるので，従来どおり，好ましくない影響だけを考えることとされている。

そして，この「事象の発生確率と事象の結果の組み合わせ」における「事象」を「危害」，「結果」を「被害の大きさ」として，「事象の発生確率と事象の結果の組み合わせ」を〔（危害の発生確率）×（被害の大きさ）〕として表現すると，3.7節で述べたように，モノや状態の安全性の程度を，リスクという共通の尺度で測ることができるようになる。これは，フランク・ナイトのリスクの概念に符合している。被害が大きくてしかも危害の発生確率が大きいものが，リスクが大きいと見なされる。

## 5.2 個人リスクの表現法

我々はさまざまな科学技術の恩恵を受けて便利な日常生活を送り，経済活動を行っている。しかし，その一方で種々の事故や疾病あるいは自然災害に遭遇する可能性，すなわちリスクに取り囲まれている。このリスクには死亡や負傷などの健康に対するリスクのみならず，環境や財産に対するリスクなどがある。これらのなかで死亡リスクについては多くのデータがそろっている。そこで，以下ではまず，種々の要因による年間死亡数を人口で割った値を個人リスクと定義して，個人の死亡リスクの表現方法の例を示す。

## （1）年間死亡率

たとえば，個人の死亡リスクを取り上げた場合，まず，ある原因によって1年間に死亡する確率である死亡率（/年）や一生涯に死亡する確率（/生涯）が考えられる。この場合，母集団としては，日本人全体や都道府県別，年齢層別集団などが考えられる。

〔例〕　がんによる死亡率　　　$2.4 \times 10^{-3}$/年
　　　交通事故による死亡率　$1.0 \times 10^{-4}$/年
　　　火災による死亡率　　　$1.1 \times 10^{-5}$/年

## （2）行為当たりの死亡率

これは，ある行為に関する単位回数当たりの死亡確率である。この表現法は，その行為を頻繁に行えばそれだけリスクが高くなるということで，理解しやすい。しかも，この場合の母集団は，全人口ではなく，その行為を行うものが対象になる。

航空機を利用する場合と鉄道を利用する場合との比較では

　　　民間航空機に乗る　　約 $1 \times 10^{-6}$/回
　　　鉄道に乗る　　　　　約 $2 \times 10^{-10}$/回

航空機のリスクのほうが鉄道よりリスクが高く見えるが，運輸の場合はベネフィットを考慮したサービス距離当たりで比較するほうが適切であろう。それを次に示す。

## （3）ベネフィット当たりの死亡率

交通機関については，ベネフィット（利益）当たりのリスクという表現法がある。これは，一定距離の移動当たりの死亡率で，リスクの比較が非常にわかりやすい。航空機では，運航時間当たりの死亡（事故発生）確率も使用されている。また，道路交通事故の場合，自動車など1万台当たりの死亡者数（死亡率）という表現も使われる。また，各種発電所のリスクを比較する場合，発電電力量当たりの死亡率を用いることがあるが，これもベネフィット当たりのリスクということができる。

〔例〕 自動車（運転）　$8.4 \times 10^{-6}/1,000$ km
　　　国内航空便　　$1.4 \times 10^{-6}/1,000$ km
　　　鉄道（旅客）　$1.2 \times 10^{-8}/1,000$ km

### (4) 寿命短縮

　この他に，死亡確率の代わりに寿命短縮という数値を用いる方法もある。これは，ある原因によってどれだけ寿命が短くなっているかを示している（逆にいえば，ある原因による死亡がまったくなくなった場合にどれだけ寿命が伸びるかを示している）。やはり，貧困が高い。また，自動車事故に比べて喫煙や心臓病などの日常生活におけるリスクのほうが高いことがわかる。

〔例〕米国バーナード・コーエン[2]より

| | | | | |
|---|---|---|---|---|
| 貧困 | 3,500 日 | | 喫煙（男） | 2,300 日 |
| 心臓病 | 2,000 日 | | 30 ポンド体重増加 | 1,300 日 |
| あらゆる仕事 | 400 日 | | 自動車事故 | 180 日 |
| 大気汚染 | 80 日 | | 住宅内のラドン | 35 日 |

## 5.3　社会のリスク

　我々を取り巻くリスク要因の特性を理解する方法には，上述のようなそれがもたらす個人リスクの大きさ以外に，それが社会に一度にもたらす被害の規模とそれを超える規模の被害が発生する可能性（累積発生頻度，あるいは一年のうちにそれを超える確率である超過確率で与える）の関係がある。

　この関係を使うと，発生頻度は低いがいったん発生すると社会全体に大きな被害を与えるレアイベントの要因の把握が可能になる。具体的には，地震，台風などの自然災害，コンビナートの火災・爆発事故，航空機事故などの人為事故（災害）などのリスク要因であり，それらのリスクは一般に社会のリスクと呼ばれている。これらは，発生頻度は低いが発生すると被害が大きいことがあるが，これらの要因による個人の平均リスクには，この特徴が見えてこない。

　すなわち，社会のリスクの場合は，多数の死亡者の原因となる事象のリスクが，個々人には等しく配分されていなかったり，等しく便益を受けられな

かったりするものである．このようなリスクに対して人々はより高い嫌悪感を示す．

　社会のリスクである交通事故について，鉄道事故，航空機事故（国内民間機），船舶事故（旅客船）による被害規模と累積発生頻度を図 5-1 に示す．自動車事故については，年間発生件数は多いが，1 件あたりの被害規模が小さいので，この図では除外している．累積発生頻度は，旅客船，鉄道，民間機の順に低くなっている．数人から数十人以上の被害の累積発生頻度は年間 1 回程度から 0.1 回程度へ減少しており，被害規模が 100 人程度を超えると，こうした乗り物の乗客定員には限度があることを反映して，累積発生頻度は急速に減少している．

　図 5-1 は戦後の約 50 年間のデータであるが，最近 25 年間のデータでは，輸送量は大幅に増えているにもかかわらず，累積発生頻度は大幅に減少している．安全対策が充実したためと考えられる．

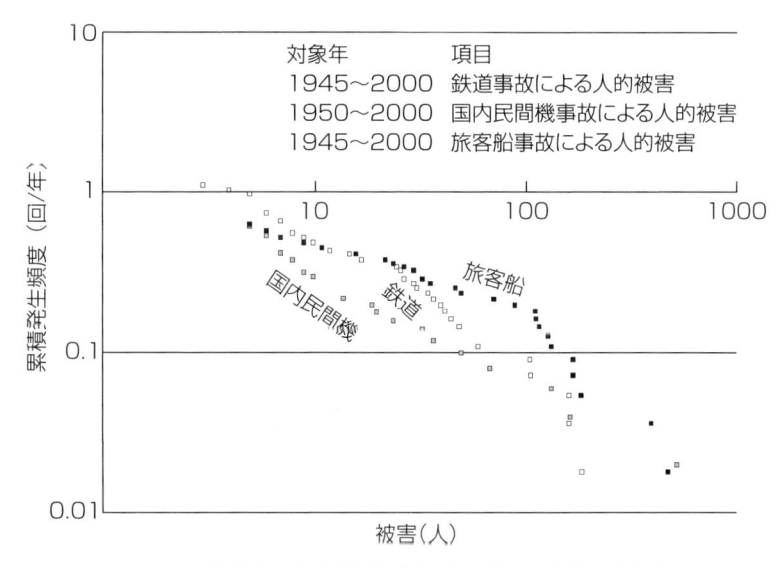

図 5-1　我が国における鉄道／国内民間機／旅客船の事故の被害（死亡者数）と累積発生頻度（/年）[3]

## 5.4 安全性目標の設定は社会的課題

### 5.4.1 安全性目標設定の目的

安全性目標とは，科学技術利用における国および事業者の安全確保の使命に対し，科学技術利用に伴うリスクの抑制の程度を表すものである[4]。リスクと安全性目標の関係を，英国の例で図5-2に示す[5]。安全は社会的な価値の問題であるため，そのシステムが許容できるか否かはリスク（ここでは事故の発生頻度）の大きさで決定される。たとえば千年に1回くらい頻繁に事故が起きるシステムは無条件に受け入れられないであろう。この値を安全限度（safety limit）と呼ぶ。一方で百万年に1回くらいに頻度が少なければ，社会から広く受け入れられると考えられる。これを安全性目標（safety goals）と呼び，多くの国が技術システムの受け入れ目標として定めている。この目標の設定に当たっては，システムの効用（ベネフィット）がリスクを上回るから多くの人々に受け入れられるので，当然のことながらリスク・ベネフィット解析を前提としている。その間のレベルは，ALARP（As Low As Reasonably Practicable：合理的に達成可能な限り努力する）領域と呼ばれ，リスク低減効果（ベネフィット）とそれにかかるコストとのトレードオフを分析するコスト・ベネフィット解析により，対策の有無を検討することが大切である。

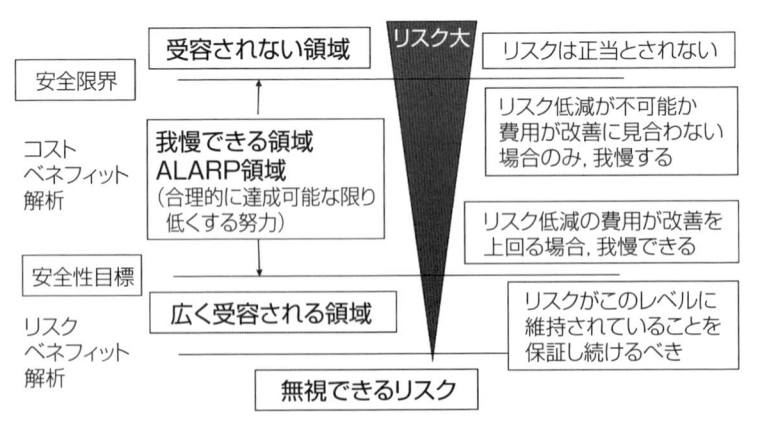

図5-2　英国の安全性目標の基本的考え方[5]

安全性目標を策定すると，次の利益が期待される。

① 安全性目標の策定は，国の安全規制活動により一層の透明性，予見性，整合性を与え，より一層合理的で整合のとれた安全規制活動の体系が構築できる。
② 近年，国民の生活の質の向上に関する期待が高まっており，国に対しては，これに応えるために，その意思決定の根拠に関するわかりやすい説明が求められるようになってきているが，安全性目標を策定する過程に国民の参加を求めることにより，国の安全規制活動が目的とする，事業者が達成するべき安全水準を国民と共有する機会を持つことが可能になる。
③ 事業者が，国が達成を期待しているリスク水準を明示的に知ることができるので，より効果的なリスク管理を効率的に実施することを可能にし，このことに役立つ技術開発を促進させることができる。

安全性目標を具体的に設定しているのは原子力分野であり，原子力安全委員会により以下のように定められている[6]。

① 定性的目標
- 原子力利用活動に伴う事故による相当程度の放射線照射や放射性物質の放散の可能性に基づく公衆の健康リスクは，公衆の日常生活に伴う健康リスクを有意には増加させない水準に抑制されるべきである。
② 定量的目標
- 大規模複雑システム施設を1年間運転するうちに事故に起因する被ばくによる公衆の個人が急性死亡する可能性は，百万分の1程度に抑制されるべきである。
  あるいは
- 大規模複雑システム施設の事故に起因する放射線被ばくによる公衆の個人の急性死亡リスクは，公衆の個人が不慮の事故で死亡するリスクの1/1000程度に抑制されるべきである。

- 大規模複雑システム施設の事故に起因する放射線被ばくによる公衆の個人の晩発性死亡リスクは，公衆の個人ががんで死亡するリスクの 1/1000 の水準を超えないように抑制されるべきである。

### 5.4.2　安全性目標と事前警戒原則の関係

　事前警戒原則（以前は予防原則と呼ばれていた）の考え方を適用すれば，安全性目標を設定しても科学技術利用に伴うリスクの抑制は不十分ではないか，という議論がある[4]。事前警戒原則（precautionary principle）は，リスク評価の際に生じるさまざまな科学的不確実性を承知の上で，因果関係が必ずしも明確に証明できない状態ではあるが，将来起こるかもしれない被害を避けるために，転ばぬ先の杖として規制を行うルールをいう。

　事前警戒原則は，1970 年代からドイツ，スウェーデンにおける環境問題への対応に端を発して発展してきた政策決定の一アプローチである。その概念を以下にまとめる。

① 定義
- リスク評価の際に生じるさまざまな科学的不確実性を承知の上で，因果関係が必ずしも明確に証明できない状態ではあるが，将来起こるかもしれない被害を避けるために規制を行うルール

② 対象となる課題
- 人の生命や生物の生存に致命的な被害を与える「不可逆性」
- 地域などの空間スケールを超える越境性と長期にわたる「蓄積性」
- 次世代の個人，集団，社会が選択や回避の自由度がない「非選択性」

　1992 年の UNCED アジェンダ 21（リオ宣言）原則 15 で明確に規定され，現在では環境保護や化学物質安全に係る主要な国際法や宣言などに取り入れられている。

　科学技術活動の安全性目標に関連して，環境問題の越境性，世代間移転，不可逆性，大きな不確実性という性質を指摘し，極端な事前警戒原則の適用を主張する動きが起きることを否定できない。しかし，事前警戒原則の対象となる

行動選択基準は，科学技術施設の事故のような個別の「リスク管理」ではなく，環境問題のような地球レベルの影響の不確かさに対する「Wait and See」であり，決してリスク管理を否定するものではないと考えられる[4]。したがってこれには，科学的リスクアセスメントの限界を踏まえた上で，リスク管理政策の意思決定のあり方について十分に整備して対応すべきである。

## 5.5 安全性目標とリスク管理目標

リスク管理の原則には，以下に示す 3 種類がある。

- リスクゼロの原則
  とにかくリスクはあってはならない絶対安全という考え方で，リスクの本質を考えれば基本的にありえない。
- 等リスク原則
  一定のリスク水準を定めて，それ以上のリスクだけを削減するように基準値を決めるという政策上のリスク管理の方法であり，現在，汚染物質の環境基準などで一般的に用いられている。
- リスク・ベネフィット（便益）原則
  リスクはそれと引き換えに享受できる便益があるがゆえに発生することを考慮し，そうした便益の存在を明示的に考慮に入れ，便益とリスクの兼ね合いで，受け入れるリスク水準を決めようという考え方。

このうちリスク便益原則は，あるリスク管理目標を達成するための費用が最小となる選択肢が確認でき，誰が費用を負担し誰が便益を得るのかを明らかにするという公平性の確認ができるという点で，リスク管理者に合理的かつ有効な判断情報を提供する手法である。

### 5.5.1 諸分野におけるリスク管理目標の状況

産業技術の諸分野における安全規制の動向を概観すると，産業の諸分野の安全規制はこれまで仕様規定を設けて行われてきた。産業分野によっては，想定

される事故や故障の規模ならびに経験した事故事象の再発防止の観点を加えて，仕様，規格などの技術基準を改良してきている．さらに，産業の安全規制を行う主体は，国民・社会の安全で快適な生活を実現する施策を実施する責任も有する国であり所管省庁であって，事業者はその定める規制・規則を遵守するという考え方に基づいていた．

近年に至り，事業者などの技術水準が向上し，品質管理体制の整備などの安全管理の取り組みが進んでいることを踏まえて，公的規制にかかる社会的コストを合理化すべきとの指摘がなされ，安全規制のウェイトを民間のリスク管理能力の規制に移していく考え方が主流となりつつあり，種々の安全規制における規制基準の姿も仕様規定から性能規定へと移行しつつある．性能規定の考え方は安全確保の観点から備えるべき性能を規定するものである．それは事業者が自己責任のもとにそれを実現する仕様規定を定め，それに基づいて具体的な施設・設備を適切な品質保証活動のもとで実現し，維持するという安全確保のための取り組みを，必要に応じて第三者機関の認証を受けつつ，推進するというものである．この場合，行政が担う安全規制の役割は事前規制型から，品質保証活動や認証機関の検査といった事後チェック型へと転換する．

性能規定の合理的な姿は，それぞれの技術に関する安全性目標，あるいはそれを定量的に管理するための目標であるリスク水準（リスク管理目標）を確率論的に評価できることを前提にリスク管理を行うことを求める考え方を採用することである．しかし，産業技術諸分野におけるリスク管理状況を調査した結果では，環境分野の一部を除き，リスク評価に基づくリスク管理活動を行うための定量的な安全性目標を明示的に設定するまでには至っておらず，検討段階あるいは検討に至る前段階にある．換言すれば，産業技術の開発や利用に伴う安全性やリスクの問題を「どれだけ安全なら十分安全といえるか（How safe is safe enough?）」という観点から捉える評価方法は，ようやくその緒に就いたばかりである．

以下に諸分野におけるリスク管理目標の検討あるいは策定状況について概観する．

（1）機械工学分野

　機械分野における安全確保の大前提は，「労働災害をいかに減らすか」ということである。国際的には，機械そのものをまず安全にして，それを人間が安心して使うという考え方が採られている。すなわち，まず本質安全による設計をすること，次に安全防護方策（隔離・停止・追加防護）を実施すること，さらに残留リスクについて使用上の情報を表示・提供することである。一方ユーザーは，提示情報に基づき教育・訓練・組織によって安全を実現することである。機械設備を事業者に渡す前に製造者がリスクを事前に評価して許容リスクまで低減する手順が国際規格として定められている。

　許容可能なリスク水準に関する具体的な数値は，現在のところ共通に定められてはいない。これは，機械により，また場合により異なり，共通の安全性目標を決めることは難しいこと，つねに努力していくということで数値目標を明示しないことにもメリットがあることなどによる。我が国では，機械ごとにユーザーとメーカーがそれぞれリスクアセスメントを行うことがようやく定着し始め，各方面で検討が開始されている。

（2）航空分野

　航空機安全の国際規約としては，JAA（Europe's Joint Aviation Authority）が定める JAR（Joint Airworthiness Requirement）-25 があり，故障が発生したときの結果への影響により，発生確率の最大許容値を定めている。米国にも類似の規定がある。

　JAR-25 では，同型の全航空機の使用期間（寿命期間）中に破滅的（catastrophic：機体の損壊，複数の死者が発生）な事故につながる故障を事実上発生させないものとして，表 5-1 に示すような技術的要件を規定している。

　また，航空機事故に着目した指標（死亡事故件数（/年, /飛行キロ, /飛行時間），死亡乗客数/年など）については統計値が整理され公表されているが，目標値については定められていない。

表5-1　許容発生確率（JAR-25）

| 影響 | 最大許容発生頻度（/hour） |
|---|---|
| 機体の損壊，複数の死者が発生 | $10^{-9}$（ほぼありえない） |
| 破滅的な事故につながるインシデント，少数の重傷者や死者発生 | $10^{-7}$（極めてまれ） |
| 困難を伴うものの安全に着陸するための飛行を継続できる事象 | $10^{-5}$（まれ） |

(3) 鉄道分野

　鉄道分野では，運輸技術審議会諮問第23号「今後の鉄道技術行政のあり方について」（平成10年11月13日）答申に「すべての人や物に及ぼしうる危険を，技術的実現性や経済性を踏まえ，可能な限り小さくすること」を第1の目標として掲げ，「鉄道事業者は少なくとも一定水準の安全性を確保する責任をもつ。さらに高いレベルの安全性の確保は事業者がそのための投資の費用と効果について利用者の意見を踏まえつつ適切な判断を行う」「利用者なども無謀な行動を慎むなど安全の確保に相応の責任を果たす必要がある」などのリスク管理型の安全管理の実施が求められているが，記載の「一定水準の安全性」が意図する具体的水準（定量的目標）は示されていない。

(4) 自動車分野

　車両の安全確保に係る規制は，道路運送車両法に基づいて行われており，関連法規に具備すべき保安上の基準が定められている。車両の構造上の安全対策には，事故発生防止対策と，事故が起きた場合の被害軽減対策および被害拡大防止対策がある。1999年現在，年間100万件近い交通事故が発生し，それによる死者数は約9,000人となっているが，平成11年に運輸技術審議会は車両安全対策の充実強化によって，2010年までに交通事故死亡者数を1,200人削減する目標を掲げた答申を行った。この1,200人という値は，今後10年に見込まれる新しい技術の実用化による事故低減の可能性を上乗せした数値である。この目標を達成するべく，事故分析，対策案の案出，費用効果分析などに基づく対策の事前評価と実現可能性の評価を行ったうえで，実施を推奨する対

策を短期項目，中期項目として提示して実現を図り，適宜，事後評価で低減目標の達成度などを評価，低減活動にフィードバックというサイクリックなアプローチが進められている。また，自動車のモデルごとに比較試験を実施し，ユーザーにどの車がどの程度の安全性を有しているかという情報を提供して，ユーザーが選定，購入することにより自動車メーカーの安全向上の技術開発を促すことをねらいとした「自動車アセスメント」の取り組みが進められている。

(5) ガス分野

公共事業である都市ガスの安全規制を行う上で最も基本となる理念は「需要家の利益保護と公共の安全確保」である。公式にはリスクベースの定量的目標の策定は行われていないが，ガス安全高度化検討報告書（1998年3月）のなかで，事故件数に着目した以下の安全高度化目標が示されている。

① 2000年まで：「環境整備期」
ガス事業者の直接の責任に起因する死亡事故をほぼゼロの水準に引き下げる。
② 2010年まで：「実行期」
ガスに起因するすべての死亡事故をゼロに近い水準とする。
③ 2010年以降：「成熟期」
ガスに起因するすべての死亡事故はゼロに近い水準を維持する。2020年を目途に，事故そのものを合理的に低い水準とする。

ここで，「ゼロに近い水準」は年間に1名（件）未満，「ほぼゼロの水準」は2～3年間に1名（件）程度を意味している。

(6) 建築分野

建築分野では，規制緩和，国際調和などの新たな時代の要請に的確に対応するため，建築基準法の下部規定の性能規定化が行われてきた。そこでは要求される性能項目は，地震，強風，積雪などに対する構造安全性，火災に対する安全性，避難などの安全性，環境・衛生上の安全性などであるとし，これらの性能については国民の生命，健康，財産の保護のため必要最低限の水準を確保す

る必要があるとされている。

　この具体的水準は，現在のところ定量的には示されていないが，ISOや米国の基準においては，性能を確率論的な手法により定義する考え方が一般的になりつつある。

　この設計法は「限界状態設計法」と呼ばれ，構造物の安全性についてどの程度の安全を確保するか，構造としての安全性，すなわち設定した限界を超える確率を安全性の尺度としての「信頼性指標」で表現し，それに応じて設計荷重や設計耐力を決めていく方法である。信頼性指標の0，1，2，3という安全の尺度を示す数値は，壊れる確率としておよそ50％，16％，2％，0.1％に相当する。現状の建築基準法の規定が達成している信頼性指標の値は，対地震で1.5～2程度，対強風・豪雪で2～2.5程度である。我が国においても，「限界状態設計法」の実用化に向けて活発な検討が進められている。

(7) 化学プラント分野

　化学プラント分野の安全確保における基本的な目標は，「労働者および社会の人々の健康，環境を保全し，災害による施設，設備，財産の損失を防ぐこと」である。化学物質に関わる法令は相当数あり，法令によって背景，趣旨，目標，対象とする範囲が異なっている。産業全体の傾向としては，法令に基づく安全管理から，各企業における自主的な管理へと変わりつつあり，法令自体も仕様規定から性能規定へと移行しつつある。また，自主保安活動として定量的な解析・評価に基づくリスク管理手法の導入あるいは検討が進められており，自主管理促進に向けての指針が規制担当省庁によって策定されるなど，支援体制が整備されつつある。

　化学プラントでは多種多様な物質をさまざまな条件下で取り扱っており，リスク評価においては，プラント内外の影響として化学物質のリスクを，S（Safety：事故時のエネルギー危険，フィジカルリスクと呼ばれる），H（Health：ヒト健康影響），E（Environment：環境影響）の観点から分類している。

　これらのリスク基準レベルについては，諸外国に策定例（オランダ，英国）があり，参考とされているが，工業界全体で浸透している状況にはない。我が国においては，具体的な数値目標は定められておらず，各事業者の自主的な判

断に委ねられている状況にある。

(8) 各国における原子力のリスク管理目標の状況

安全性に関する意思決定の参考となる定量的情報を与える手法として，確率論的リスク評価（PRA）の有用性は国際的に広く認められており，各国でPRAから得られる情報を用いた効果的なリスク管理を目指して確率論的な安全性目標を策定する努力がなされてきている。経済協力開発機構/原子力機関（OECD/NEA）の原子力施設安全委員会（CSNI）の調査によれば，原子力発電を行っているほとんどの加盟国において，何らかの形で原子力発電所の安全評価に安全性目標を利用あるいは利用を検討していること，同種の目標の数値には大きな開きがないこと，安全性目標の形式・適用範囲・規制上の扱いなどは各国の社会的および規制上の要因によって異なっていることなどが報告されている。

これらの安全性目標は，機器系統レベルの信頼度を規定する下位のものから，公衆の健康リスクに関する上位のものまでさまざまである。ここでは，公衆の健康リスクを尺度として安全性目標を明示的に定めている，米，英およびオランダの概要について紹介する[6]。

〔米国での取り組み〕

米国では1979年に起こったTMI事故の後，規制行政が場当たり的で，問題の指摘があると対策をルール化するという行政手法も事故の一因であったとの指摘とともに，原子力発電所の安全をどこまで期待するのか明確にすることが勧告されたことを受けて，原子力規制委員会（NRC）が1986年に，原子力発電所の運転による健康影響リスクに関する安全性目標を定めた。

この安全性目標は，「原子力発電所の存在は個人リスクを有意に増加させない。社会リスクは代替発電技術と同等以下であって既存の社会リスクを有意に増加させない」という安全確保の理念を与える定性的安全性目標と，この目標の達成度を評価するための基準である「急性死亡およびがん死亡リスクの増加は他の要因によるリスクの0.1％を超えない」という定量的安全性目標とから構成されている。さらに，規制上の意思決定に活用する実際的なガイドライン

として，この定量的安全性目標との整合性などを考慮して，炉心損傷頻度および早期大規模放出頻度に関する補助的な数値目標を別途定めている。

　安全性目標は，必要十分な規制活動が行われていることを判断するための指標を示したものであり，この指標を用いた産業界のプラントの平均的実情の調査，現行規制の改良や新たな規制要求の妥当性の吟味といった一般的な規制上の意思決定に用いられてきている。近年になると，このような一般的な規制上の意思決定のみならず，すでに述べたように事業者の作成する機器の保守規則の妥当性の判断基準など，個別施設の許認可条件変更などの判断ベースとしても用いられてきている。

　なお，原子力発電所以外の原子力施設に対する安全性目標については，その制定のための検討は進められているが，放射性物質以外の危険物を内包している施設も少なくないこと，運転管理組織の健全性や運転員の信頼性が安全水準に大きな影響を有していること，これらの推定には大きな不確かさがあるため，確率論的安全評価（PSA）を実施しても参考にすべき情報を得ることが容易ではないこともあって，具体的な姿の検討が行われるまでには至っていない。

〔英国での取り組み〕

　英国の健康安全局（HSE）は 1988 年に，原子力発電所によるリスクの受忍可能性（TOR：Tolerability of Risk）という枠組みを適用する方針を打ち出した[5]。この枠組みは，リスクの大きさには安全か（広く受容される），安全でないか（受容されない）という 2 つの区分以外に「我慢できる領域」があり，この領域では，リスクが適切に制御されているとの確信のもと，ある便益を獲得するためにその大きさのリスクを伴った生活を受け入れるという選択が行われると考える。つまり，リスクがこの領域にあれば，安全性向上策を実施するための費用を考慮したうえで，そのリスクが合理的に実行可能な限り低い（ALARP）と判断されれば受け入れる（図 5-2 参照）。これらの 3 つの領域分けの基準は，個人の死亡統計，さまざまな産業活動に対する死亡統計やリスク評価に基づいて，公衆および従事者に対して各々示される。

　公衆の個人を例にとると，死亡リスクで表現した「広く受容される領域」の

基準は $10^{-6}$/年以下，「我慢できる領域」の基準は既設の施設に対して $10^{-4}$/年以下，将来施設に対して $10^{-5}$/年以下である。さらに，社会リスクの我慢できる領域の基準については，多数の死亡者を伴う大きな事故の発生機会を年間千分の1に，また可能ならば5千分の1に制限すべきと提案している。実際の適用にあたっては，この TOR の枠組みに示された死亡リスクの基準と整合をとった下位の指標（被ばく線量，事故頻度など）をそれぞれ「限度」および「目標」の形で整備して用いる。

この TOR の枠組みは，基本的にすべての原子力施設の活動に適用されており，個別の許認可の際に原子力施設検査局の検査官がこれら（下位の指標）を確認することになる。なお，この TOR の枠組みは，HSE が管轄する鉄道輸送や化学プラントなどの分野においても適用されている。

[オランダでの取り組み]

オランダでは 1980 年代より一般環境政策が検討され，危険な物質を用いる行為により周辺地域に望ましくない影響を及ぼす事象については，可能な限り発生を防止し影響を抑えるべしとの観点から，リスク管理に係る意思決定のための定量的安全基準の検討が行われ，1993 年までにこの検討結果が次のようにまとめられた。

① リスク基準には公衆個人のリスクを抑制することと，住民の多くに影響を及ぼしうる災害を防止することという2つのものが必要である。
② ある行為に関して「それから生じる経済的社会的便益とは無関係に受け入れられない」リスクレベルであるリスクの受け入れ上限値と，「追加のリスク削減がもはや正当化されないほど低い」リスクレベルであるリスクの受け入れ下限値（無視しうるレベル）とがあり，これらの限界値の間のリスクをもたらす行為に関しては，合理的に達成可能な限り低く（ALARP）する努力が要求される。

その後，無視しうるレベルについては公衆のリスク認知およびリスクの受容性が考慮されるべきであること，ALARP 原則を通じての望ましいリスク低減は個々の活動により変わりうることから，あるレベルを一律に設定しても有用

とはいえないと改められた。この上限値については，単一施設に対する個人死亡リスクは $10^{-6}$/年とされ，社会リスク（集団の死亡リスク）については「少なくとも 10 人が死亡する事故の発生頻度は $10^{-5}$/年以下に制限すべきで，急性死亡者数が $n$ 倍に増加する場合には，頻度は $1/n^2$ 倍に下げられるべき」としている。このリスク基準は法令に取り入れられ，許認可にあたって適合性の確認がなされている。なお，危険物質の使用，貯蔵，生産および輸送，空港の使用の各分野においても，同様なリスク基準の策定が進められた。

〔IAEA の取り組み〕

安全性目標に関する国際的な取り組みとして，国際原子力機関（IAEA）の国際原子力安全諮問グループ（INSAG）の検討がある。INSAG の報告（INSAG-12, 1999）は原子力発電所に関する安全性目標を示したもので，「放射線ハザードに対して効果的な放射線防護策を確立・維持することにより個人，社会および環境を防護すること」を総合的な安全性目標とし，補助的な安全性目標として「放射線防護目標」および「技術的安全性目標」を示している。「放射線防護目標」では ICRP の勧告に適合することなどを掲げ，「技術的安全性目標」では既存の原子力発電所について重大な炉心損傷頻度は約 $10^{-4}$/炉年未満（将来炉は $10^{-5}$/炉年）とし，短期的な敷地外対応策を必要とする早期大規模放出の可能性は少なくともこの 10 分の 1 に低減するなどの具体的な数値目標を掲げている。しかしこの INSAG の安全性目標は，IAEA の国際基準には明確なかたちでは取り入れられていない。これは，「安全性目標を規定する目的は，原子力施設に係るリスクを国際的慣例に照らして，国の適切な機関が受入可能と考えたレベルまで低減すること」にあり，「達成すべき安全性目標は国の状況に応じ規定もしくは承認される必要がある」からと説明されている。

(9) 環境分野

環境分野における行政の目標は，環境基本法のもと，大気，水質，土壌および騒音に関する環境基準（行政上の努力目標）として定められており，これは「人の健康を保持し，生活環境を保全する上で維持することが望ましい基準」とされる。このうち，大気中の閾値のない発がん物質についてはリスクの考え

方が導入されている。

大気環境分野においては，平成 8 年の中央環境審議会中間答申において，「閾値がある物質については，物質の有害性に関する各種の知見から人に対して影響を起こさない最大の量を求め，それに基づいて環境目標値を定めることが適切である。これに対して閾値がない物質については，暴露量から予測される健康リスクが十分低い場合には実質的には安全とみなすことができるという考え方に基づいてリスクレベルを設定し，そのレベルに相当する環境目標値を定めることが適切」とされた。そして，大気環境分野で用いられているリスクレベルの国際的動向，水質保全の分野ですでに採用されているリスクレベル，日常生活で遭遇する自然災害などのリスク，関係者から聴取した意見などを勘案して，「現段階においては生涯リスクレベル $10^{-5}$ を当面の目標に，有害大気汚染物質対策に着手していくことが適当」との内容で第二次答申が結論付けられた。

発がんのおそれがある物質についての水質に関する環境基準については，世界保健機関（WHO）などが飲料水の水質基準設定に当たって広く採用している方法などを参考にしつつ設定された [7]。WHO の飲料水水質ガイドライン値は，生涯にわたって摂取したとしても人の健康に影響を生じさせない汚染物質の濃度レベルとして勧告されたものであり，発がん性に関連して遺伝子毒性があり閾値がないと考えられる物質の場合，生涯にわたる発がん性のリスクの増加分を $10^{-5}$ として数学的手法により値を示している。

また，一般・産業廃棄物処分の安全性に関するリスクの考え方に基づいた目標は示されておらず，処分される廃棄物の性状に応じて最終処分場の区分が定められ，区分に応じて遮水能力や排水基準などの技術的基準が定められている。

なお，農薬，食品添加物の分野では，遺伝子障害性のある発がん物質は農薬や食品添加物として使用できない。

### 5.5.2 リスク指標

リスク指標は，諸外国の安全性目標に採用されている指標を参考とすること，他産業や我々をとりまくリスクとの比較が行えることを考慮する必要があ

表 5-2　他の分野における制限値・目標値

| | | 制限値 | 目標値 |
|---|---|---|---|
| 一般産業規制（HSE） | | $10^{-4}$/年 | $10^{-6}$/年 |
| 航空機設計（米 FAA） | 破局的事象 | — | $10^{-9}$/飛行時間* |
| 鉄道 | 従業員の個人リスク | $10^{-3}$/年 | $10^{-6}$/年 |
| | 乗客の個人リスク | $10^{-4}$/年 | $10^{-6}$/年 |
| 化学物質規制（US） | 公衆（がん超過発生確率） | | $10^{-4}$〜$10^{-6}$/生涯** |
| 大気汚染物質（US） | | | ある物質が $10^{-6}$/生涯 を超える場合には，さらに厳しい対策を設定。 |
| 大気汚染物質（蘭） | | $10^{-4}$/生涯 | $10^{-6}$/生涯 |
| 大気汚染物質（日） | | | しきい値がない物質：曝露量から予測される健康リスクが十分に低い場合には実質的に安全とみなす。<br>→ $10^{-5}$/生涯 が当面の目標 |
| 飲料水基準（日） | | | $10^{-5}$/生涯 |
| ダム | | 1000 年に一度の PMF（Possible Maximum Flood）に対して耐えるよう設計。<br>［統計］<br>• $10^{-5}$/年<br>• 50〜100 年の再帰周期を持つ洪水に対して実証と理解 | |

\* 統計データ 1
　（US NTSB 統計 Commercial Carrier, 2001）
　0.02〜0.03 Fatal Accidents per 100,000 Departures：$2 \times 10^{-7}$/flight
　0.01 Fatal Accidents per 100,000 Flight Hours：$10^{-7}$/flight hour
　統計データ 2
　（Boeing Publication "Statistical Summary of Commercial Jet Airplane Accidents". 18 Year (1982–1999) Average Fatal Accident Rate for Major Airlines）
　1 accident for every 2,300,000 departures, 1 accident every 6340 years if there is one flight per day, 0.0000000004 % odds of being in an accident each time you fly → $4 \times 10^{-12}$/flight
\*\* 各種の物質による平均累計値推定例（median）　$2.7 \times 10^{-4}$/生涯
　Morello-Frosch "Air Toxics Health Risks in California: The Public Health Implications of Outdoor Concentrations", Risk Analysis, Vol.20, No.2, 2000.

る。

　先に紹介したように，諸外国の安全性目標は統計データで死亡リスクが整理されている。また，他の分野における制限値・目標値についても表 5-2 のように主に死亡リスクが用いられている（ただし，表の数値が目標値であるのか制限値であるのかについて吟味する必要がある）。これらのことより，我が国における安全性目標のためのガイドラインとしてリスク指標を用いる際，死亡リスクが有力な指標であるということができる。

### 5.5.3　死亡率などの地域による違いと，安全性目標適用のための目標との比較

　安全性目標適用のための目標から導かれる急性死亡リスクおよびがん死亡リスクの値と，我が国における不慮の事故およびがんによる死亡率の地域による違い（全国の値と各都道府県の値の差）を比較すると，安全性目標適用のための目標から導かれるリスクの値は，死亡率の地域変動よりも 2 桁程度小さい。

　安全性目標適用のための目標は，最新の統計から，個人の急性死亡リスクは $3.1 \times 10^{-7}$/年，個人の晩発性がんによる死亡リスクは $2.4 \times 10^{-6}$/年 に相当する。一方，過去 5 年間の不慮の事故，がんによる死亡率の地域変動は，それぞれ平均で $7 \times 10^{-5}$/年 程度，$3 \times 10^{-4}$/年 程度である。

　また，自然放射線（宇宙，大地からの放射線と食物摂取によって受ける放射線量）は，我が国全体では平均 $0.99\,\mathrm{mSv}$/年である。この値と各都道府県の自然放射線量との差についてみると，最大で $0.2\,\mathrm{mSv}$/年程度（$0.05/\mathrm{Sv}$ の名目確率係数を用いると，死亡リスクとして $1 \times 10^{-5}$/年 程度），平均で $8 \times 10^{-2}\,\mathrm{mSv}$/年 程度（死亡リスクとして $4 \times 10^{-6}$/年 程度）の差がある。

### 参考文献

[1] ISO/IEC, Safety aspects—Guidelines for their inclusion in standards, Guide 51, 2014.（JIS B 8051：安全面—規格への導入指針）
[2] B. Cohen : Catalog of Risks Extended and Updated, Health Physics, 61, No.3, September 1991.

[3] 戦後の重大事件早見表（毎日新聞社），早稲田大学災害情報センターデータベース他
[4] 原子力安全委員会：安全目標に関する調査審議状況の中間とりまとめ，2003 年
[5] UKHSE: Health and Safety Executive, 1992.
[6] 原子力規制委員会：安全目標・性能目標について（海外の主な制度の概要）
https://www.nsr.go.jp/data/000047324.pdf
[7] 中西準子：水の環境戦略，岩波新書，1994 年

# 第6章
# 事故の概念と事故モデル

　これまでのさまざまな事故の教訓を今後の事故防止に活用するには，時代や分野の違いを超えてどの分野のどの対象にも通じる「事故という事象の普遍的な構造」を見いだすことが重要である．この普遍化の作業がなければ，個々の事故は過去の一事例であるに過ぎず，その教訓は限定的なものにしかならない．

　そこで，本章では，事故の概念と事故事象を普遍化した事故モデルによって事故事象を理解する枠組みを提供する．事故モデルは，事故の構造を記述する一般的な方法である．事故の概念や事故モデルは分野共通なもので，安全の実現・確保の根幹を成す．あわせて，事故を解析するための首尾一貫した基礎と，効果的な方法で事故に対応するための方法論について述べる．これは，後の章で述べる事故調査のための基本的知識でもあり，事故発生の抑制と，発生した場合の影響を軽減させる方策の導出にも役立つ．

## 6.1　使用される用語の意味

　本章で使われる用語，「要因」および「原因」の意味は以下のとおりである．「要因」は"物事の成立に関わる事柄"を指す．原因の候補も要因のひとつである．「原因」は"ある事態を生じさせるおおもととなる，その事態に先行する事柄"を指す．原因は，単なる想像ではなく，事実（データ）に基づいて推定され，検証された事柄である．本章では，事故という視点から，原因を"観測された事象や事後に同定された事象が発生するのに必要かつ十分条件と捉えることができる事象"として定義する．

## 6.2 事故とは何か

安全性の向上には事故という事象の理解が必要であることから，これまでに事故に関するさまざまなタイプの書籍が出版されている。たとえば，文献 [1] には，事故について包括的な説明がなされている。

### 6.2.1 事故の定義

事故の定義も多く見られるが，古くは 1956 年に Morris Schulzinger が，事故というものは「動的で多様な力が合わさった結果であり，突然の予期せぬ制御不能の事象として起こるものだ」と著している。

本書では，事故という事象の非線形でダイナミックな特質を表すように，事故を次のように定義する。事故は"予見も想定もされなかったいくつかの条件がある偶然のタイミングで組み合わさった，あるいは複数の事象が特定の時間順序で起きた結果として，潜在的不安全事象が突発的に顕在化して，被害や損害が発生する制御不能の予期せぬ事象"である。この定義からわかるように，事故は事象の組み合わせが少しでも異なればまったく違った結果になるという非線形でダイナミックな事象である。また，事故は警告なしに発生するという意味でも，予期されていないものである。

したがって，個々の事故を比べてみれば，事象や状態・状況の時間的・空間的推移がまったく同じ事故は一つとしてない。

マスコミで「不測の事故」と報道されることがあるが，事故は本来，不測の悲劇的な出来事である。当たり前のことを言っているに過ぎない。予見・想定できたのに，それへの対処を怠り事故に至らしめれば，それは犯罪である。

### 6.2.2 事故シーケンスと事象シーケンス

事故に至らせるいくつかの条件や小さなトラブル，操作ミスといった一連の出来事の組み合わせにおける発生順序，発生のタイミングなどを表すものを事故シーケンスと呼ぶ。その条件のなかには故意あるいは無作為の行動といった人為的なものも含まれる。

そして，事故シーケンスにおける最初の出来事を起因事象（cause event, initiating event）あるいは根本原因（root cause）という。起因事象には，機器の故障やヒューマンエラー，発火などのシステム内部で起きる内的事象と，悪天候，地震，津波などのシステムの環境で発生する外的事象がある。そして，起因事象の後に続いて起きる一連の事象の連鎖を事象シーケンスと呼ぶ。

　事故の根本原因は，事象シーケンス中のどれか特定の事象にあるということではなく，複雑な事象シーケンスそのものにあるのである。要するに，部分ではなく総体なのである。たとえば，自動車運転中の脇見という不安全行為と追突事故を考えてみよう。運転中に単に脇見をしたからといって必ず事故になるということではなく，脇見による追突事故には，脇見という行動と，前車の存在，信号の色など，複数の要件が重なっているのである。とりわけ，複雑なシステムでは，事象シーケンスが複雑で相互に作用し合う。これが"大事故は一つの要因のみで起こることは少なく，いくつもの事象が鎖のようにつながったときに起こるものである"と言われる意味である。これは，事故は故障事象（failure event）の単純な連鎖で起きるということを言っているのではない。このイメージを図6-1に示す。

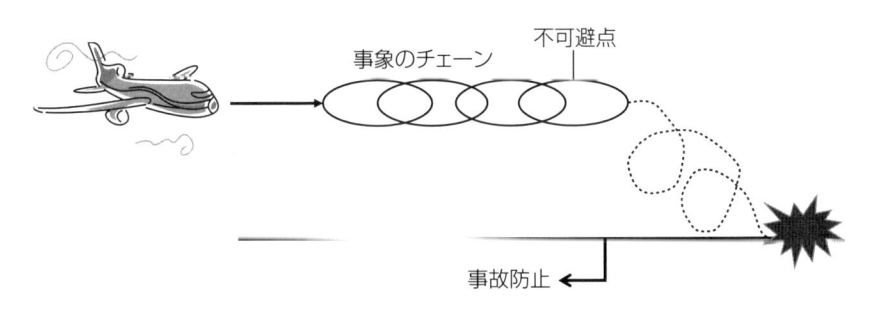

図6-1　事象の連鎖

　もし，事故が複数の事象の単純な連鎖の結果である場合には，事象の連鎖を途中で断ち切ることができれば事故に至らずにすむ。この連鎖を断ち切る働きをなすのが，第9章に述べる安全バリア（safety barrier）である。通常，とくに安全を重視しなければならない技術システムでは，不安全事象の連鎖を断ち

切るための安全バリアを多重に備えることによって，最終的に異常事態や事故につながらないようにする配慮がなされている。

しかしながら，偶然あるいは意図的な事由によって複数の安全バリアに欠陥（穴）が生じることがあるので，欠陥を放置しておけばいつかは各バリアの穴が貫通して事故シーケンスが顕在化してしまう。さらには，組織要因によって安全バリアが弱体化することもある。よって，安全管理活動の努力を怠れば安全バリアの脆弱化は免れない。このような場合には，事故は安全バリアが破られた結果であるということになる。

しかしながら，コンピュータ（ソフトウェア）による制御が主要な役割を果たす最近の高度技術システムでは，これまでのような安全バリアでは防げない事故が起きている。それは，システム要素やサブシステム間の相互作用や干渉（coupling）が正確に考慮されていない不適切なソフトウェアによる制御動作（control action）が引き起こす事故である。つまり，システム安全技術者とソフトウェア安全設計者のミスに帰する事故である。

事故シーケンスや事象シーケンスの背後には，さまざまな要因の多重な関係の存在がある。Reasonは災害や事故の多重的な因果関係という概念を展開している[2][3]。事故は，（a）直接的原因（即発的なエラーがつくり出した欠陥（active failures））と（b）潜在的原因（潜在的原因によってつくられた欠陥（latent conditions））が偶然に重なったときに生じるものであるとして議論されている。つまり，事故の直接的原因にはさまざまな潜在的原因が関係しているので，事故は多重原因によるものであるということである。このイメージを図6-2に示す。

（a）事故は直接的原因，すなわち顕在化した失敗によることが多い。それらは，たとえばパイロット，航空管制官，運転員，制御室員，保守作業員など，現場にいる人間によるエラーや規則違反である。このような不安全行為はシステムの安全に直接的な影響をもたらし，その悪影響はすぐに顕在化するので，これらの行為は「即発的エラー」と呼ばれる。即発的エラーの影響は瞬発的であり，継続時間が比較的短い。しかし，その背後には事故の根源的原因となる潜在的な失敗がある。

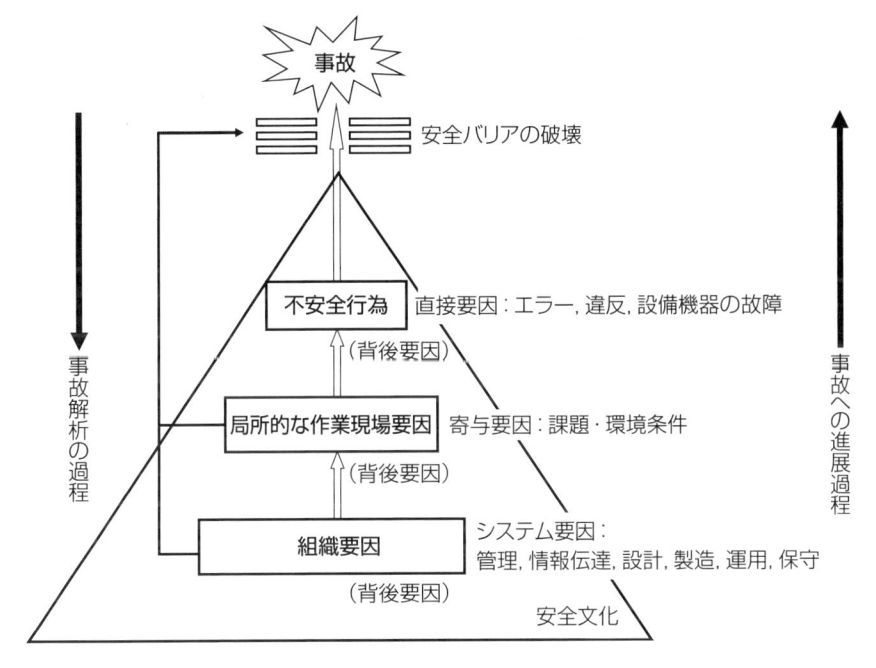

```
            事故
       ═════╱╲═════     安全バリアの破壊
          ╱    ╲
         ╱ ┌──────┐ ╲
        ╱  │不安全行為│  ╲   直接要因：エラー，違反，設備機器の故障
       ╱   └──────┘   ╲
      ╱      (背後要因)    ╲
     ╱   ┌────────┐   ╲
    ╱    │局所的な作業現場要因│    ╲  寄与要因：課題・環境条件
   ╱     └────────┘     ╲
  ╱          (背後要因)          ╲
 ╱      ┌──────┐       ╲      システム要因：
╱       │ 組織要因 │        ╲     管理，情報伝達，設計，製造，運用，保守
────────└──────┘────────
             (背後要因)              安全文化
```

（事故解析の過程 ← / 事故への進展過程 →）

**図6-2　事故の直接的原因と根源的原因（Reason[2]の図に加筆）**

(b) 潜在的な失敗は，現場から時間・空間的に離れている人々による失敗，つまり規制機関，経営層，設計者や製造者，組織管理者による戦略や決定における失敗である。これらの潜在的失敗は，システムの計画，設計，製造，運転，保守，廃棄の各フェーズに，そして手順書，訓練，組織，組織間の情報伝達などに潜んでいる。たとえば，間違った設計，審査・監督の不備，検出されなかった製造ミスや保守ミス，不適切な自動化，ずさんな手順書，使いにくい装置，訓練不足など。また，経営層による不適切な決定が潜在的原因となることもある。経営層の決定の影響は組織全体に広がり，特有の企業文化をつくり，それぞれの作業現場で，個人を対象とした心理学の範囲では説明できないエラーや規則違反を誘発する要因をつくり出していく。

また，安全にかける資源配分の誤った決定が，安全の問題の潜在的原因

ともなる。生産性のみを重視し安全への投資を怠ると，重大事故を発生させることがある。安全管理のためのコスト増加は避けられないが，万一事故が起きたときに支払わなければならない代償を思えば，そのコストは高すぎることはない。

人体に病原体があるように，潜在的原因はどんな組織にも潜んでいる。それらは，組織の運命として避けられない部分でもある。潜在的原因は，長い間，何の害ももたらすことなく潜んでいて，あるとき局所的な環境や条件と作用して顕在化し，それが不安全行為（即発的エラー）の背後要因となり，システムの安全バリアの破壊にいたることもある。

最近では，潜在的な失敗と顕在化した失敗の背後にある，いろいろな要因が広く認められるようになった。以上の（a），（b）を図6-3に示した。

また，高野は，最近我が国で発生した重大事故の分析から，重大事故には共通的な背後要因があることを明らかにしている[4]。

福島第一原子力発電所の事故は，政府，規制機関，東京電力などにおける潜在的失敗がある。つまり，責任の所在を別にすれば，日本社会のこれまでの考え方が問われる事故である。

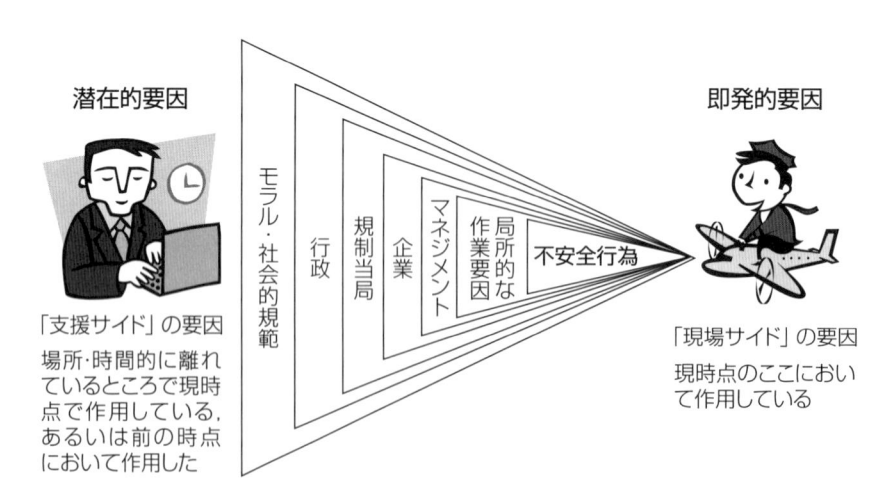

潜在的要因 — モラル・社会的規範 / 行政 / 規制当局 / 企業 / マネジメント / 局所的な作業要因 / 不安全行為 — 即発的要因

「支援サイド」の要因
場所・時間的に離れているところで現時点で作用している，あるいは前の時点において作用した

「現場サイド」の要因
現時点のここにおいて作用している

図6-3　現場サイドと支援サイドの関係（Hollnagel[1]の図を基に作成）

## 6.2.3 事故に類似する事象

　一概に事故（accident）といっても，軽微な損害から壊滅的な損害まで，その規模はさまざまである。よって，どの程度の被害や損害を引き起こしたものが事故と呼ぶに相応しいかは，主観的な判断となる。したがって，ある特定のシステムに対して，何をもって事故となすかをあらかじめ定めておかなければならない。そこで，規制機関，規格，製造者が，損害の規模に応じて，事故を破局的事故（catastrophic accident），重大事故（serious accident），軽微な事故（minor accident）のように，レベルやクラスなどに分類するのが普通である。

　インシデント（incident）は，ISO 22300 では「中断，損失，緊急事態，危機になるかもしれない，またはそれらを引き起こし得る事態」と定義されている。かつては事故になる一歩手前の事象（損失は伴わない）がインシデントと呼ばれていたが，いまは事故になる一歩手前の事象から事故や災害が発生してしまった事態（軽微な損失のみを伴う）までをも含めてインシデントと呼ばれるようになっている。したがって，インシデントという用語は，即座に対応しなければ被害が広がっていく突発的な事態のすべてを含意している。ちなみに，我が国の航空法第 76 条の 2 では，航行中に他の航空機との衝突・接触の恐れがあった場合と，「事故が発生するおそれがあると認められる国土交通省令で定める事態」を重大インシデントとしている。具体的に 16 の事態が同法施行規則に定められている。

　このように，インシデントにも幅があって，複数の安全バリアが働いて重大事故の発生を阻止できたニアミス（near-accident）から，複数の安全バリアが破られて軽微な傷害や財産の損失が生じたもののわずか紙一重で大惨事を免れたような場合まで，広範囲に及ぶ。ニアミスは，ある種の障害や財産の損失を受ける可能性があったが，実際にはそうならなかった事態のことである。しかし，ニアミスを急激に回避する過程で，ある種の障害や財産の損失が発生する場合もある。紙一重の場合は最後まで事故シーケンスをたどっているので，本当の大惨事とは結果が異なっただけである。したがって，もし自らの行動や警報装置の作動，他者からの指摘や指示などによる事象シーケンスの切断がなければ事故に至る可能性が極めて高い。2001 年 1 月に，駿河湾上空 1 万 800～1

万1千メートルで日本航空機同士が異常接近した事例はまさにこれである。

さらに，インシデントと類似の事態にトラブルがある。しかしながら，トラブルがすべて事故として報道されている現実は，多くの人々に誤解による無用な不安を与えかねない。トラブルは「あるべき姿からの逸脱であり，何らかの対策を打たなければならない事態」のことを言う。2013年の就航間もないJAL B-787型機のボストン・ローガン国際空港におけるリチウムイオン電池火災，2014年1月の成田国際空港でのJAL B-787型機のリチウムイオン電池発煙はトラブルであったが，発火事故と報道された。2013年1月に飛行中のANA B-787型機がリチウムイオン電池の不具合を示す計器表示とともに，操縦室内で異臭が発生したため山口空港に緊急着陸，緊急脱出時に3名が軽傷を負ったものは，インシデントである。

ヒヤリ・ハット（close call）は，正式な定義はないが，重大な事故や災害には至らなかったものの，事故や災害に直結してもおかしくない一歩手前の事態のことをいう。文字どおり，「突発的な事象やミスにヒヤリとしたり，ハッとしたりする事態」である。重大事故の背後には多くのヒヤリ・ハットが潜んでいる可能性がある。

インシデントやヒヤリ・ハットの事例を多数収集し，分析・考察することによって，事故を未然に防止する適切な方策を導出するヒントが得られる。航空安全報告システム，自動車交通や医療のヒヤリ・ハットデータベースなどがそれである。

## 6.2.4　事故の共通な特徴

事故はどれをとっても決して同じものはない。これは，事故の進行過程の非線形・カオス的特性という事故事象の本質からして当然のことである。

しかしながら，"事故には新しい原因はなく，それらはすべてこれまでに起こったものである""同じような事故が，時と場所を変えて発生している"と言われるように，事故はその様相に類似性と個別性（個別な問題）を持っている。現に，航空機や化学プラントでも多くの類似事故が起きている。

個別の事象や出来事から共通する要素を見いだす「概念化」や，事故の因果

関係の全体論的な考察から，多くの事故にはいくつかの共通な背後要因があることがわかる．そして，それらは最終的には安全管理，安全思想，安全文化に帰着するものである．以下にそのいくつかを挙げる．

- サブシステムの設計が適切でないか，技術者が各種のサブシステム間の相互作用を理解していない．
- システム設計者もオペレーターも，対象システムのメカニズムの理解が十分でない．
- 危険や異常状態を認識する能力が低い．
- オペレーターが異常や故障に気づかないか，適切な対処を行っていない．
- 安全管理者やシステム設計者，オペレーター，整備・保守員の誤った状況認識がある．
- サブシステムや要素（物理的，ソフトウェア，人，組織など）間で効果的なフィードバックやコミュニケーションの仕掛けが用意されていない．
- 発生したシステムの故障やヒューマンエラーの多くは，不適切な設計や手順，不十分な訓練に帰するものである．
- 外部環境の影響に関して十分な考慮がなく，本来なら予見・予想可能な環境の変化に対処するための十分な資源がシステムに組み込まれていない．
- チームや組織として機能していない．
- 運転マニュアルや点検・整備マニュアルなどのマニュアル類が用意されていないか，備えられていても当該事項の記載が漏れていたり，現状に対応していない記述であったりする．
- 現場実務者レベルから経営トップレベルまで，使命感や倫理観が欠如している．
- 体系的な教育が不足している．
- 技術やノウハウの伝承が十分に行われていない．
- 設計思想や設計変更の理由が整理・保管されていない．
- 組織の学習能力が低く，「井の中の蛙」状態である．
- 社外における事故に関する情報の活用が十分に行われていない．

- オストリッチファッション（ダチョウは襲われると砂に頭を埋めて，見えなければ何も起こらないと思い込んでしまう）に陥っていて，ハザードや異常状態の発生に気付ける機会があったのに見落としたり見過ごされている．
- 安全の実現・維持に関する経営層の積極的関与がない．
- 経営トップ層が安全の価値を低くしか認識しておらず，組織内に安全文化が醸成されていない．
- 安全最優先という明確な目標がない，もしくは組織内で共有されていない．
- 安全目標と生産目標（経済性）とのトレードオフを図る方策が講じられていない．

## 6.3 事故事象の予測可能性

事故事象の予測可能性は，3.5節で述べた安全の予測可能性と表裏の関係である．ここでいう事故の予測可能性とは，"対象システムの事故は，どのようなタイミングや条件で，システム要素のどこで，何が原因で，どのように起きるか"を予測することが可能かということである．論理的には，連続性のない事象やこれまでと類似性のない事象を予測することはできない．上に定義したように，事故事象は連続性のない出来事だからこそ突発的といえるので，予測することは論理的にできない．つまり，このような意味で，事故は予測できないという本質を持つ．

複雑な技術システムには，事故に結びつく潜在的要因がつねに存在し，事故には必ずそのいくつかの潜在的要因が関与する．しかしながら，潜在的要因の顕在化は本質的に不確定で，かつダイナミックに変化するので，それを事前に予測することが難しく，ある時，事故によってそれが初めて明らかになる．複雑な技術システムでは，事故は高度な技術の代償であり，効果的な安全バリアをもってしても完全には防ぐことができない．複雑な技術システムによる巨大事故は，複雑な技術システムそのものの結果として起こる．こうした事故を，Perrowは「ノーマルアクシデント（normal accident）」と呼んでいる[5]．この

「normal」は，事故は日常的に普通に発生するものという意味ではなく，複雑な技術システムの事故は，その性質上，不可避の事故であるということを意味している。医療においても，医師は複雑なシステムである人体のこの不確実性から逃れられないことをよく承知している。

システムが人間の能力を超えるほどに複雑になると，それを理解し，監視・制御することだけでなく，保守や管理なども難しくなる。それゆえに，事故はますます"normal"の様相を帯びてくる。これは予測不可能を指している。

ただし，我々がこのような意味で事故を予測できないというときには，必ずしも事故を予見・予想することができないことを意味するものではない。ちなみに，比較的単純な因果関係しかないシステムでは，システムの構成要素からどのような事故シーケンスや事象間のリンクが起こるかを推定できる。それによって，システムを設計するときには，誤作動の許容範囲をあらかじめ設定したり，バックアップシステムといったような事故予防策も設計のなかに組み込んだりする。したがって，事故の可能性は実質的に予見・予想されていたことになる。また，過去に類似の事象があれば，我々は事故が発生する可能性を考えることもできるし，その結果を想像することもできる。航空分野で"その事故以前にすでに類似の事故や先がけとなる不安全事象が発生している"とよく指摘されるが，他の技術分野においても同様である。もしその時点で，適切な対応策が採られてさえいれば事故の再発を防げたのである。さらに，システムの変動，とくに構成要素とサブシステムの特性の変動が，人間のパフォーマンスにどのような影響を及ぼし，望ましくない組み合わせとなるかといった特徴を見いだすことで，どのような状況で事故が発生しそうかを予想するといったことはできる。

要するに，対象システムの事故は，いつ，どこで，どのように起こるかを正確に予測することはできないが，事故の可能性は実質的には予見・予想されていることになる。よって，すべての事故を防ぐことはできないものの，その多くは十分に防止可能なのである。それには，対象システムと類似のシステムでこれまでに発生した事故から，事故の類似性を見つけるように努力することである。その意味で，事故の歴史は価値ある教師なのである。

## 6.4 事故のタイプ

事故を原因/影響範囲の観点から分類すると，個人事故と組織事故の2つのタイプに分けることができる。

① 個人事故は，事故の原因や影響が個人レベルで収まる事故である。技術レベルの低いシステムでは，不安全行為による個人事故が主である。
② 組織事故（organizational accidents）は，以前は個人事故に対比して，「事故の影響が組織全体に及ぶ事故」とされていた[2]。しかし，事故の影響が及ぶ範囲はハザードの規模によって異なると考えられるので，一般的には「影響範囲に関わらず，組織要因に関連したハザードを契機とした事故」と定義されることが多くなっている。つまり，技術における破綻に加えて，組織の風土や安全に対する価値観の劣化に起因して発生する事故である。原子力産業，航空輸送，航空・宇宙産業，化学産業のような高度技術システムを扱う産業では，ひとたび組織事故が起こると大惨事を招く恐れがある。高度技術システムでは，人間，組織および技術間の相互作用の生起はランダムなので，組織事故の生起を予測することは難しい。

## 6.5 事故に対処する考え方

事故は不測のものであるから，事故への対処は，より一般的な考察，柔軟な考え方に基づかなければならない。そこで，予見/予想の観点から事故に対する考え方を分類してみる。

(1) いつ起こるかは不明であるが，予見・予想は可能な事故

このような事故は設計基準に従い設計対応すべき事故状態であり，すべての保護系と安全バリアが作動したとしても起こる可能性のある最悪事故は，設計基準事故（DBA：Design-Base Accident）と呼ばれる。これは，設計において安全方策を立案するために想定する架空の事故である。現実においては，厳密にみれば事故シーケンスの一つ一つが異なったものになるので，設計基準事故

とまったく同様な事故シーケンスどおりに事象が進展することはほとんどありえない。しかしながら，事故の具体的な条件が設定されなければ，その事故に対処するためのシステムを設計し，また事故対応策を講じることは不可能である。そこで，起こる可能性のある最悪事故を抽出して，その発生を仮定して安全方策を立案する。設計基準事故の発生を想定して立てた安全方策は，設計基準事故と類似の他の多くの事故シーケンスに対しても有効なものとなる。それでも，それ以外の事故シーケンスは無数にありうるので，残りは仮想的な事故シーケンスを網羅的に想定して安全方策を立案して対処するということになる。設計基準事故を超える事故が過酷事故（severe accident）である。

(2) 想定範囲とされていなかった事故

このような事故は，設計想定外事故（BDBA：Beyond Design-Base Accident）と呼ばれる。これは，予想はできたとしても，システムの設計時にその事故シナリオが考慮されていなかったことを意味する。対処には，大惨事に至るのを防ぐ，運転員やチーム，組織といった人のレジリエンス能力によるという考え方が必要になる。

最近の事故では，2011年3月11日の福島第一原子力発電所の事故がこのケースである。

(3) 予見・予想できない偶発的な状況に依存する事故

このような事故の発生は，状況や条件の偶発的な組み合わせに依存する人の不安全行動とシステムの潜在的条件，環境条件との予期しない偶然の組み合わせによる。対処には，大惨事に至るのを防ぐ，人のレジリエンス能力によるという考え方が必要になる。

2012年9月に起きた日本触媒・姫路製造所の爆発事故，2014年1月の三菱マテリアル・熱交換器爆発事故はこのケースである。

## 6.6 事故解析の思考

　事故解析（accident analysis）は，すでに起こってしまった事故の起因事象，シーケンス，事故を導いた条件や状況を解き明かすことである．事故分析という用語が使われる場合もあるので，本書では事故解析としている理由を最初に述べておきたい．これは，安全解析という用語にも当てはまる．英語のanalysisは分析あるいは解析と訳されているが，その違いを意識して使っていることは少ないようである．なかには，分析と解析を混用している例さえある．

　分析は複雑な事柄を1つ1つの要素や成分に分け，その構成などを明らかにすることで，解析は物事の構成要素を細かく理論的に調べることによって，その本質を解き明かすことである（小学館デジタル大辞泉による）．簡単に言えば，分析は分解して構成や傾向を調べること，解析は細かく調べて原因を究明し，結果を推定/予測することである．

　ゆえに，事故分析とする場合は，すでに起こった結果そのものに対する統計分析（分類，識別）に焦点を置く，つまり事故データの分析のことになる．事故類型や要因分析などがそれに対応する．それに対して，事故解析は，すでに起こってしまった事故について，事故に至らしめた可能性の高い起因事象，事故を導いた条件や状況，事故シーケンスを体系的な方法で推定することである．その目的とするところは，同様な事故の再発を防ぐために，原因の除去や事故シーケンスの連鎖を断ち切る最も効果的な方策，事故を導いた条件を制御する効果的な方策を見いだすことである．それによって，同様の事故のすべてを防ぐことはできなくても，その多くを防止することは可能となる．

　事故解析の思考を示すために，まず順解析と逆解析の思考について簡単に述べておく．図6-4に示すように，順解析は，作用（入力，原因）や外部擾乱，対象の内部状態の変化に対する応答あるいは結果（出力）を求める順プロセスである．原因があって，それによって結果がもたらされるとき，原因から結果を導く問題を順問題と呼ぶ．この原因から結果を導く過程は因果関係に従った自然な順方向の流れである．一方，逆解析は，それとは逆に，結果（現象に関

図6-4 順解析と逆解析

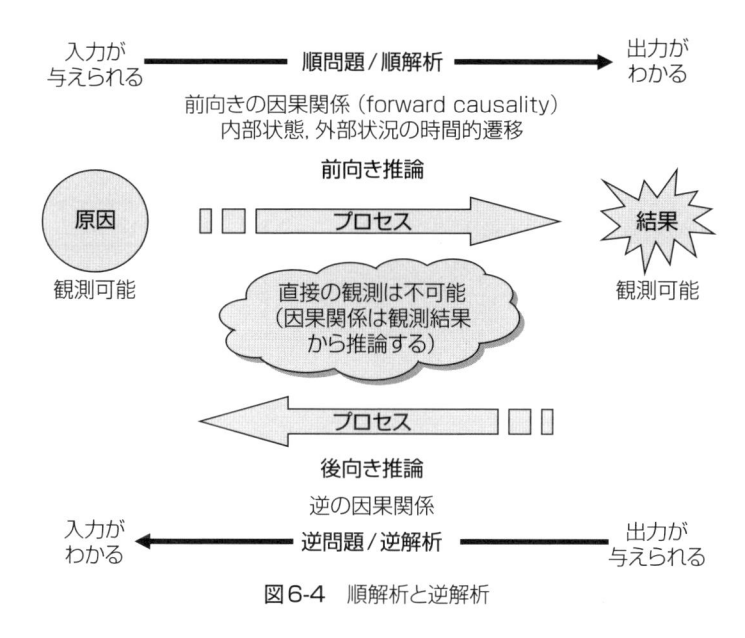

する観測結果）をもとに，作用（入力，原因）や外部擾乱，対象の内部状態，現象を合理的に説明する方程式などを求める逆プロセスである。

問題の対象をシステムとして捉えると，この順プロセスはシステム解析に，逆プロセスはシステム統合（synthesis）に対応する。解析と統合は逆向きのプロセスであるが，どちらも対象物のなかにある部分を認識して，部分間の関係という形で対象物を捉えるという点では共通している。それぞれを概念的に説明すると以下のようになる。

- システムの解析：部分が持っている属性と部分の結びつき方から全体の属性はどうなるかを調べる。
- システムの統合：全体の属性が与えられたとき，それをどんな属性を持つ部分をどのように結びつけてつくるかを検討する。

これらの関係は図6-5のように表すことができる。

また，観測できる入力と出力を使って，システムの状態変数やパラメータを推定するのはシステム同定（system identification）と呼ばれる。

この2つの思考を事故に当てはめてみる。

原因から事故への進行過程は順プロセスで，結果が事故事象である。それに対して事故解析の思考は，図6-6に示すように，本質的に不確定性が含まれている非線形プロセスを観測された結果から逆に原因（起因事象）に向かってさかのぼっていって，システム内部で何が起こったのかを推定するトップダウンのアプローチ，すなわち逆解析（後向き推論）である。

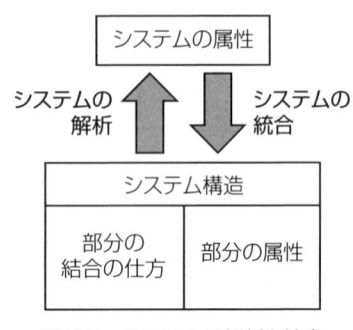

図6-5 システムの解析と統合

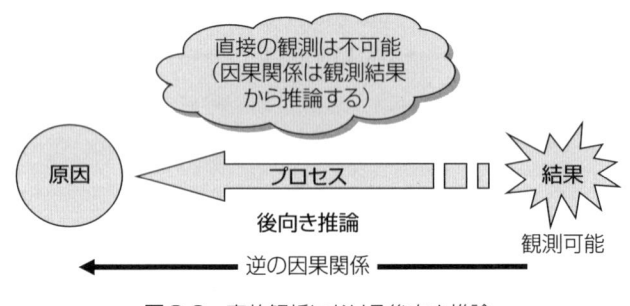

図6-6 事故解析における後向き推論

ここで，図中の「原因」という用語の意味を定義しておく。原因の定義についてもこれまでさまざまに論じられている。それらを参考に，ここでは事故という視点から，原因を"観測された事象や事後に同定された事象が発生するのに必要かつ十分条件と捉えることができる事象"として定義することにする。原因は，除去することが可能なものである。

事故には人間が関わっている。第4章にあるように人間もシステム（生体システム）として認識できる。生体システムは，並列・分散・階層構造を持つきわめて複雑な多変数・多重システムである。生体システムでは，図6-5のシステム構造がわかったとしてもシステムの属性（脳の情報処理過程で，何が，なぜ，何のために行われているのかを説明する，いわばソフト的原理）の全容を

解明することは極めて困難である．それは，超 LSI の回路構造は明らかにできたとしても，そこで行われているソフトウェアの原理を解明することはほとんど不可能であることからも推察できる．

　このように直線的思考が役立たない複雑な事故の事故解析においては，観測された事実をもとに，より蓋然性の高い仮説あるいは事故モデルを構築（統合プロセス）し，そのうえで事実や証拠によるその検証（解析プロセス）がなされるまで，科学的推論を進めることが重要になる．このような解析と統合の混合情報処理は「統合による解析（analysis by synthesis）」と呼ばれる．

　これは，アブダクションの推論形式（仮説と発見の論理とも呼ばれる）でもある．それは，次のようである．

　① 説明すべき事実 A が観測される
　② しかし，もし B が真であれば，A は当然の事柄である
　③ よって，B が真であると考えるべき理由がある

　さて，後向き推論ができることと，それによって原因を見つけ出せるということは同じではない．もし，単独原因による単純な事故の場合であれば，結果は 1 段階前の原因によるという論理にしたがって，観察された結果からその原因に向かって原因–結果の展開を逆向きにたどっていく直線的思考で原因が発見できるだろう．しかしながら，事故は必ずしも単独原因によるものではなく，複数の原因の組み合わせ，事象の連鎖によるのかもしれない．それは，条件や状況，あるいはその組み合わせが少しでも異なればまったく違った結果になるという非線形プロセス（事故シーケンス）である．よって，事象 A が事象 B の前に発生したという事実は，A が B の原因であるための必要条件とはなるが，十分条件ではない．このような場合，プロセスをさかのぼって真と考えるべき原因を特定するのは簡単ではない．

　人間は前向き推論は非常に上手く行えるが，逆の因果関係の推論は得意ではないので，後向き推論にはまた別な難しさがある．そのいくつかを次に示す．後向き推論では，後件肯定（affirming the consequent：結果が正しいので先行子も正しいと結論付けてしまう）と呼ばれる推論をしがちである．これを，操縦席の計器パネルにある一つの警告灯の例で見てみよう．警告灯は圧力が低下す

ると点灯する仕組みになっている。事故時には警告灯の点灯がなかったので，圧力の低下はなしと判断された。しかし，実際は電球が切れて点灯しなかったのである。

　また，後向き推論では，後知恵バイアスに陥る恐れもある。とりわけ，原因が明確に特定されないときに，ヒューマンエラー説が後知恵的に持ち出されることが多い。確かに人工物をつくり，運転・運用しているのは人であるので，どんどんさかのぼっていけば事故には人が関わっていることに間違いはない。しかし，それで一件落着とするならば，事故防止のための実効性のある方策を立てるのに事故解析は役立たないことになる。ゆえに，証拠や証言を推論の拠りどころとして，後知恵バイアスに陥るのを防ぐようにしなければならない。

　さらに，後向き推論には「理解の錯誤（illusory comprehension）」と呼ばれるバイアスがかかる恐れもある。これは，我々は自分が重要と仮定していることだけを探そうとする指向が強いので，探そうとしていないものは結果的に何も見つけられないということである。これは，もし事故を既存の因果関係のフレームワークで説明できるとして，それに固執し過ぎると，実際には存在しないかもしれない因果関係を見てしまいかねないということを意味する。したがって，肝心なことは，予断なしにゼロベース思考に徹することである。

## 6.7　事故モデル

　事故解析における後向き推論には，事故モデルが必要である。事故モデルは事故事例を類型化・抽象化したもので，事故の構造を記述する一般的な方法である。これは，事故はいったいどのようにして発生するのか，あるいは発生したのかを，事故シーケンスと起因事象を複数の要因と条件を使って記述する枠組みで，事故の構造とも呼ばれる。

　また，事故モデルは，同様の事故の再発防止を目的とした事故調査にも，将来の事故を防止する設計とリスク評価にも使われる。

　一般に，モデルとは，対象とする実体のなかから関心のある性質だけを抽出して，その間の関係を表現した抽象概念である。モデルは，システムの構造や要素の特性，パラメータの値のすべてが明らかであるホワイトボックス，それ

らの一部が明らかでないグレーボックス，それらのすべてが不明のブラックボックスの3種類に大別される．モデル化の難易度はこの順に高くなり，モデルの表現形式はそれに合わせたものとなる．モデルの表現形式には大きく分けて，数学モデルと図的モデルがある．

数学モデルは，システムの挙動を代数方程式，微分方程式，偏微分方程式，論理式などにより数学的に表現したもので，状態方程式，構成方程式，状態遷移図などがそれである．

図的モデルはシステムの情報伝達経路を図的に表したもので，ブロック線図，シグナルフローグラフ，ネットワークモデルなどがある．図的モデルは，社会システムや環境のように数学モデルをつくるのが困難な場合にも使われる．

以上のことは，事故モデルにもそのまま当てはまる．事故の理解を目的としたモデルを構築する場合には，個別具体的な事故に対応させるのではなく，抽象化したモデル化が必要となる．

上述のように，モデルは対象とする実体のなかから関心のある性質だけを抽出して，その間の関係を表現した抽象概念である上に，我々は事故の"真実"をほとんど知ることができないのが現実である．したがって，唯一正しい事故の捉え方というものは存在せず，個々の事故モデルにはそれぞれの"事故観"が反映されている．つまり，どの事故モデルであっても，それは現実の事故そのものを表していると考えてはならないし，その意味で，なぜ事故が発生したのかについての正確で客観的な説明ではないことに注意する必要がある．したがって，ある特定の事故モデルに依るということは，事故の捉え方・解釈，解析手法を決めることになる．それは，事故シーケンスの推定（仮説形成）や収集すべきデータの決定，データの解釈を支配することになると共に，事故の防止方策を見いだすことに関しても重要な影響をもたらす．

これまでに多くの事故モデルが提案されている．どの事故モデルであっても，使用目的に対して向き不向きがある．肝心なのは，モデルを用いる目的に合わせて，モデルを使い分けることである．

そこで，ここでは，これまでに提唱された重要ないくつかの事故モデルについて，①事故という事象の本質や特徴の理解・把握，②発生した事故を理解するための事故解析：解析手法と事故モデルの対応，③将来の事故を防止する方

策を学ぶ，という 3 つの観点からの解釈を試みる．とくに，②と③は 7.7 節「事故調査への参加」に生かされる．

なお，事故モデルは，事故記述の考え方から，連続的事故モデル（sequential accident model）と創発的（総体論的）事故モデル（systemic accident model）に大別する．

①，②，③のそれぞれについて，以降の 6.8 節，6.9 節，6.10 節で述べる．

## 6.8 事故という事象の本質や特徴の理解・把握

### 6.8.1 連続的事故モデル（Sequential Accident Model）

これは，因果関係という古典的な考え方（直線的思考）に立つものであるが，現在も事故モデルの主力で，安全解析でも多用されている．連続的事故モデルには，事故には事故シーケンスが存在するという前提がある．つまり，連続的事故モデルでは，少なくとも原則として，事故を構成する事象の因果関係についての知識から結果を予測できるという意味で，事故は結果として生じた現象であると考える．このモデルは，事故シーケンスを特定の順序で発生した事象の因果関係の線形プロセスとして捉えるホワイトボックスの線形モデルである．

その背景には，良いシステム設計やテストが十分になされたシステムであれば，運転時における異常は，機器の故障，さまざまな失敗，ヒューマンエラーや違反によって発生するとの見解があるものと思われる．さらには，事故に対する次のような認識が背景になっていると推測される．小さなミスが引き金となって運悪く次の不安全事象につながり，最終的に事故に至ることが多く，それらは，システムライフサイクル（計画，設計，製造，運転，保守，廃棄）のいくつかのフェーズにおける，不適切な意思決定，関連組織や関連機関との協調の失敗などのいくつかの潜在的要因に起因する不安全事象の連鎖である．

連続的事故モデルは，まず比較的単純な単一因子モデルから始まり，事象（主に要素の故障やヒューマンエラー）の連鎖とした単純な線形因果事故モデル（Chain-of-Events Causation Model）が提案された．1970 年代になり，事故

は一連の，あるいは並行する複数のシーケンスを含むことがわかってきて，技術，心理，組織，環境，時間に関係する潜在的な条件と複数のシーケンスを含む複雑な線形連続モデルに発展した。顕在化した要因と潜在的な要因とが多数存在し，事故がそれらの相互作用に起因するような場合には，複雑な線形連続モデルがふさわしい。複雑な線形連続モデルでは，事故の発生を事象の連続と安全バリアの破綻として説明している。とりわけ，組織的，文化的問題にも言及する場合にはそうであろう。

図 6-7 に示すように，連続的モデルには，事故の根本には原因と結果のリンクが存在するとした仮定がある。それは，予期しない事象を進展させる，同定可能でかつ決定論的であるような明確な事象の連なりである。要するに，どの連続的事故モデルでも，順序と因果関係を含む直線的思考が基礎となっているので，システム構成要素間の相互作用の動的な特性や結果の非線形性を考慮することができない。また，事故事象の説明の焦点はシステムの構造や構成要素，そしてそれらの機能や故障に向けられていて，システム全体には向けられていない。連続的事故モデルも事故の予測に使用できるが，それはモデルに従った予測だけである。

連続的事故モデルの記述形式は，全体としてのシナリオを記述するものであれば，単一の事象の連続に限定される必要はなく，複数の事象の連続を含むイベントツリー（Event Tree）やバリエーションツリー（Variation Tree），フォー

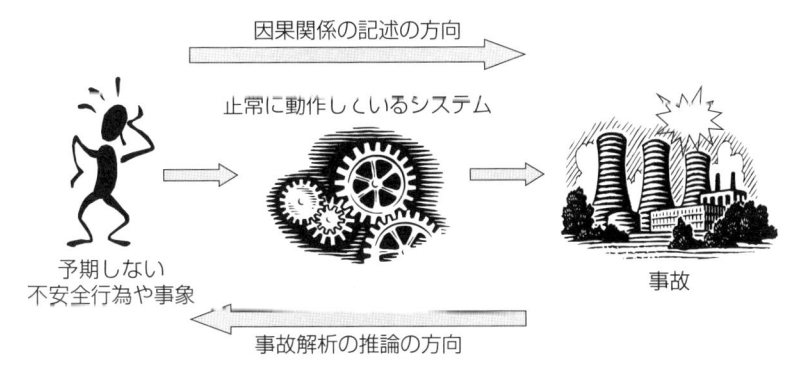

図6-7　連続的事故モデルの記述の方向（Hollnagel[1]の図に加筆）

ルトツリー（Fault Tree）のような数学モデル（論理式），アクティビティネットワークやクリティカルパス（PERT：Programme Evaluation and Review Technique），ペトリネット（Petri Net）などのネットワークや図的モデルで表現されることもある。

連続的事故モデルの重要な代表例は，ドミノモデル，スイスチーズモデル，疫学的事故モデルであろう。

### (1) ドミノモデル

Heinrich のドミノモデル [6] は，事故プロセスを原因事象とその結果の単一または複数の線形な連鎖として説明した事象連鎖モデルである。彼は，事故の原因がモノではなく人であるという仮説に基づいて，一般的な事故のシーケンスを1列に並んでいる5個のドミノ牌に例えた。厳密に言うと，これは事故モデルではなく，事故プロセスを簡潔にドミノで示した比喩なのである。それぞれのドミノ牌には順番に以下のラベルが付されている [6]。これを，図 6-8 に示す。

♯1：♯2を倒す先行事象としての起源，社会的環境
♯2：♯3を倒す近因としての人間の失敗
♯3：♯4を倒す不安全行動あるいは状態（機械的または物理的ハザード）

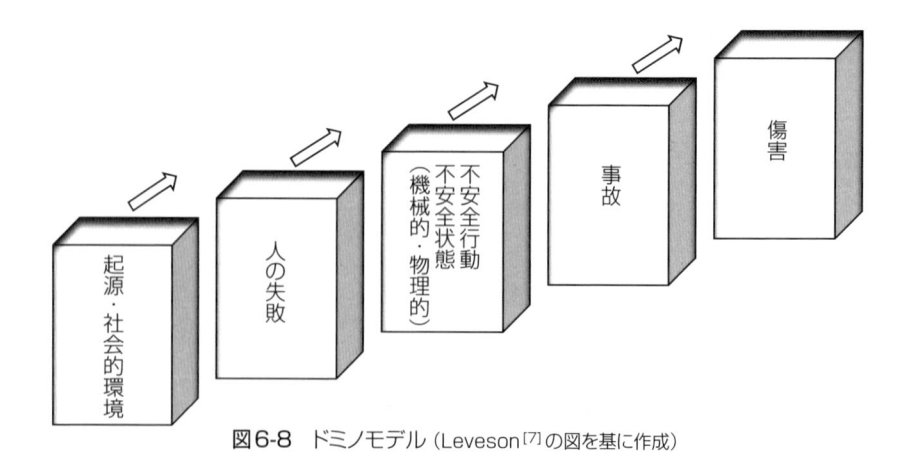

図6-8　ドミノモデル（Leveson [7] の図を基に作成）

♯4：被害をもたらす事故
♯5：被害

1番目のドミノが倒れると，自動的にその隣のドミノを倒し，最後に被害が発生するまでこれが続く．つまり，このモデルは，被害という事象は一連の要因系列が最後まで発生することによって必然的に引き起こされることを表している．したがって，いずれかのドミノを取り除けば，シーケンスを遮断して被害を防ぐことができることになる．彼は簡単で最も効果的なドミノは，不安全な行動あるいは状態を表す3番目のドミノであると主張している．しかしながら，実際の事象連鎖は，一つのドミノが倒れれば直ちに次のドミノが倒れるほど単純なものではないし，ドミノ間には相互干渉も存在する．

このドミノ理論を拡張したモデルもある．Leveson は，著書において [7]，事故の因子として管理にかかわる意思決定を含めるように Heinrich のドミノ理論を拡張した Bird と Loftus による事象のシーケンス [8] を次のように紹介している．

♯1：♯2の倒れを許してしまう管理による制御の欠如
♯2：♯3の倒れをもたらす基本原因（個人的およびタスク要因）
♯3：♯4の倒れの近因である直接の原因（標準以下の訓練/状態/エラー）
♯4：♯5をもたらす事故またはインシデント
♯5：損失

このモデルでは，ある特定の事故にかかわる要因は，事業運営の4つの主要な要素である，人，装置，材料，および環境のそれぞれ，あるいはそれらの組み合わせである．

ドミノモデルは，事故を理解するための具体的なアプローチであるという意味で役立つ．しかしながら，これを事故モデルとして考えてしまうと問題を招きかねない．それは，特定のドミノを除去するか，またはドミノの間隔を大きくすれば，事象の線形連鎖系列を変更でき，それによってシステムの安全性の向上が図れるという誤解である．

### (2) スイスチーズモデル

スイスチーズモデル（Swiss Cheese Model）は，複雑な線形連続事故モデルとして，1990年にReasonによって提唱されたモデルである。彼は，計画/設計/運用フェーズに存在した潜在的な欠陥に即発的な失敗が重なって，多重の安全バリアに護られた技術システムの安全が損なわれるメカニズムを，スイスチーズモデルで説明している[2]。

厳密には，これもまたドミノモデル同様に事故モデルではなく，事故への道筋をスイスチーズで示した比喩である。その後いくつかの変遷を経て，現在のスイスチーズモデルに至っている。スイスチーズモデルは複雑な線形連続モデルの全体概念を表すので，事故事象の理解に大いに役立つ。

それは，図6-9に示したように，何重もの安全バリアが次々に破られて事故に至る過程を，絶え間なく動いているスライスされたチーズ一片一片の穴が"直線上に並んだ"ときにのみ，弱体化したすべての安全バリアを通過して事故に至る道筋ができるとして捉えたものである。

これらの穴は，人と組織におけるさまざまな寄与要因，すなわち即発的エラー（不安全行為による穴）と潜在的状況要因（設計者や安全管理者，作業員などが起こす可能性のある事故シナリオのすべてを予測できないために生じる穴）によってつくられる。

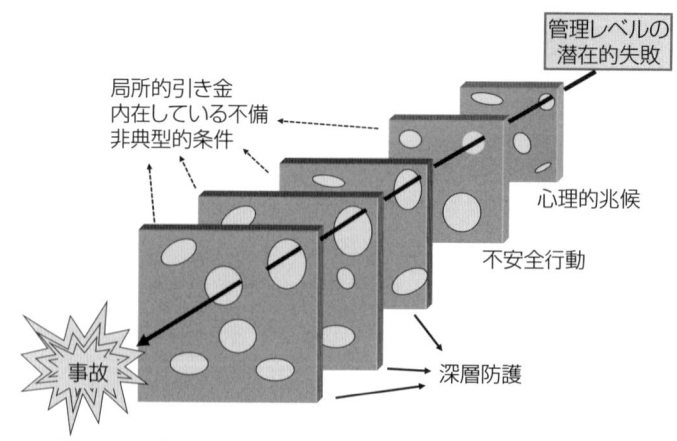

**図6-9** 初期のスイスチーズモデル（Reason[3]の図を基に作成）

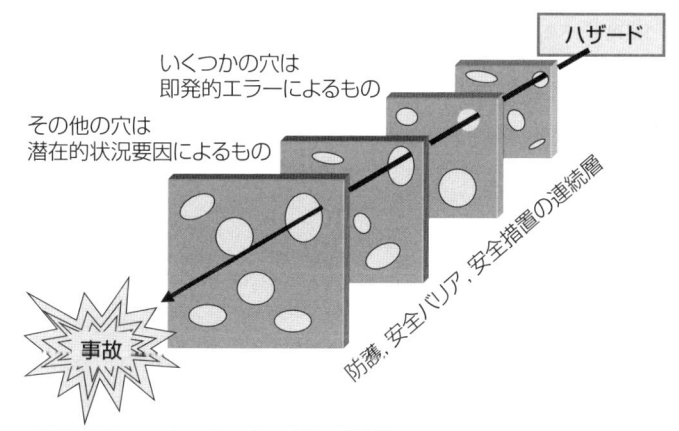

**図6-10** スイスチーズモデルの最新版（Reason[3]の図を基に作成）

　このように，このモデルの基にある事故観は，何よりも潜在的な条件が重要で，潜在的条件が具体的不安全行動と結びついたときに不安全事象が発現し，事故が起こるというものである。潜在的な条件は，それに先立つ状況である組織的，安全文化的問題に結びつく。これらの条件が図のスライスされたチーズの抜け穴として示されている。

　Reasonは最近の著書でスイスチーズモデルの最新版（図6-10）を示し，このモデルは連続事故モデルの特徴は持っているが，創発的（総体論的）事故モデルと考えていると述べている[3]。しかし，このモデルは，現時点の進行中の事象とそれに先立つ状況との結合という因果関係，さらに事故はシステム構成要素の機能不全，とりわけ連続する安全バリアの機能喪失によるとされていることから，明らかに線形連続事故モデルであると見るべきである。

（3）トライポッド・デルタ

　トライポッド・デルタ（Tripod-Delta）は，シェル・インターナショナル・エクスプロレーション・アンド・プロダクション社（Shell International Exploration & Production）の委託を受け，石油探索・生産事業のために，英国マンチェスター大学，オランダのライデン大学の研究チームによって開発されたエラーマネジメントの技術的手法である[9]。現在のバージョンのトライポッド・デルタ

は 1996 年に発表された。本来は，エラーマネジメントの技術的手法であるが，事故モデル（事故記述）としても利用可能である。

事故や損失は，ハザードを内在する環境での不安全行動によって安全バリア（防護）が崩壊したことで起こる。事故の直近の原因となる不安全行動の背後には，図 6-3 のように，その発生を促進させる，あるいはその影響を悪化させる組織的あるいは環境的要因や条件（潜在的失敗）があり，その多くは事故現場から時空間的に離れている立案者や設計者，管理者が行う意思決定あるいは行動がもとになっているという見解がある。この観点は，スイスチーズモデルと同じである。各種の失敗は，一般的失敗のタイプと呼ばれ，多くの会社の操業実績や事故記録の分析から求められたものである。このように，トライポッドは，潜在的な失敗，機能不全の安全バリアを含む複数のシーケンスがどのように混じり合って最終的な結果を生み出すかを記述する連続的因果モデルでもある。

トライポッドという名前は，図 6-11 に示すように全体が 3 つの脚で構成されていることに由来している。

初めの脚は，潜在的に危険な環境での不安全行動である。ときにはこれが防護の壁を壊し，望ましくない結果をもたらす。2 つ目の脚は，事故や損失である。発生した不安全事象や事故について，再発を防ぐために調査を行い，一般

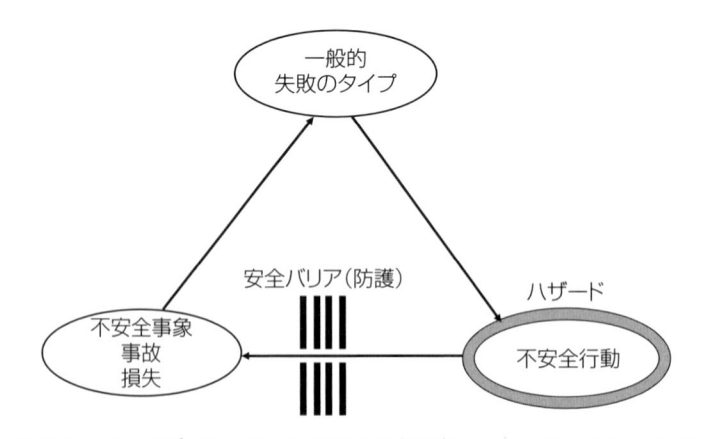

図6-11　トライポッド・デルタにおける3本の脚（Reason[2]の図を基に作成）

的失敗の集合のどれが当該の安全バリア崩壊の潜在的要因になったかを同定する。3本目の脚である一般的失敗は，多くの会社の操業実績や事故記録の分析から，不安全行動に大きく影響し，不安全事象や事故につながりやすい作業現場要因と組織要因を抑止するのに最も寄与するということで選ばれた失敗の集合である。それらの項目のみを次に列挙する。

- ハードウェアに関する問題
- 設計自身に関する問題
- 保守管理に関する問題
- 運用や保守時におけるエラー誘発条件（error-enforcing condition）となるエラー生成条件（error-producing condition）と違反促進条件（violation-promoting condition）に関する問題（これは，その上流の設計や製作段階における失敗の影響を受ける）
- 日常業務に関する問題（問題の存在を長い間承知していながら放置していたなど）
- 相容れない矛盾する目標の存在に関する問題（安全目標と生産目標が相容れない場合に生じる問題など）
- コミュニケーションに関係する問題
- 安全に関する組織上の問題（組織の構造・責任など）
- 訓練に関係する問題
- 防護に関係する問題

安全管理活動は，［脚：不安全行動］では訓練と動機付け，安全バリアの点検と改善，［脚：事故・損失］では調査，訓練，失敗の同定，［脚：一般的失敗のタイプ］では失敗の評価と制御，失敗の最小化となる。

なお，トライポッド・デルタによる安全解析は 10.4 節に述べられている。

(4) 疫学的事故モデル

疫学的事故モデル（Epidemiological Accident Model）は，事故の発生を病気の蔓延と類似させて説明するものである。疫学的事故モデルという呼び名は，1940 年代に John Gordon らが事故は疫学的アプローチによって取り扱うこと

のできる公衆衛生問題として捉えるべきであると提唱，事故は作用因子（物理的エネルギー），環境，およびホスト（肉体や心理）によって説明できるとしたことに発しているという説もある。Hollnagel によれば，"疫学的事故モデル"という用語が使われたのは，1961 年に Suchman が，事故の現象は "risk taking と危険の知覚を含んだ状況の中で，ホスト（肉体や心理），agent（病原体），および環境要因の相互作用から生じた，予期しない，避けられない，故意でない行為" であるとしたことにさかのぼるとしている[1]。この観点に従うと，疫学的事故モデルの事故観は次のようなものである。

人工システムには，人間の体内にある "常在病原体" のように，システム自体を破壊する病原体（構成部品の故障，ヒューマンエラー，規則違反など）が内在している。これら病原体のどれか一つが重大な事故の原因となるのではなく，事故は通常予測もできない病原体間の複合的かつランダムな相互作用の結果として発生する。

疫学的事故モデルでも，連続的事故モデルと同様に，図 6-12 に示すように，因果関係の方向（始まりから終わりに向けての前向き推論）に事象が進行する。

このモデルでは，人間のなす不安全行為の概念は，ヒューマンエラー（期待されている行動からの逸脱）ではなく，パフォーマンスの逸脱（deviation）という概念である。また，図中の環境条件はパフォーマンスの逸脱を導く条件，

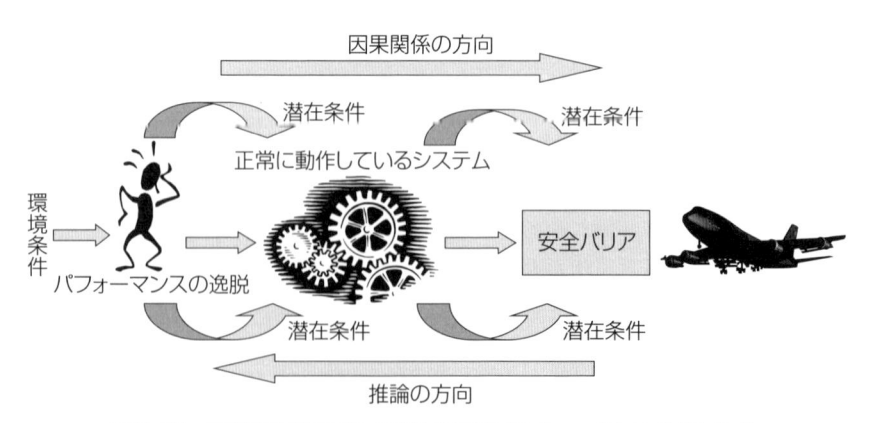

図6-12 疫学的事故モデルの記述の方向（Hollnagel[1]の図を基に作成）

安全バリアは「事象の発生を防ぐことができるもの」あるいは「発生を防げなかった場合に，その結果の影響を阻止する，拡大を防ぐことができるもの」を指す。

疫学的事故モデルも，連続的事故モデルが持っている簡単な「因果関係」という制約を克服して，事故の複雑性を議論するための基礎を与えているという意味で重要ではある。しかしながら，疫学的事故モデルは，モデルというよりも事故の概念を説明する意味合いが強いものなので，広く事故を考察するのには適するものの，具体的な記述法も図的表現法もない。したがって，事故解析には決して強力ではない。

しかも，病原体をたまたま時間的，空間的に同時に存在していた要因（潜在的なものと明示的なもの，すなわち潜在的失敗条件（latent failure）と即発的な失敗（active failure））に置き換え，事故はそれらの組み合わせの結果とすると，疫学的事故モデルはスイスチーズモデルと同じであると見ることができる。

(5) MORT モデル

MORT（Management Oversight and Risk Tree）は，W. Johnson が原子力規制委員会のために開発した，安全解析と包括的な事故調査のための秩序だった技法である[10]。MORT はデシジョンツリー（Decision Tree）に基づくモデルである。MORT の詳細なチャート（Decision Tree Process）は，所定の方法に従って，システムで起こりうる事故のすべての潜在的な原因を記述するものである[12]。それには，事故にかかわる因子が論理ゲート（AND/OR）によって結合された Fault Tree が使用されている。これには 1,500 を超える基本事象あるいは因子が含まれている。MORT には，事故シーケンスを個々の事象に分解するための方法も与えられている。それには，技術的情報システム，設計と計画，保守，検査，即時の指揮と高水準の管理，安全バリア，望ましくないエネルギーの流れ，管理システム，管理方策などの因子が考慮されている。

## 6.8.2 創発的（総体論的）事故モデル（Systemic Accident Model）

創発（emergence）とはシステム理論の用語で，部分の性質の単純な総和にとどまらない性質が総体として現れることをいう。

大規模複雑システムや社会−技術システムの事故に見られるように，事故の生起を既知のプロセスや原因−結果の進展として説明することができない事故が増えている。それらは，人による失敗や機器類の故障の直接的な結果ではなく，むしろ発生した事象とそのときの条件や状況との関係に帰着するものと理解しなければならないものである。これは特異なことではなく，システムの構成要素が多く，それらがネットワークとして複雑に関係しあうシステムでは，不安全事象の多くは突発的に発生するので，事故は Perrow の見解であるノーマルアクシデントであり不可避であるということになる [5]。その場合には，事故は複雑で動的なネットワークから発現する突発事象となるので，事故を連鎖の結果と捉える連続的事故モデルでは，事故事象を説明することは難しい。事故を適切に理解するためには，要素間やサブシステム間の複雑な相互作用と，全体としてのシステム（a system as a whole）に注意を向けることが必要である。とりわけ，複数のコンピュータによる制御が介在する複雑なシステムに対しては，これまでの事故シーケンスの存在を前提とする事故モデルは当てはまらない。

このような認識のもとに，事故モデルは制御理論やシステム理論に基づくモデルなどを経て，今日の創発的（総体論的）事故モデルへと発展してきた。創発的（総体論的）事故モデルでは，事故シーケンスの存在を前提とせずに，事故を結果としての事象というよりは，動的プロセスにおける条件の複雑さから発生する創発現象（emergent phenomena）として捉えるものである。この動的プロセスという用語は，システムは静的ではなく，目標の達成ならびにシステム自体と環境における変動に対応するように絶え間なく適応していることを意味している。つまり，創発的（総体論的）事故モデルは，条件や状況，あるいはその組み合わせが少しでも異なればまったく違った結果になるという創発的な動的非線形プロセスとして捉えられるグレーボックスモデルである。

したがって，事故が創発的な場合，事故は因果の原理を用いて説明できな

いような形で起こるので，原因は捉えどころがないものになる．よって，因果の観点から事故を説明することは不適切（おそらく不可能）である．事故は，対象システムのある特定の箇所あるいは特定のタイミングにおいて偶発した一時的な条件や状況，あるいはそれらの組み合わせによって発現した結果（emergent outcomes）であると解釈される．創発的な事故では，事象間の順序に想定外の逆転があったり，一時的に順序が変わったりすることがあるので，深刻な事故となることが多い．

創発的（総体論的）事故モデルでは，連続的事故モデルと同様に初めから終わりへの時間的進展は存在するが，途中の段階における事象を個別の事象として見るのではなく，全体としてのシステムの一部として見る．つまり，ある事象の前には時間的あるいは条件となるいくつかの先行事象の存在があり，その事象の後にはいくつかの事象が続くのであるが，事故はつねに事故につながる要因（人的，技術的，環境的要因のような）と条件の特定の組み合わせ（特定の空間，特定の時間順序）が偶然に起こる全体としてのシステムの創発現象であると見る．このような場合には，強いて原因といえば，偶発した一時的な条件や状況，あるいはそれらの組み合わせが原因である．よって，事故は制御不全の問題とみなせることになる．もし条件や状況に規則性や再現性があれば，そのような条件や組み合わせを同定し，制御する方法を開発すれば，それらの生起を予防したり防護したりすることも可能であろう．

このように，創発的事故モデルは，モデルとしてはより現実的なものではあるが，事故を個々の事象間の連続や順序付けられた関係として，または潜在条件の連鎖として記述しないので，連続的事故モデルと同様な方法で結果を予測することは不可能である．本来の創発という意味から考えれば，ツリー，グラフ，ネットワークなどの固定的な構造では事故モデルを表現することは難しい．

(1) 制御理論に基づく事故モデル

このモデルの前提は，安全を制御の問題として考えていることである．これらのモデルでは，まずシステムでは，情報と制御のフィードバックループによって，相互に関係する要素が動的に均衡した状態に保たれているとみなされ

る。その上で，事故は制御システムによって外乱が適切に処理されないときに発生すると見る。これがこのモデルの根底にある事故観である。これは，本書の「安全の定義」に符合するものである。

　安全を制御の視点から見ると，対象システムの安全が制御変数に相当することになるので，技術システムの制御とは異なる難題が生じる。というのは，安全性を定量的に表す動的変数は明らかではなく，それは概念的には 3.10.2 項に述べた安全余裕に相当することになるが，直接測定できないのである。

　これまでにも同様な議論が見られる。ちなみに Rasmussen は，安全を制御の点から見ると，対象の状態を系統的かつ解析的に予測することによって，制御変数を間接的な証拠から推測しなければならないという特殊な問題があると述べている [13]。そこで，制御理論に基づく事故モデルでは，複雑なシステムで予期しない結果となりうる変化に着目するということになる。しかし，これは簡単なことではなく，3.10.2 項に述べたように目下の大きな課題である。

(2) システム理論に基づく事故モデル

　システムの個々の要素は，直接または間接的に他の要素に影響を与える。もっと一般的な場合，サブシステムや要素は複雑なネットワークを通して互いに関連する。システム安全への関心が高まるにつれて，人，機械，および環境の間の相互作用の観点から事故を考察するようになった。もっと大きな視点からは，事故は人，物理的システムの要素，ソフトウェアシステムの要素，安全管理活動，社会的/組織的構造などの間の相互作用を含むプロセスの不適切な相互作用の結果であるとして論じられる。

　システム理論に基づく事故モデルでは，事故は複雑なネットワークを介したサブシステムや要素間の相互作用に対する適切な制約条件が欠けていて，相互作用が制御されなかったことの結果として発生する創発特性と考える。Leplat は，事故とは，ネットワークを通して互いに関連する因子，および複数の独立した事象に由来する因子が偶然に一致した結果であると述べている [14]。

　制約条件，つまり相互作用の制御は，システムの制御装置としての役割を果たすソフトウェアによってなされる場合がほとんどである。したがって，ソフトウェアが制御命令を出さなかったり，制約条件に反する制御命令を出したり

することが，事故の原因となる可能性がある。

　それでは，システム理論に基づく事故モデルでは創発特性をどのようにして捉えるのか。それはシステム変数の値の基準からの「ずれ量（deviation）」に現れるとした例がある。この場合，事故は「ずれ量」を適切に制御できなかった結果として発生することになる。何をシステム変数とするかは，制御理論に基づく事故モデルの場合と同様に難しく，「ずれ量」を人の行動，情報の指示，安全バリアを含む技術装置，安全管理活動などに求めることになろう。

（a）スタンプ（STAMP）

　システム理論的事故モデルとプロセス（STAMP：Systems-Theoretic Accident Model and Processes）は，Leveson によって開発されたシステム理論を礎とした事故因果モデルである[15]。その源は Rasmussen の"複雑系に対する Socio-Technical Framework"にある。

　システム理論に基づく安全へのアプローチでは，安全をこれまでのような直接的に関連した故障や欠陥事象の連鎖の問題と考えるのではなく，環境においてシステム要素が相互作用したときに起こる創発的特性であると考える。この安全という創発的特性は，システム要素の挙動に関する拘束条件の集合によって制御され，あるいは守られている。そうすると，事故はシステム要素間の複雑な相互作用プロセスの動的制御問題であると見ることができる。

　この拘束条件は，制御則や制御アルゴリズムのなかに設けられている安全状態の維持に関する条件で，安全拘束（safety constraints）と呼ばれる。たとえば月着陸船の降下用エンジンは，月面に着陸するまで作動していなければならないといったものが安全拘束条件である。

　このアプローチでは，事故や損害の発生は故障や欠陥事象の単純な連鎖としてではなく，システム要素間の相互作用の複雑なプロセスから起こるものと考える。つまり，事故の原因である変数あるいは要因を特定するものではない。要するに，事故はシステム要素（人，物理的，社会的な）の挙動やそれらの間の相互作用に対する適切な制約条件が欠如していたり，制約条件を破ったりしたときに生起すると考えるのである。

　その背景には，事故はシステム要素の故障やヒューマンエラーがなくても，

要素の故障や欠陥の連鎖がなくても発生するという事実の存在があるものと想像される。たとえば，制御対象の運転に関する不完全あるいは間違った仮定や，制御対象の状態と環境条件が正しく考慮されていないといった欠陥や，不備のある要求条件に基づいた不適切なソフトウェアによる制御動作（control action）が事故を引き起こした多くの事例がある。また，多くの制御器間の不適切な協調制御動作によって事故が起こることがある。つまり，いかにソフトウェアの信頼性が高く，正確であっても，不安全なことが起こるのである。

　これまでの連続事故モデルでは，システム要素やサブシステム間の相互作用や干渉（coupling），事象間の間接的あるいは非線形な相互作用が除外されている，あるいは扱われていない。

　一方，STAMPでは，安全を要素の故障や欠陥の問題ではなく，動的制御問題として考える。そして，制御対象のシステムを情報と制御のフィードバックループによって動的釣り合い状態を保って相互に関連している要素であると見る。このように，システムを静的なものと見るのではなく，システムの目標を達成するようにシステム自体や環境における変化に絶え間なく対処・適応している動的プロセスとして取り扱う。

　したがって，STAMPは，安全がどのように制御されるかというダイナミズムに主眼を置き，事故はシステム要素の故障や機能不全の結果ではなく，システム内部の事象や外的事象，外乱に対して適切な対処あるいは制御がなされなかったときに起こると考える。つまり，事故は，システムの運転における制約条件が欠如していたり，不適切な制約条件が付けられていたりといったシステム設計に起因する。

　STAMPは，構成要素間の予期せぬ相互作用を理解し表現するベースとなるように，基本的なシステム理論の概念に沿って，安全制約，階層的安全制御構造，プロセスモデルの3つの概念に基づいて構成されている。

　一般に，制御システムは図6-13のような構成となる。制御システムの要素である制御対象（プロセス），コントローラ（制御則あるいはアルゴリズム），アクチュエータ（作動・操作装置），指示計器，センサ，フィードバックなどから，安全に関係する入力，出力，指示情報，制御指令，フィードバック情報などだけを抜き出して階層的安全制御構造を構築する。そして，その安全制御構

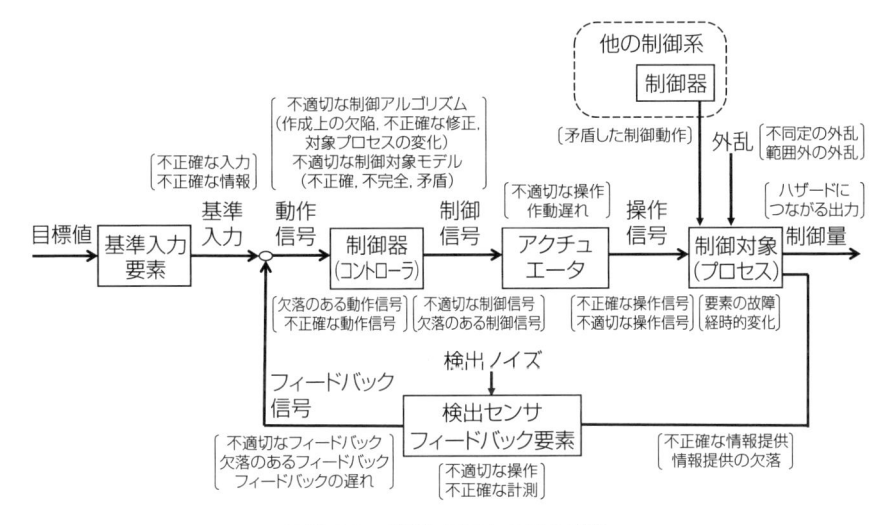

図6-13 制御システムの基本構造

造に対して，安全制約の働きを無効にして事故に至らしめる事故シナリオ，事象シーケンスを同定する。

3.4節に述べたように，安全管理活動は制御と捉えることができるので，システム開発フェーズにおけるプロジェクト管理活動，さらにその上流にある会社組織としての安全管理活動，法や規制などを制御システムに結合させた階層的安全制御構造を構築することもできる。また，システム運転フェーズにおける，運転員による手動制御と自動制御を含めた運転プロセスに対しても同様である。さらに，これらに保守・整備における安全管理活動，生産における安全管理活動を結合させることも可能である。

(b) 機能共鳴事故モデル

機能共鳴事故モデル（FRAM：Functional Resonance Accident Model）は，Hollnagelの機能共鳴解析手法（FRAM：Functional Resonance Analysis Method）に基づいた事故モデルで，同じく彼の提案によるものである[16]。

FRAMにおける機能という用語は，「目的を達成するための手段」，より一般的には「ある結果を提供するために必要とされる活動，あるいは活動の集合」

の意である。最初はパフォーマンスの変動がどのようにして予期しない結果を引き起こすことになるのかを説明するために，確率共鳴のアナロジーを用いたことから，機能共鳴ではなく確率共鳴（Stochastic Resonance）と呼ばれていた。その後，共鳴は未知の原因に依存するものではなく，システムの異なる種類の機能における変動には何らかの規則性があって，共鳴はそれらの機能における変動の結合の結果として起こるとした，機能共鳴事故モデルに変わった。

これについて Hollnagel は，機能共鳴は，非因果的で非線形な結果を予測したり制御したりできるように理解するための方法として提案されたと説明している。その背景には，人の行動や予期しない状況への対応・適応の仕方には，ある程度の規則性（半ば規則的）がある，社会-技術システムのパフォーマンスの変動は見た目ほどランダムではないことがあるという見解がある。加えて，安全性の向上を図る方策の検討には，何が起こるかを決定論的に予測できるほうが望ましいとの考えもあったものと推測される。そして，機能共鳴事故モデルは事故モデルというよりは，むしろシステムのどこで機能共鳴が起きうるかを見いだす手法であることが明らかになった。

FRAM は，システムの目的を達成するために必要とされる機能と，それらの機能のパフォーマンスの潜在的な変動とその組み合わせを記述する手法である。機能共鳴事故モデルでは，事故を次のように捉える。事故は一般に，単独では事故の原因となるには十分ではない複数の条件が重なったため，あるいは特定の時間順序で事象が生起したために発生したもので，事故の原因が何か特定の条件や事象にあるということではない（たとえば，自動車運転中に単に脇見をしたからといって事故になるとは限らない）。そこで，事故は，事故を招いた要因（ある意味では原因）と条件の特定の組み合わせ（同時発生や特定の時間順序で発生）が偶然に起こる確率的共鳴現象（共振現象）であるとしている。そして，共鳴の源をサブシステムの機能に求め，事故を機能間のダイナミックな非線形従属関係という観点で説明している。

このことを人間-機械系を具体例として説明する。

人間-機械系は必然的に変動的である。たとえば，サブシステムと構成要素のパフォーマンスには制御できない変動性（製造や操作の不完全さ，設計段階で予見しなかった，あるいは予見できなかった作業条件と入力の組み合わせな

ど）が潜在している．また，人間のパフォーマンスは知覚や運動の限界，環境の変動，疲労などのために変動し，精度が落ちる．これらの変動の間に偶然にプラスの循環的相互作用が起こると，人間-機械系全体に確率的共鳴が起こる．その抑制に失敗した結果が事故ということになる．

社会技術システムには多くのサブシステムが存在するので，必然的に共鳴関係や現象も複雑になる．創発的事故モデルとしての機能共鳴の概念を図6-14に示す．

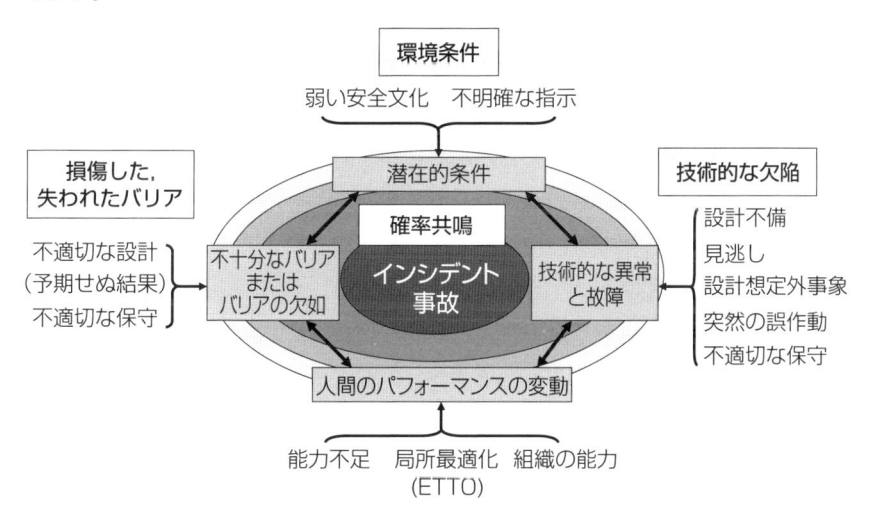

図6-14 機能共鳴事故モデル（Hollnagel[1]の図に加筆）

図中のETTO（Efficiency-Thoroughness Trade Off）は，効率性と完全性のトレードオフを表す．効率は，つぎ込んだ努力と得られた成果との比で，少ない努力で要求された要件を満たせるほど効率は高くなる．一方，完全さは，正しい行動を選択して正確に実行することである．効率性と完全性のどちらにどの程度の重きを置くかはその時々の状況や条件に依存する．これによってパフォーマンスが変動する．

ある機械の整備を例に，このトレードオフの意味合いを解釈してみよう．整備には正式な手順書や安全規則を使用するように定められていても，正式な方法よりも容易な方法や簡便な手順，あるいは短い時間で同じ作業が行えること

を会得していると，人には違反あるいは逸脱であることを承知でその方法を取る近道行為（short cut）を行う傾向がある．効率に重きを置いた意思決定である．これが原因となった多くの事故事例がある．

たとえば，1979年，アメリカン航空のDC-10型機がオヘア空港離陸直後に，左側エンジンがパイロンとともに脱落，操縦系統の損傷によって操縦不能に陥り墜落，273名が死亡した事故，1999年に東海村JCOで従業員2名が死亡し，緊急避難も発生した我が国で初めての臨界事故など．

しかしながら，意思決定におけるこのようなトレードオフは特異なことではなく，人間の特質なのである．人間が意思決定を行う際には，本質的に，可能な限り最適な決定や選択を行うことを試みるものである．ここでいう最適とは，意思決定者の目標とするところに一致することである．たとえば，何かを実行するときに目標とされるのは，できるだけ不必要な努力や時間を費やさずに，必要とされたことを可能な限り完全に行うことである（最小努力の原理）．

一般論として言えば，トレードオフ点の選択は，その時々で変化する意思決定者の価値観や意思決定者を取りまく環境・状況などに影響される．トレードオフ点が変動すれば，システムの振る舞いやパフォーマンスも変動することになる．人間が行う意思決定は，このようなトレードオフのもとでなされ，それが意思決定の最適解である．たとえば，制約された時間の下である作業を行うとき，作業の速さと正確さを両立させることはできないので，その間でトレードオフが図られる．なるべく少ないエネルギーでより良い制御を行うことを目的とした最適制御でも，エネルギーと制御性能のトレードオフが図られる．

より一般的に言えば，互いに競合する要求事項（たとえば，最小重量と最大強さ）を同時に実現しなければならない問題（多目的最適化問題）では，すべての要求事項を同時に改善できない境界のところを解の候補とする．その解をパレート解（Pareto solution）という．一般に，パレート解は唯一に決まらず集合となる．実際の設計や意思決定などにおいては，最終的に1つの解に決定しなければならないので，要求事項間でのトレードオフを考えてパレート解のなかから選ぶことになる．このような解の集合から最終的な解を決める主体のことを意思決定者と呼ぶ．

## 6.9 事故を理解するための事故解析：事故解析技法と事故モデルの対応

### 6.9.1 連続的事故モデル

連続的事故モデルは，明確な原因‒結果のリンクの視点で事故を捉える考え方である．したがって，事故解析に連続的事故モデルを用いるときの目的は，失敗や機能不全となった要素のような特定の原因を見いだし，結果を説明できる明確な原因‒結果のリンク，不安全行為と潜在的な状況との重要な結合を見いだすことである．それには，後向きの step by step の推論が行われる．

ドミノモデルやスイスチーズモデルに直接対応する事故解析手法はない．個々のドミノを倒した要因や，スライスされた一片一片のチーズに穴を開けた要因，および穴の位相を合わせることになった要因を探す手がかりを得るには，4Ms，SHEL，C-SHEL が参考になる．

#### （1）4Ms

4Ms は，事故や不安全事象にかかわりのあった事項を，すべて時系列に沿って洗い出し，人的要因（man），機械・設備的要因（machine），環境的要因（media），管理的要因（management）の視点から原因を体系的に追求する事故調査のアプローチである．

#### （2）SHEL モデル

SHEL モデルは KLM オフンダ航空によって開発されたもので，SHEL モデルの S，H，E，L はそれぞれ，ソフトウェア（Software），ハードウェア（Hardware），環境（Environment），ライブウェア（Liveware）の頭文字である[17]．これを図 6-15 に示す．

中心のライブウェア（L）は，モデルの中心となる人，つまりシステムの運転員や使用者の身体

図6-15 SHELモデル
（Hawkins[17]より）

的・心理的状態，技量，知識，能力などである．図の縁の凹凸は，人の能力や限界などはさまざまに変動し，つねに一定の能力が発揮されたり，正確な動作がなされたりするものではないことを表している．この L を取り巻くソフトウェア S，ハードウェア H，環境 E，もう一つの L（他者）との間に相互作用（インタフェース）がある．これらが中心の L と適合するように，これらの縁も凹凸のある形になっている．

SHEL モデルは，これらの相互作用に注目して事故要因を調べるときにも利用できる．

- L-H：運転員や使用者などの人と機器や装置などのハードウェアとの相互作用である．この相互作用における不都合は，ヒューマンエラー発生の要因になる．
- L-S：運転員や使用者などの人とソフトウェア間の相互作用である．コンピュータプログラム，標準的な操作手順，マニュアルなどの問題が要因になる．
- L-L：本人と関わりのあるチームや組織のメンバーとの間の相互作用で，チームやグループとしての行動や作業である．
- L-E：本人と，本人の置かれた作業環境，社会環境との相互作用である．
- H-S：ハードウェアと制御プログラムとの相互作用である．
- H-E：ハードウェアとそれが使われる内的・外的環境との相互作用で，圧力容器の強度はその一つである．

さらに，システムに組み込まれたコンピュータが大きな役割を持つシステムでは，コンピュータ（C）は S，H，E，L のいずれとも相互作用を持つ．運転員や使用者などの人とコンピュータ間の相互作用では，場合によってはコンピュータが行う判断や制御操作が大きな決定権を持つこともある．コンピュータを明示的に表したのが図 6-16 の C-SHEL モデルである[18]．

図6-16　C-SHELモデル
（稲垣[18]より）

## （3）根本原因解析

根本原因（root cause）は，ある事故の原因となった事象の発生を予防できなかった欠陥である。国際原子力エネルギー機構（IAEA）の安全用語集では，根本原因は「もし修正することができれば，その再発を防ぐことができる基準事象の根本的な原因」として定義されている。また，NASA Safety Manual Procedures and Guidelines[19]では，根本原因は「事故に導く事象の連鎖に沿って，最初に原因となる動作あるいは故障/失敗で，これは方策，慣行，手順，保守のいずれかで意図的に制御されている」と定義されている。

根本原因解析（RCA：Root Cause Analysis）は，連続的事故モデルを使った典型的な事故解析の手法である。この解析では，根本原因は，事象シーケンスの逆向き推論における終点で，事故やインシデントの根本にある条件と要因の組み合わせ，または原因−結果の連鎖の始まりとなる原因として定義される。

第3章で述べたように，安全の問題は最終的には安全管理に帰着することから，根本原因はトラブルや事故を生む背景にある安全管理における欠陥を意味する。よって，根本原因解析の真の目的は，インシデントや事故のシナリオを明らかにして，起源となる根本的な原因を特定した上で，なぜそれを防げなかったのかの真因を究明して，安全管理にその解決に必要な方策を講じることである。そうでない限り，インシデントや事故は再発することになる。

しかしながら，実際には，事象シーケンスの逆向き推論が情報不足で途中までしかたどれず，根本原因にたどり着けないことがある。それ以外にも，同定された根本原因が政治的に受け入れ不可能であるがゆえに，事故シーケンスの中間事象をもって事故原因とされたり，さらには，同定された根本原因が製造会社や契約会社にとってやっかいな問題を起こす，あるいは政治的に受け入れ困難などで，対策としての改修が強制ではなく推奨とされたりしたことから，その後の再発を防げなかった事例すらある。また，なぜ人間オペレーターの行動がよく事故原因とされるのかの理由には，人間は逆向き推論が不得意なことがあると言われている。

ほとんどの根本原因解析手法は，「原因と結果」の関係を前提として発生したインシデントや事故の起源となる根本的な原因を見いだそうとするものであ

る。しかし，上記のように，これは再発を防ぐための真因ではないことに留意が必要である。根本原因解析手法には，事故を2分木の形で事前に定められた一連の不安全事象や故障の系列の結果として表すイベントツリー（ET：Event Tree）やバリエーションツリー（Variation Tree），事故シーケンスにおける事象と条件間の関係を and と or で接続したフォールトツリー（FT：Fault Tree）といったツリー表現のモデルが使われることが多い。ET，VT および FT については10.6節に説明がある。

小規模な事故では，比較的単純な事象の組み合わせが原因である場合が多いので，イベントツリーやフォールトツリーは十分に有用であろう。しかし大事故では，多数の顕在化した要因と潜在的な要因が存在し，事故はそれらの相互作用の結果であると考えなければならないので，事故解析にはトライポッドのような複雑な線形モデルや MORT のほうがふさわしい。

トライポッド理論を基に生まれたトライポッド・ベータ（Tripod-Beta）は，事故調査と並行してその解析を行うためのツールである。事故調査に関しては，どのような事実を収集すればよいかのガイダンスを調査員に与え，また寄与していた潜在的原因（一般的失敗のタイプ）の特定に至る調査の筋道を明確にする。トライポッド・ベータの事故観は，不安全事象や事故の発生とは，安全バリア（防護）が崩壊した結果，ハザードが顕在化して，人や資産，環境に損害を与えるというものである。したがって，事故解析も，最終的な結果から逆推論のプロセスをたどるものである。図6-17に解析のステップを示す。

解析者は崩壊した安全バリア（防護）とハザードを決めるために，まず［即発的エラーノード］に，実際に発生したことを書き込んでいく。次のステップは，なぜ特定の防護が壊れたかを明らかにすることである。即発的エラーの場合，当該作業現場内に前提条件がある可能性が高い。［前提条件ノード］に，即発的エラーあるいは潜在的不具合の発生を促進させたと考えられる条件を記入する。次いで，前提条件は認識可能な潜在的不具合の産物であることが多いので，［潜在的不具合ノード］に，6.8.1(3)で述べた10個の一般的失敗のタイプのどれが当てはまるかを記述する。これによって，関連する一般的失敗のタイプが同定される。この手順を，認識可能な要因のすべてが取り上げられ，記述されるまで繰り返す。このようにして，事象とその原因の関係を表した事象ツ

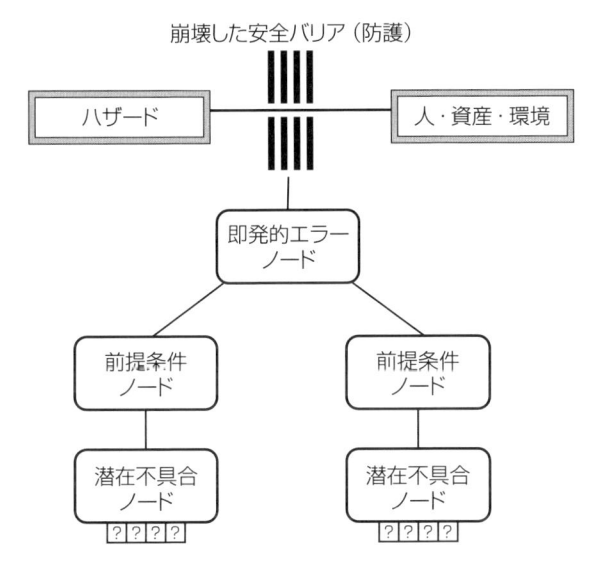

**図6-17** トライポッド・ベータの事故解析のステップ（Reason[2]の図を基に作成）

リーをつくることができる。

　疫学的事故モデルを事故解析に用いるときには，単純な原因の探索ではなく，エラー促進条件（error-promoting condition）を見いだすことが狙いとなる。それは潜在条件の組み合わせとして，パフォーマンスの逸脱を促進させたタスクや状況および組織的な要因（無理な運転や運転計画）である。もう一つは，安全バリアを弱体化させた要因，要因間の相互作用を見いだすことである。疫学的事故モデルにフォールトツリー（FT：Fault Tree）を当てはめることは可能であるが，それは事故原因が比較的単純な事象の組み合わせとなる場合だけである。多くの要因が共起する大事故のような場合には，それらの要因の関係が事前にはわからないので，フォールトツリーを構成することは困難である。

　MORT は，広く利用されている調査技法のなかで最も高度なものであろう。しかし，手法が複雑なことから，事故調査をごく少人数で行うときや，事故調査を行う機会が少ない調査員は，MORT を使うことを躊躇するかもしれない。MORT モデルは，基本的にはすべての事故の損失は制御や安全バリアの欠如に起因する望ましくないエネルギー伝達によって引き起こされるという見解に

立っているが，事故の損害は，ある特定のタスクの見落とし，なすべき仕事の不実行，およびタスクを制御する管理システム，という2つの源から発生するということも勘案している。Johnson は，事故には通常からの変更や逸脱が関係することがあると強調している [10][11]。それはたとえば，試行や試験（チェルノブイリ原発事故の例）のような所定の手順によらない運転モード，規定によらない保守や検査（スリーマイル島原発事故の例），切り替えあるいは修理（フリックスボロー事故の例），規定によらない始動あるいは停止，規定外のタスクの実行やトラブルシューティングなどである。

### 6.9.2　創発的（総体論的）事故モデル

（1）STPA（System Theoretical Process Analysis）

STPA は，6.8.2(2) で述べた STAMP をベースにした，複数のコントローラが介在する複雑なシステムに対する安全解析の方法論である。安全制約の働きを無効にする潜在要因と，それが実際に人や対象物にとってハザードとなる動的な過程の筋書きとしてハザードシナリオを同定する。よって，STPA は事故モデルともなる。

ハザードシナリオは，不適切な制御命令，指示情報の欠落，フィードバック情報の欠落などのハザードと，発生する中間の事象や状態の遷移を，その条件，タイミング，動作などと共に表したものである。

STPA の記述の仕方と手順は文献 [20] に詳しく解説されている。

（2）機能共鳴事故モデル

事故解析に機能共鳴事故モデルを用いる場合の目的は，何が起こるべきであったか，何がなされるべきであったかを理解することから始めて，次いでなぜそのようにならなかったのかの探索と説明，事故を招いた要因と条件の特定の組み合わせ，要素間のダイナミックな非線形従属関係（要素の機能間の通常でない循環的相互作用）に関する探索を行うことになる。しかし，この組み合わせは非線形プロセスの結果であるので，組み合わせそのものの発生を防ぐことは無理である。その代わり，その組み合わせの集合を考えて，何が起きてい

るのかを理解し，典型的な事故パターンを見いだすことになる。

FRAM には，要素の機能の表現および個々の要素と他の要素とのダイナミックな拘束ならびに結合関係を記述するための特定のデータ構造が用いられる。記述の仕方と手順は文献 [16] に詳しく解説されている。

## 6.10　将来の事故を防止する方策を学ぶ

（1）連続的事故モデル

連続的事故モデルの事故防止に関する基本的な考え方は，不安全事象の連鎖を防ぐことができれば事故は発生しないということである。したがって，予防策は，見いだされた原因-結果の事象のリンク間に介入してリンクを無効あるいは消去する方策，安全バリアの強化策，潜在的状況の事前検出と抑制策である。

ドミノモデルでは 1 つ 1 つのドミノの転倒防止方策，スイスチーズモデルではスライスされた一片一片のチーズに穴を開けない方策，穴のサイズや動きを計測する方策を考えることになる。

トライポッドによる事故解析では，失われたり失敗したりしたハザードマネジメントの手段（制御と防御手段）の背後にある直近あるいは潜在的な失敗に対処するための必要な行動事項（action items）を提案する。

疫学的事故モデルのそれは，病気のさらなる拡大を防ぐためにキャリア（保菌者）を隔離することに類似させて，たとえ事故シーケンスが不確かであっても，将来の事故の発生を防ぐために，エラー促進条件を解消する方策，安全バリアの強化策や新設，さらにはシステムをロバストにする安全系や制御方策を考えることである。

Hollnagel は，安全バリア強化に資する機能の例として，警報，警告保護，工学的安全装置，復旧，格納，避難と救助を，また実行されるさまざまな組織的モードの例として，監督，安全ブリーフィング，監理的コントロール，規則と規制，個人防護装置などを挙げている [1]。

（2）創発的（総体論的）事故モデル

システム理論に基づく事故モデルでは，事故は要素またはサブシステムの間の機能不全の相互作用に起因するものとして捉えるので，機能不全に陥っている相互作用を制御する方策を考え出すことになる。

Leplat は，機能不全に陥っている相互作用を，①サブシステム間の相互関連性の欠如，②システムの要素間の結合上の欠陥，という2つのタイプに分類して，①のタイプでは，事故はサブシステムの相互関連性と協調性における問題から発生すると述べている[14]。その問題の例として，サブシステム間の境界領域の機能が明確に規定されていないことがしばしばあること，2つのサブシステムの協調によって機能が達成されるとき，あるいは2つのサブシステムが同じ目的に対して影響を及ぼし合うときに競合が起こりうること，サブシステムへの変更は慎重に設計されるだろうが，それによるシステムの他の部分への影響はあまり考慮されないことを挙げている。また，②のタイプの例として，グループ内でうまく情報が伝達していない，個人の能力とタスクの要件との間の情報のやりとりが十分でない，システム運用とメンタルモデルまたはそのユーザーの期待との間に適合性がない，などを挙げている。

事故が動的なシステムプロセスの突発的で非線形な結果であると理解される場合には，パフォーマンスの変動をどのように監視・制御するか，すなわちシステムを機能不全にすることなくパフォーマンスの変動を抑制する方策を考え出すことになる。

STAMP ならびに STPA は，前述したようにハザードシナリオを同定する。それを基に，設計に組み込むべき，ハザード要因を除去あるいは制御する安全制約（安全制御方策）を判断することができる。

ハザードシナリオにつながる潜在的要因の同定には，ヒューマンエラーのタイプやエラーモードを参照するとよい[21]（8.3.3 項参照）。それらは次のようなものである。

① 行為の逸脱の観点から
- オミッションエラー（omission error）：必要な行為を実行しなかった。

- コミッションエラー（commission error）：必要な行為と違う行為を実行した．
  * 不必要な行為の実行
  * 行為の実行順序の間違い
  * 行為実行のタイミングが不適切
  * 行為の対象や方向などの選択間違い
  * 行為の強度や実行時間などが不適切

エラーモード（error mode）はたとえば，早すぎ，遅すぎといったタイミング，逆転や介入などの順番，知覚対象や操作の選択，作動させる方向など，外部から観察・判定できるヒューマンエラーの形態である．

② 不安全行為の観点から
- スリップ（slip）：行為の意図は正しいが，実行段階で意図と異なる行為や操作を実行してしまうようなエラー．
- ラプス（laps）：行為の意図は正しいが，意図を忘れたり，行為をし忘れたり，省略したりしてしまうようなエラー．

③ 実行と評価の観点から

人間と機械・システムの相互作用における人の行為には，何かをするということ（実行）と，それをチェックする（評価）という2つの側面がある．ヒューマンエラーを誘発する源は，実行の淵（gulf of execution），評価の淵（gulf of evaluation）と呼ばれる人間と機械との乖離である．

- 実行の淵：人が意図した行為とその機械・システムで許されている行為との間の隔たり．
- 評価の淵：人がつくり上げる機械・システムの物理的構成や状態に関する心的イメージ（メンタルモデルあるいはプロセスモデル）ならびに予測・期待した応答と実際のそれらとの間の隔たり．

設計者は

- 機械やシステムの状態と，それが期待どおりの状態にあるかどうかを知りうるか？
- 行為の結果に関するフィードバックがあるか？

- 採られるべき行為に容易に対応付けすることができるか？
- その行為を実行することができるか？
- どのような操作が実行可能なのかがわかるか？
- 行為とその結果，操作とその結果の対応関係がわかるか？

などについて自問（設計者自らへの問いかけ）し，乖離を埋める工夫（安全制約）をしなければならない。

　そこで，図 6-13 に示した制御システムの構成要素における入出力，制御アルゴリズムや制御則，制御命令，制御動作，指示情報，センサ情報，フィードバック情報などに関して，上のヒューマンエラーのタイプやモードを参照して，正・不正，適・不適，有無，前提条件や順序，タイミング，時間遅れなどのモードから潜在的要因の候補を同定する。その他として，要素における故障や外乱などについても潜在的要因の候補を同定する。たとえば，前提条件に反した制御アルゴリズムや制御則，プロセスモデルの間違った認識，不正なフィードバック情報，フィードバック情報の欠落，順序が不適当な制御命令，タイミングのずれた制御命令，実行できない制御命令，必要な制御動作の抜け，制御対象における故障など。

　Leveson は，不適切制御動作は①安全の維持に必要な制御動作が与えられていない，②損失を招く不正あるいは不安全な制御動作が与えられる，③基本的には正しいあるいは適切な制御動作が，早すぎるあるいは遅すぎるタイミングで与えられる，④正確な制御動作の早すぎる停止，の 4 つに分類できるとしている[20]。

　機能共鳴事故モデルでは，システムのどこで機能共鳴が起きうるかを見いだす手法であるので，システムのパフォーマンスの異常な変動を検知し，それが事故につながるものであるかどうかを判別する方策を考え出すことである。それができれば，モニタリング指標を提供する基礎として機能共鳴事故モデルを用いることができることになる。たとえば，パフォーマンスの変動の増加につながる結合を同定することで，事故への進展が手に負えなくなる恐れのある状況を判別することが可能となるかもしれない。

最後に，以上に述べた 6.8〜6.10 節の要約を表 6-1 に，表 6-2 に事故から学ぶ 3 段階のフィードバックループを示す．

表 6-1　事故モデル，事故解析の狙い・手法，事故対策を学ぶ

| 事故モデルのタイプ | 事故モデル | 事故解析の狙いと手法 | 事故対策を学ぶ |
|---|---|---|---|
| 連続的事故モデル | ドミノモデル（事象連鎖） | ヒューマンエラー，故障原因−結果のリンク（4Ms，SHEL，C-SHEL，ET，FT） | ドミノの転倒防止方策 |
| | スイスチーズモデル（事象連鎖） | ヒューマンエラー，故障，安全管理安全バリアの機能喪失（4Ms，SHEL，C-SHEL，ET，FT） | 弱体化した安全バリアの検出方策安全バリアの強化方策や新設 |
| | トライポッド（並列シーケンスの連続的因果） | 安全バリアの機能を喪失させた潜在的失敗（トライポッド・ベータ） | ハザード管理に必要な防護と制御 |
| | 疫学的事故モデル（ランダムな複合作用） | システムパフォーマンスの逸脱 | エラー促進条件の解消方策安全バリアの強化方策や新設 |
| | MORT | 潜在的原因の記述（デシジョンツリー） | 制御や安全バリアの機能を維持するためのタスクとその実行を管理する方策 |
| 創発的（総体論的）事故モデル | 制御理論に基づく事故モデル | 動的均衡状態を崩す外乱（複雑なシステムの状態変化の検出・判別） | システムパフォーマンス変動の監視・制御方策相互作用の制御方策 |
| | システム理論に基づく事故モデル：STAMP | システム要素間の複雑な相互作用プロセス（STAMP/STPA） | ハザード要因の除去，あるいは制御する安全制約の同定 |
| | 機能共鳴事故モデル：FRAM | 機能間の動的な非線形従属関係（FRAM） | システムパフォーマンスの異常変動の検知・判別方策 |

表 6-2 事故から学ぶ 3 段階のフィードバックループ

|  | ①<br>解析のループ | ②<br>統計データのループ | ③<br>解析と統合のループ |
|---|---|---|---|
| 評価方法 | 個別事故に対する根本原因解析 | 事故統計に基づいた傾向評価 |  |
| 対策 | 直接的な対策 | 事故の特徴に応じた改善 | 安全上クリティカルな箇所の改善 |
| フィードバックの対象 | 類似システムへの適用可能性大 | 類似システムへの適用可能性あり | 個別システム |
| フィードバックの規模 | 局所的・限定的 | 中規模 | システム全体 |

## 参考文献

[1] H. Hollnagel：Barriers and Accident Prevention, Ashgate Publishing, 2006.（小松原明哲監訳：ヒューマンファクターと事故防止，海文堂出版，2006 年）
[2] J. Reason：Managing the Risks of Organizational Accidents, Ashgate, 1997.（塩見弘監訳：組織事故，日科技連出版社，1999 年）
[3] James Reason：The Human Contribution: Unsafe Acts, Accidents, and Heroic Recoveries, Ashgate Publishing, 2008.（佐相邦英監訳：組織事故とレジリエンス，日科技連出版社，2010 年）
[4] 高野研一：装置産業界におけるヒューマンエラーの実相，ヒューマンインタフェース学会誌，Vol.4, No.1, 2002 年
[5] Charles Perrow：Normal Accidents: Living with High-Risk Technology, Basic Books, New York, 1994.
[6] H. W. Heinrich：Industrial Accident Prevention; A Scientific Approach, McGraw-Hill, New York, 1931.（三村起一監修：災害防止の科学的研究，日本安全衛生協会）
[7] Nancy G. Leveson：Safeware, Addison Wesley, 1995.（松原友夫監訳：セーフウェア，翔泳社，2009 年）
[8] Frank E. Bird and Robert G. Loftus：Loss Control Management, Institute Press, Loganville, GA, 1976.
[9] J. Reason, R. Shotton, W. Wagenaar, et. al.：Tripod: A Principled Basis for Safety Operations, The Hague: Shell Internationale Petroleum Maatschappij, 1989.
[10] G. William, G. Johnson：The Management Oversight and Risk Tree, Lowman, Idaho: Originally prepared for the Atomic Energy Commission, Washington, D.C., Superintendent of Documents, 1973.
[11] G. William, G. Johnson：MORT Safety Assurance Systems, Marcel Dekker, Inc., New York, 1980.
[12] W. Knox & W. Eicher：MORT user's manual (DOC 76/45-4), Idaho Falls, Idaho, EG&G

Idaho, Inc., 1983.
[13] Jens Rasmussen: Approach to the control of the effects of human error on chemical plant safety, In International Symposium on Preventing Major Chemical Accidents, American Inst. of Chemical Engineers, February 1987.
[14] Jacques Leplat: Occupational accident research and systems approach, In Jens Rasmussen, Keith Duncan, and Jacques Leplat, editor, New Technology and Human Error, John Wiley & Sons, New York, 1987.
[15] N. Leveson: A System Model of Accidents, International Conference of the System Society, 2002.
[16] Erik Hollnagel: FRAM: the Functional Resonance Analysis Method, Ashgate Publishing Ltd., 2012.（小松原明哲監訳：社会技術システムの安全分析—FRAM ガイドブック，海文堂出版，2013 年）
[17] Frank H. Hawkins: Human Factors in Flight, Gower Technical Press, 1987.（黒田勲監修，石川好美監訳：ヒューマン・ファクター—航空の分野を中心として，成山堂書店，1992 年）
[18] 稲垣敏之：状況認識の多様性，ヒューマンインタフェース学会誌，Vo.2，No.1，2000 年
[19] NASA: NPG: 8715.Draft 2, NASA Safety Manual Procedures and Guidelines.
[20] N. Leveson: Engineering a Safer World, The MIT Press, 2011.
[21] 柚原直弘，稲垣敏之，古川修編：ヒューマンエラーと機械・システム設計，講談社，2012 年

# 第3部
# 管理における思想

　これまで安全を考えるための分野共通の概念について述べてきた。ここからは，安全を達成するための思想について述べる。システムの安全を実現するには，設計時にシステムに安全方策を造り込むことと同時に運用において安全を確保することが不可欠である。まずシステムの安全を実現するための安全管理について第3部で述べ，ついで第4部で設計時にシステムに安全方策を造り込むことについて論述する。
　以下，第7章ではシステムの安全管理を，第8章ではヒューマンエラーのマネジメントについて論じる。

# 第7章

# システムの安全管理

　製造物の安全を確保することは，事業者の社会的責任である。経営トップが，安全を経営における最重要項目の一つと位置付け，自らリーダーシップを発揮して安全管理活動を行う必要がある。安全問題は事業者の死活問題となるので，安全管理に関する費用は出費ではなく，必要な投資と認識することが重要である。

　まず，安全管理の概念および MIL-STD-882 を基に安全管理活動の内容を述べる。システムの安全管理活動には，「MIL-STD-882—システム安全のための標準技法」の「システム安全プログラム計画」の考え方が大いに参考になる。これは多方面で活用され，安全確保の取り組みの王道的な考え方として評価されている。組織の規模，事業分野，具体的システムや製品に合わせて要求事項を選択し，その内容を自企業や組織に合うように修正（tailoring）すればよい。7.2 節には，多くの分野で利用できるいくつかの要求事項を選択し，その意味するところを解釈して述べる。これらに次いで，個別の課題である危機管理や事故調査や安全情報についても述べる。

## 7.1　安全管理の概念

　第 3 章に述べたように，安全管理（safety management）とは，「望ましいとする目標」を安全性目標に設定し，その安全性目標を達成・確保するための適切な「方法・手段」を定めて，それを実行していく動的活動である。この安全管理活動は，不安全事象や事故の発生を予防するだけでなく，運転・運用時に不幸にも起こってしまった不安全な状態を，再び安全な状態に回復させる知的

活動にも及ぶのである。

　安全管理をこのように捉えると，安全管理という概念は，制御という概念そのものであると認識することができる。制御の概念は，3.9 節にあるように，「ある目的に適合するように対象となっているものに所要の操作を加えること」である。つまり，安全管理は，制御可能である組織（システム）における各種活動を調整して，制御不可能な変動と残存リスクが存在する対象システムの安全を実現・確保することとなる。このように，安全の実現・確保の礎は，安全管理という制御にある。これが，"安全管理が基本"という意味である。つまり，安全という状態は，安全管理によって達成・維持されるものである。そのための仕組みが，安全管理組織・制度である。

　図 7-1 は制御システムの基本構造である。制御システムにおけるそれぞれの要素とその機能を安全管理のさまざまな活動場面における要素と機能（働き）に置換すれば，その安全管理は制御として表現できる。その一例として，システム安全管理の最上位の活動（外側）とそのなかに含まれるシステム安全設計管理（内側）それぞれを制御システムの構造に重ねて示したのが図 7-1 における［＊＊＊］の箇所である。なお，図中の用語の内容は，本章の 7.2 節から 7.4 節において述べられる。

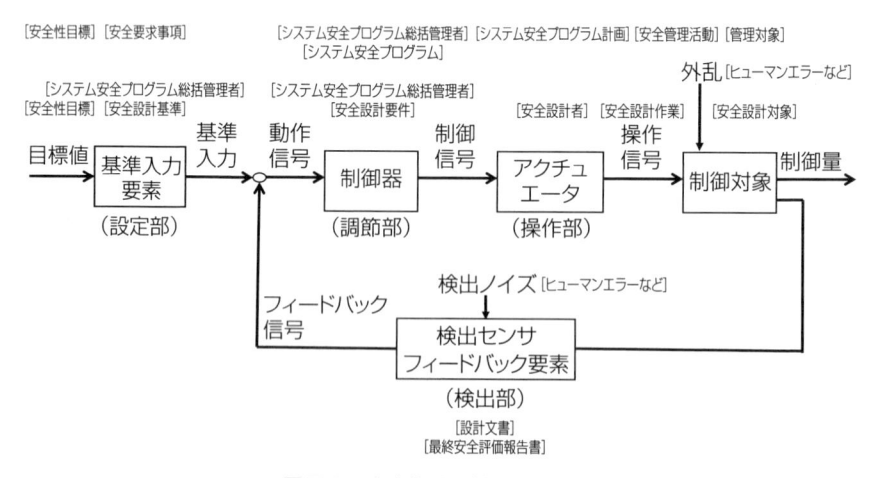

図 7-1　安全管理と制御との対応

また，安全管理を制御と捉えることによって，安全管理と，高度技術システムのハードウェアやソフトウェアにおける制御，オペレーターによる制御とを一連の流れに結合させることが可能となる。その基は 3.9 節に述べたサイバネティックアプローチ（cybernetic approach）の考え方である。

なお，3.6 節にあるように安全性をリスクで評価することから，安全管理（safety management）という用語にリスク管理（risk management）が当てられることもあるが，本書はあくまでも安全を対象としているので安全管理（safety management）に統一している。

また，本章以降で使われる「システム安全管理」「システム安全」「システム安全設計」などの用語は，「システムの安全管理」「システムの安全」「システムの安全の設計」を短縮したもので，学問名のシステム安全を指すものではないことに注意されたい。

以上の観点に立つと，システムの安全管理の概念は以下に示すようなものになる。

## 7.1.1　システム安全アプローチに基づく安全管理

人工物は安全でなければその本来の目的を果たすことはできない。そのためには，「安全な状態を実現」「安全な状態を確保」して，対象物に「安全という価値」を付加することが絶対的な要件となる。本書では，この安全という目標の実現を図ることを「安全化（safing）」，そのための方策を「安全化方策（safing policy）」と呼ぶ。なお，safing という用語は，航空宇宙–宇宙システム–専門用語規格 EN 13701:2001 に，システムを所定の安全な状態にする，あるいは緊急・警報状況を抑制もしくは制御する行為と定義されている。

安全化方策は，図 7-2 に示すように，事故や災害が起こらないうちに実施される安全確保の措置である「安全方策（safety measure）」と，起こってしまった後の措置である「安全対策（counter measure）」に大別できる。事故は，第 6 章に述べたように，潜在的不安全事象が突発的に顕在化して，被害や損害が発生する制御不能の予期せぬ事象であり，事象に重点を置いた見方であるのに対し，それを被害の視点から見ると災害になる。

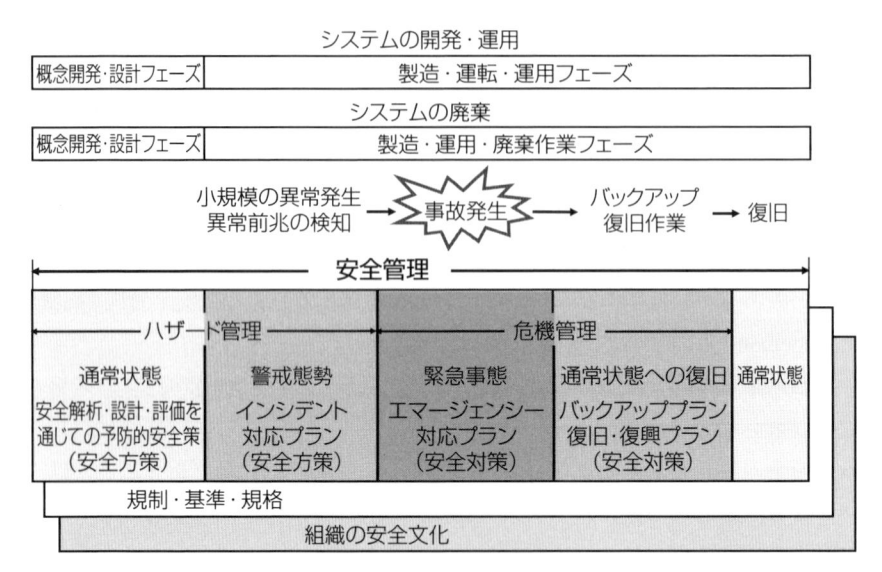

```
┌─────────────────┬──────────────────────────────────────┐
│                 │      システムの開発・運用              │
│ 概念開発・設計フェーズ │      製造・運転・運用フェーズ         │
└─────────────────┴──────────────────────────────────────┘
┌─────────────────┬──────────────────────────────────────┐
│                 │      システムの廃棄                    │
│ 概念開発・設計フェーズ │      製造・運用・廃棄作業フェーズ      │
└─────────────────┴──────────────────────────────────────┘
```

小規模の異常発生／異常前兆の検知 → 事故発生 → バックアップ復旧作業 → 復旧

**安全管理**

| ハザード管理 | | 危機管理 | | |
|---|---|---|---|---|
| 通常状態 | 警戒態勢 | 緊急事態 | 通常状態への復旧 | 通常状態 |
| 安全解析・設計・評価を通じての予防的安全策（安全方策） | インシデント対応プラン（安全方策） | エマージェンシー対応プラン（安全対策） | バックアップブラン復旧・復興プラン（安全対策） | |

規制・基準・規格

組織の安全文化

図7-2　安全管理と安全方策

　システムの安全管理（safety management）と安全方策との関係は，次のようになる。安全管理の概念に基づき，システムの安全管理は，図7-2に示すように，ハザード管理（hazard management）と危機管理（crisis management）に大別される。そして，ハザード管理は，不安全な状態の生起を防ぐことを意図するから，災害防止よりも事故防止に近く，安全確保の措置（安全方策）である。危機管理は，被害の軽減や被害の広がりの局所化を指向するので，被害最小化の措置（安全対策）に重点を置いたものである。

　さらに，大規模，複雑なシステムの新規開発・運用と既存のシステムの廃棄ではタスクの内容が異なるので，安全化策の具体的内容の検討には，その区別が前提となる。とくに，事故を起こした原子力や化学プラントの廃棄では，事故状態に合わせたシステムおよび廃棄技術の開発がそのつど必要になる。福島第一原子力発電所の廃炉作業はまさにこれである。

　システムの廃棄段階は，企画，設計，製造，廃棄作業，保守，処分のフェーズに分けられ，上述の安全管理と同様の管理が実施されることになる。

　システムの安全を脅かすハザードは，システムの企画，設計，製造，運転・

運用，保守，廃棄の各フェーズに，そして手順書，訓練，組織，組織間の情報伝達などにも潜んでいる。とりわけ，大規模，複雑なシステムでは，事故時には莫大な損失と悲劇をもたらすことから，システムの企画，設計段階の初期において，4.9節に述べたシステム安全の概念とシステム安全アプローチの基本概念，およびシステム安全の共通原則に則って，事前にシステムのライフサイクルにわたって，ハザードを同定・解析・評価（徹底した事前解析）して，あらかじめリスクを目標レベル以下に抑える制御策（ハザードの除去，およびコスト有効性の観点からハザードの制御を行う安全設計）をたて，システムの安全管理手続きを通じてハザードの管理を行う。システムの運転・運用段階に対しては，状態監視・制御などの作業内容や手順の明確化，安全教育，訓練，組織や組織間の情報伝達などの効果的な実施計画を策定し，システムの安全管理手続きを通じてハザード管理を行う。

さらに，ハザードの顕在化の可能性が大きくなったり，万一事故になったりした場合の被害の拡大防止および緊急対応によって被害の最小化を図るための安全対策を事前に徹底的に検討・訓練し，システムの安全管理手続きを通じて危機管理を行うことが重要である。ハザード管理と危機管理は個別に実施するものではなく，相互に連携して行われるものである。また，一般に，危機管理の準備自体は，ハザード管理の技法を用いて行われるので，ハザード管理の一環であると考えてよい。安全管理には，このような安全方策の体系的な検討，および実施のための仕組みを整える必要がある[1]。

ハザード管理における安全設計と事前解析のそれぞれは，第9章「システムの安全設計」，第10章「システム安全解析」で述べる。危機管理は7.5節で述べる。

次に，安全管理の活動について述べる。

### 7.1.2　リスクベースの安全管理

これまで述べてきたように，絶対安全，つまり「リスクゼロ」はありえない。加えて，技術的にも経営資源的にもすべてのハザードに対応することはできないので，達成可能な安全のレベルを無事故とするのは無理である。また，従来

の安全工学では一様な安全管理で間に合ったといわれるが，原子力プラントや化学プラントの例でもわかるように，最近の大規模・複雑化したシステムのリスクは極めて大きなものとなるので，システムやプロセスのリスクを把握し，その重要度に応じた安全管理を行うことが必要になっている[2][3]。

したがって，これまでの「絶対安全」を目指す安全管理ではなく，安全管理の思想を「リスクベースの安全管理」に変えなければならない。

つまり，安全性の目標は，リスクを許容値以下に抑えることとなる。その安全性目標（safety goals）の達成が，安全管理目標となる。

そこで

- システムライフサイクルの各フェーズにおけるリスクを予測・解析
- リスクを意図するレベル以下に抑えるという一貫した事前評価
- コスト−効果（cost-effectiveness）やリスク−ベネフィット（risk-benefit）などの立場からの安全方策の検討，つまり「より少ないコストでより大きな安全性を達成できる手段」の検討

の観点で安全管理を行うことになる。

なお，安全方策の実施に対するリスクベースアプローチ，およびリスク−ベネフィットアプローチの考え方は，第5章「リスク概念」に述べられている。

## 7.2 体系的な安全管理活動

システムの安全の達成度合いは，組織のなかで安全をいかに重要視するかの度合いに直接依存することがわかっている。したがって，プログラム管理者と開発者は，システムの構築・運用から廃棄までのシステムライフサイクルを統括・管理するプログラムを重視し，その管理手続き（management procedures）を実行する必要がある。

つまり，システムの安全は，システムの企画→設計→製作→運用→廃棄までのライフサイクルの各フェーズにおいて学術知や実践知を不断に適用する能動的な知的活動によって実現・確保されるものである。この活動が，安全管理活動（safety management activity）に当たるものである。

安全管理活動は，①事前に計画（システム安全管理プログラム）を策定し，②それに基づいて必要な活動を実施し，③その状況をチェックし，④必要な改善のための措置を行う，というPDCAのサイクルを組織全体にわたって体系的にかつ矛盾なく適用する活動である。

　安全管理の対象は，図7-3のように，システムを構成するすべてのサブシステムおよび要素である。安全はシステムの一部だけでは実現・確保されず，システム全体から考えなければならない。システム全体としての安全は，技術，人間，組織，環境に関わる諸要因に支配されるので，安全管理活動においてはこれらに関する最新の情報を，常時継続的に共有している必要がある。

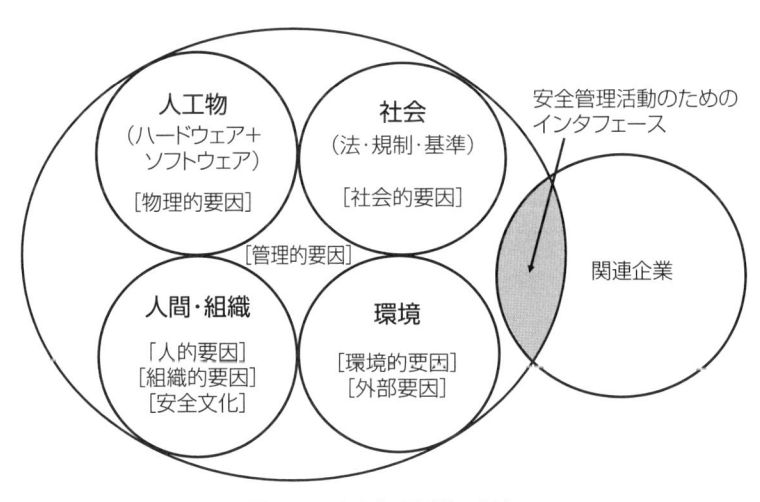

図7-3　安全管理活動の対象

以降の便宜ために，本章で用いられる用語を定義しておく。

- プロセス（process）
  実行される一連の関連した行為（action）や活動（activity）。プロセスには入力と出力が存在し，入出力に整合性がないと抜けが生じる。また，プロセスに追跡可能性（traceability）がないと，入出力の変更に対して漏れが生じる恐れがある。

- プログラム（program）
  プロジェクト群で構成され，それらプロジェクトがうまく実行されるような基盤を提供するものである。
- プログラム管理（program management）
  複数のプロジェクトを連携・統括して管理する手法のこと。

### 7.2.1　経営者の責務

　経営トップの安全に対する役割と責任は大きい。経営者が平時に安全に対してどれくらい関心を持っているかが，企業全体の安全活動に大きく影響する。経営者は，企業活動において最も優先すべき事項の一つが製造物の安全やシステムの運転・運用の安全であることを認識して，自ら先頭に立ってリーダーシップを発揮しなければならない。経営環境が厳しい場合においても，「安全は経営の最優先事項である」ことを表明・実行し続けることが重要である。また，経営トップに求められている「安全配慮義務」を果たすには，法令遵守は最低限のこととして，日ごろから安全第一を経営における判断や行動に反映させていることを継続的に表明し，全従業員が安全を重んじる企業文化・組織風土を醸成することが必要となる。

　事業者が安全を実現するためには，経営トップが「安全は経営の最優先事項である」旨を含めた安全方針・安全性目標の設定，責任の明確化，権限の付与，情報伝達経路の確立，安全担当部門の設立，安全管理体制の整備・維持・改善，安全の推進に必要な経営資源の確保と配分などに責任を負い，安全に関する迅速かつ適切な判断を行うと同時に説明責任を果たし続けることが求められる。また，トップダウンで安全実現の取り組みを推進することが重要であると同時に，安全の実現を直接支える現場担当者とのコミュニケーションを通じて全従業員に安全方針・安全性目標を共有させ，能動的に安全の実現に取り組むよう統制を図ることが大切である。

　いかに優れた安全管理の仕組みや方針・手続きがあっても，全従業員に感じてもらえる経営トップと管理者のリーダーシップ（felt leadership）が発揮されなければ安全の達成は難しい。この感じてもらえるリーダーシップは，経営

トップの説明責任の一部であり，必須の要件でもある．

　経営者は，安全担当役員，安全委員会，社外専門家などからの意見を有効に活用して，安全管理体制の適切性，妥当性，有効性を定期的に評価し，必要に応じて改善の指示を行うことが求められている．また，経営者には，事故に関する被害者および関係者への対応，製品不具合を契機とする製品回収への対応などについて危機管理対応体制を整備し，自らリーダーシップを発揮することにより，事業者として迅速かつ適切な判断と行動が取れるようにしておくことも求められている．

　しかしながら，安全管理活動は営業や生産に直結しないので，安全管理活動への投資とその効果とのつながりは，事故が起こるまで明確に認識しにくい．事故が起きると，経営への影響は多大で，大きな関心を呼ぶが，平時ではまったく無関心となる．何か事が起きないとその活動の大切さが見直されない．そのため，意識をしないと最も経費削減の対象になりやすいばかりでなく，場合によってはむだな活動と受け取られかねない．企業業績が悪化すると，さらに悪いことに，安全管理や組織間の隙間，周辺業務について，誰も気にかけなくなる．経営方針も短絡的になり，目先の結果にこだわり，継続的な結果を出すために必要な安全基盤の維持，改善が二の次になってしまう．いずれ事故というその結果が待ち構えている．

　事故後に，経営トップの「二度と悲惨な事故を起こさないと決意し，全社一丸となって…」「安全最優先へ改革」「防災推進部の設置」「事故防止の仕組みづくり」といった発言が報道されるのが常である．経営トップの責務ならびに自らのリーダーシップによる安全管理によって安全性が増せば，結局は生産性もサービスの質も増加することが忘れられているようである．また，トラブルや事故が生じないように資金を投資するほうが，事故が起きたときの処理のための経費よりも少なくて済む．

## 7.2.2　安全方針および安全性目標の設定

　安全方針は，経営者の安全に対する意思，安全性目標と組織の他の目標との関係の規定，権限の付与，安全プログラムの目標，その目標の達成に関する評

価基準,責任・権限・説明責任および活動範囲の明示,安全方針を実行する際の情報伝達経路やあらゆる問題を報告する手続きなどを述べた文書である。さらに,安全方針は,規則と手順について述べた規格,マニュアルおよびハンドブックなどの詳細な文書類でも述べられる。

英国では,安全方針と方針を実行するための組織と取り決めを含めた文書を作成することが法律で義務付けられている。また,この法律は,すべての従業員に対して安全方針に注意を払うことを義務付けている。

安全性目標とは,事業者の安全確保の使命に対し,リスクの抑制の程度を表すものである。安全性目標が規格による場合は,これによって国は国民のために確保する安全水準を適切にするよう規制活動を行うことになる。したがって安全性目標は,国が規制活動において選択する安全水準を示すものである。安全性目標を設定する目的は,安全に関わる国の判断の基礎を与え,公衆が認識できる尺度で事業者の達成すべき安全のレベルを示すことである[4]。この安全性目標は,あくまでも事業者が達成すべき最低限の要求水準であり,これを上回る水準の達成を目指すことが望まれる。

英国には,個別安全規定(safety case)と呼ばれる目標ベースの規制がある。この規制は規則ベースの規制から移行したもので,現在では各種産業に幅広く適用されている。目標ベースの規制への動きは,多くのメリットをもたらしている。とくに,規制される側の組織が,自社の事業や業務に支障を与えるリスクについて,初めて自身で考える必要性を認識することになる。英国のリスクと安全性目標の関係は 5.4 節の図 5-2 に示した。これを上回る水準を達成する方法として,リスク削減に関する費用便益分析などの考え方を活用することが考えられる。

### 7.2.3 責任および権限

システム安全管理活動に取り組む組織および役割,職務,それらの関係を規定して,その体制を安全管理組織図で示すようにする。安全管理組織は,企業や機関における恒常的な組織として設置,あるいはプロジェクトごとに設置される。プロジェクトごとの場合は,システム安全管理活動に取り組むスタッフ

および組織単位の責任と権限を規定する．システム安全管理者は，経営の立場から安全管理の継続的改善を推進するとともに，安全施策・安全投資の決定など安全に関する重要な経営判断に直接関与することで，自企業や機関の安全に関する取り組みを継続的に管理する．

## 7.2.4 人的資源

システム安全に携わる人は，システム安全の専門家であると同時に，システム安全管理者でもある．システム安全管理者は，組織におけるほぼすべての安全活動にかかわり，広範囲に及ぶ会議，解析および交渉に参加する．そのため，技術的能力，経験およびコミュニケーション能力が重要である．

そのため，資格要件が問われることが多い．通常，米国では，安全専門家認定委員会（BCSP）によって認定された認定安全専門家（CSP：Certified Safety Professionals）が，システム安全管理者として登録される．

このような資格要件の例として，MIL-STD-1574 規格に定められている米国空軍の宇宙ミサイル部門の契約業者におけるシステム安全管理者の資格要件を次に示す．システム安全管理者は，少なくとも工学または応用科学の学士号を持ち，1 つの州あるいは地域で専門技術者として登録されているか，またはシステム安全専門家として認定されていること．システム安全管理者は，最低 4 年間はシステム安全技術者として任命され，少なくとも 6 つの領域のうち 3 つの領域の経験がなければならない．その 6 つの領域とは，システム安全管理，システム安全解析，システム安全設計，システム安全研究，システム安全運用，および事故調査である．システムの管理における高度な研究または経験があれば望ましいとみなされる．この領域は，「おわりに」に示した，本書が提案するシステム安全学教育カリキュラム（案）のコア領域（共通基盤）の学科目に一致している．

また，これに類似の要件として，安全に重大な影響を与える（safety critical）ソフトウェアに関する新しい英国の規格では，科学または工学の学位，公認技術者（chartered engineer）としての登録，最低限の経験および研修，または特別な資格などを含む要件を定めている．

## 7.2.5　システムの安全管理組織の設立

　システム安全管理組織（system safety management system）は，経営トップから現場の作業者まで組織全体で，安全方針や安全情報を広く共有し，系統的にハザードを同定し，リスクの評価を行い，適切な方策を講じ，その効果を評価していく活動を継続的に実施していくための仕組みである。

　小規模な組織では，専任の安全技術者がおらず，設計技術者がその任に当たることが多い。それでもなお，安全解析は安全管理関連の文書類の一部として必要であろう。誰かが安全に対する責任を負う必要があるので，製造物の安全審査を外部の機関に委託することもありうる。

　安全管理をより効果的・効率的に実施するための組織運営の枠組み，および安全管理プロセスを定めるための大まかな指針を「ISO 31000 リスクマネジメント」に求めることができる。ISO 31000 は，公的組織，民間組織，公共的組織，団体，グループなど，すべての組織に適用できる汎用的な規格である。組織がリスクマネジメントを行うときの組織運営に関する方針，リスク管理をするときの基本的なプロセスの構成要素とその適用に関する指針などが提供されており，組織の規模・業種を問わずに利用できる指針となっている[5]。

　箇条 4 には，一般的にはマネジメントシステムとして認識されているリスクマネジメントを実施するための組織の環境整備について記載されている。これは，リスクマネジメントプロセスを有効に働かせる仕組みとして位置づけられる内容になっている。その大項目は，指令およびコミットメント，リスクを運用管理するための枠組みの設計（7 つの構成要素と，それらの間の関係），リスクマネジメントの実践，枠組みのモニタリングおよびレビュー，枠組みの継続的改善である。また，箇条 5 にはプロセスが記載されており，その大項目は，コミュニケーションおよび協議，組織の状況の確定，リスクアセスメント，リスク対応，モニタリングおよびレビュー，リスクマネジメントプロセスの記録作成となっている。

　この規格は，特有のリスクおよび/または産業分野に対応している規格ではなく，あらゆる業種・規模の組織に適用できるよう，分野共通の枠組みを提供するものなので，主に組織全体のリスクマネジメント活動の一般的記述となっ

ている．そのため，これを安全管理に適用するに当たっては，組織自体が組織に見合った取り組みに合うように修正（tailoring）して，実施することになる．具体的には，対象とするシステムや製品に合った総合的，または個別の規格（安全規格や法規制）を正しく選定し，適用するように内容を読み替えることになる．

ISO 31000 については解説書がたくさん出ているので，詳細はそれらを参照されたい．

さて，安全に関しては，ISO 31000 と同じような，効果的な安全管理を実施するための仕組みおよびプロセスを構築するための一般的指針を提供する規格に，MIL-STD-882 規格がある．この規格は米国防総省が調達するすべてのシステムと製品に必須な規格であるが，他の政府機関や民間産業におけるシステム安全要求や安全プログラム計画の多くは，この規格に基づくようになった．

この規格は，安全管理活動を進める上で大いに参考になる．ただし，この規格は米国防総省が調達に当たって契約業者および下請け業者に課す安全要求規格であるので，企業や機関，組織がこれを活用するに際しては，それぞれの規模，事業分野，具体的システムや製品に合わせて要求事項を選択し，その内容を自組織に合うように修正しなければならない．

## 7.2.6　安全管理組織の評価

安全性の水準は，技術のみならず，安全管理組織の能力（性能）にも依存する．そして，この組織の能力には管理の方法や組織の持つ安全文化や風土，さらには組織を取りまく文化的・社会的・制度的要因が暗黙のうちに作用する．したがって，高い安全性を維持していくには，安全管理組織の能力を高いレベルで維持していくことが求められるので，安全管理組織はその能力の基礎となる安全文化の醸成・維持に努めなければならない[6]．

「安全管理の評価」は，「安全管理組織の評価」と「安全管理組織の活動状況の評価」からなる．安全文化は精神であり土壌であるが，その精神の実塊・実行には道具立てが必要であり，安全管理組織もそれに当たる．安全管理組織は，組織が活きているか，適切に運用されているかが，見えるように構築する

ことが肝要である（ISO 9000s は手順と活動状況の文書化を必須としている）。

「安全管理の評価」は，それ自身，独立の価値を持っているうえに，安全文化の間接的な評価手段の一つとなりうる。すなわち，安全文化が希薄であると安全管理は軽視・無視されるので，「安全管理組織の活動状況の評価」によって部分的・間接的であっても安全管理組織の根底にある安全文化の評価が可能であろう。しかし，これだけでは，安全文化が風化しているにもかかわらず形骸化した安全管理組織にだまされることもあり，安全文化の評価としては不十分である。そのため，安全文化を的確に評価するには 7.7 節に述べるような別の方法も併用すべきであり，「安全文化の評価手法」は「安全管理組織の評価手法」と対で構築すべきである。

## 7.3　組織における安全部門の位置づけ

巨大技術システムや社会–技術システムでは，すべてに優先して安全に重点を置かなければならない。しかしながら，安全が無形であることから，トラブルや事故が起きないと目がいかない。よほど気をつけておかないと，安全が軽んじられることになる。安全管理活動の目的は，トラブルや事故を起こさないような仕組みを構築・維持することである。努力の甲斐あって問題が起きないようになると，今度は何かむだな活動をやっているように言われたりすることが多い。常日頃は金食い虫と言われ，安全問題が表面化したときだけ重要視されるが，問題が収束した途端に元に戻ってしまう。注目されるのはいつも問題が生じた後である。皮肉なことに，「非常時の将は，平時の将ならず」である。

安全重視を貫くには，安全管理部門を独立の組織として経営トップに直結する位置に置くことが必須である。形ばかりの組織ではなく，人材的に実力が伴っていること，必要な権限がしっかりと与えられていることが必要である。

この安全管理部門は，企画・概念開発の初期から安全の達成・維持に関与し，設計・開発はもちろん，運用についても，常時，安全審査を行う必要がある。したがって，システム安全管理には，組織のほとんどの部分との直接的な情報伝達経路を必要とする。システム安全部門は，さまざまな発信源から直接情報を得られるところに位置して，安全を実現するための活動と情報を取りまとめ

なければならない。

　我が国の一般産業においては，安全は主として設計部門や品質保証部門，あるいは信頼性部門が担当しているのが普通で，常設された安全管理組織に属する安全専門家がシステムのライフサイクルにわたっての安全管理に専従している例は少ない。設計者が，システム設計仕様書を作成し，必要な安全策を造り込むのを，安全部門が設計仕様書の安全要件自体に漏れや誤りがないか，安全要件が満たされた設計となっているかなどを第三者の立場で確認することが重要である。また，医療の分野でも，医療事故に関連して，我が国の医療組織には防護（危険の監視や発見，危険発生時の対処）の仕事だけをするスタッフがいないことがすでに指摘されている [7]。

　一方，米国や欧州の航空機産業においては，安全部門が独立の組織として確立されている。エンジニアリング部門とプログラム部門のいくつかのレベルに安全スタッフが配置されており，部門自体は社長直属となっている。たとえば，ボーイング社では，エンジニアリング部門でも設計グループとは独立の安全グループが設けられている。このグループの任務は，「設計が航空機の事故を起こす要因にならないことを確証する」ことである。参考例の一つとして，図 7-4 に ANA の「安全推進の機能図」を示す。図中の「総合安全推進会議」は，安全上重要な課題の審議，方針の決定，安全対策の実施状況の確認，監視，提言・勧告，指示を行う会社の安全に関わる最高の審議・決議機関であるとされている。

　また，システム安全部門は，図 7-5 に示すように，信頼性部門，品質保証部門，ヒューマンファクターなどの他の安全部門のような関連専門分野とのインタフェースも受け持つ。インタフェースは組織の内外にある。内部インタフェースは，システム安全と直接関連のある専門領域との間にある。外部インタフェースは，関連機関（政府や契約業者）や他の安全専門分野（原子力，爆発，化学のような）との間にある。

　このインタフェース活動を実効性の高いものにするためには，組織内の他の部門および他の組織・機関との間の直接的なコミュニケーションとフィードバックのための手段を構築することが不可欠である。また，事故や故障，エラーに学ぶ，すなわち，設計や運用，管理に安全データをフィードバックする

仕組みを組織内に設けることが重要である。この点からも，安全情報システムの構築が極めて重要となる。

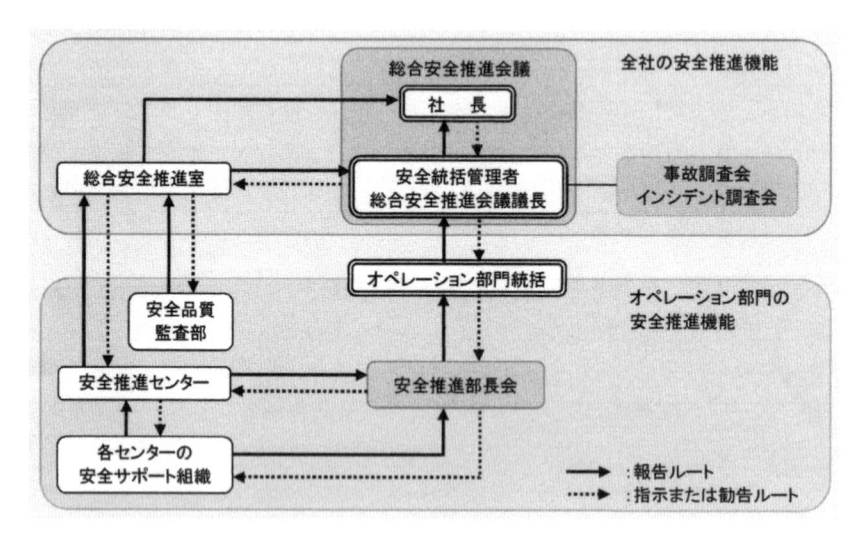

図7-4　ANAの安全推進の機能図（ANAグループ安全報告書より）

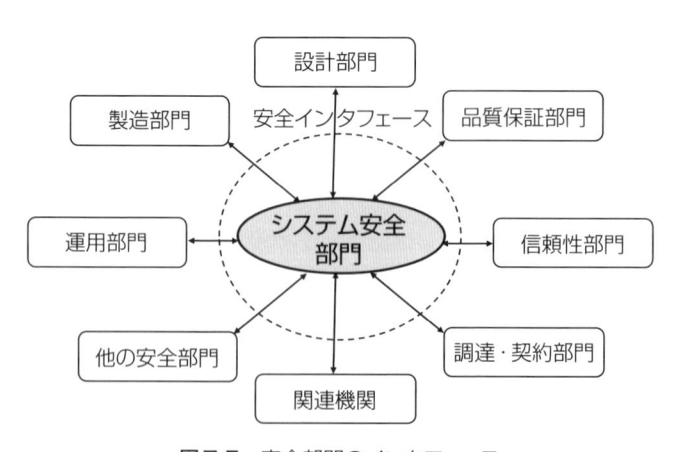

図7-5　安全部門のインタフェース

## 7.4 システム安全管理部門の活動

どのようにすれば，システムの開発サイクル中に安全を組み込むことができるだろうか。システム安全の規格である MIL-STD-882[8] および欧州の宇宙プロジェクトに対する規格の一つである ISO 14620-1[9] を参考にして，システム開発のそれぞれの段階（フェーズ）においてなされるシステム安全管理部門の活動の概略を述べることにする。

MIL-STD-882 規格は，安全管理活動を進める上で大いに参考になる[8]。ただし，前述したようにこの規格は米国防総省が調達に当たって，契約業者および下請け業者に課す安全要求規格であるので，企業や機関，組織がこれを活用するに際しては，それぞれの規模および事業分野，具体的システムや製品に合わせて要求事項を選択し，その内容を自組織に合うように修正（tailoring）しなければならない。ちなみに，（財）鉄道総合技術研究所では，安全管理手法を MIL-STD-882 を参考に検討して，「信号設備安全管理の手引き」（1979 年）にまとめている[10]。

本書では，企業や機関，組織において，システムや製品のライフサイクルの全フェーズに対する効果的なシステム安全プログラムを作成する際の参考に資するべく，最初の MIL-STD-882 規格から最新の MIL-STD-882E 規格までのなかからいくつかの要求事項を選択し，その意味するところを一般用に解釈して以下に記しておく。したがって，必ずしも規格に沿って翻訳的に述べたものではない。

システム安全管理部門の活動は，次の 4 項目のなかに記載されている事項に沿って行われる。

- システム安全プログラム（system safety program）
- システム安全プログラム計画（system safety program plan）
- 安全審査（safety review）
- 安全要求に対する適合性の評価（program and design reviews）

以下に，それぞれの概要を述べる。ここでは，これらの内容をライフサイクルの時系列に沿って分割して記してある。

## 7.4.1 システム安全プログラム

1969年に最初のMIL-STD-882規格（システムおよび関連するサブシステムおよび装置のためのシステム安全プログラム：要求事項）が発行された。1993年のMIL-STD-882Cには，プロセス全体にソフトウェアの安全解析に関する広範なタスクが組み込まれた。最新の改訂版においては，システム安全プログラム（system safety program）は，システム安全管理を実施するためのプログラムに要求される事項を定めて，そのための業務（タスク）と活動を計画/実行し，かつその要求事項を達成するための管理についての基準である。それは，システムの目的，安全要求事項の重要度，設計の複雑性および全費用などのような諸要因に基づいていなければならない。

当然のことながら，選任されたシステム安全プログラム管理者がシステム安全プログラムを作成するに当たっては，システム技術者およびシステム安全専門家と協力して，安全要求事項を達成するにはどのような取り組みが必要であるかを決定しなければならない。それには，業務に適任な人材，業務実施のための権限の確立，プログラムを完遂するための人材と資金など適切なリソースの配備などの決定も含まれる。

社会-技術システムや高度技術システムには，情報システムと制御システム（制御情報系と制御系）が組み込まれている。また，あらゆるモノがインターネットを介して接続され，遠隔計測・監視や制御が可能になっている。第3章に述べたように，このようなシステムの安全にとって最も重要な機能要素（safety critical element）は，ソフトウェアである。よって，システム安全に関わるタスクとソフトウェア安全（software safety）に関わるタスクは切り離すことができないので，システム安全プログラムにソフトウェア安全に関わるタスクを一緒に文書化すべきであるが，それらはしばしば個別に規定されている。さらには，ソフトウェア開発に適用される一般的な安全プロセスは，システム安全プログラム計画（SSPP：System Safety Program Plan）におけるプロセスと類似（とりわけ，制御用要素に対する事項および内容と）している。そこで，次項のシステム安全プログラム計画は，ソフトウェア安全技術者も参加して作成するものとして述べる。また，ソフトウェア安全については，第9章

「システムの安全設計」で述べる。

システム安全のタスクは，MIL-STD-882 規格のような政府規格に規定されているが，これらのタスクとソフトウェア安全のタスクの関係について書かれた文献は少ない。文献 [11] の第 12 章には，システム安全とソフトウェア安全におけるタスクが一緒に定義されたシステム安全プログラムのプロセスとその内容が詳述されており，参考となろう。

最初の MIL-STD-882 規格における一般要求事項として，システム安全プログラムについて以下のことが述べられている。また，欧州の宇宙プロジェクトに対する規格の一つである ISO 14620-1:2002 システム安全—安全要求事項でも同様である。

"契約業者（民間の場合には，主体となる自企業・機関・組織およびその契約先企業となろう）は，システムの開発，製造，運用および廃棄にわたるシステムのライフサイクルの全フェーズに組み込む効果的なシステム安全プログラムを確立し，維持しなければならない。システム安全プログラムは，ハザードを同定し，タイムリーでコスト効果の高い方法で是正措置を講じる，といった安全に関するさまざまな側面を体系的に管理し，システムの設計の評価を行うためのしっかりとした取り組みを提供しなければならない"。

### システム安全プログラムの目的

作成するシステム安全プログラムの目的は，以下の諸事項を保証することである。

- ミッション要求に合致する安全性が，適時で，コスト-効果（cost-effectiveness）にかなった方法でシステムに設計されていること。
- 各システム，サブシステム，装置に関係するハザードは，同定，評価されて，除去されるか，または許容できるレベルに制御されること。
- 除去できないハザードの制御は，人員，装置および資産を保護するように確立されること。
- 最小リスクを，新材料，新生産方式や試験技法で達成する努力をすること。

- 改良作業を最少化すること。
- 設計，形態あるいはミッション要求における変更は，受け入れ可能なリスクレベルを維持する方法で達成すること。
- 製造後に同定されたハザードは，システム安全プログラムの規制に合うように最小化すること。
- 廃棄の安全，容易さを考慮すること。
- 類似のシステム安全プログラムによってもたらされた安全に関する過去のデータが，必要に応じて考慮され使用されること。
- 重要な安全データを"学んだ教訓"として記録し，データバンク，設計ハンドブックあるいは仕様書にフィードバックすること。

## 7.4.2 システム安全プログラム計画

　システム安全プログラム計画（SSPP：System Safety Program Plan）は，システム安全プログラムの中核をなすもので，システム安全部門の作業の努力目標が何であり，システム安全をどのようにして達成するかを記述した管理文書である。このプログラム計画は開発の早い時期に開始されるが，システム開発プロセスの全般を通じて，システムとそのハザードについてより多くのことがわかるので，それにつれて変更が必要となるだろう。また，これは，プログラム総括管理者（program manager）がシステム安全部門の作業の進行状況を評価するための基礎文書となる。プログラム総括管理者はプロジェクトマネージャの上に位置し，ユーザの要求に適合したシステムや製品の開発・製造・維持に対する責任者である。この計画書は，システム安全管理者の所属組織で記述する。安全の効果的な管理に有効となるシステム安全プログラム計画には，安全管理組織，権限の授与，説明責任の定着化，安全要求の確認，安全性目標の設定，安全性目標を達成するためのプログラムの検討と評価，安全達成のための方策と作業計画，安全確認のための必要事項の決定，安全監査と追跡，他のシステムプログラム事項との調整，報告と情報提供の仕組みの確立，記録の維持などの事項が含まれる。
　このように，システム安全プログラム計画に記載する事項は極めて多いの

で，以下には，分野共通に適用でき，かつ重要な事項を選んで，その概要を示すことにする。また，これらは ISO 31000 や IEC 61508 に代表される他の規格における安全管理の実施事項に類似している。

主要な事項には短い説明を加えてある。本書の章名が付記されている事項の内容は，当該の章で詳述する。なお，システム安全プログラム計画の項目に付された英大文字は，通し番号になっている。

## システム安全プログラム計画の概要
A. 総則

1. 目的
   システム安全プログラム計画（SSPP）は，システムズエンジニアリング（SE）の全体プロセスの一部として，システム安全に関する方法論を記述する管理文書である。
   SSPP には，ハザード同定（hazard identification），リスクアセスメント（risk assessment）およびリスクマネジメント（risk management）の体系的取り組みを実行するのに必要な業務（タスク）および活動について詳述する。システム安全プログラムの達成目標は，もし可能ならばつねにハザードの除去である。しかし，ハザードが除去できない場合には，システム安全設計の優先順位に従って，コスト，スケジュールおよび性能の制約の下で，ハザードがもたらすリスクを最も低い受容可能レベルに減少させなければならない。SSPP には次の項目を含めるべきである。

2. 取り組みの範囲と目的
   システム安全プログラムで取り組む範囲は，システムのライフサイクルという観点から定める。それには，少なくとも，①一般要求事項と他の契約において必要な業務（タスク）を達成するための取り組み，② SSPP の取り組みのシステムズエンジニアリングの全体プロセスへの組み入れ，さらに他のプログラムマネジメント（同時並行的に進められている相互に関連するプロジェクト群を連携・統括して管理するプロセス）があるならば，SSPP のそのプロセスへの統合，③ SSPP を実行するため

の資源要件（予算，資格，手段）について記載する。

B. システム安全管理組織

1. 組織，責任および権限
   システム安全管理活動に取り組む組織および役割，職務，それらの関係を規定する。この体制を安全管理組織図で示すようにする。安全管理組織は企業や機関における恒常的な組織として設置，あるいはプロジェクトごとに設置する。プロジェクトごとの場合は，システム安全管理活動に取り組むスタッフおよび組織単位の責任と権限を規定する。
   SSPP の作成には，ソフトウェアの安全に責任を持つ人を含める。ソフトウェア安全技術者はソフトウェア安全の立場から SSPP に示された安全管理活動に参加して，ソフトウェア安全解析とシステム安全解析への助言に関して全般的な責任を持たなければならない。

2. 資格
   システム安全に携わる人は，システム安全の専門家であると同時に，システム安全管理者でもある。システム安全管理者は，組織におけるほぼすべての安全活動にかかわり，広範囲に及ぶ会議，解析および交渉に参加する。そのため，技術的能力，経験およびコミュニケーション能力が重要である。適任者を選任するための資格要件を規定する。

3. 契約業者の組織および責任
   今日の複雑なシステムを構築するには，多くの契約先企業あるいは下請け先企業によって製作されたシステム要素やサブシステムを統合することが必要となる。たとえ各契約先企業や下請け先企業において，担当したシステム要素やサブシステムに安全性や信頼性を備えるためのステップを踏んでいたとしても，それらをシステムに統合すると，要素や部分を別に眺めたときには見られなかったハザードや新しい故障モードが出現することが多い。このような事態を回避するために，契約先企業に対しても，有効なシステム安全プログラムを作成・維持させるようにしなければならない。それに伴い，契約先企業のシステム安全プログラムの評価，システム安全監査，安全管理者間の双方向コミュニケーションの

仕組みを設けなければならない。
4. 情報伝達経路の確立
意思決定者が必要な行動を確実に取れるようにする手段を含めて，情報の配布経路とフィードバック経路の両方を確立する。
5. SSPP インタフェース
システム構成要素レベルの安全に関する活動は，大規模で複雑なプロジェクトの一部であると同時に，システム安全管理の責務の一部である。よって，システム安全管理は，要素間のインタフェースの解析・評価も含めて，システムレベルの安全に対する活動についての責任を負う。そのため，SSPP には，システム安全と直接関連のある専門領域との連携に必要なインタフェースを特定して，それを記載する。インタフェースは組織の内外にある。内部インタフェースはシステム安全と直接関連のある専門領域との間にある。外部インタフェースは関連機関（政府や契約業者）や他の安全専門分野（原子力，爆発，化学のような）との間にある。

システム安全部門は，このインタフェースを介して，安全要求，設計と調達，安全解析，審査と検証要求など，システム安全活動に基づいたアドバイスと知識を提供する。システム安全部門の働きは，安全の実現・確保の面でプロジェクトマネジメントを支えることである。「プロジェクトマネジメント」は，プロジェクト全体の活動を統率・管理する活動である。

図 7．6 にシステム安全インタフェースと典型的なデータの流れを示す。図示したように，システム安全と相互に作用する多くの安全インタフェース（safety interface）がある。「構成管理」（configuration management）は，システム（ハードウェア，ソフトウェア，あるいはその組み合わせ）のライフサイクルにわたる機能的および物理的特性要件，性能，設計，操作に関する情報とその変更などを管理・検証し，整合性を維持する管理プロセスである。その状況を記録する活動であり，この活動により要素や要素間の変化の追跡が可能となる。

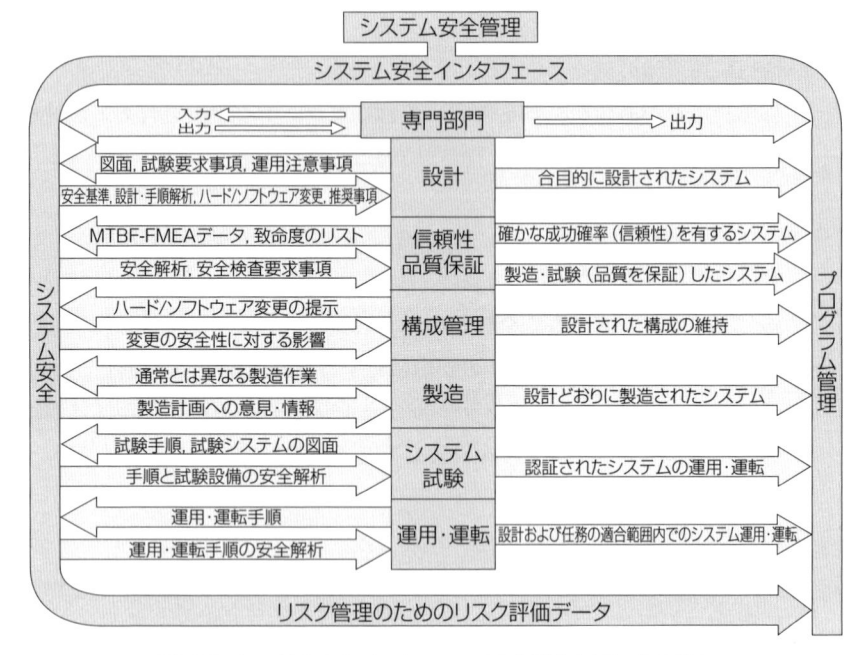

**図7-6** システム安全インタフェースと典型的なデータの流れ

C. システム安全プログラムのスケジュール

1. 安全にとって重要な点検項目と日数
2. 作業，報告，安全審査の開始日と完了日
3. 安全審査手順と参加者

**企画・概念開発段階での活動内容の概要**
D. 一般的安全要件と基準
　システムの成立に必要な一般的安全要件，安全設計・安全評価の基とする基準について記す。

　1. ハザード同定
　　システムの設計，製造，運用，廃棄のライフサイクルにわたって生起し

うるハザードを，体系的ハザード解析プロセスを通じて同定する．同定されたソフトウェアに関連するハザードは，ソフトウェアとハードウェアのインタフェースまで追跡する．ハザードの同定は，プログラムメンバー全員の責任である．ハザードの同定には，他のシステムから学んだ教訓，過去のハザードと mishap データも利用する．なお，ハザード同定については第 10 章「システム安全解析」で述べる．

　① ハザードによる被害の過酷さのカテゴリーとハザードの生起確率レベルの評価

　② リスクアセスメント

　③ 受容可能なリスクレベルの判定

　④ 同定されたハザードに対する措置

2. システム安全設計の優先順位付け

同定されたハザードを低減させるためのシステム安全設計の優先順位を規定する．詳細は第 9 章「技術システムの安全設計」で述べる．

3. 安全設計基準

プログラムマネージャは，主任技術者，担当のシステム技術者，関連のシステム安全専門家と協力して，全体システムに対する詳細な安全設計要件を定める．

ソフトウェアについては，システム固有のソフトウェア設計基準と要件，試験要件およびコンピュータと人間のインタフェースの要件を作成する．

なお，詳細は第 9 章「システムの安全設計」で述べる．

E. 安全に関するデータ

1. データ要件

安全に関するデータに関する要件を明確に定義する．

2. データの承認

契約業者が準備した安全に関するデータの審査と承認について記す．

3. 安全データの取得と使用

調達機関が提供した安全に関するデータは，設計上の欠陥の再発防止の

一助として利用されなければならない。
4. ハザードの追跡および報告システム
① ハザードに関するデータの収集
② ハザードの予防，調査および報告
③ 安全情報と安全に関する文書ファイル（安全データライブラリ）

安全情報システムに，システム安全プログラム計画と，システム安全部署や他の下位組織の安全担当グループによって実施されるすべての解析と活動の記録を保存する。この情報は，SSPP からの逸脱を迅速に検知するために SSPP を監視する，ハザードと実施された是正措置に関する情報を文書化する，そして是正措置実施に関する迅速で適切なフィードバックを行うといった目的のために使用される。

また，設計文書やユーザーマニュアルおよびその他の安全に関連する情報（たとえば，注意事項や警告表示）をまとめる。

F. 施設および支援設備に対する安全活動

化学や原子力，爆発物，射場といったような特別な施設や支援設備がある場合に必要な安全活動を記す。

## 設計段階での活動内容の概要

以下の事項は，設計段階でなされるべき安全管理活動の取り組みである。

- 概念設計段階（企画）において作成されたシステム安全プログラム計画を実施すること。
- できるだけ早い時期に，システムや装置の設計に組み込まれるべき安全設計基準を決定し発表すること。安全設計基準を設定する際には，システム安全解析で明らかにされたハザードをもたらす可能性のある事象をすべて考慮する必要がある。
- システム安全解析を更新し発展させること。この解析は，最終設計検討あるいは設計段階の完成をもって終了されるべきである。
- システム安全要求事項を定め，下請け業者および/または業者の仕様書のなかに含めること。

- システム安全が損なわれないようにするために，設計トレードオフ会議に参加すること。これは，ハード/ソフトウェア設計の際に，安全設計基準が効果的に実現されるためのチェックポイントでもある。
- 安全に関わるすべての決定事項を文章にし，システム安全に関する正確なファイルとして保存すること。

G. システム安全解析

SSPPには，実施するシステムのハザード解析の目的，期待される効用，解析の種類，解析技法の選択，文書化などを記す。解析が終了次第，それぞれのハザード分析に使われた技法と手順ならびにその結果をまとめた「ハザード解析報告書」を作成する。

なお，ハザード解析の詳細は第10章「システム安全解析」で述べる。

1. 予備ハザード解析（PHA：Preliminary Hazard Analyses）
2. システムハザード解析（SHA：System Hazard Analysis）
3. サブシステムハザード解析（SSHA：Subsystem Hazard Analysis）
4. ソフトウェアハザード解析（SwHA：Software Hazard Analysis）
5. 運用ハザード解析（OHA：Operating Hazard Analysis）
6. 総合的なシステムハザード解析と下請業者の分析との統合
7. ソフトウェアでは，システムハザードがサブシステム内に至るパスの追跡

H. 安全審査と審査組織

安全に関わる変更や改修は，システムの完成後よりも，設計段階で行うほうがより簡単，経済的で能率的でもある。それには，システムのライフサイクルのできるだけ早い段階において，安全に関する要求事項を満たす最終システムが十分実現できる保証があるかどうかを審査・確認する作業が役立つ。それには，1986年のチャレンジャー号の大惨事の経緯からも明らかになったように，安全の達成・確保には，安全管理組織内に最終的な権限を持つ安全審査を実施する組織を設けることが絶対に必要である。巨大技術システムの開発では，事業者の組織内に安全審査委員と，その下に位置する専門部会としてシステム安

全審査部会が設けられることもある。

　安全審査組織は，対象とするシステムに潜在する安全上の問題をシステムのライフサイクルのできるだけ早い段階において明確にし，費用のかかる改修や計画変更を防ぐように機能しなければならない。また，安全確認のためには，安全管理者の設計段階における安全審査への参加についてもはっきりと定めておくことが大切である。審査と問題解決を行う過程のなかで，すべてのレベルの安全管理者が何らかの形で安全の達成に関与することになる。

1. 安全審査（safety review）

    最大限の安全性は，安全確保のための要求事項をシステム設計に組み込むことにより，最も効果的に，かつ経済的に保証される。システム安全の実際の有効性はこの段階で決定される。システム安全技術者は，設計者とともに作業をし，システム安全解析ですべてのハザードが同定されたことを確認し，その結果を設計者に報告しなければならない。そして，これらのハザードを除去，あるいは最小化，制御するように設計者を促すことは，システム安全技術者の第一の責務である。確かに，設計者がシステム安全技術者に信頼を持てば持つほど，安全要求事項を設計のなかに組み込むことが容易となるだろう。

    安全審査の本質は，専門家集団の目で安全設計結果を審査し，人知を極めたものであることを確認することである。それによって，万一の事故の原因となった欠陥は，その時点における知識，科学・技術に関する知見では見定めることはできなかったと言えることになる。

    安全審査では，開発システムについて
    - ハザードおよびハザード原因の同定
    - 同定されたハザードの安全要求への適合
    - ハザード制御
    - 残留リスクの最小化
    - 安全検証方法
    - 検証結果の妥当性

    が適切であるかを審査する。

第 7 章　システムの安全管理　231

　安全審査は，安全審査実施要領書を定めて，それに基づき実施する．安全審査実施要領書には，安全審査の目的，安全審査の実施時期，安全審査の対象となる文書類，安全審査の対象などを含める．
　システムライフサイクルの各段階での主要な安全審査活動を表 7-1 に示す．安全審査はシステム開発の段階ごとに実施する．表 7-2 に，安全審査の内容と安全に関する設計審査を示してある．

**表 7-1　システムライフサイクルの各段階での主要な安全審査活動**

管理段階 ── 概念設計審査 ─ 予備設計審査 ── 詳細設計審査 ─ 最終受け入れ審査

| 安全管理活動 | 企画・概念開発 | 設計検証 | フルスケール開発 | 製造 | 運用・保守 | 廃棄 |
|---|---|---|---|---|---|---|
| 1. システム安全プログラム計画作成 | | | | | | |
| 2. 安全設計基準の設定 | | | | | | |
| 3. ハザード解析の実施 | PHA | PHA/FHA/FTA | FHA/OHA | OHA | | |
| 4. 安全設計要求の定義 | 初期 | 最終 | | | | |
| 5. 設計審査の実施 | | | | | | |
| 6. マニュアルへの安全関係情報提供 | | 提供・審査 | | | | |
| 7. 故障解析への参加 | 過去のデータ審査 | 試験結果 | | | | |
| 8. 安全解析の実施 | | | | | | |
| 9. 安全関係文書類の審査 | | | | | | |
| 10. 安全装置の特定 | 初期 | 予備 | 設計 | | | |
| 11. 安全試験計画と要件の作成 | 初期 | | | 更新と検証 | | |
| 12. 安全試験の実施 | | プロトタイプ | 実証 | 受け入れ | | |
| 13. 安全訓練の実施 | | | 支援 | 監督 | | |
| 14. 事故調査への参加 | | | | | | |

PHA：予備ハザード解析，FHA：故障ハザード解析，OHA：運用ハザード解析，FTA：フォールトツリー解析

**表 7-2　安全審査内容の概略**

| 開発段階 | 企画・概念開発 | 概念・予備設計 | 基本設計 | 詳細設計 | 製造・試験 | 運用 |
|---|---|---|---|---|---|---|
| 設計審査 | | | 予備設計審査 | 基本設計審査 | 詳細設計審査 | 受け入れ審査 |
| 安全審査 | システム安全プログラム計画書の確認 | フェーズ0 安全審査 | フェーズⅠ 安全審査 | フェーズⅡ 安全審査 | フェーズⅢ 安全審査 | フェーズⅣ 安全審査 |
| 審査内容 | ・システム安全プログラム計画書の確認 | ・ハザードおよびハザード原因の確認<br>・適用すべき基本的な安全要求の確認 | ・ハザードおよびハザード原因の確認<br>・ハザード制御方法の確認<br>・検証方法の確認<br>・適用すべき詳細な安全要求の確認 | ・ハザードの制御方策が，設計に実現されていることの確認<br>・検証方法の詳細な設定がなされていることの確認 | ・検証が完了していることの確認<br>・すべての審査項目が合意に達していることの確認 | ・検証追跡記録の確認<br>・変更事項の確認 |

2. 安全確認

安全に関する項目や要求を満たす最終システムをできる限り経済的に製造するには，安全確認活動が必要である．ハードウェアができてしまった後よりも，設計段階で変更を行うほうが，より簡単で経済的でかつ能率的である．安全確認では，潜在する安全上の問題をシステムのライフサイクルのできるだけ早い段階において明確にして，費用のかかる修正や計画変更を防がなければならない．

安全審査・確認には，関連するハード/ソフトウェアやサブシステムの安全性に関する完全な文書類とデータが必要である．これがなくては有効な安全審査や評価を行うことはできない．それには，安全に関する情報の収集や解析を行う安全情報システムを設けることである．

製造，組み立ておよび試験段階（廃棄も含む）での活動内容の概要

この段階を通して，システムや装置，ソフトウェア，運用/保守説明書のなかに組み込まれた安全要求事項が現実のものとなる．個々の要素，サブシステムおよび全体システムが，設計されたとおりの安全性を有して製造・運用されることを保証することも不可欠である．

次の事項は，この段階でなされるシステム安全の主な取り組みである．

- システムハザード解析において規定された全措置が実施されていることを保証する体系的な監視と検証プログラムを確立し実施すること．
- 運用ハザード解析（OHA : Operational Hazard Analysis）の実施
  一般に OHA は，システムの運用上の要求事項から生ずるすべてのハザードを評価するものである．その大部分はすでにシステムハザード解析でなされているし，設計，製造，組み立ておよび試験の各段階でのハザードとの混同を防止するために，OHA は実際の運用に際して遭遇するハザードを別にまとめることになる．その結果は操作員あるいは保守員にとって有用な文書となる．
- 要素およびサブシステムの設計において達成された安全が損なわれることのないように，製造，組み立ておよび試験の方法とプロセスを検討し

評価すること。
- 品質保証要員が利用できるような安全性の検査および確認に関する試験法を定めること。これらの検査および試験は，要素およびシステムの組み立てのそれぞれの段階を網羅すべきである。安全は，品質と同様なものであるので，設計で指定された安全性の望ましいレベルがシステムあるいは製品のなかで実際に実現されているかどうかを実証すべきなのである。
- 最大限の安全性が最終製品中に組み込まれていることを保証するために，必要があれば再設計や変更を提案する。
- 不安全な状態を引き起こすような欠陥などの安全に関わる情報をフィードバックすること。
- 安全に関する試験手順の審査の実施
システムおよびサブシステムの安全試験手順によってハザードがもたらされないようにするために，システム安全の観点から，システムの試験および評価手順を審査する。
- プログラムマネージャと開発者に報告する手順を定め，もし試験中に新たなハザードが同定された場合には，プログラムマネージャと開発者に報告する。

**運用・保守段階での活動内容の概要**

　この段階は，システムの安全の検証と監視が行われる段階でもある。もし，システム安全部門の活動が設計段階で効果的に遂行され，製造，組み立ておよび試験段階で安全が検証されていれば，システムは，人や装置，環境に被害を与えることなく運用されるはずである。しかし，すべてのハザードや不安全事象およびその生起過程を網羅しきれないので，不安全あるいは事故を引き起こすような状態になったときにシステムを素早く制御して被害を最小化する緊急対応処置を，要員に十分に訓練しておく必要がある。多くの大災害は，事故につながる一連の事象の初期の段階で素早く適切な措置が講じられていれば，防止できたはずである。

　運用・保守段階における安全管理の最大の難点は，この段階の安全問題は技

術的な問題というよりも，人や組織の問題こそが最大のリスクであるということである。ヒューマンエラーは安全に重大な影響を与えることから，ヒューマンエラーのコントロールは安全管理において重要である。現行の安全管理の多くは，主に技術的な業務遂行プロセスの文書化に重点を置いている。しかしながら，最近の事故事例から明らかなように，今後はヒューマンエラーのマネジメントがますます重要な位置を占めることになる。ヒューマンエラーのマネジメントについては第 8 章で述べる。

運用段階でなされるべき主要な安全活動は，次の事項である。

- すべての運用，保守，異常事態および緊急時対応の手順を評価し，それらが設計の際に考慮されたような妥当性を有するかどうかを確認すること。
- 安全が損なわれていないことを保証するために，操作装置，使用説明書を評価すること。必要なら，変更あるいは修正をフィードバックすること。
- 望ましい運用安全のレベルが維持されていることを保証するために，安全監査計画を立案し，監査を実施すること。
- 教育・訓練計画と運用計画を審査すること。
    * 安全訓練および認証の責任と要求
    * 予想される事故，防止策，制御方法
    * 異常事態および緊急事態の対応計画および手順に関する責任
    * 手順書，点検表，緊急措置手順など
    * 教育訓練プログラムの設計
    * 教育訓練用機材の開発
    * 教育訓練の実施
    * 教育訓練の評価
- 構成管理活動を常時行うこと。
- 運用中のハザードとインシデントについての報告および原因究明
故障，インシデントおよび事故を解析・審査し，再発の可能性をなくす，あるいは被害を最小にするために取られる是正措置について審査し，適

切な修正措置を講じること。

## 7.4.3 安全要求に対する適合性の評価

安全要求適合性の評価（program and design reviews）は，システムの設計，製造，試験および運用の計画が安全要求に合致しているかの検証と確認である。

適切な解析，試験あるいは検査によって，システム開発者とプログラムマネージャが互いに同意した低減取り組み方策によるリスクの低減と緩和を検証する。不適合が判明した場合には，その理由を明らかにして，現状でも安全であると言える根拠を示すか，設計変更を行うか，設計方針を変更するか，あるいは安全要求の一部を変更するかを検討する。また，設計変更による安全への影響について評価する。

## 7.4.4 安全報告

システム安全プログラム計画の下で実施されたさまざまな活動の結果を，ハザード報告書，設計文書および安全評価報告にまとめる。報告書の書式は，顧客や許認可当局によって詳細に指定される場合もある。

ハザード報告書には，潜在的問題とそれに関して行われていることを記載する。この報告書には少なくとも，システムやサブシステム，運用フェーズにおいて同定された個々のハザードの記述と分類，原因因子（同定されたハザードにつながる可能性のある事象），実際に行われたハザード制御および状態（是正策または予防策），取られた検証方法などが含まれる。ハザード報告書はハザード記録簿の形に編集され，ハザードの監査およびシステムの追跡の基礎となる。

設計文書には，安全設計に組み入れた安全策と決定の根拠，安全の観点から取り入れた設計上の特徴について記述する。この情報は安全審査と保守に不可欠である。この情報があれば，システムに安全機能（安全を確保するために必要な機能）が組み込まれた理由がわかるので，安全機能がうっかり削除されたりすることが防げる。また，この情報は，運用/保守手順，安全マニュアルお

よび訓練マニュアルを書く際にも役立つ．

　プロジェクトの終わりに，「最終安全評価報告書」を作成する．通常，この報告書には，すべてのシステム，ハードウェアおよびソフトウェアの安全解析の結果が統合されてまとめられる．

　この最終報告書の目的は

- システム安全プログラム計画の安全要件に適合しているかの判定
- システムのハザードと，そのハザードをもたらすサブシステムおよび運用

などについての情報をシステムの使用者や運用者に提供することである．
　この報告書には，以下のような内容が含まれる．

- システムおよびサブシステムの解説と動作特性
- 各ハザードの潜在的な原因，実装されたハザード制御策，ハザードの検証活動の結果など
- ハザード解析に使用された技法の説明，ハザード解析における仮定とその影響，用いられた基礎データの出典など
- 安全評価の結果
- 安全設計に組み込んだ安全策やシステムの運用限界
- 緊急時の対応手順
- これまでの運用で経験したインシデントや事故の記録，類似のハードウェアやソフトウェアを使用している他のシステムのインシデントや事故の記録，安全に関係した故障またはインシデントの記録およびその再発防止のための是正措置など

## 7.5　危機管理

　3.4 節で「安全管理が基本である」と述べたように，万やむをえず発生してしまった事故による災害を可能な限り減らすための諸対応策を事前に検討し，危機管理体制を整え，定期的な訓練によって確実に対処できる万全の態勢にし

ておくことが重要である．安全設計者や製造に従事する技術者は，とくに対象システムについての専門家であるので危機管理対策の中心になるべきである．そうしてこそ，技術者の社会的責任を果たすことになると言える．

(1) 緊急時対応

「緊急事態」の定義は，「状況が以下のような性質の一部または全てを持っているということが，その中にいる人間によって自覚されている状態」である[12]．

- 非日常性
- 予想外性
- 突発性
- 結果の重大性
- 時間切迫性
- 対処の当事者性

緊急時における人間行動の信頼性を向上させるための方策を表7-3(a), (b)にまとめる．

八木によれば，緊急時のために必要なリスクコミュニケーションのポイントは下記に示す7つに集約される[13]．

① すべての情報を公開する（ただし情報の優先度を明記）
② 情報には必ず"クレジット"（いつ，誰が）をつける
③ どうすればよいか具体的に示す
④ 判断の根拠（理由）を明確にする
⑤ 知識レベル・意識レベルに応じた情報提供を行う
⑥ 誤情報は適宜訂正する
⑦ 専門家が住民と直接対話する

とくに⑦の専門家と住民の直接対話は，リスクコミュニケーションには欠かせない．緊急時に専門家と住民が直接対話することだけでなく，専門家の顔が

表 7-3（a）緊急時対策一覧―個人を対象とした対策（首藤[12]より）
様々な自然災害や人工物の災害での人間行動の分析から
共通の問題点や対策が摘出できる

《1a》パニック度を上げないための本人能力向上対策
　【対策1】強い情動が起こらないよう事態に慣れる
　【対策2】強い情動に慣れる，目を向けない
　【対策3】事態に備えて心の準備をする
　【対策4】役割行動を身につける
　【対策5】ひと呼吸おく
　【対策6】知識を蓄積し，応用力をつける
《1b》パニック度を上げないための周辺環境整備対策
　【対策7】情報過多にしない
　【対策8】判断と意思決定の時間をつくる
　【対策9】全体の状況を把握しやすくする
　【対策10】組織の圧力を軽減する
　【対策11】他者との連携をとる
　【対策12】最後の手段を用意する
《2a》パニック度を下げるための本人能力向上対策
　【対策13】できることをやる
《2b》パニック度を下げるための周辺環境整備対策
　【対策14】行為を成功させる
　【対策15】強い刺激を与える
　【対策16】事態を客観視させる
　【対策17】行為を指示する
《3a》高いパニック度を前提とした本人能力向上対策
　【対策18】身体で覚える
《3b》高いパニック度を前提とした周辺環境整備対策
　【対策19】操作を簡単にする
　【対策20】チェック機構を設ける

表 7-3（b）緊急時対策一覧―チームを対象とした対策（首藤[12]より）

【対策21】リーダーは自ら動かない
【対策22】チームのメンバーを固定するなどして人間関係をよくする
【対策23】リーダーは最初に自分の考えている状況イメージを与える
【対策24】反対意見を歓迎する
【対策25】メンバーの中に常に別の視点を持つ役割の人をつくる
【対策26】第三の目を活かす

住民に見える形になっていること，すなわち地域に密着し住民から信頼感を得ている専門家が存在することが，住民が専門家の言葉を信頼し，科学・技術に対する安心感を得るために最も必要なことである．

個人を対象とした対策としては，さまざまな自然災害や人工物による災害での人間行動の分析から共通の問題点や対策が摘出できるが，チームを対象とした対策，ましてや組織に対する対策は難しい．

**(2) 危機管理**

佐々によれば，危機管理は以下の4項目からなる [114]．

① 危機の予知・予測（情報システム）
② 危機の防止・回避，危機対処の諸準備
③ 危機対処：crisis control（被害局限措置：damage control）
④ 危機再発防止

危機管理（クライシスマネジメント）の対策一覧を表7-4に示す．危機管理の要諦は，リーダーシップと組織管理である．

実際は発生するまえの危険予知，予防，発生時の準備が8割の重みである．実際，惨事が起きてから泥縄で対処した場合の8割は失敗している．事前に十全な準備がなされていることを前提にすると，事後処理としては，現在発生中の被害を最小限に食い止めること，危機のエスカレーション・2次被害を防止すること，危機を収束させ正常な状態に戻すことが必要となる．

危機管理は，通常は以下の6段階より構成される．

① 予防：危機発生を予防する
② 把握：危機事態や状況を把握・認識する
③ 評価
　　● 損失評価：危機によって生じる損失・被害を評価する
　　● 対策評価：危機対策にかかるコストなどを評価する
④ 検討：具体的な危機対策の行動方針と行動計画を案出・検討する
⑤ 発動：具体的な行動計画を発令・指示する

⑥ 再評価
- 危機内再評価：危機発生中において，行動計画に基づいて実施されている点，または実施されていない点について効果の評価を随時行い，行動計画に必要な修正を加える
- 事後再評価：危機収束後に危機対策の効果の評価を行い，危機事態の再発防止や危機事態対策の向上を図る

表 7-4　危機管理（crisis management）対策一覧（佐々[14]より）

| |
|---|
| ①危機の予知・予測（情報システム） |
| 　【対策 1】情報関心：Information Hungry |
| 　【対策 2】情報要求：Need to Know |
| 　【対策 3】六何の原則：5W1H |
| 　【対策 4】情報不足への対応：Communication Gap |
| 　【対策 5】情報管理：Human, Communication, & Electric Intelligence |
| ②危機の防止・回避，危機対処の諸準備 |
| ③危機対処：Crisis Control（被害局限措置：Damage Control） |
| 　【対策 1】悲観的に準備し楽観的に対処：Prepare for the Worst |
| 　【対策 2】戦略と戦術観 |
| 　【対策 3】兵力集中運用：Piecemeal Attack |
| 　【対策 4】予備の重視 |
| 　【対策 5】フォロースルー：Follow Through |
| ④危機再発防止 |
| 　リーダーシップ |
| 　　【対策 1】権力意志と義務：Wille zur Macht, Noblesse Oblige |
| 　　【対策 2】交渉力：Tough Negotiator, No, but |
| 　　【対策 3】統率力：Follow me, Count on me |
| 　　【対策 4】情報網：C3 System |
| 　　【対策 5】一貫性：Order, Counter Order, Disorder |
| 　組織管理 |
| 　　【対策 1】団体精神：Gemeinschaft |
| 　　【対策 2】双頭の鷲：Double Eagle |
| 　　【対策 3】兵站学と後方支援：Logistics & Logistics Support |
| 　　【対策 4】補給と休養：Rest & Recreation |
| 　　【対策 5】会議：Order & Report vs. Discussion |
| 　　【対策 6】記者会見：Public Relations & Press Release, Information Control |
| 　　【対策 7】後継者指名制度：One Grenade |
| 　　【対策 8】心のゆとり：Sense of Humour |

テレビのニュース報道で，経営陣が深々と頭を下げて，危機管理の不備を謝罪する姿を目にするのは常である．また，いちいち事例を挙げるまでもなく，福島第一原子力発電所事故に対する日本政府および東京電力の場当たり的，しかも後手の対応は，危機管理意識の低さと無防備の様を国際社会に晒した．日本政府や東京電力による表向きの情報提供と開示は，さながら「大本営発表」であった．世界で2番目の原子力発電所保有国であるフランスでは，チェルノブイリ原発事故の10年後の1996年時点で，原発付近の医療施設を中心に，甲状腺への放射線障害予防薬であるヨウ素剤600万個が常備されていたほか，保健局にも常時500万個以上がストックされていた．しかし，日本の場合は，「事故を暗示するようなヨウ素剤の配布などは，もってのほか」というわけで，少なくとも表向きは，何らの措置も講じられなかった．その結果，福島第一原発事故後，ヨウ素剤の不足を心配した米仏などから多量にヨウ素剤が送られた[15]．

さらに，マスコミ側にも危機管理に関する無理解ぶりが見られる．数年前に，ある自治体のプールで幼い少女が浄化設備の吸水口に吸い込まれて亡くなったとき，マスコミは「現場の危機管理に問題があった」と報じた．しかし，問題は「事故が起きたときの危機管理」ではなく，「ずっと前から吸水口の金網がはずれていた」という「日ごろの管理」である．

以上の例が示すように，日本人は危機管理が苦手なのではなく安全管理自体が苦手なのであって，危機的状態になるとそれが「露見する」のである．

## 7.6 「リスクマネジメント」と「危機管理」

2001年の3月20日に，経済産業省がJIS規格「リスクマネジメントシステム構築のための指針」を発表した．それまでは，通産省の下で「危機管理システム構築のための指針」という名前で進められていたプロジェクトだった．従来の危機管理では企業は守れないこと，「リスクマネジメント」と「危機管理」が違うということが明確になった．

「risk（リスク）」と「crisis（危機）」の違いを示す．危機というのは，すでに発生した事態を指している．これに対して，リスクはいまだ発生していない危

険を指す。「危機管理」というのは，すでに起きた事故や事件に対して，そこから受けるダメージをなるべく減らそうという発想である。だから，大災害や大事故の直後に設置される組織（システム）は，「危機管理室」や「危機管理体制」などと呼ばれる。これに対して「リスクマネジメント」は，これから起きるかもしれない危険に対して，事前に対応しておこうという行動である。リスクマネジメントの特徴は，つねに前向きで能動的である点である。なぜなら，未来に存在しているリスクを予測し対策することだからである。リスクは未来に存在し，リスクの要因であるハザードは過去に存在する。リスクを管理できなければ「危機」につながっていくと考えることが大切である。

「risk」の語源は，「絶壁の間を船で行く」という意味だといわれている。たとえ両岸が絶壁であっても，あえてそこを越えないことにはチャンスに巡り合う可能性もない。リスクは「自ら覚悟して冒す危険」であり，「冒険」と訳すのが正解であろう。リスクを冒すからこそ，チャンスが訪れる。行くのはリスクかもしれないが，行かないのもまたリスクである。

一方，「危機（crisis）」の語源は「将来を左右する分岐点」である。危機管理は，すでに起きた事態を扱うものであり，受動的にならざるをえない。マイナスをいかに減らすかが目的であり，受動的な発想のために大きな損失につながりやすい。ただし，ダメージからうまく回復して，企業や組織をプラスの方向に向かわせるという点で，危機管理もリスクマネジメントの一手法であるといえる。

## 7.6.1　レアイベントへの備え

「蓋然性の低い大災害，いわゆるレアイベントにどこまで備えるか？」は難しい問題である。「天の崩落に備える必要があるか？（杞憂の語源）」「UFO の侵略に備える必要があるか？」「小惑星の衝突に備える必要はあるか？」「原子力発電所の炉心溶融に備える必要はあるか？」「戦争に備える必要があるか？」。日本の国会でも類似の問答が行われたことがある。

「備える必要・不要の判断」の有力な目安となるのは「過去の前例の検証」である。上記の例では，前例のない「天の崩落」や「UFO の侵略」は，よほど

の科学的根拠がない限りは杞憂として扱われる。

　一方，「小惑星の衝突」「原子力発電所の炉心溶融」「戦争」や「大震災」などは前例がある．皮膚感覚としてはバカげたことに思えるかもしれないが，過去に起きている以上，その皮膚感覚は動物としての人間の感覚だと自覚し，補正して，「危険予知」-「回避行動」-「回避失敗時の防災準備」に着手しなければならない．大災害が起こってしまえば，前例がある以上「想定外」という言いわけは通らないからである．

　一般的に「蓋然性の低い大災害」ほど，危機管理には大きなコストが求められるので，「上級広域組織」に危機管理を委任する．

　たとえば蓋然性が低く全地球的問題である小惑星の衝突については，西側諸国のリーダーとして米国政府が NASA に命じて小惑星の捜索と軌道の確定を急がせている．15 万個ほど発見されたものの，（衝突した場合，半径数百 km に大損害を与える直径 1 km 級を含めて）数十万個がなお未発見なので，国家間共同での探索が求められている．また，戦争や原子力発電所の炉心溶融に関しては国家レベルでの対応が必要である．

　震災における津波対策の例を挙げれば，高いコストを投じてむやみに防潮堤を整備するよりも，低コストかつ確実に人命を救う方策としては，平時において各個人に対して学校教育や公共放送を通じて，「大きな揺れを感じたら津波のおそれがあると考えて高台に退避する」という心がけを周知することが有効である．

　火災においては，小規模なてんぷら油火災などに備える消火器は，可燃物を使用する企業が各店舗で備えるべきだが，消防車を各店舗で個別に買うのはコストがかかりすぎるので，自治体が消防車を準備する．民間が実施する備えは，せいぜい自主防災組織や自衛消防隊までにとどまる．震災による原子力発電所の事故では，震災による道路損傷・渋滞で電源車の到着が遅れたが，各自治体消防署で 40 億円もする大型輸送ヘリとガスタービン発電機を個別に買うのはコストがかかりすぎるので，上級広域組織である国が担当し，自衛隊の大型輸送ヘリと兼用化して，ガスタービン発電機空輸体制を整備したほうが低コストである．

　このように，蓋然性の低い大災害への対応コスト問題については，「上級組

織で広域対応する」「他の装備と兼用化する」という手段によって，低コストかつ良質の安全保障を提供するのが一般的な危機管理システムである．

上記のように，蓋然性の低い大災害については，歴史を調べて前例を検証し，「前例があったなら，広域上級組織に上げて兼用化で，低コストで対処する」という対応が正しい．組織問題の危機管理に個人感覚を持ち込んで（大災害想定はバカげたことに思える生物的錯覚を信頼して），あるいは財源難を理由にして，前例を調べずに「想定不適切事象＝バカげた杞憂」に分類して危機管理を怠るというのは，危機管理，危険予知の上で最も陥りやすい誤りである．

## 7.7　インシデントおよび事故調査への参加

7.4 節で述べたシステム安全プログラム計画書にあるように，インシデントおよび事故の調査活動への参加は，安全管理活動の一つになっている．

巨大技術システムにおいて発生する事故には，以下の 3 点の共通な特徴が見られ，組織事故と呼ばれる．

- 事故の背景に一群の組織レベル因子の関与が存在する
- 潜在的リスク事象の長期にわたる無視もしくは未発見
- 事故による社会へのさまざまな面での甚大な影響

すなわち，設計，運用，保守時などの個人のエラーは，何らかの根本因子の結果に過ぎないことから，つねに組織に内在する因子を捉え，その発生の背景を把握すれば，組織事故の抜本的な対策ができると考えられる．そのためには，組織における作業慣行の詳細な解析とインシデント解析，また事故調査への参加が肝要となる．

「失敗は成功の母」と言われるように，不幸にして起きてしまったインシデントや事故から学び，その教訓を事故の再発防止に生かすことが重要であることは言うまでもない．「結果オーライ」だけの成功体験は，えてして負の学習に結びつきやすく，大けがのもと（事故に結びつく）となるので注意を要する．

安全性の向上には，「オストリッチファッション（ダチョウは襲われると砂に頭を埋めて，見えなければ何も起こらないと思い込んでしまう）」に陥るこ

となく，エラーやインシデント，事故に学ぶ姿勢を身につけることが必要である。

インシデントおよび事故の調査の進め方，事故調査法，調査報告書作成方針などについては，国際民間航空機構（ICAO）の航空機事故調査マニュアル（Manual of Aircraft Accident and Incident Investigation）が参考になる[16]。このマニュアルは4編からなり，およそ千ページもの分量がある。1編は「組織と計画」，2編は「手順とチェックリスト」で，共通技法や手順などの情報が提供されている。3編は「調査」で，すべての技術分野の調査のための指針が調査段階に対して提供されている。4編は「報告」で，安全勧告などを含む調査結果の最終報告書作成の方針が用意されている。これらは航空機のインシデントおよび事故の調査に関するものであるが，他の分野における事業者は，本マニュアルの該当あるいは必要な箇所を対象に合わせて書き換えれば，役立つ事故調査マニュアルを整備できる。

事業者における事故およびインシデント調査には，事業者の技術分野の専門知識が不可欠なのはもちろんであるが，調査のための専門知識・技巧も必要になる。

米国の大学や大学院では，安全専門家の養成教育プログラムのなかで事故調査法が教えられているが，我が国には，いまのところ事故調査専門家の養成を目的とした高等教育機関はない。

**（1）事故調査の目的**

事故調査の目的は，事故を起こした経緯を明らかにし，それを踏まえて未経験の領域まで思考をのばして，再発防止策を立てることである。単に現場の人にその責任を負わせるような調査では，システムの安全性向上に結びつかないことは明らかである。事故は，技術システム，人，組織，環境における複数要因の連鎖，すなわち潜在的失敗の発生と防護策の不備が重なった結果として現れるものである。潜在的失敗の発生要因は，インシデントの調査により明らかにできる。しかし，インシデントは防護策が功を奏して事故に至らなかった場合であるので，事故につながった防護策の不備を解明するには，事故調査が不可欠である。

## (2) 事故調査のあり方

事故調査のあり方として，「独立性・公平性」と「専門性」，また「公開性」と「常設性」が問われる。いずれも事故の原因追及と再発防止に不可欠な条件であるが，これを安全という視点から考察する。

① 安全確保のためにハザード要因を漏れなく明らかにするには，利害のない専門家の調査が不可欠である。事故に応じて必要な専門家を緊急に組織化することは，事故調査委員会にとって必然であるが，往々にして専門家は事故当事者の関連部門や近傍に多いので，独立性と専門性が二律背反になりかねない。そのために，事故調査の指揮を執る人間や組織に対しては独立性の遵守，参加する技術者および学識経験者には広く専門的な知識を要件とする，などの現実的な対応が必要となろう。

② 公開性は，事故の調査で得た教訓を余すところなくその後の事故防止に活かす上で必要である。この点に，「立件」を意図するがゆえに情報秘匿を旨としてきた警察による事故調査との大きな相違が見られる。とくに遺族や被害者にとって，当該事故の真の原因究明が精力的に行われている事実を知ることは，精神的なケアとしても重要であるといわれている。

③ 一方，事故原因を短期間で究明することが難しく，長期的な研究が必要な場合もあるので，最後まで長期的な取り組みができる仕組みも重要である。

1991 年に発生した信楽高原鉄道列車衝突事故の事故調査は，原因調査を主体とした事故調査委員会と，刑事責任の有無を調査する警察により行われた。しかし，情報開示の遅れや情報の不十分さを指摘する遺族や関係者は，鉄道事故の再発防止を求めて鉄道安全推進会議を組織した。1999 年には，行政，学識者，国外の事故調査組織の関係者を交えた，事故調査制度に関する国際比較シンポジウムを開催し，以下の提言を行っている[17]。

- 全運輸機関を対象とした独立した事故調査機関を設置すること。
- 事故調査においては以下の点を盛り込んだものとすること。

1. 事故原因を多面的に捉えた上で，専門的な調査を行い，サバイバルファクター（これだけの死者数は不可避であったのかという立場から，緊急医療活動などのあり方をも含めた検討を指す）をも含めた事故の全貌を明らかにすること．
2. 事故から再発防止のための教訓を得て，これを運輸の安全の向上に生かすこと．
3. 事故調査の手続きおよびその過程ないし調査の結果得られた情報は，遺族をはじめ広く国民に知らせること．

日本学術会議の安全工学専門委員会では，交通事故調査のあり方について，以下の9項目を提言し，原因究明と再発防止が重要であることを明記している[18]．

- 調査機関の設置—常設，原因究明と再発防止
- 事故調査の性質の明確化—原因究明と再発防止
- 責任追及のあり方—当事者の責任は追及しない
- 刑事免責制度
- 初動調査体制—他機関に優先する調査権限
- 事故情報の公開—インシデント報告・公開制度も充実
- 交通事故対策研究費—事故解析と対策の研究
- 道路交通事故への対応—警察で事故調査の専門家育成
- 非職業運転者対策—交通システムと安全教育

我が国における事故調査委員会としては，これまでに航空機を対象とした組織が設置されており，事故調査専門機関として機能してきた．鉄道事故に関しては，事故発生後に組織される事故調査委員会のみで，常設の機関は存在しなかったが，2001年10月に鉄道事故調査検討会と航空機事故調査委員会とが統合され，法的な裏付けを持つ新たな常設の組織が設立された．その後，2008年10月に国土交通省の外局の独立行政委員会として，運輸安全委員会（JTSB：Japan Transport Safety Board）が発足した．運輸安全委員会は，航空事故・鉄道事故・船舶事故および重大インシデントの原因究明調査を行うとともに，調

査結果に基づいて国土交通大臣または原因関係者に対して必要な施策・措置の実施を求め，事故の防止および被害の軽減を図ることを目的としている。

### (3) 科学的事故調査とは

よく科学的事故調査という言葉が使われるが，この場合の「科学的」とはどのようなことを意味するのであろうか。物理や化学の古典的な制御された「科学的実験」のように，客観性や再現性，因果関係の厳密な定量的な議論といったことを指すのではあるまい。なぜなら，ある程度のデータや情報をもとに直感的に仮説を形成する事故解析における行為は，この対極に位置するものである。また，事故には主観に基づいた行動をする人間が関係するので，自然科学を支える因果性・斉一性が成り立たず，事故調査は純粋な意味での科学の対象にはなりえない。そうすると，科学的事故調査とは，科学的な思考に基づいた調査，すなわち科学における知の獲得方法である「仮説形成とその実証のループ」に従った思考，事象の因果関係の実験的あるいは理論的な解明・説明を意味するものであろう。科学における原理やモデルは，実証作業によって「この仮説はこれまでのところ偽ではない」とされたもので，この意味で，「真の仮説」は存在しない。よって，事故調査や解析は蓋然性の最も高い仮説を導き出す作業であると言える。付け加えれば，事故解析における「再現」の意味は，事故過程における事象や状態・状況の生起および推移が時間的・空間的にまったく同じという「真の事故生起過程」の再現を意味するものではない。

事故解析における「仮説形成と実証」のループ（演繹的推論と帰納的推論のループ）を図 7-7 に示す。結論を導き出すのに必要なのは，可能な限りの事実の継続的な収集と，適切な仮説の形成と修正のループの循環である[19]。

事故解析や調査の成否は，信頼性のある事実と事故情報をどれだけ収集・獲得できるか，それらのデータから情報を抽出し，蓋然性の高い結論に導けるかで，それは調査員の能力にかかっている。

システムを設計，製造，運転，保守，管理するのは人間である。それゆえ，技術システムの事故は人間の意思決定，行為に関係する複数の要因が組み合わさって起こる，いわゆる組織の事故である。組織の事故の原因を推定するアイ

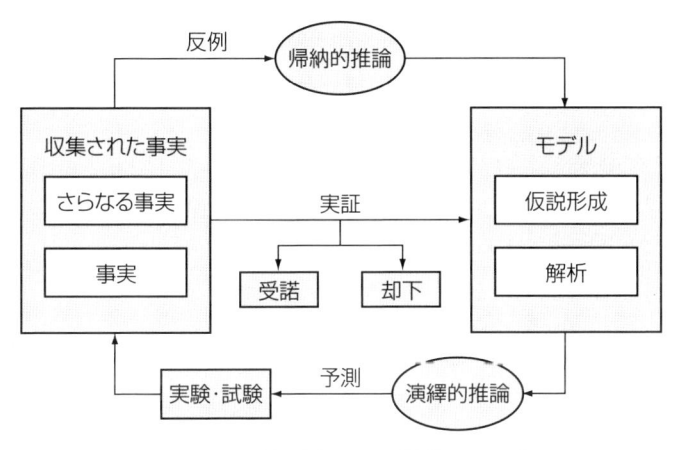

図7-7　事故解析における思考のループ

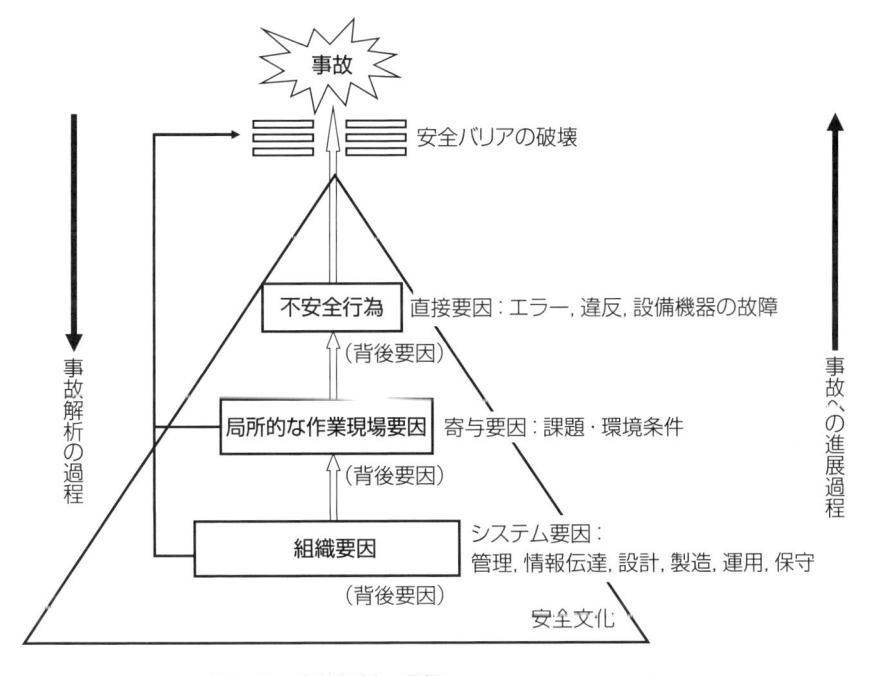

図7-8　事故解析の過程（Reason[20]の図に加筆）

デアとして，Reason によって示された事故解析シーケンスがある [20]。これは，事故への過程を，組織のプロセスにおける誤った意思決定，不安全行為を引き起こす課題と環境の条件の発生，個人の危険行為，安全防護障壁の破壊，の連鎖として捉えるものである。図 7-8 に示すように（図 6-2 再掲），事故への進展過程がボトムアップで，事故解析や調査の過程はその逆のプロセスをたどるトップダウンで示されている。

　事故解析に際しては，時系列的な解析が重要である。とくに組織過誤に対しては，個々人の過誤や怠慢の意識が組織のピラミッドのなかでどのように広がっていくかを，組織が成立したときあるいは組織にひずみが生じた時点から長期間にわたって解析することが重要である。たとえば JCO 事故であれば，20 年間にわたる組織の変容を解析しなければ，本当の解析とはならない。組織過誤の根本原因解析では，このような長期間にわたる時系列的解析が必要である。そのための手法は，時系列的な因果関係をブロックの接続関係で示すバリエーションツリー，事象・原因・対策のそれぞれを時系列的に示す IAEA の事故報告システム（IRS 方式：Incident Reporting System），組織のピラミッドの意識変化を時系列のピラミッドのなかに記述する方式など，いずれであってもよい。この解析（一次解析，根本原因解析）が完了したところから，本当の解析（二次解析，対策立案）が始まることになる。それには当該組織の特徴を明確化するための手法を必要とし，その手法はその特徴に応じて適切に選択あるいは創造するしかない。

(4) 事故解析の概要

　図 7-9 は，「仮説形成と実証のループ」に則した事故解析の図式である。以下に，データや情報の収集，事故解析技法，事故調査報告について簡単に述べる。

　① データや情報の収集

　　もし，事実の収集に先入観があれば，仮に整然とした収集方法を用いたとしても，収集されなかった多くの事実が残る。米国の国家運輸安全委員会（NTSB）のスタッフであった Bruggink は，「我々は事実の収集ができるばかりでなく，推論を導き出し，事実を全体像にする仮説を扱う

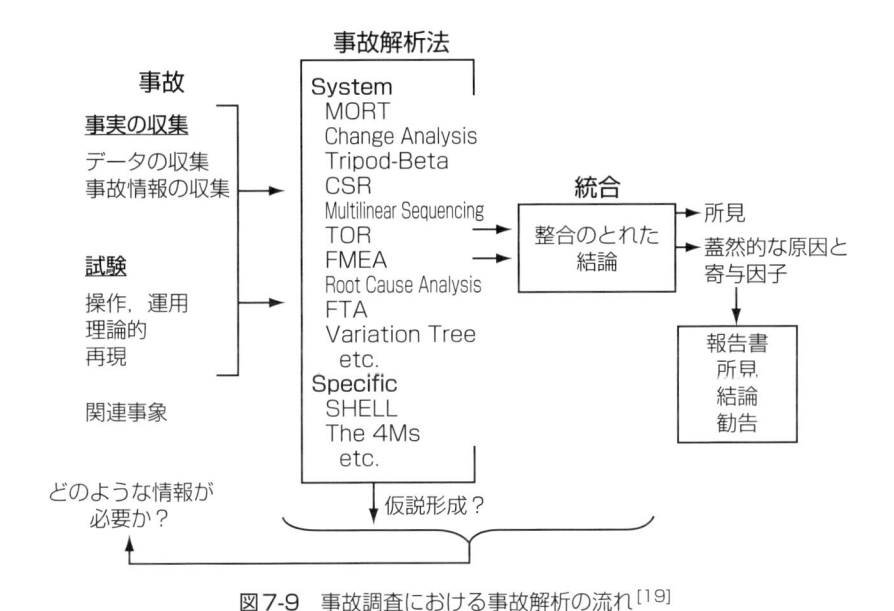

**図7-9** 事故調査における事故解析の流れ[19]

ことができなければならない。疑いのない証拠と同時にネガティブな証拠も集めることが大切である」と述べている。注意を要するのは，事後の調査では客観的妥当性が求められることから，明らかな証拠を示すことができない限り，調査結果に一つの論理的一貫性を持たせようとして事実とは違う推論に導く結果になる危険性，ならびに調査結果から得られた一部の情報あるいは仮説的な条件を前提とした実験や試験によって得られた知見をつなぎ合わせて論理的整合性を主張する危険性である。

② 事故解析技法

事故解析は，第6章で述べたように，すでに起こってしまった事故について，観測された結果から逆に原因（起因事象）に向かってさかのぼっていって，システム内部で何がどのように起こったのかを推定することである。それには，事象がどのように進展するかを表す事故モデルや解析技法が必要である。事故モデルについては6.7節，6.8節に述べられている。

それに対して，安全解析は原因から起こりうる結果に向かって順方向に，原因−結果の展開を予測し，安全性（リスク）を評価することである。安全解析においても，第 10 章に述べるように，モデルや解析技法が必要である。互いに順逆の関係にある事故解析と安全解析には，基本的には同じモデルと解析技法が共通に用いられる。違いは，それらのアプローチがトップダウン（逆）かボトムアップ（順）かである。

事故解析には，安全解析と同様に，目的に合わせた事故モデルの選択（それによって事故解析技法も決まることになる）が重要になる。なぜなら，モデルは事故にあるパターンを押し付けることになるので，事故原因として特定される要因に影響を与えることになるからである。これまでに多くの事故解析法が開発されている。

### (5) 事故調査報告

事故分析や調査は，すでに起こってしまった事故の限られた事実から事故原因にたどり着く逆向き推論過程である。したがって，事故分析は蓋然性の最も高い仮説を導き出す作業であることから，事故調査報告書には推定表現が多くならざるをえない。しかしながら，その作業が納得されるものでなければ，「事故の核心にせまる事実や結論を導く根拠が示されていない」「科学的調査がなされていない」といった批判を受けることになる。事故調査報告書が今後に役立つものとなるかどうかは，完全さ，正確さ，客観性から評価される。したがって，事故調査にあっては，収集・獲得した事実に基づき，事故の生起過程を可能な限り正確に，詳細に再現し，蓋然性の高い原因を同定することである。

しかしながら，人的要因についての正確で詳細な調査は，いままでもそうであったように，事故当事者自らが真実を述べる場合を除き，限界があることは明白である。まして，当事者が生存していない場合には，真の原因を探り当てる正確で詳細な調査は，今後もほとんど不可能だといっても過言ではない。

また，インシデントやアクシデントの発生のプロセスは，さまざまなハザードや不安全事象の偶然的・非論理的な現実の連鎖である。必ずしも必然的・論理的・合理的なものではなく，常識的観点から考えるところからは，はるかに遠いものである場合が多い。したがって，通常の経験則による推理があてはま

らないところにその特質がある。しかし，事後の調査では客観的妥当性が求められることから，明らかな証拠を示すことができないかぎり，調査結果に一つの論理的一貫性を持たせようとして，事実とは違う推論に導く結果になる可能性がある。情報不足の部分に，判明している限られた情報をもとに発見者の論理が入り込むためだと考えられる。言い換えるなら，論理の世界には不合理を不合理として認めるロジックがないため，調査結果から得られた一部の事実情報，あるいは仮説的な条件を前提とした実験や試験によって得られた一次元的知見をつなぎ合わせて，論理的整合性が図られることになるためであろう。

事故調査の報告は，科学的な調査方法に基づき，かつ調査結果に非合理的・非論理的な原因連鎖も受け入れて，まとめていく努力が必要とされる。

## 7.8　安全情報システム

本章の冒頭に述べたように，安全管理の概念は制御であり，制御には情報が不可欠である。組織と事故の関係についての研究で，安全管理にとって最も重要なのは安全に対する経営者の関心であり，2番目は有効な安全情報システムであることが結論されている[21]。

安全情報システムの目的は，異常事態や事故に至る可能性があったと思われる不安全事象の収集，それらの要因の特定，安全情報を安全解析，安全設計や運用，保守管理にフィードバックして再発防止策の立案につなげる，業務実施者間で最新の情報を常時継続的に共有する，ことである。そうしてこそ，インシデントや事故に学んだことになる。

信頼できる情報を長期にわたって収集するためには，個人や組織が運用や保守・整備作業において経験したエラーやニアミス，インシデントを自発的（本人の意思による）に報告できる仕組みと，こうした報告を行う人々が，報告は責任追及や懲罰のために利用されるのではなく，安全性の向上に活用されるものであることを確信できる環境が不可欠である。それには，経営トップが，「責任追及でなく，原因究明」によって安全性の向上を図ることを明言することである。逆に，報告されない事故があったり，事業者が秘匿を望んだりしたことが判明すれば，潜在的な法的責任に影響を与えることもあるだろう。

安全情報システムの内容は，規格，マニュアル，専門的な文書，更新されたシステム安全プログラム計画（SSPP）とそれに含まれる活動の状態，ハザード解析の結果と完全な記録，何がどのようになされ，なぜ決定が下されたかを把握するためのハザード追跡記録，安全方策に関する情報，形態管理および変更の理由に関する情報，エラーやニアミス，インシデント，事故の情報，是正措置，インシデントデータや事故データの解析，運転データなど多様である。

　安全情報システムには，少なくとも，安全に関する情報の収集，データの解析，および情報のフィードバックという3つの働きが必要である。安全情報システムが有効かつ効果的なものであるためには，それがデータを集めただけのデータベースではなく，安全設計者や運転・運用者，安全管理者それぞれが，必要な情報を必要なときに得られる，意思決定に役立つ知識データベースとして機能する必要がある。それによって，たとえばハザードの同定と制御，安全設計と規格の改善，異常状態の前兆となる傾向や逸脱の検知，安全方策の有効性の評価といったことに必要な情報を提供できる。

（1）安全に関する情報の収集

　データ収集における主要な問題は，意図的な選別・隠蔽，およびデータの信頼性の低さである。組織レベルでのデータの選別・改竄・隠蔽は，自動車，原子力，鉄道，医療，食品分野などの組織の不祥事として露見しただけでも枚挙にいとまがない。なかには，事業者の存続が断たれた事例すらある。また，個人レベルでは，インシデントや事故の原因として，真っ先に操縦者や運転員の誤りが挙げられることが多く，逆に運転員によるニアミス報告におけるデータは，主として技術的な故障に注目するバイアスがあるとの調査結果がある[20]。

　ニアミスや事故に関する報告書に記載された事象の記述は，時間的に最も近い事象のみを取り上げ，経営上の問題や組織的な欠陥のような時系列的に早期の事象に及ばない傾向がある。とくに組織過誤に対しては，前節でも述べたとおり，個々人の過誤や怠慢の意識が組織のピラミッドのなかでどのように広がっていくかを，組織が成立したときあるいは組織にひずみが生じた時点から長期間にわたって考察することが重要である。

　ハザードに関するデータでは，その性質上，比較的まれで予測できない事象

が含まれるので，包括的に収集するのが難しい．ソフトウェアのエラーおよびコンピュータの問題は，一般に受け入れられた一貫性のある分類がないことから，記載されないこともある．また，ハザードデータの信頼性は，新しいものよりも，過去に経験したハザードデータのほうがずっと信頼できる．

　ハザードデータ，インシデントデータ，事故データの収集には，企業や業界の枠を超えて全体として取り組むことが必要であるが，複数の情報源から偏らずに系統的な方法で信頼度の高いデータを得るのは難しい．データ収集の包括性と信頼性を改善するために導入された対策には，チェックリスト，データ収集者の教育・訓練，データ収集者への結果のフィードバックなどがある．

　収集できる安全に関する情報のなかで，明らかに運転データの蓄積が最も困難で，特定のハザードについての限られたサンプルしか入手できないだろう．ひとつの企業または組織にとって，そのようなデータを長期間にわたって収集するには極めて費用がかかり，そのための組織も必要であろう．航空機に搭載されているブラックボックスの例でわかるように，システムの自動監視装置は，データ収集の精度と完全性を大幅に改善できる．さらに，この装置は，警報や異常状態の前駆症状の警告に関する情報を提供することができる．

(2) 安全に関するデータの分析

　インシデントや事故のデータは，ハザード解析と制御のための最も重要な情報源の一つである．しかし，データ収集それ自体も難しいことではあるが，過去に起こったインシデントデータや事故データおよびそれらの原因を広い分野にわたって集めるだけでは情報ましてや知識とはならない．大切なのは，収集したハザードデータ，インシデントデータや事故データの分析・体系化を図り，対象システムに有用な情報を抽出，それをシステムのライフサイクルにわたる安全解析，安全設計や運用，保守管理にフィードバックできるようにすることである．

　インシデントや事故データの分析における「分析」とは元々要素に分解するという意味であり，要素に分解するからこそ要素間の関係が明らかとなる．医療における診断も，故障診断も，事故データの分析も，基本要素とその因果関

係にまで分解・考察する過程としては，基本的に同一である。

　したがって，インシデントや事故データを分析して，共通事象や共通原因の類型化を行い，それを原理としてまとめる（帰納的方法）ことで，事前警告および事故防止に有効な予防策の効果的立案に利用することが期待される。さらには，分析結果から基本的な原則を推論し，それを新たな対象システムの安全設計・安全管理に適用する（演繹的方法）ことで，未経験システムの安全性向上に資することも期待される。

## （3）安全に関する情報のフィードバック

　安全に関する情報が，関係組織にフィードバックされなかったり，現場で共有されていなかったりしたことが原因となった事故も分野を問わず多い。

　製造物の開発段階での安全に関する情報は，従来，チェックリスト，規格，実施規定，マニュアルといった形で配布されてきた。また，ハザードに関する情報はマニュアルなどでも配布された。

　しかし，安全に関する情報は，必要な情報を必要なときに，役に立つ様式で，適切な人々へフィードバックされなければならない。このことが，安全情報システムにとって最も困難な点であろう。情報が意味のある形で意思決定者に提示されないならば，安全情報システムは役に立たない。したがって，意思決定者の認知過程に沿って必要な情報が適宜提示されることが望まれる。これは今後の課題である。

　さらに，安全情報システムおよび情報のフィードバックは，たとえばコンピュータ支援設計システム（CAD）やプロジェクト管理システム，保守管理システムなどと統合されるべきである。

　分析結果のフィードバックの例として，表7-5に故障やエラーから学ぶ3段階のフィードバックのループを示す。この表は表6-2に人間の疾病の原因調査や診断との類比を書き加えたものである。最初の2段階は根本原因分析と故障統計という従来からの方法である。それぞれ「臨床医学」と「社会医学」に相当すると考えられる。そして，その上に，リスク論に基づくシステムの統一的な評価がある。いわばシステムに対する「人間ドック」のようなものであろう。この3段階のフィードバックを適宜，同時並行的に実施していくことが，

安全確保のために必要である。

表 7-5　エラーや故障から学ぶ 3 段階のフィードバックループ

|  | 解析のループ | 統計のループ | 解析と統合のループ |
| --- | --- | --- | --- |
| 評価方法 | 個別事象に対する根本原因分析（臨床医学） | 故障統計（頻度分析）による傾向評価（社会医学） | リスク解析による統合システムのバランスの評価（人間ドック） |
| 対策 | 直接的な改善 | 故障の特徴に応じた改善 | 安全上クリティカルな箇所の改善<br>―総合安全の向上 |
| フィードバックの対象 | 類似システムへの適用性大 | 類似システムへの適用性あり | 個別システム |
| フィードバックの規模 | 局所的・限定的 | 中規模 | システム全体 |

### （4）安全情報システムの例

　国レベルの安全情報システムの例として，航空分野における事例を示す。米国の Air Safety Reporting System（ASRS：航空安全報告システム）は，1975 年に米国連邦航空局（FAA）によって設けられた制度で，システムの計画は NASA によって監督され，連邦航空局からの独立性を保障された Battelle 記念研究所によって運営された。このシステムに，1 年あたり 4000 件以上の安全に関するインシデントとニアミスの報告があり，1 日に 2 回，航空機が関わる衝突の可能性があることが判明したとのことである。連邦航空局は，（犯罪行為でない限り）連邦規則や法律を犯したとしてもエラーを報告したパイロットを処罰することはできない。報告された結果は，注意散漫，飛行中の緊急事態，コミュニケーション問題，飛行制限地域での飛行といった題目についての概要報告としてまとめられる。このシステムは有効に働き，危険な空港の状態の改善，航空管制手順の変更などにも役立っている。

　同様の計画は，他の国々でも導入されている。たとえば英国では，非公開のインシデント報告制度（CHIRP）が民間航空管理局（Civil Aviation Authority）によって開始され，英国空軍航空医学研究所（Royal Air Force Institute of Aviation Medicine）によって運用されている。米国の ASRS のように，民間パ

イロットや管制官の誰もが完全に非公開でエラー報告ができるようになっている。また，欧州には，European Confidential Aviation Safety Reporting Network（EUCARE）と呼ばれる，同じような報告システムがある。我が国では国土交通省航空局が，民間航空の安全に関する情報を幅広く収集するため，航空安全情報自発報告制度（略称 VOICES：Voluntary Information Contributory to Enhancement of the Safety）を設け，2014 年 7 月から第三者機関の公益財団法人航空輸送技術研究センター（ATEC）によって運営が開始されている。この報告制度では，不安全事象として顕在化しなかったヒヤリハットなどの航空安全情報を取り扱う。報告された情報は，VOICES ホームページ上の刊行物として公表される。報告者へのフィードバックとして，報告者本人は分析などの進捗状況を VOICES の航空安全情報自発報告サイト上で確認することができる。また，分析結果は，航空安全当局への必要な報告や安全対策についての提言に利用される。

以上をまとめると，安全管理には，ハザードデータ，インシデントデータ，事故データの収集・分析と有用情報の抽出，そして安全に関する情報を安全設計・保守管理などへ適切にフィードバックする機能を持つ安全情報システムの構築が不可欠である。このような安全情報システムから得られる情報は，組織内ばかりでなく同業他社はもちろんのこと，基本的には他の産業界や医療の分野でも活用することが可能である。安全情報システムの構築には，国レベルで運用されている米国の ASRS，英国の CHIRP，欧州の EUCARE，我が国のVOICES などの航空分野に見られる安全情報システムが参考になる。

### 参考文献

[1] 柚原直弘，T. Ferry：システム安全と米国における安全性に関する活動（その 1），日本航空宇宙学会誌，第 29 巻，第 328 号，1981 年
[2] 原子力安全協会：リスクベース・マネジメントに関する諸外国の動向調査，1998 年
[3] 松本俊次：リスクベースド・アプローチによる機械安全の現状と今後の課題，労働安全衛生研究，Vol.3, No.1, 2010 年
[4] 原子力安全委員会：「安全目標の姿に関する検討の方向性について」中間報告，2003 年
[5] リスクマネジメント規格活用検討会編著：ISO 31000 リスクマネジメント 解説と適用ガイド，日本規格協会，2010 年
[6] 谷口武俊：組織文化，安全文化を理解する，第 23 回安全工学シンポジウム講演予稿集，

2002 年
- [7] 山内隆久：医療事故，ヒューマンエラーの心理学，麗澤大学出版会，2001 年
- [8] Department of Defense：MIL-STD-882D Standard Practice for System Safety, 2000.
- [9] ISO 1420-1:2002 System Safety ―Safety requirement―
- [10] 平栗滋人：鉄道信号における安全性評価の変遷，RRR，2010 年 3 月
- [11] N. Leveson：Safeware, Addison-Wesley, 1995.（松原友夫監訳：セーフウェア，翔泳社，2009 年）
- [12] 首藤由紀：緊急時の人間行動，第 15 回 新しい安全管理の技術講習会，安全工学協会，2000 年
- [13] 八木絵香：実態論的リスクベースの原子力安全学再構築 ―(3) リスクコミュニケーションと専門家の役割，原子力学会 2001 年秋の大会，札幌
- [14] 佐々淳行：危機管理のノウハウ PART 1-3，PHP 文庫，1984 年
- [15] 山口昌子：原発大国フランスからの警告，ワニブックス PLUS 新書，2012 年
- [16] ICAO：Manual of Aircraft Accident and Investigation (Doc9756), 2012.
- [17] 鉄道安全推進会議：「運輸事故の再発防止を求めて」事故調査制度に関する国際比較シンポジウム資料集，1999 年
- [18] 日本学術会議 人間と工学研究連絡委員会 安全工学専門委員会：交通事故調査のあり方に関する提言，2000 年
- [19] 柚原直弘：事故調査システム思考の観点から，安全工学シンポジウム 2008 講演予稿集，2008 年
- [20] J. Reason：Managing the Risks of Organizational Accidents, Ashgate, 1997.（塩見弘監訳：組織事故，日科技連出版社，1999 年）
- [21] Urban Kjellen：Deviations and the feedback control of accidents, In Jens Rasmussen, Keith Duncan, and Jacques Lepat, editors, New Technology and Human Error, John Wiley & Sons, New York, 1987.

# 第8章
# ヒューマンエラーのマネジメント

　システムの安全性は設計で決定されるように考えられているが，実際には運用に関わる人間の特性，とくに人間のエラーや組織が犯す過誤に大きく依存する。したがって，システムの安全の実現・確保には，システムに対してはヒューマンエラーの発生を防ぐ手段を，そして組織に対しては組織過誤を防ぐための方策を講じておくことが不可欠である。

　それぞれにはヒューマンファクターとヒューマンエラーの視点が必要になるので，最初にそれらについて述べ，それに続いて組織過誤，さらにその根底にある安全文化について述べる。

## 8.1　ヒューマンエラーマネジメント

　「To err is human, to forgive divine」とことわざに言われるように，人間はエラーを起こすものであり，それは避けられない。したがって，システムの安全の実現・確保には，まず可能な限りヒューマンエラーの発生を防ぐ手段をシステムに講じ，それでもエラーが起きた場合にはその影響がシステム全体に波及するのを抑制する手段をシステムに備えておくことが不可欠である。また，組織が犯す過ちを予防する方策を組織に講じておくことも不可欠である。

　それを実施する動的活動が，ヒューマンエラーマネジメントである。第3章で述べたように，マネジメントの意味は，「望ましいとする目標」を設定し，適切な「方法・手段」を定め，それを実行して，その目標を達成していく動的活動である。

　そのための主たる手段や方法としては，次のようなことが考えられる。

① 安全バリアの設計によって
② 組織的な対応策によって

それぞれにはヒューマンファクターとヒューマンエラーの視点が必要になるので，最初にそれらについて述べ，それに続いて上の2つを順に説明する。

## 8.2　ヒューマンファクターの視点

ヒューマンファクター（human factor）は，人間の優れた特性を活かし，マイナス面を適切にカバーすることにより，人間を含めたシステムの安全，信頼性および効率の向上を目指す学術領域である。したがって，システムが全体として目標のパフォーマンスを発揮できるように，人工物，管理，技術，任務（タスク），環境などを人間に適合したものとするための原理やそれを実現するための技術を探求する学術分野と定義できる。我が国で人間工学と呼んでいる分野を，米国では複数形でヒューマンファクターズ，欧州ではエルゴノミクスと呼んでいる。それは，これまでの人間工学に加えて，認知工学，インタフェース工学，組織論，社会学などの分野とも関連するより広い分野の複合領域であると捉えているためである。

具体的には，以下のような課題がHFの代表的な対象となる。

- 人間行動の基本特性や意思決定メカニズムの解明
- ヒューマンエラーの分析・予測・防止と人間行動の信頼性評価
- 人間と機械で構成されるシステムの設計と評価
- 認知的・精神的活動も含めた人間の諸活動の支援
- 人間の集団的・組織的・社会的行動特性の解明

ここでは，ヒューマンファクターの理解を容易にするために，ヒューマンファクターを10の原則という形で簡潔に表したものを以下に示し，それらの原則相互の関係を図8-1に示す[1]。

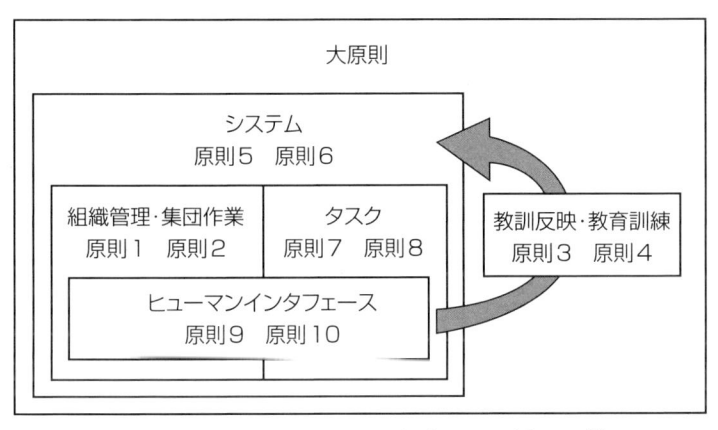

図8-1 ヒューマンファクターの原則の相互の関係（古田[1]より）

## ヒューマンファクター10の原則
- 組織管理および集団作業
  原則1：経営から現場までが一体となって安全管理に努めよ
  原則2：インタフェース設計や教育訓練の工夫によって円滑なチーム協調を促進せよ
- 教訓の反映および教育訓練
  原則3：エラーの根本原因まで分析し，教訓を活用するシステムを確立せよ
  原則4：実効的な教育・訓練プログラムを用意し，効果を持続させるシステムを確立せよ
- システム設計
  原則5：人間中心設計に則り，組織，チーム，人間，認知の順に概念設計せよ
  原則6：システムの安全評価においては人間信頼性を考慮せよ
- タスク設計
  原則7：人間，機械の各々に期待する役割と特性を明確にしてタスクを割り当てよ
  原則8：作業負荷が適正範囲になるようにタスクを設計せよ

- ヒューマンインタフェース設計
    原則 9：人間の身体能力や作業性に配慮して機器・道具・作業環境などを設計せよ
    原則 10：情報の重要度とユーザのメンタルモデルに基づいてインタフェースを設計せよ

上のタスク設計，ヒューマンインタフェース設計，および氏田が執筆を担当したシステム設計それぞれにおける 2 つの原則は，次章「システムの安全設計」に適用されている。

## 8.3　ヒューマンエラーの捉え方

### 8.3.1　ヒューマンエラーとは

　伝統的にヒューマンエラーという用語は，運転員や保守員・整備員など現場の最前線にあって機械システムと直接接する人が事故の直接原因であることを指して使われてきた。そのため，事故は単に注意散漫とか気の緩みといったヒューマンエラーにあるとされ，事故を引き起こしたことへの責任を問われるきらいがあった。
　しかしながら，認知心理学の分野でヒューマンエラーの発生メカニズムに関する研究が進み知見が蓄積されるとともに，エラーは異常行動の一種ではなく，エラーを起こすのが人間なのであるということが受け入れられるようになった。
　人間の行動は周りの人間や物，状況といった環境との相互作用から生まれる。一人一人の人間が，周りの人間や物，状況に影響を与え，同時に，周りの人間や物，状況といった環境要因が，着目する人の能力や行動を制約したり変えたりする。たとえ同じ人でも，その人の能力も行動も環境要因によりさまざまに変化するのである。つまり，人間の行動は，その人と環境の「複合システム」として捉える必要がある。このような考え方は，動的システム理論（4.6 節参照）と呼ばれている。現に，過酷な環境や条件下では誰もがエラーを犯すことなどからもわかるように，ヒューマンエラーは人間の持つ本来の特性と環

境要因に深く関係するのである。

　近年のヒューマンエラーの研究によって，ヒューマンエラーは偶発的に起きるのではなく，人が置かれた状況のなかで必然的に起きるということがわかってきた[2]。このような状況を過誤強制状況（EFC：Error Forcing Context）と呼ぶ。これは，人がヒューマンエラーを犯すのを不可避とさせる状況のことで，人をとりまく環境，行為の条件や前後関係，機械・システムとの相互作用など，人の行為を支配する諸因子のことをいう。

　訓練を受けたプロでも，ある状況ではエラーを犯してしまうことからわかるように，EFCが形成されると，それが人の認識や判断に影響を与え，不安全行為を誘発する。

　最近のこととして，東京電力福島第一原子力発電所の放射能汚染水浄化処理施設で，水漏れ，弁開閉の表示間違い，弁の設定間違い，タンク内の水位設定間違い，電流値の設定間違いなどの作業員のミスによるトラブルで，長時間にわたる運転停止が相次いだ。これなどは，極めて過酷な環境下で，しかも限られた時間内に作業を完了させなければならないという状況では誰にでも起こりうることであろう。また，卑近な例を示せば，自動車の運転では，判断・意思決定の時間的な余裕が極めて少ないので，十分な情報が得られない環境や条件下では，どんな人でもエラーを犯す可能性が高い。

　このことから，これまでのヒューマンエラーに対する考え方も大幅な変更が迫られるようになった。ヒューマンファクターの専門家は，ヒューマンエラーは事故や災害の原因ではなく，何らかの他の要因の結果であると考える。この意味から，ヒューマンエラーという用語の使用を避ける傾向がある。

　Rasmussenは，エラーという言葉には「罪の匂い」があるので，「人の機能不全」という言葉を使うと記している[3]。また，Hollnagelは，ヒューマンエラーは「事象の原因を意味することよりは，望ましからざる結果が起き，その原因が多少なりとも人の行為の何らかの側面に求められるような状況を記述する用語」として確立されつつあるとして，原因としてではなく，期待される結果を生まないか，あるいは望ましからざる結果を招く行為として「過誤的行為（erroneous action）」という用語を提案している[4]。これらのいずれも，平たく言えば「失敗」に相当する。

ヒューマンエラーが事故の直接原因を指す起因事象という意味で使用されるにとどまる限り，ヒューマンエラーという用語は事故防止には何ら役立つものではない。たとえば，交通事故の原因が「漫然運転のドライバーエラー」とされても，それが「なぜ起きたか」を説明してはいないので，予防策に結びつかない。なぜなら，ヒューマンエラーは単純な不注意で発生するのではなく，システムや環境に存在する要因と密接に関係するので，システム側や環境側にもエラーを誘発した要因があることが多いからである[5]。

したがって，ヒューマンエラーの予防策を考慮した機械・システム設計を行うには，注意散漫とか気の緩みといった個人の生理的・心理的な側面だけからヒューマンエラーを捉えるのは間違いで，その背後にある人間とシステム，環境との動的な相互作用の観点からヒューマンエラーを理解することが重要である。

## 8.3.2　ヒューマンエラーの定義

これまで，ヒューマンエラーの概念について多くの説明がなされており，原因と見るか，事象や行為と見るか，あるいは結果と捉えるかなどによってその定義もさまざまである。ここでは，文献[6]の第2章に記した「人間-システム」系の観点に通じるヒューマンエラーの定義の一部を示す。

(1) 活動結果の立場から

認知心理学者のReasonは，「ヒューマンエラーは，計画されて，実行された一連の人間の精神的あるいは身体的活動が，意図した結果に至らなかったもので，その失敗が他の偶発的事象の介在に原因するものでないすべての場合」と定義している[7]。ここに，精神的活動，身体的活動とあるように，認識や判断（意思決定），ならびに動作や操作の計画・実行の失敗もエラーの一部とされる。

(2) システムパフォーマンスの立場から

「人間-機械システム-環境」系の構成要素である行為者の意図とそれに基づいた行為が，行為者から見て正しくとも，設定された目標，すなわち系の出力

からは適切でないこともありうる。このことから，ヒューマエラーを「人間–機械システム」系あるいは「人間–タスク」系のパフォーマンスの観点から定義するという考え方が出てくる。

すなわち，機械・システムにトラブルや事故といった望ましくない状態を生じさせ，トータルシステムとしての「人間–機械システム」系のパフォーマンスを阻害する人的要因をヒューマンエラーとするのである。

### (3) タスク実行の成否の立場から

ヒューマンエラーのもう一つの捉え方は，「人間–タスク」の関係の観点からである。ここでは，ヒューマンエラーは，「人間–機械システム–環境」系のなかで，システムの目標や機能，安全を達成するのに，「人が自分に割り当てられたタスクを要求あるいは期待されたように実行しなかったこと」と定義される。ここでタスクは，システムのある目標を達成するために必要な一連の行為を並べたものである。たとえば，この立場におけるドライバーエラーは，ドライバーに課せられたタスクを果たせなかったということである。

以上に述べた定義にあるように，「人間–機械システム–環境」系という観点に立てば，ヒューマンエラーは「人間自身の諸特性と機械システム，タスク，環境の状況とが上手く合致していないために，これら二者間の動的相互作用のなかで結果的に誘発された行為」である。

## 8.3.3　ヒューマンエラーの分類

ヒューマンエラーには多様なタイプがあり，タイプごとに有効な防止策は異なる。したがって，ヒューマンエラーを防止する「人間–システム」系の設計には，エラーの防止に結び付くヒューマンエラーの分類が重要になる。

この観点からのヒューマンエラーの分類について文献 [6] の第 2 章に記したものの一部を以下に示す。詳しくは，文献 [6] を参照されたい。

(1) エラーを誘発する背後要因の観点から

Rasmussen は,「人間-システム-環境」系における相互作用を，人間の側での抽象度階層でモデル化している [3]。人間の情報処理を中心として，ボトムアップに身体的，生理的，心理的な影響を環境から受けるとともに，トップダウンで主観的価値あるいは意図が反映される。身体的，生理的，心理的な影響は，人が接するシステム側，ならびに人が置かれる環境側の要因に対する個人的なものであり，主観的な価値形成は組織的・社会的な要因によって影響される。これらの影響が原因となってヒューマンエラーが起こることがある。

したがって，エラーを誘発する背後要因は大まかに，個人的要因，環境的要因，組織的・社会的要因に分けることができる。

- 個人的要因：身体的能力の不適合，不十分な知識や能力，作業への意欲の欠如など。
- 環境的要因：不適切な作業環境（照度，騒音，気温など），不適切な作業内容（複雑さ，単調さ，強度，持続時間など），不適切な装置・機器・機械設計（寸法，配置，表示情報など）など。
- 組織的・社会的要因：不適切な作業計画，チェックリストや手順書などの不備，不適切な管理（人員配置，役割分担，管理体制，規則，教育訓練，組織のモラルなど）など。

これらのうち，システム設計に直接関係するのは，環境的要因の装置・機器・機械設計によるヒューマンエラーの防止である。

(2) 行為の観点から

Watson に代表されるような 1960 年代～1980 年代前半の行動主義アプローチは，外部から観察可能な，人への刺激とこれに対する反応との関係に関心を置いたもので，刺激を入力，反応を出力とする機械論的アプローチである。「人間-機械システム」系における人間要素の制御行為は，ハードウェア要素と同様に扱われる。この見地では，外から観察して人が行うべき行為の正否を判断できるものとして，ヒューマンエラーを分類する。

Swain らは，行為の逸脱として

- オミッションエラー（omission error）：必要な行為を実行しなかった
- コミッションエラー（commission error）：必要な行為と違う行為を実行した
  * 不必要な行為の実行
  * 行為の実行順序の間違い
  * 行為実行のタイミングが不適切
  * 行為の対象や方向などの選択間違い
  * 行為の強度や実行時間などが不適切

を挙げている[8]。

### （3）不安全行為の観点から

Reasonは，システムを望ましくない状態に陥れる可能性のある人の行為を不安全行為と呼び，それに関連付けてヒューマンエラーを分類している[9]。図8-2に示したように，不安全行為は意図の有無で大別される。意図しない不安全行為は，いわゆる「注意の欠如（うっかりミス）」である。これには，不適切

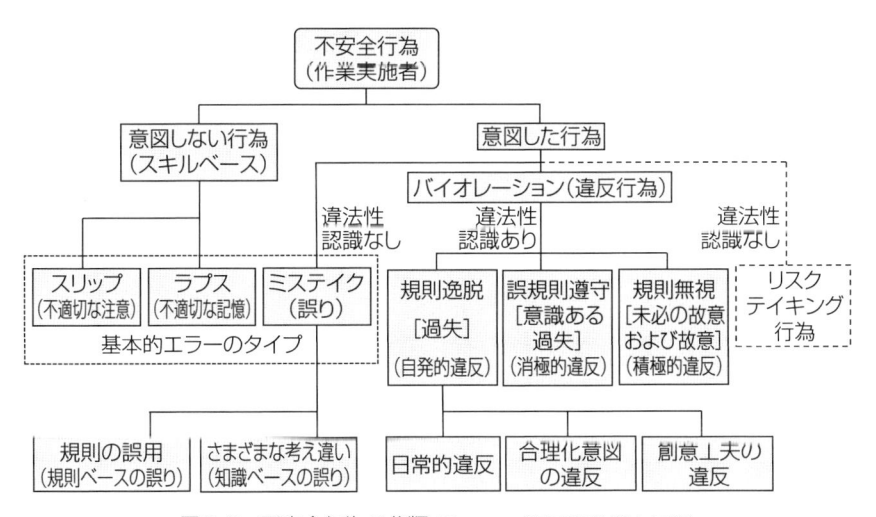

```
                        不安全行為
                       （作業実施者）
                    ┌──────┴──────┐
              意図しない行為          意図した行為
              （スキルベース）              │
                    │          バイオレーション（違反行為）
                    │        ┌─────────┼─────────┐
                    │      違法性      違法性       違法性
                    │    認識なし    認識あり     認識なし
        ┌─────┼─────┐  ┌────┼────┐
      スリップ  ラプス  ミステイク 規則逸脱 誤規則遵守 規則無視  リスク
     （不適切  （不適切  （誤り）  ［過失］ ［意識ある ［未必の故意 テイキング
      な注意）  な記憶）           （自発的  過失］   および故意］   行為
                                   違反）  （消極的   （積極的
      基本的エラーのタイプ                    違反）    違反）
        │        │                │        │         │
     規則の誤用 さまざまな考え違い        日常的違反 合理化意図  創意工夫の
    （規則ベース （知識ベースの誤り）              の違反     違反
     の誤り）
```

図8-2　不安全行為の分類（Reason（塩見監訳）[9]に加筆）

な注意によるスリップ（slip）と，不適切な記憶によるラプス（laps）の2種類がある。

- スリップ（slip）：行為の意図は正しいが，実行段階で，意図と異なる行為や操作を実行してしまうようなエラー
- ラプス（laps）：行為の意図は正しいが，意図を忘れたり，行為をし忘れたり，省略したりしてしまうようなエラー

意図的な不安全行為は，違法性の認識の有無で2つに分けられる。意図的ではあるが違法性の認識がなく，結果は失敗であるのがミステイク（mistake）である。一方，意図的で，違法性を承知で，規則や基準から逸脱する行為は規則違反と呼ばれる。

- ミステイク（mistake）：意図的ではあるが違法性の認識がなく，結果は失敗となる，思い込みや思い違い，知識不足など，判断そのものにおけるエラー

スリップ，ラプス，ミステイクの3つが人間の情報処理エラーに起因するヒューマンエラーである。

外部から観察・判定できるヒューマンエラーの形態，たとえば，早すぎ，遅すぎといったタイミング，逆転や介入などの順番，知覚対象や操作の選択，作動させる方向などは，エラーモード（error mode）と呼ばれる。

リスクテイキング行動は，死傷や損失が発生する可能性があることを承知で行う危険敢行行動であるので，不安全行為に相当する。

また，図8-2には，RasmussenのSRKモデル[10]の各レベルの行為において発生するヒューマンエラーとの対応を記してある。スリップとラプス，すなわち実行段階で意図と異なる行為や操作を実行してしまう，あるいは意図した行為の全体あるいは一部を忘れるというようなエラーは，スキルベースの行為で発生することが多い。一方，ミステイクは，認識や判断（意思決定）といった認知的な活動に誤りがあり，その下に行動してしまうエラーとして，ルールベースや知識ベースのレベルでの行為に起こる。

さらに，図8-2には，違反行為（バイオレーション）の具体的内容も記してある[11]。バイオレーションは，規則違反を認識した上で行った行為で，東海村のJCOの臨界事故を含む最近起きた社会的事故を契機として，システムの安全を脅かす不安全行為として考慮せざるをえなくなってきた。

不安全行為における違反行為の内容は，次の3つに分類される。

- 規則逸脱：日常的違反，合理化違反，創意工夫違反からなる規則逸脱（刑法の過失相当）
- 誤規則順守：消極的違反の誤規則順守（認識ある過失）
- 規則無視：積極的違反の規則無視（未必の故意）

従来，これらの違反行為の内容を具体的に示す専門用語（terminology）がなかったことから，本書ではそれぞれの内容に，①規則逸脱：「能力・経験不足（過失）」「注意力不足・看過（過失）」，②誤規則順守：「努力不足・無責任（誤規則放置）（認識ある過失）」，③規則無視：「怠慢・放置（不作為）（未必の故意）」「意図的違反（隠蔽・規則改竄）（故意）」が相当すると考えている。

規則逸脱における創意工夫違反は，たとえば，作業時間短縮や作業効率改善のために良かれと思って工夫した作業を実践したところ，それが規則違反の行為で，結果として事故になった，というようなことである。1979年にアメリカン・エアラインズのDC-10型機の左エンジンが脱落して，シカゴ・オヘア空港近くに墜落した事故，1999年に起きた東海村のJCOの臨界事故などはこれに該当する。前者においては，DC-10型機の製造会社から指示された予定外の整備を効率よく行うため，製造会社が推奨したのとは別の，エンジンとパイロンを一体のまま取り外す方法を考案し，その作業を実施した。その際に損傷が発生し，それに起因する疲労亀裂が事故の原因となった。後者では，核燃料加工の工程において，国の管理規定に沿った正規マニュアルではない「裏マニュアル」が日常的に使用され，さらに事故当日はこの裏マニュアルにもない手順で作業を実施し，それが事故の原因となった。

ただ、この種の創意工夫違反には、そうした違反を許した組織（管理者）の側にも問題がある。つまり、組織（管理者）としては、正規の方法や手順を守る、あるいは一歩進めて、そのような創意工夫を安全の面から吟味した上で、システムや方法、手順の変更を実現することもできたのではないかと思う。このように、組織（管理者）が安全かどうかをきちんと評価しない、あるいは違反を見逃がしていることも事故につながるわけで、それは組織の過誤（過ち、やり損ない、過失）である。

福島第一原子力発電所事故では、当事者である一企業の責任が追及されているが、個人や組織のエラーというよりは、業界全体の判断誤り、さらには大規模な自然災害に起因することを鑑みれば国の政策の誤りと考えるべきであろう。国家政策と営利企業の活動との狭間の「国策民営化」における共通認識の誤りというべきかもしれない。

### 8.3.4 ヒューマンエラーの再考

まったく同じ行為が、時と場合によってエラーにもなり普通の行為にもなりうる。すなわち、状況や安全性要求、法的規定などが変わると、それまで受け入れられていた行為が、誤った行為となったりする。

いわゆるオミッション、コミッションなどのヒューマンエラーの分類は存在するが、実はそれらがエラーであるか否かの判断は視点により大きく異なるのである。その判断の視点も社会で変化するものである。

(1) 刑法と人間工学の観点からの判断のケース

ある事故が起こった場合に、警察が捜査によって誰に刑事責任があるのかその主体を追及することと、今後の事故防止のために何をすべきかを考えることとでは、まったく視点が異なる。刑法では、注意力「ケア」が足りないという観点からエラーを定義している。他方、人間工学では、基本的に人間は注意力「アテンション」を継続することはできず、エラーを起こすものであることを前提に、そうならないために何をすべきかという観点でものを見ている。冒頭

の「To err is human, to forgive divine」は，人間工学で必ず出てくるキーワードである。

刑法の視点を重視すると，指示やマニュアル順守の主体性のない対応となり，安全性の劣化につながる恐れがある。脆いが無限の可能性を期待できる人間をいかに支援できるかの視点が安全性向上のために大切である。

### （2）文脈のなかでの限定合理性に基づく判断のケース

認知科学や認知システム工学の分野では，人間は必ず情報制約があるなかで，文脈（コンテキスト）に沿って考え，合理的に判断しているとされる。これを，「文脈のなかでの限定合理性」と呼んでいる。しかし，この判断が，外部から後付けで見るとエラーであるとされることがある。

組織の不条理な行動は，これまで人間の持つ非合理性で説明されることが多かったが，最近は人間の持つ合理性がその原因であると考えるアプローチが出てきた。これに関連するものとして，組織（行動）経済学の3つのアプローチを表8-1に示す。それぞれのアプローチは，取引コスト理論，エージェンシー理論および所有権理論の3つの理論に基づいている。その共通の仮定は「限定

表8-1　組織（行動）経済学の3つのアプローチ

|  | 取引コスト理論<br>（めんどくさがり） | エージェンシー理論<br>（情報格差） | 所有権理論<br>（わがまま） |
|---|---|---|---|
| 分析対象 | 取引関係 | エージェンシー関係<br>（プリンシパルとエージェンシー） | 所有関係 |
| 非効率性 | 機会主義的行動<br>埋没コスト | モラルハザード<br>アドバースセレクション（レモン市場） | 外部性 |
| 制度解決 | 取引コスト節約制度<br>（仲間-集権型-分権型組織） | エージェンシーコスト削減（情報の対象化）制度 | 外部性の内部化（所有権配分）制度 |
| 事例 | ガダルカナル白兵突撃<br>ワンマン経営-社外監視<br>硫黄島・沖縄戦 | インパール作戦<br>ワークシェアリング | ジャワ軍政<br>仲間意識と組織的隠蔽 |

合理性と効用極大化」である。

　したがって，これからの人間を対象とする工学では，エラーを起こしやすい社会の文脈を見つけていく必要がある。つまり，エラーとは何かを分析するのではなく，エラーを起こす社会の文脈を分析する方向に考え方が変わってきている。この方向は，エラーの内容を基本的に扱う従来の人間工学の範囲を超えているから，難しいのは事実である。しかし現在は，安全と人間を取り巻く環境要素との関連性の視点でエラーを分析しなければ対策に結びつかない時代になってきていると認識すべきであろう。対策は，人間の持つ合理的な特性に合わせるべきである。

### (3) 標準（慣例・道徳）と基準（法・規制）に基づく判断のケース

　エラーの定義に大きな違いが現れるのは，法や規制から逸脱しているかどうかの判断と，慣例や道徳に反しているかどうかの判断とが一致しない場合である。最近では，法律には触れていなくとも倫理的には問題があると糾弾されることも少なくない。

## 8.4　組織的な対応策によって

### 8.4.1　ソフト安全バリア

　人はつねに同じ意識状態で作業を行うことは不可能であり，行為は変動する。それゆえ，ヒューマンエラーは必ず起きる。また，仮に，起因事象となるヒューマンエラーが起こっても，事象の連鎖を途中で断ち切ることができれば事故は防げる。それには，ヒューマンエラーに対処する仕組みを機械・システムのなかに組み込んでおくことが必要不可欠である。その仕組みが，安全バリアの概念（9.4.2 項参照）である[12][13]。

　バリアは，障害物（obstacle），障壁（obstruction），妨害（hindrance）を指す。このようなバリアを，ハザードが顕在化するプロセスの発生を阻止し安全を確保するための仕組みに利用するものを安全バリアという。

　安全バリアはハード安全バリアとソフト安全バリアから構成される[14]。こ

こでいう「ハード」とは技術的要素のように構造が明確となっていることで，「ソフト」とは人間組織・活動のように物理的実体がなく，構造が明確でないことである。

Hollnagel は安全バリアを，物理的バリア，機能的バリア，記号的バリア，無形の 4 つに分類している [12]。物理的バリアと機能的バリアがハード安全バリアに，記号的バリアと無形のバリアがソフト安全バリアに該当する。

ハード安全バリアの設計については 9.4.2 項に述べる。

組織的な対応策によるヒューマンエラーマネジメントの中心になるのが，前節に述べたソフト安全バリアである。

ソフト安全バリアに該当する，記号的バリアと無形のバリアは，次のようなものである。

- 記号的バリア：視覚的，聴覚的な情報などのように，人にその意味を解釈させることによって，不安全な行為を抑止，あるいは望ましい行為を誘導するものである。警告，標識，警報，信号などはその例である。ガードレールのように，物理的バリアと記号的バリアの機能を有するものもある。
- 無形のバリア：他のバリアのように物理的な実体としては使われないが，その意味する概念的内容によって不安全な行為を抑止，あるいは望ましい行為を誘導するものである。その目的は，ハードバリアを期待される状態に維持管理し，必要なときに期待された機能を発揮させ，さらに万一ハードバリアが機能しなかった場合に災害を防止するのに必要な活動をとることである。典型的な例は，規則，規定，マニュアル，手順書，法令などのソフトウェアや，監視員，保守員，組織などのヒューマンウェアである。

なお，無形のバリアであるマニュアルには，功罪があるので，注意が必要である。これについて次項に述べる。

### 8.4.2 マニュアルの功罪

事故の度に，対策としてマニュアルに追記しましたという例が多くみられ，自主性が失われて緊急時に対応できないなどの，マニュアル化の功罪が議論されている．マニュアルは過去の経験に基づいてつくられる．よって，これに頼り切ると，これまでに想定していた事象や事態を超えた事象や事態に対しては無力である．非常時には，定常状態を想定してつくられたマニュアルが役に立たないことはよく知られている．非常時は人間の知恵や経験がより有効に機能する場面であるが，マニュアルしか知らない人は非常時でもマニュアルに従った対応しかとることができず，対応が後手後手となることが多い．しかし，まったく無視するのも得策ではない．なぜなら，マニュアルはすでにわかっていることを確認するための参照元として活用できるからである．実は，事故後の対策には，マニュアル化の功罪だけではなく，以下のように多くの弊害がみられる．JCO 事故調査報告書には，吉川弘之委員長が特別のあとがきを書いている．そのタイトルは「二律背反のジレンマ」であり，事故対策のなかには以下のように多くのジレンマが存在する．これを解決するには，ジレンマの根本原因が明確になるレベルまで掘り下げる分析が必要である．そこまで分析することが根本原因分析（RCA）と呼ばれる所以である[16]．

- 安全性を向上させると効率が低下する
- 規則を強化すると創意工夫がなくなる
- 監視を強化すると士気が低下する
- マニュアル化すると自主性を失う
- フールプルーフは技能低下を招く
- 責任をキーパーソンに集中すると集団はばらばらとなる
- 責任を厳密にすると事故隠しが起きる
- 情報公開すると過度に保守的となる

JCO 事故の根本原因の可能性として，作業安全を「マニュアル」に依存するあまり，過度の余裕を持つ生産性を無視した非効率なマニュアルを管理者側が作成し，これを現場に強いた結果ではないかという見方もできる．多少生産

効率を落としても安全を重視してマニュアルを作成しておけば，多少の逸脱があっても確実にマニュアルだけで安全を担保できると管理者は判断し，作業者への知識付与，教育，訓練などが不十分だった，また組織としても無関心となってしまった可能性がある。現場作業者にある程度の教育による知識を与えていたなら，どこかで止められた機会が多数あったと考えられる。

いわゆる管理側と現場のギャップが放置されていたということである。管理側から不採算部門とみなされ，コスト削減，効率化が強く求められた結果，聖域なきコスト削減に至ったという考え方もできる。

マニュアルは手段であり目的ではない。マニュアルがあるから教育・訓練は不要である，考えなくてもよいということではない。すなわち，マニュアルも教育も訓練も考えることもすべてが必要であり，これらのバランスがしっかりと取れて初めて，最高のパフォーマンスが発揮され，高い品質が確保されることになる。

非常時は，定常状態を想定してつくられたマニュアルが役に立たないことはよく知られている。人間の知恵や経験がより有効に機能する場面であるが，マニュアルしか知らない人は非常時でもマニュアルに従った対応しか採ることができず，対応が後手後手となることが多い。

### 8.4.3 組織事故と不祥事

ヒューマンエラーのマネジメントには，リスクマネジメントの観点から，基本となるヒューマンエラーはもちろんとして，最近とくに重要視されている「組織事故」や「不祥事」も分析し，対策立案することが不可欠である[19]。

エラーマネジメントの観点からは，下記項目の分析に重点を置き，対策提言まで実施することが望まれる。

システムの品質保証のためには，故障を分析してフィードバックすることが大切である。最近は機器故障よりも人間のエラーのほうが多く，重要な影響を与えているので，同じ文脈でエラーを分析し，それをフィードバックすることが大切である。

最近は，とくに組織の問題がクローズアップされており，組織としての課題

を分析し，その根本原因を追究し，対策を立てることが重要となってきた．そうすると，組織内部の制度や管理問題が重要視されるが，それ以前に外部との関係がどうなっているか，さらには外部の監視の目が行き届いているかも問題となる．最後の2つは，典型的な組織事故のパターンと関連が深い．

① 外部の監視の目：行政，規制，法，規格など，組織の外から社会的に監視する枠組み
  - 合理性（維持基準），規範規制，リスクに基づく規制，PL法，ISOシリーズ（品質保証，安全，環境など），HACCPなど
② 組織としての外部との関係：文書の有無とその内容の有効性により判定．
  - 関連会社・外注会社・派遣会社とのリスクマネジメントの取り決め，組織間協定やコミュニケーションの取り決め，外部監査制度，情報公開・アカウンタビリティ，地元との協定，行動憲章/企業倫理綱領/CSR/コンプライアンス，組織事故・不祥事後の組織的な対応方針
③ 組織としての制度：文書あるいは組織の有無とその内容の有効性により判定可能．体制の一貫性．
  - 生産管理・品質保証・安全管理・リスクマネジメント・環境管理体制
④ 組織としての管理：文書とその内容の有効性により判定可能．制度の運用方針．
  - リスクマネジメント・生産管理・品質保証・安全管理・危機管理綱領，内部監査制度，内部告発制度，事故報告システム，安全マニュアル/チェックリスト
⑤ 組織内の意識：インタビュー，アンケート，社内報などにより判定可能．組織としての制度，管理との比較で評価．
  - トップの意識，企業倫理意識の周知，技術者倫理のレベル，リスク認識のレベル，安全教育訓練の周知，組織文化/安全文化
⑥ 技術力：技術系の組織の場合，この観点が重要．
  - トップの技術知識不足，トップと技術者の間の理解の齟齬
  - 安全管理担当者，技術者層，現場担当者の，技術力不足，人数不足

## 8.4.4 組織事故と不祥事の相違

### (1) 組織事故と不祥事の定義

組織事故と不祥事の定義を示すが，両者はよく似ている．しかし，組織事故は組織内部の問題であり，その原因は基本的に良かれと思ってしたことの蓄積が結果的に組織を揺るがすまでに至るものである．これに対し，不祥事には倫理的問題を含んでいる点と社会的問題とみなされるところに相違がある[19]．

① 組織事故の定義
   (a) 組織内部の要因で，組織を揺るがす規模まで拡大した事故
   (b) 同時に倫理的問題を含み，不祥事にいたる場合が多い
   (c) 安全問題（善意の行為だがエラーとなる）との関連性が高い
② 不祥事の定義
   (a) 組織事故やイベントの原因やその対応あるいは外部対応に，道徳的・倫理的問題が含まれ，社会的問題にまで拡大した事象
   (b) 事故そのものを問題とせず，組織の社会性を問題とする
   (c) セキュリティ問題（本質的に悪意があると社会から指弾された）との関連性が高い

### (2) 組織事故と不祥事の形態

以下に，組織事故と不祥事の形態の分類とその事故例を示す．

① 組織事故の形態
   大きく，以下の2つに大別できる．一つは，従来から大規模な事故によく見られる傾向であるが，組織としての技術レベルがシステムの複雑さや規模に比べて不十分だったと判断されるタイプである．ボパール事故はその典型であり，米国の技術を移転してインドにおいて運用されていたが，前々から安全性に対する懸念が表明されていた．もう一つは，最近の事故や不祥事に顕著に見られるようになってきたが，組織として時間経緯のなかで安全文化が徐々に劣化することにより，ある日突然に大きな事故に至るタイプである．JCO事故などはその典型であり，品質・

経済性重視のなかでの，長年における軽微な違反の蓄積が原因であり，この事故の分析には 20 年程度にわたる違反の積み重ねや意識の低下を分析する必要がある[17]。もっとも第 1 のタイプの事故でも，分析すれば安全文化の問題は必ず存在している。
(a) 技術レベルの問題（技術レベルが低い，あるいは技術と経済性のバランスが崩れる）
- チェルノブイリ事故：安全性原則無視の設計
- チャレンジャー号・コロンビア号事故：経済性重視設計，ノルマ重視，蓄積疲労
- みずほ銀行の情報システムトラブル：情報システム統合の困難性認識の不足

(b) 長期の安全性（安全文化）の劣化（些細な違反の常習化や，人員や予算の削減によって現場に無理がかかることにより発生，当該事故はたまたま起きた氷山の一角と考えるべき）
- 信楽高原鉄道事故：誤出発検出装置を逆手にとって遅延を取り戻そうと強引に出発
- 雪印乳業食中毒事件（大阪工場）：HACCP 規定無視

② 不祥事の形態

不祥事の形態は，社会的立場にある責任者の緊急時の不作為から，内部の個人の問題，外部対応の不手際，組織としての虚偽の連鎖まで，4 種類に分類できる。

(a) 緊急時の不作為（事故やトラブルの後処理が，あまりに後手，ふがいない）
- 阪神大震災時の村山総理：不作為
- えひめ丸事故時の森総理：重要性認識欠如
- 農水省・厚労省の狂牛病対策不備：重要性認識欠如，不作為

(b) 行動自体が非道徳（特定個人の不適切な行為や犯罪的行為が，組織を壊滅状態に導く）
- 大和證券：海外の一人のトレーダーの犯罪的取引
- 石川銀行：オーナー社長の乱脈経営

- 外務省の公金流用：経済原則無理解な個人
(c) 外部対応の不手際（幹部の社会的意識の低さ）
  - フォード・ピント車の懲罰賠償：人間の価値を金銭換算
  - 雪印乳業の社長対応：社内連絡体制，危機管理の欠如
(d) 虚偽の連鎖（幹部が組織防衛のために小さな問題を秘匿し，嘘を重ねる）
  - 三菱ふそう・三菱自動車のリコール隠蔽：企業体質
  - 東京電力の自主点検記録不正問題：規制と安全性との矛盾
  - ミドリ十字の非加熱製剤：既得権益確保

## 8.4.5 過去の組織事故や不祥事の事例に学ぶ

　いわゆるヒューマンエラーや組織過誤のレベルのものであれば，自分の組織の不具合事例を分析して対策を立てていればだいたい対応できるが，それ以上の組織事故や不祥事を防ぐには過去の事例に学び，それを自組織に活かす姿勢が重要である。

　それには，「他山の石」を生かすセンス，すなわちリスクリテラシー（RL：Risk Literacy），トップマネジメントとしてリスクマネジメントをきちんと機能させる能力が欠かせない。

　社会の変化に気づいてコンプライアンス（法令順守）や企業倫理，企業の社会的責任（CSR：Corporate Socially Responsibility）に真剣に取り組むようになるためには，他社が起こした最近の不祥事を疑似体験することが必要である。しかし，多くの企業はそれを実行せず，対岸の火事として眺めている。不二家は雪印の事件から何を学んだのだろうか？　疑似体験を行っていれば，不祥事の後に取るべき言動も自ずとわかったはずである。

　自分の問題と捉えがたい理由は，罪というものが見えにくくなっていることにある。危機が生じたときに自らが犯した罪を自覚していないので，的確な対処ができないのである。見えにくい罪は2種類に大別できる。一つは，企業が悪意なく罪を犯している場合。悪意がないだけに自らが犯した本当の罪に気づ

くのが遅れ，その間に誤った対応をしてしまう．もう一つは，罪の内容や重みが時代とともに変化していることに気づかない場合である．

悪意がなかった一例は，ソフトバンクBBが運営するADSL（非対称デジタル加入者線）サービス「ヤフーBB」から大量の会員情報が流出した事件である．ソフトバンクBBは会員情報を自ら流出させたわけではなかった．それどころか，会員情報を第三者に盗まれ，恐喝まで受けた被害者だった．しかしヤフーBBの会員から見れば，ソフトバンクBBは，顧客情報の管理が杜撰で会員に不安な思いをさせた"加害者"であった．

悪意がなかったり，時代の変化とともに変容したりする罪は見えにくい．罪を犯した，あるいは犯す可能性があるという認識がどうしても薄くなり，企業は無責任かつ無神経な言動をしてしまう．その結果，危機管理に失敗し，コンプライアンスや企業倫理，CSRの欠如を疑われることになる．

しかし，大騒ぎを起こす不祥事が頻発し，トップが対応を間違えてお粗末な態度を示す例が枚挙に暇がないくらい発生しているのに，それを理解して対応方針を設定できないトップはリスクリテラシー不足ということである．

### 8.4.6　リスクリテラシー

リスクリテラシーでは，解析力（収集力，理解力，予測力），伝達力（ネットワーク力，コミュニケーション力），実践力（対応力，応用力）といった能力が必要である[18]．

たとえば福知山線脱線事故では，以下のようなことが対応するものと考えられる[18]．

① 解析力
- 収集力：事故例収集
- 理解力：信楽鉄道衝突，日比谷線脱線
- 予測力：当日の宴会，ゴルフコンペの問題性

② 伝達力
- ネットワーク力：情報発信力（事故の重要性の組織伝達）

- コミュニケーション力：影響力（メディア広報）
③ 実践力
- 対応力：いまある危機対応（被害の拡大防止）
- 応用力：抜本対策（組織の是正）

組織事故や不祥事の根底には安全文化があるので，それについて次節に述べる。

## 8.5 安全文化とは

組織事故や不祥事が頻発することへの対策として，リスクマネジメントの観点からさまざまな分析を試み対策を提言してきた[19]。この分析から明らかになったことは，その根底にある関係者（ほとんどの場合，ここでは技術者のことであるが）に安全意識の低下が見受けられることであり，それに対する抜本的対策の必要性を感じる。そこで，原点に立ち戻って，安全意識を形成するものは何か，そしてそのためには何が必要かなど，安全意識を高める方策について考察する。

安全の実体や安全対策による効果は直接見えないばかりでなく，安全対応策にコストがかかるため，安全は軽視されがちである。安全を重要と考えて大切にするか否かは，組織の持つ風土や伝統（「安全文化」と呼ばれる），とくに経営トップの持つ価値観，意志，力量で決まるといってよい。

(1) 安全文化の定義

安全文化の定義はいくつかある。国際原子力機関（IAEA）によれば[20]，安全文化は「安全にかかわる諸問題に対して最優先で臨み，その重要性に応じた注意や気配りを払うという組織や関係者個人の態度や特性の集合体」である。すなわち組織が共有すべき暗黙の作業モラルや組織的なモチベーション，熟練技能などの総体である。広義の安全文化は，価値観，倫理観などの観念的な基層文化に基づき，労働観，組織観，道徳観などとして表出する表象文化の一形態とも定義できる。

安全文化とは「安全に関する組織文化」でもある。組織文化は組織が「持つもの」（規定のように人工的につくるもの）か，あるいは組織「そのもの」か，という基本的な問題で専門家の見解が分かれている。前者は新しい対策や慣習の導入により文化を変えていく管理の力を主張し，それには業務の枠組み，管理手法，慣習のような要素が含まれる。後者は組織構成員全体の価値観や信念や規範から生まれる全体的な特性として文化を捉える。安全管理システムの構築を通して，安全文化は組織が「持つもの」であると認識しなければ，工学面からの対策の検討はできない。

　IAEAでは，安全文化の3段階という概念を提示して，厳密な規定に従う解決（technical solutions）すなわち規則依存の初歩の段階から，手続き上の解決（procedural solutions）を経て，第3段階の行動に関する解決（behavioral solutions）へ進めようとしている[21]。すなわち規則や規制のみに基づく安全を否定していることに注目する必要がある。規制も，個々の行為の結果に対する処方箋型規制から規範規制に変えようという議論がなされている。これは結果論的な法体系から行為論（経緯論，手順論，枠組み論）的な法体系への変換とも取れるが，IAEAの方針と軌を一にするものであろう。

## （2）安全文化の評価

　安全文化に対する社会の期待，信頼，厳しい要求，厳しい監視の目などが，国や企業の安全文化を支えている。社会的関心の対象外にある企業の安全文化は劣化しやすい。また，安全文化は経営者の信念と倫理観に依存することから，経営状態が悪化したときに安全文化の維持はないがしろにされやすく，この点からも社会の目が大切となる。安全文化を備えた組織があったとしても，その存在は長続きしない。それは安全文化の維持が困難だからである。続出する産地や品種の偽り，欠陥隠しや事故隠しのようなモラルハザードは，安全文化が喪失したときに発生する。不祥事や事故が起こると組織の多くの人々が事後処理に関わり，さまざまな対策や措置を考えて，実行に移す。しかし，時がたつにつれてルーティン化し，そのような対策や措置の意味も忘れられ，やがてはそれがむだと考えられ，「非常時の将は，平時の将たらず」となる。そし

てその結果，再び同じような不祥事や事故が繰り返されることになる．それらの防止にはヒューマンウェアが大きな比重を占めるが，とくに安全文化が要となる組織事故に対してはなおさらである．

したがって，安全文化を備えた組織の維持には，自己評価および第三者評価の定期的な実施が有効である．ここでいう自己評価は自分の組織のなかでの他者評価であり，第三者評価はその任にあたる第三者的な査察機関による評価である．第三者評価はパフォーマンス指標のような（たとえば，故障再発率，チェックリストなど）外面評価が中心にならざるをえない傾向がある．その意味で，第三者評価は，手順規制型 ISO（たとえば ISO 9000 シリーズなど）と同じような位置付けにあると思われる．

一般に評価に用いるチェックリストは，その時点の状況を把握する静的な評価手法である．しかしながら，たとえば IAEA のような定期的な査察を実施する権利を有している機関によって，これを定期的に実施すれば，動的な評価が得られ，これにより組織に定期的にプレッシャーを与え続けることができる．

動的な（定期的に実施する）安全文化評価によって，モラルハザードの発生を防止することが期待できる．また，組織の集合体（産業界や組合のような）では，他組織の事故で自組織が経済的損失を被ることもあるので，安全ネットワークのような相互チェック方式や第三者審査機関が有効となることもありうる．

組織にあっては，以下のような表現をどこまで意識しているかが安全確保のカギである．

- 安全は定常的に存在する事象ではなく，何かが起こっていないというたまたまの状態を維持し続けること
- 安全は危険物に満ちた荒野のなかを通り抜ける，曲がりくねった細道をたどるようなもの
- 安全は動的非事象（dynamic non-event）

いずれにしても，組織（企業）では何らかのメリット（報奨制度や資格制度など）がなければ活動は鈍るので，安全がトータルでは経済性も満足するとい

うメリットがあることを理解してもらうことが最善である。

前述のように，安全文化は「風土・理念としての安全文化」と「安全管理能力による安全文化」から構成されている。そして，両者は性格が異なる。「風土・理念としての安全文化」は内面的なものであることから，その観察・分析・評価のためのデータ収集の手段として，インタビューやアンケートが用いられる。対して，「安全管理」は文書化・手順化の形をとるので，分析・評価しやすい。その分析・評価には，インタビューやアンケートよりも客観的な手段がありうる。

以上より，安全文化の評価は

① 風土としての安全文化の評価
② 安全管理能力の評価
  - 安全管理組織の充実度の評価
  - 安全管理組織の活性度，順守状況の評価

となろう。

安全文化として望むべきものは，人類に一様なのであろうが，現実は文化，伝統や組織によってその対応が異なり，それが評価結果の相違として現れる。また，採られるべき対策は当然個別となり，国によって法律や規制方針も異なってくる。このように，安全文化の評価には，企業が置かれている社会的環境・状況をもあわせて考慮する必要がある。組織に対しても，リスク情報に基づく規制（RIPBR：Risk-Informed Performance-Based Regulation，性能基準型規制すなわちリスクの説明性能指標に基づく規制）のように，一律の指導でなくその特徴に応じて差別化すべきであろう[22]。

(3) 日本人の安全文化の特徴

日本人の倫理観の特徴は，欧米と日本の結婚感の相違にもあるように，神の前の個人としての倫理ではなく，あくまでも仲間内の価値観としての倫理である。このような日本人の倫理観がもたらす安全上の問題点は，「金太郎飴的発

想」と「同心円的仲間意識」であると考える[15]。すなわち，固定的な階層構造組織における「みんなで渡れば怖くない化」である。

　日本人は，実務レベルでは優秀でまじめで均一性が高く，それが日本の技術の底辺を支えてきた。また，組織内では稟議制によるボトムアップの業務形態が一般的であり，中間レベルまでは優秀さが生かされている。しかし，そのなかで育って組織のトップになった者の間には，「金太郎飴的発想」が蔓延し，トップマネジメントの意識も力量も伴わず，責任感不在や目的意識の欠如につながるのである。

　安全を追求する上で，日本で一番良くないのは，「同心円的仲間意識」だと思われる。安定した集団内部では，互いに安心していられる場所が提供されるので，そこに逃げ込みたがる。すなわち，「群れ本能」によって多層の派閥構造ができ，内部では派閥争い，外部に対しては派閥擁護がはびこることになる。

　堺屋によれば，組織が「死に至る病」にかかる原因は，機能体の共同体化，環境への過剰適応，成功体験への埋没とされる[23]。「同心円的仲間意識」は「共同体化」の根源であり，情報不在に陥り，癒着や非効率性に結びついたり集団思考になることもあり，さらには公共性や安全観念の欠如にもつながる。これが嵩じると，組織倫理が退廃し，組織ぐるみの不祥事とその隠蔽に至る。日本全体いたるところに「同心円的仲間意識」が見られ，A 社で起こっていることは B 社でもと思わざるをえない。この打破には，次のような組織に対するある種のプレッシャー（危機意識を与える）が有効であろう。TQC 活動にしろ ISO の手順規格の認証制度にしろ，プレッシャーなしには形骸化は免れない。

- 外部からのプレッシャー：法，規制，罰則，報奨制度，手順規格，社会的制裁，安全ネットワーク
- 内部で安全文化を風化させない：仕組みの改善，トップのセンス，小集団活動，経験した事故からの教訓，倫理規定

(4) 安全文化の醸成に必要な能力とその評価項目

　安全文化の醸成に必要な能力とその評価項目は，図 8-3 のように安全文化の 3 層のなかに配置できるだろう。中西によれば，安全文化は基層の上に組織マ

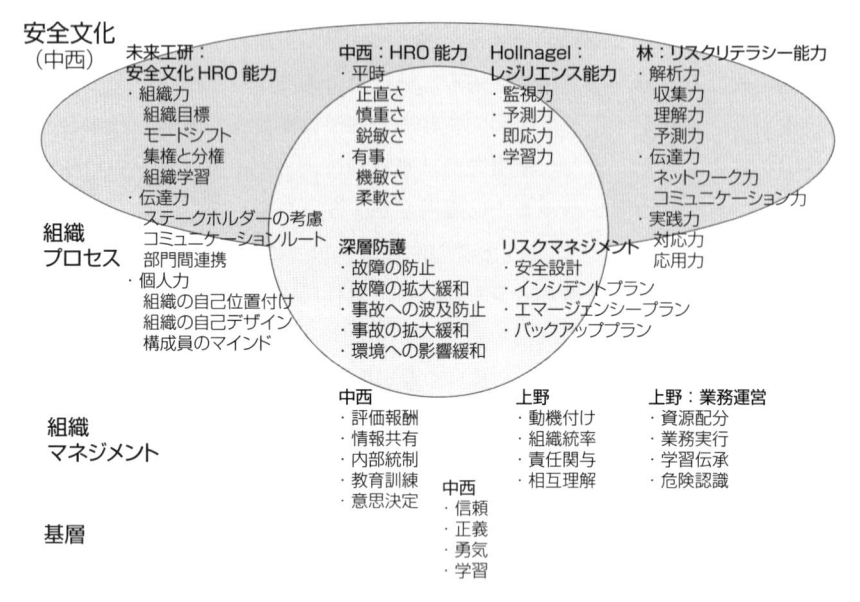

```
安全文化
(中西)          未来工研:        中西:HRO能力    Hollnagel:      林:リスクリテラシー能力
                安全文化HRO能力    ・平時           レジリエンス能力   ・解析力
                ・組織力          正直さ           ・監視力          収集力
                組織目標          慎重さ           ・予測力          理解力
                モードシフト       鋭敏さ           ・即応力          予測力
                集権と分権         ・有事           ・学習力          ・伝達力
                組織学習           機敏さ                           ネットワーク力
                ・伝達力           柔軟さ                           コミュニケーション力
                ・ステークホルダーの考慮                                ・実践力
組織            コミュニケーションルート  深層防護          リスクマネジメント  対応力
プロセス         部門間連携        ・故障の防止       ・安全設計        応用力
                ・個人力          ・故障の拡大緩和    ・インシデントプラン
                組織の自己位置付け   ・事故への波及防止   ・エマージェンシープラン
                組織の自己デザイン   ・事故の拡大緩和    ・バックアッププラン
                構成員のマインド    ・環境への影響緩和

                                中西             上野             上野:業務運営
                                ・評価報酬        ・動機付け         ・資源配分
組織                             ・情報共有        ・組織統率         ・業務実行
マネジメント                       ・内部統制        ・責任関与         ・学習伝承
                                ・教育訓練        ・相互理解         ・危険認識
                                ・意思決定         中西
基層                                             ・信頼
                                                ・正義
                                                ・勇気
                                                ・学習
```

**図8-3** 安全文化の3階層における安全文化醸成に必要な能力とその評価項目

ネジメントがあり，またその上に組織プロセスが乗っている[24]。ここでは，この組織プロセスの上に組織の能力が定義できるものとして整理した。図には，高信頼性組織（HRO：High Reliability Organization），レジリエンス能力，リスクリテラシー（RL）などに加え，比較のために深層防護（9.4.1項参照）の評価項目，リスクマネジメント（RM）の評価項目も加えて，全体構成を示している。

　安全文化の最下層である「基層」に「信頼，正義，勇気，学習」の基本となる能力がある。その上の層として「組織マネジメント」があり，研究者によりそれぞれの能力定義がある。そしてその上に乗る「組織プロセス」における実行過程で必要とされる能力が，ここで対象とすべき個人や組織の能力であろう。

　中西の高信頼性組織（HRO）能力と深層防護とリスクマネジメントには，平時と有事（異常時）の相違がある点が共通している。レジリエンス能力とリスクリテラシーにおいても，その相違は明示的には出ていないが，実態的には分けられるので，平時と有事の能力定義は明らかに一つの方向性であろう。レジ

リエンス能力とリスクリテラシーの定義は，伝達力を除くとよく似ている。伝達力を挙げている点で，未来工研[25]の HRO 能力とリスクリテラシーは共通であり，これは有事にはとくに必要であると考えられる。

組織の能力とは，個々人の能力が基礎となり，その集大成が組織能力として現出するものと考えられる。よって，組織能力獲得のためには，組織として個人の教育訓練の充実などが不可欠である。中西や上野らは，組織マネジメントのなかにそれを挙げている。なお，未来工研は個人力として構成員のマインドを挙げている。

## 8.6 安全文化の維持

Reason は，安全文化を具現化する重要な構成要素として，「報告する文化」「正義の文化」「柔軟な文化」「学習する文化」を取り上げている[9]。日本の安全文化が有効に機能するには，ここに「議論の文化」を追加すべきと考える。なかでも，「何事にも疑問を感じ，そしてそれを表明する態度（questioning attitude）」が重要であり，それによりみんなの共通認識が生まれる。

堺屋は，オーケストラ型からジャズ型への変換が必要であると述べているが[23]，以下のように最近の組織にその動きは見られる。

- インターネットの普及で，社員が直接的に社長に意見具申できる，新規提案をするなどの形態で，ある程度変換が実現しつつある
- 最近の知識管理は，ジャズ型のフラットな組織つくりのための方策である

安全文化の維持は，技術者個人の努力と組織自体の努力，外部からの圧力の両者があいまって初めて実現できる。具体的には，その力は次の 4 段階の駆動力であろう。

- 段階 1：外部の監視の目
  いわゆる企業の社会的責任（CSR）がまず必要である。それには「社会的信用の維持」を外部に表明することが外圧となる。安全優良企業と呼

ばれるデュポンやカンタス航空は，それを当たり前だと思っているところがよいのだろう。

もう一つの課題は，報道と外部機関の役割であろう。それは規制であったり安全の ISO 規格であったりする。本当の外部の目という意味では，社会道徳として組織，企業を監視していることであろう。その一つの方策として，消費者評価がある。この関連では，製造物責任法（PL 法），消費者基本法，消費者基本計画策定など，法的な枠組みができつつある。

- 段階 2：組織のトップの意識
  組織は本来的にある目的を持ってつくられる（機能体）が，時間とともに共同体化する。それを機能体として維持するためには，トップがつねに創業者精神を忘れないことであろう。
- 段階 3：組織内部の監視の目
  ここでは 2 つのことが必要と考える。技術者と技術管理者（技術に必ずしも詳しくなくともよい）と技術広報者（科学コミュニケーターのような）とを，きちんと切り分け，技術者は技術に専念すべきであろう。
  もう一つは，内部監査，内部告発（日本には適さないとの意見もあるが）制度による監視の目である。
- 段階 4：個人の倫理感の醸成
  最近は，教育機関において専門家倫理を教えているし，会社や学会や技術士会などでも倫理規定を持つケースが増えてきている。これが技術者としての最低限の資格になるように期待する。要は，会社人間の前に社会人，組織の一員の前に一個人という当たり前のことを当たり前に認識することであろう。

最後に，ヒューマンエラーのマネジメントを支援する能力としての組織能力について述べる。

## 8.7 システムの安全を確保するための組織能力

最近，レジリエンスエンジニアリングや高信頼性組織などの新たな研究方法が提言され，さまざまな個人や組織の能力の分類が提言されている。これらは，システムの安全性を維持/向上させ，また緊急時の適切な対応を期待するには，安全意識の高い人間に頼らざるをえないとの仮説に基づき，そのために必要な個人の能力や組織の能力を分析する試みである。

### 8.7.1 レジリエンスエンジニアリング

3.10.1 項に詳しく述べてあるように，レジリエンスの正式に定まった定義はなく，さまざまな定義が見られる。

本書では，レジリエンスを「想定外の深刻な異常事象/事故事象に直面し，一時的に危機的状況に陥っても，柔軟に適応的に対応し，システムの性能低下をなるべく抑えて安全状態を取り戻す個人，チーム，組織の回復力」と定義している。

要するに，「状態・状況変化に対応しながら素早く安定化（安全な状態に回復）させる個人，チーム，組織の適応制御能力」である。

これにより個人や組織は想定内または想定外の変動条件下で日常の業務を失敗することなく遂行できる。この調整自体は通常行われるものであり，この調整が上手くいかなかったときに失敗が発生する。

組織のレジリエンスの能力には，個々人，チームが持つ価値観や態度，行動が深く関係する。それらは現場の風土，組織の安全文化の影響を強く受けながら形成されるので，適切な現場の風土，組織の安全文化の形成がチームや組織のレジリエンスを支えることになる。その高い能力を備えたシステムは，「リジリエンスの高いシステム」あるいは「リジリエント性を有している」などといわれる。

また，レジリエンスエンジニアリング（RE：Resilience Engineering）という用語が使われることが多くなった。しかし，なかには曖昧なまま使われている

例も見られる。

3.10.1 項に述べたように，エンジニアリングの意味合いでいうならば，レジリエンスエンジニアリングは，レジリエンスの高い運転員や安全管理者，チーム，組織とするに必要な原理，方法，仕組みなどを創ることを目的とした工学ということになる。

レジリエンスエンジニアリングの研究方針はまだ定まったものではない。以前のレジリエンスエンジニアリングは危機対応に重点を置いていた。最近の定義では[26]，レジリエンスエンジニアリングの目標は，システム状態が不安全な状態に変化してしまった場合に，個人の状況判断を許容し（結果としてのヒューマンエラーの発生は許容した上で），人間の適応能力を生かした対応に期待して，システムを安全な定常状態に収束させることである。Hollnagel が，通常運転時への注目を強調したのもそのためであろう。

レジリエンスの高い組織であるために必要な能力は以下の 4 つである。これらの能力を組織の安全文化として醸成することにより，システムの安全性の向上と組織の管理能力の向上を同時に実現でき，予測・計画・生産の力量を強化することができる。

① 学習力（Factual）：何が発生したかを理解する（過去の事象から，何が原因だったかを正しく学ぶ）
② 予測力（Potential）：何が起こりそうか判断でき，承知する
③ 監視力（Critical）：何に眼を光らせるべきかわかる
④ 即応力（Actual）：何をすべきかわかり，対応する実行力がある（通常または通常以外の状況変化発生時に効果的かつ柔軟に対応する）

この 4 つのレジリエンス能力は相互に関連を持っており，この能力により日常の業務を失敗することなく遂行できる。そして相互関連が上手くいかなかったときに失敗する。

## 8.7.2　高信頼性組織

　高信頼性組織（HRO：High Reliability Organization）の研究分野でも，組織の能力の研究がなされている。高信頼性組織とは，原子力発電所や航空など，社会から高い信頼性が操業の前提として要求される組織であり，"長期にわたって高い安全・信頼性を維持し続けている組織""不測の事態に強い組織""惨事となりかねない事態に数多く接しながらも，その事態を初期段階で感知し未然に防ぐ仕組みを体系的に備えた組織"のことである。そのような組織に要求される能力として，文献 [24] では，平時には，些細な兆候も報告する「正直さ」，念には念を入れる「慎重さ」，操作に関する鋭い感覚である「鋭敏さ」を，有事には，問題解決のために全力で対応する「機敏さ」，最も適した人に権限を委ねる「柔軟さ」を挙げている。また，これらを統合する中核として，「マインド」を持つ人とプロセスを開発し，彼らを支える組織マネジメント，組織文化をつくることを提案している。また，文献 [27] では，高信頼性組織（事故防止に成功している組織）の特徴として次の 5 項目を挙げ，それぞれの能力を高める方法を説明している。

- 失敗から学ぶ
  過失とはすべて，システムのどこかに問題があることを示す兆候であると受け止めている。ミスの報告を奨励し，ニアミス経験を子細に検討して教訓を引き出す。自己満足，安全確保に対する気の緩み，マニュアルどおりの業務処理など，成功に潜む落とし穴に対して警戒を怠らない。
- 単純化を許さない
  自分たちが直面する状況は複雑かつ不安定で，すべてを知り，予測することが不可能であると心得ている。そこで，できるだけ視野を広げるように，多様な経験を有する部門横断型の人間，常識的とされる知識をも疑ってかかる意欲といったものを重視する。
- オペレーションを重視する
  戦略よりもオペレーションが実際に行われる現場を重視する。オペレーションが正常なときでも異常な事態の発生を示す兆候が現れる場合があるので，状況認識がしっかりできていれば，予期せぬ事態が発生して

も，その事態を制御でき，隔離が可能な段階で対処できる。
- 復旧能力を高める
  復旧能力とは，不安全事象の拡大防止とシステムが機能し続けるための臨機応変な対応措置の，両方を行うことである。これらの復旧策はともに，技術，システム，人間関係などに対する深い知識を必要とする。よって，高信頼性組織では，豊富な経験を備え，訓練を積んだ専門知識を持つ者を重視する。彼らは最悪のケースを想定して彼らなりのシミュレーションと訓練を行っている。
- 専門知識を尊重する
  厳格なヒエラルキー型組織は，過失に対して独特の脆弱性を持つ。上位層の過ちが下位層の過ちと結びつく傾向が強いため，そこから生じる問題はさらに拡大し，全体像が把握しづらくなり，より深刻な事態になりがちである。高信頼性組織では，こうした破滅的な道をたどらないように，意思決定は現場レベルで行われ，権限は地位に関係なく専門的知識が最も豊富な者に委ねられている。

　事故やトラブルにおける良好事例から教訓を得るというレジリエンスエンジニアリングの立場とは対照的に，高信頼性組織は，緊急時組織（たとえば原子力空母）の現場観察から良好事例を見いだすという立場であるが，事故やトラブルを少なくするという目標では共通しており，方向性は一致している。
　安全文化も安全に関する組織能力を議論していると考えれば，やはり方向性は同じであろうし，実際に安全文化と高信頼性組織を同時に議論する人は多い。
　レジリエンスエンジニアリングや高信頼性組織と目的は異なるが，文献 [7] では，組織のリスクマネジメントとして要員はリスク対処能力，リスクリテラシーを持つべきとしている。
　事故やトラブルを調査すると，かなりの事例で，エラーや規則に違反した行為に気がついている人，すなわち Sutcliffe がいうところのマインドフルな（つねに心構えが高い状態を維持している）人がいる [27]。彼らを強化し適切に支える仕組みができれば，事故トラブルを低減する新たな枠組みができるであ

ろう。

## 参考文献

[1] 古田一雄編著：ヒューマンファクター10の原則，日科技連出版社，2008年
[2] United States Nuclear Regulatory Commission : Technical Basis and Implementation Guidelines for a Technique for Human Event Analysis (ATHEANA), NUREG/CR-1624, Rev.1, USNRA, 2000.
[3] J. Rasmussen : Information Processing and Human-Machine Interaction, New York, Elsevier Science Publishing Company, Inc., 1986.（海保博之 他訳：インタフェースの認知工学，啓学出版，1990年）
[4] E. Hollnagel : The Phenotype of Erroneous Actions: Implications for HCI Design, in G. Weir and J. Alty (Ed.), Human-Computer Interaction and Complex System, London, Academic Press, 1991.
[5] 柚原直弘：ドライバのヒューマンエラーに関する考え方，自動車技術，Vol.62，No.12，2008年
[6] 柚原直弘，稲垣敏之，古川修編：ヒューマンエラーと機械・システム設計，講談社，2012年
[7] J. Reason : Human Error, Cambridge University Press, 1990.（林喜男監訳：ヒューマンエラー，海文堂出版，1994年）
[8] A. D. Swain, et al. : Handbook of Human Reliability Analysis with Emphasis on Nuclear Power Plant Application, Sandia National Laboratories, NUREG/CR-1278, U.S. Nuclear Regulatory Commission, 1983.
[9] J. Reason : Managing the Risks of Organizational Accidents, Aldershot, Ashgate, 1997.（塩見弘監訳：組織事故，日科技連出版社，1999年）
[10] J. Rasmussen : Skills, rules, knowledge. signals, signs and symbols and other distinctions in human performance models, IEEE Transactions: Systems, Man and Cybernetics, SMC-13, 1983.
[11] 氏田博士：安全・安心を実現する専門家・組織・社会のあり方，日本信頼性学会誌，Vol.26，No.6，2004年
[12] E. Hollnagel : Barriers and Accident Prevention, Ashgate Publishing, 2004.（小松原明哲監訳：ヒューマンファクターと事故防止，海文堂出版，2006年）
[13] 氏田博士，古田一雄，柚原直弘：組織過誤の分類とソフトバリア概念の提言，ヒューマンインタフェースシンポジウム論文集，2002年9月
[14] 柚原直弘，氏田博士ら：安全学を創る（その1），日本大学理工学研究所所報，第100号，2003年
[15] 氏田博士：ヒューマンエラーと安全設計，特集「品質危機とヒューマン・ファクタ～未然防止の基本と実際～」，品質管理誌，2001年9月号
[16] 氏田博士：「エラーマネジメント」へのアプローチ—組織事故 不祥事への展開の方法について，日本人間工学会関東支部会 第36回大会，2006年
[17] 日本原子力学会HMS部会：JCO臨界事故におけるヒューマン・ファクタ上の問題，2000年
[18] 林志行：現代リスクの基礎知識 事例で学ぶリスクリテラシー入門，日経BP社，2005年

[19] 氏田博士：リスク論に基づく安全・安心の合理的な考え方，オペレーションズ・リサーチ，2006年10月号
[20] IAEA International Nuclear Safety Advisory Group : Safety Culture, Safety Series No.75-INSAG-4, 1992.
[21] IAEA : Safety Reports Series No.11, Developing safety culture in nuclear activities, 1998.
[22] 原子力安全協会：リスクベースマネジメントに関する諸外国の動向調査，1999年
[23] 堺屋太一：組織の盛衰，PHP研究所，1993年
[24] 中西晶：高信頼性組織の条件―不測の事態を防ぐマネジメント，生産性出版，2007年
[25] 未来工研報告書「安全文化醸成」，2002年
[26] E. Hollnagel, D. D. Woods, N. Leveson (ed.) : Resilience Engineering Concept and Precepts, Prentice Hall, 2006.（北村正晴監訳：レジリエンスエンジニアリング，日科技連出版社，2012年）
[27] K. Weick & K. Sutcliffe : Managing the Unexpected ―Assuring High Performance in an Age of Complexity, 2001.（西村行功訳：不確実性のマネジメント，ダイヤモンド社，2002年）

# 第4部
# 工学における思想

ここには，システムの安全の実現・確保を図る諸々の方策を創り出すための基礎として必要な思想，考え方，手法などを中心に述べる。第9章「システムの安全設計」には，安全設計の思想，大規模システムに安全を造り込むために不可欠な設計の諸概念や方策，設計技法などについて述べる。次いで，第10章「システム安全解析」では，システムの設計における安全解析の思想，予防型のシステム安全解析の進め方と安全性解析手法の概要を述べる。

# 第9章

# システムの安全設計

本章では，システム安全設計の目標・対象領域からスタートして，決定論的および確率的安全設計の思想，深層防護などのシステムの安全設計のための概念，安全設計におけるシステム安全解析のプロセス，リスク低減設計のための方策，安全と信頼性が重なる安全関連システムの安全設計の考え方，システムの重要な構成要素となっているソフトウェアの安全設計，大規模な「人間−機械」系における人間と機械に対するタスク配分の考え方など，大規模システムに安全を造り込むために不可欠な設計の諸概念や方策，設計技法などについて述べる。

## 9.1 システムの安全設計とは

機械や大規模システムといった人工物は，目的の達成や問題解決の手段として使われることから，目的ならびに機能/性能という属性を持つ。したがって，人工物は，使用者の意図の達成に相応しいように確実に働き，安全に使われたときに，初めて意味のある存在となる。

人間と人工物とのかかわり合いは，図9-1に示すように，人間，機械・システム，環境を要素として構

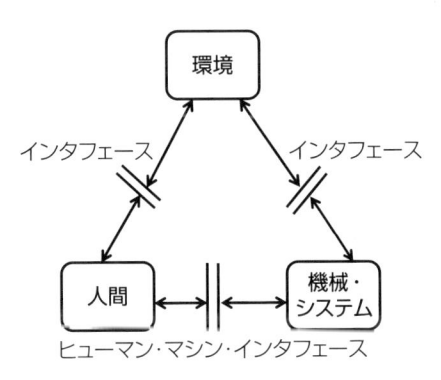

図9-1 「人間-機械・システム-環境」系における相互作用

成される「人間–機械・システム–環境」系における相互作用として捉えることができる。ここでいう機械・システムは，ハードウェア，人によって制御されるもの（制御対象），制御対象を自律的に制御するコンピュータ（ソフトウェア），ヒューマン・マシン・インタフェースなどの集合に対する一般名である[1]。

第6章に述べたように，事故は「人間–機械・システム–環境」系における創発事象であるので，システムの安全設計は，4.9.2項に述べたシステム安全の共通原則の一つである"要素やサブシステムを扱うよりは，一体としてシステムを扱う"という観点に立って行われなければならない。つまり，システムの安全設計の目標は，「人間–機械・システム–環境」系全体としての安全の実現・確保である。

設計は，設計要求仕様書に指定された要求を実現する機能/性能とその実現方式を決める行為である。機能には，一次機能と二次機能がある。

- 一次機能（基本機能）：システムが，本来の使用目的を果たすために備えている働き
- 二次機能（付随機能）：安全，信頼性，操作性，保守性，弊害低減，経済性など

したがって，「システムの安全設計」は一次機能と二次機能の安全を同時に実現する方式を決める行為である。安全は，運転，保守，廃棄の段階にわたって考慮されなければならない。これが「システムに安全を造り込む」ということである。

「人間–機械・システム–環境」系が確実かつ安全に機能するためには，信頼性，安全，セキュリティ，可用性が同時に成立しなければならない。これを示したのが図9-2である。つまり，シ

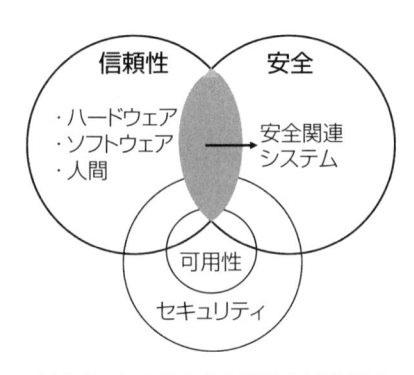

図9-2　システム安全設計の対象領域

ステムの安全設計の対象は，図 9.2 の重なりの部分を持つ安全の領域である。図中の用語の定義を以下に示す。

- 安全の定義：本書における定義は，第 3 章で述べたとおり，"ハザード（現存しないが，将来，起こりうる危険源）と人の英知との動的平衡が一時的に実現されていると判断される現実の状態，すなわち，人の負傷または死亡，あるいは機器・資材の損傷または損失，環境被害の発生がない一時的な現実の状態（state）"である。
- 信頼性（Reliability）の定義：アイテム（item）が与えられた条件の下で，与えられた期間，要求機能を遂行する能力である（JIS Z 8115）。
- セキュリティの定義：セキュリティの概念は第 3 章で述べたとおりである。一般的に，情報のセキュリティは，情報の機密性，完全性，可用性を維持することである（JIS Q 2700:2006）。
- 可用性（Availability（Performance））の定義：アイテム（部品，機器，構成品，サブシステム，システムなどの総称）が，与えられた条件で，与えられた時点または期間中，要求機能を実行できる状態にある能力である（JIS Z 8115）。

図 9-2 において，安全と信頼性が重なる部分の意味するところは，次のとおりである。

3.11 節に述べたように，安全の概念と信頼性の概念とは本来は異なるものであるが，大規模な技術システムの安全が，信頼性と直結する場合がある。たとえば，自動車のブレーキ系や航空機のエンジン，原子炉冷却系の故障は，安全に直接関係する。一般的に，大規模な技術システムでは，常用系以外に，通常時には停止していてシステムに異常が発生したときに立ち上がる安全系（safety system）や，システムの停止時に立ち上がる待機系によってもシステムの安全が守られる。安全系も待機系も共に，ハードウェアとソフトウェアで構成される。

このように安全に直接かかわるシステムは安全関連システム（safety-related system：SRS）と呼ばれる。安全関連システムとは，特定の制御対象となる機器やサブシステムあるいはシステムのリスクを受容レベルまで低減するた

めに用いられるシステムであり，制御対象を安全な状態に移行または維持するために必要な機能を担うシステムのことである（IEC 61508-4:2010／JIS C 0508-4:2012）。

したがって，大規模システムの安全は，安全関連システムの信頼性（アイテムの信頼性，この場合はアベイラビリティと呼ばれる）の組み合わせによって支配される。このような場合，信頼性が低ければ，安全性は低くなる。

しかし，一般論として，事故や不安全事象は，部品や機器の故障やソフトウェアの故障（機能不全）がなくても起きる。この場合，高い信頼性ということが高い安全性を保証しないし，安全は必ずしも高い信頼性を必要としない。

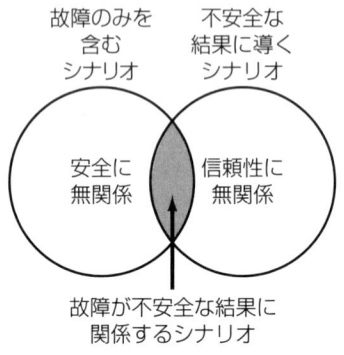

図9-3　信頼性と安全との関係

以上のことを示したのが図 9-3 である。

システムの安全設計を考える上で留意すべきことの一つは，システム要素が規定どおり正確にその機能を果たす十分な信頼性があっても，重大な事故が起こるシナリオもありうることである。つまり，故障やソフトウェアの機能不全は，事故や不安全事象を発生させるハザードの候補の一つにすぎない。準備された機能が想定外の働きをしたときや，必要な機能が欠落していたときに，それが大きな事故につながることがある。したがって，要求された機能自体が想定された条件のもとで動作するだけではだめなのである。事実，1996 年に起きた ESA（European Space Agency：欧州宇宙機関）のアリアン V 型ロケットの打ち上げ失敗は，打ち上げの 30 秒後，急に姿勢制御用コンピュータが停止してロケットが大きく傾き，その角度のずれが 20 度になったとき，自爆装置が作動して破壊されたものである。その原因は，姿勢制御用コンピュータのソフトウェアにあった。ソフトウェアは，実績あるアリアン IV 型のソフトウェアを流用したものであった。IV 型の打ち上げ後の姿勢角の変化は小さかったのでコンピュータのオーバーフローが起きなかった。アリアン V 型では打ち上げ後のロケットの姿勢角の変化が IV 型より大きかったために，その姿勢角

を検出した軸合わせ用のコンピュータが，この姿勢角変化を誤差とみなして蓄積していった．そして，誤差が際限なく蓄積され，30秒後にはコンピュータが取り扱うことのできる数値の桁数をオーバーフローしてしまった．この空中では必要のない軸合わせ用のコンピュータがオーバーフローすると飛行姿勢制御用のコンピュータまで停止してしまう設計になっていたので，ロケットは制御不能に陥ったのである．

　また，システム全体の安全は，機械やシステムと直接的なかかわり合いを持つ人間オペレーター（操作員や運転員，操縦者）の適切な運転操作・介入や保守・整備員の適切な作業によって守られる．よって，システムの安全には人間の信頼性もかかわる．さらに，完璧な自動化システムはないので，必ず人間に期待する部分が存在し，自動化システムの故障をバックアップするのは人間である．この場合も，異常事態や想定外事象におけるシステムの安全性は人間の信頼性に大きく依存する．人間の信頼性解析については8.7節に述べられている．

　人間オペレーターと機械・システムとの動的な相互作用の過程で，ヒューマンエラー（human error）と呼ばれる事象が発生し，安全に直接的な影響を与え，トラブルや事故の引き金となる．トラブルや事故を引き起こす契機となった不安全行為を即発的なエラーと呼ぶことがある．即発的エラーの根源は設計にあることが多いので，ヒューマンエラー防止策を考慮した設計が極めて重要になる．なお，「人間−機械・システム−環境」系の観点に通じるヒューマンエラーの考察については文献[1]を参照されたい．

　次に，安全とセキュリティが重なる部分は，大規模な技術システムや社会インフラである「社会−技術システム」の安全が，工場や社会インフラの「制御システム」を狙ったサイバー攻撃（情報セキュリティ問題）によって脅かされる部分である．3.13節で述べたように，大規模な技術システムや「社会−技術システム」には，情報システムと制御システム（制御情報系と制御系）が組み込まれていて，その制御システムはネットワークを介して他の情報システムと接続されることが多くなっている．そのため，「制御システム」を狙ったサイバー攻撃によって，制御システムは，制御不能状態，事故など，安全への脅威に直面している．

安全と可用性が重なる部分は，安全関連システムの可用性であり，安全確保の必要条件の一つである。

システムにフォールトあるいは不安全な状態が起こるとシステムの存在意義が失われる。システムの安全設計の対象とされるフォールトは，図9-3の重なりの部分を持つ安全の領域におけるフォールトである。ところで，フォールトを故障と訳した規格もあるので，混乱を避けるために，本書では以下の定義に従う。

フォールト（fault）は，アイテムに要求される機能を遂行できない状態のことをいう（IEC 60050-191）。よって，システムの安全設計におけるフォールトは，機能ユニットに要求される機能を遂行できない状態である。そして，フォールトを引き起こす要因は，図9-4に示すようにさまざまである。

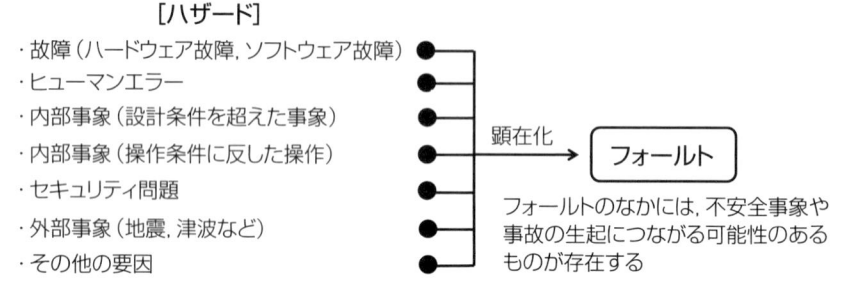

[ハザード]
・故障（ハードウェア故障，ソフトウェア故障）
・ヒューマンエラー
・内部事象（設計条件を超えた事象）
・内部事象（操作条件に反した操作）
・セキュリティ問題
・外部事象（地震，津波など）
・その他の要因

顕在化 → フォールト

フォールトのなかには，不安全事象や事故の生起につながる可能性のあるものが存在する

図9-4　フォールトの要因

フォールトの要因の一つに故障（failure）がある。故障の定義は，アイテムが要求されたとおりに機能を遂行する能力を失うことである（JIS Z 8115）。

故障には，ハードウェアでのランダムハードウェア故障と，ハードウェアまたはソフトウェアでの決定論的原因故障がある（IEC 60050-191）。安全関連システムの故障でも同様である。

- ランダムハードウェア故障（random hardware failure）の定義
時間に関して無秩序に発生し，ハードウェアの多様な劣化メカニズムから生じる故障である。

同じ仕様で製作されたハードウェアであっても，ある程度の品質のばらつきは避けられない。ハードウェアは，動作時の環境，作動頻度などのさまざまな影響のもとで多様に磨耗・劣化する。

- 決定論的原因故障（systematic failure）の定義
  定義は規格によってさまざまである。JIS C 0508-4:1999 では「ある種の原因に決定論的に関連する故障。この原因は，設計変更，製造過程，運転手順，文書化またはその他の関係する要因の修正によってだけ除かれる」とされている。

ソフトウェアは基本的に磨耗・劣化することはない。時間に関係なくランダムなエラーが発生することもない。したがって，ソフトウェアの故障については，設計・製造時の不具合や実行環境とのミスマッチが原因であり，決定論的原因故障とされている。ある種の原因には，正しい知識，認識，対策の欠如などの決定論的に関連する想定外の故障または失敗などがある。決定論的原因故障は，同様な原因が生じると再び誘発される。

さらに，決定論的原因故障の原因にはヒューマンエラーも含まれる。それは，安全要求仕様作成，ハードウェアの設計，ソフトウェアの設計，製造，運転におけるヒューマンエラーなどがある。

後述するように，ソフトウェアとハードウェアでは故障の性格が異なるので，ソフトウェアに対しては従来のランダム故障に対するものとは別な対策の枠組みが必要になる。機能安全の考え方でもソフトウェアに対する安全要求事項が異なっている。

したがって，システムの安全設計では，安全設計管理，ランダムハードウェア故障およびソフトウェア故障に対する信頼性設計，ヒューマンエラーの発生を防止する設計，制御情報セキュリティに対する設計が必要になる。なお，安全設計管理に関しては7.4節に述べられている。

## 9.2 システムの安全設計思想

システムの安全設計において，とくに重要になるのが，システム全体とシステムのライフサイクルという観点である。つまり，「人間−機械・システム−環境」系全体としてのフォールトを，設計段階，運用段階，事故発生段階などライフサイクルにわたって考えることである。

第4章に述べたように，システムは階層構造を持つ。したがって，システムにおける起因事象（フォールトの原因）とフォールトの関係も階層構造を持つことになる。これを図9-5に示す。図では，起因事象を故障で代表させている。

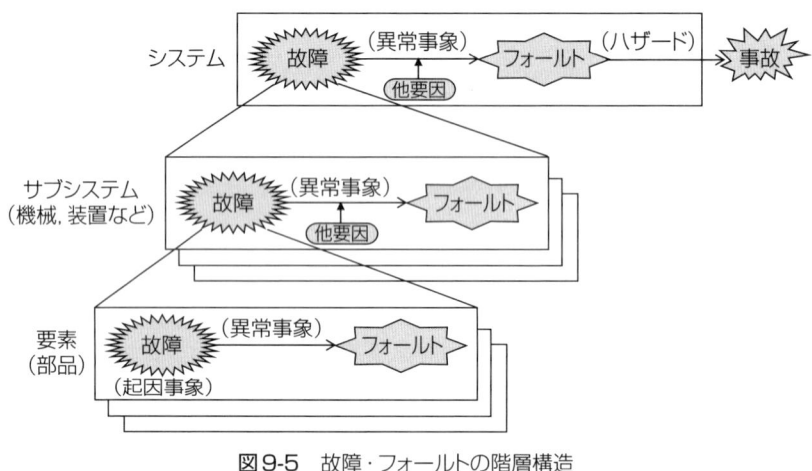

**図9-5** 故障・フォールトの階層構造

6.1節に述べたように，事故は一つの要因のみで起こることは少なく，いくつもの事象が鎖のようにつながったときに起こるものである。事故の最初の引き金となる出来事である起因事象は，機械やシステムの運用時における故障，あるいはヒューマンエラーや規則違反行為などの不安全行為（即発的エラー）であることが多い。さらに，これら起因事象の背後には，設計や製造，保守・整備，管理などにおける潜在的失敗が隠れていることが多い。そのため，システムの安全設計においては，システム単体の安全確保だけでなく，運用の段階

における人間オペレーター（操作員や運転員，操縦者）の運転操作・介入や保守・整備員の作業におけるヒューマンエラー防止策を考慮した全系の設計が重要となる。また，絶対安全がありえない以上，事故は起こりうるとして，事故が発生したときの事故拡大防止や回復・復帰の早期化などの方策をシステムに組み入れた設計をしておかなければならない[1]。

システムの安全設計作業においては，対象システムには，システムのライフサイクルの各段階においてどのようなハザードがありうるかを同定し，それによるフォールトを解析しておくことが重要である。また，対象システムにはどのような事故シーケンスがありうるのか，そしてそれぞれの起因事象は何か，起因事象の後に続いて起きる一連の事象の連鎖（事象シーケンス）を解析することが必要になる。起因事象には，機器の故障やヒューマンエラー，発火などのシステム内部で起きる内的事象と，悪天候，地震，津波などのシステムの環境で発生する外的事象がある。

システム全体という観点に立てば，事故の根本原因は，事故シーケンス中のどれか特定の事象にあるということではなく，複雑な事故シーケンスそのものにあるのである。要するに，部分ではなく総体なのである。

なお，ハザード同定，フォールト解析については次章に，事故シーケンスについては6.2.2項に述べてあるので，参照されたい。

## 9.2.1　決定論的安全設計

さて，要素レベルでは，ハザードの同定，使用状態の想定，起因事象（フォールトの原因）の推定は比較的容易である。また，フォールトへの事象シーケンスは確定的で，フォールトの影響の解析も比較的容易である。小規模の装置や機械などでも同様である。このような場合には，決定論的安全設計が可能である。

決定（確定）論的とは，入力（原因）に対する出力（結果）が，物理法則や化学法則，論理などに基づいて一義的に決定されることをいっている。たとえば

① 機械は指令信号に基づいて，電圧，電流が加えられたときに初めて起動

し，運転を継続する。電圧，電流が0となったら停止する。
② ブレーキには，電気や圧力の供給を遮断すると制動力が発生するタイプのものを使用する（ノーマルクローズタイプのブレーキ）。
③ 機械の可動範囲に人を侵入させない。どうしても入らなければならない場合には，それに先立って機械の運転を確実に停止させる構造とする。
④ 電子回路の電気部品の故障から生じる電子回路におけるフォールトは，論理的構造によって確定的に定まる。

このような構造類は，原理として本質的に安全であり，適切につくられていれば高い安全性を保証することができる。万一，機械やシステムに故障が起こっても，確実に停止させることができる。決定論に基づく安全構造（安全を実現する構造）を備える機械・システムの場合は，その設計原理が決定論に従っていること，およびフェールセーフ特性（ここでは故障時に安全側にしか誤らない特性を意味する）を備えていることを直接示すことで，安全を立証できる。

決定（確定）論的な安全とは，決定論的方法によって確保される安全，すなわち安全確保の原理が決定論に基づいている安全のことをいう。このように，決定論的な安全は，システムが適切につくられてさえいれば高度な安全を確実に保証できることが立証可能な原理に基づく安全である。

決定（確定）論的安全設計の第一義は，決定（確定）論的安全の実現方式を考案することである。決定論的安全設計でも，機械やシステムとしての不安全事象の生起は，部品の故障率や安全構造や論理構造に依存するので確率的であり，実現方式の検討には確率論的手法も用いられる。つまり，決定（確定）論的安全設計であっても，システム全体の安全を考えるには，設計段階で，ハザードを同定して，ハザードごとにリスクを推定・評価し，リスクの大きさに応じてリスク低減の方策を施して，リスクを許容できる程度まで低減する考え方が基本となる。

## 9.2.2　確率論的安全設計

それでは，大規模技術システムではどうであろうか。ある部品やサブシステムの故障の影響，ならびに運用の段階における人間オペレーター（操作員や運転員，操縦者）の運転操作・介入や保守・整備員の作業におけるヒューマンエラーの影響が，部分限定となる場合と全体に及ぶ場合がある。いずれの場合でも，第4章に述べたように，大規模技術システムでは，入力から出力に至るシーケンスには，多数の確率的事象や条件の複雑な組み合わせが存在するので，それら不確実な要因の影響を受けて出力は一義的に決まらず，可能性のある出力のなかのどれが起こるかは確率論的にしか定められない。したがって，大規模技術システムでは，決定論的な安全を実現することが困難で，確率論的な安全の実現を図ることになる。確率論的な安全とは，確率論的方法によって確保される安全のことをいう。

確率論的な安全の立場でシステムライフサイクルの全段階を通じて安全を造り込もうとする概念は，国際電気標準会議が制定した基本安全規格 IEC 61508（電気・電子・プログラマブル電子安全関連システムの機能安全）の思想にも通じるものである。

確率論的安全の実現方式を考案するのが，確率論的安全設計である。確率論的安全設計の基本的な考え方は，対象システムについて考えうるすべてのハザードを同定して，事故シーケンスを可能な限り導き出し，それぞれのリスクを推定して，設計基準事象となる事故シーケンスに対してリスクの高い順に安全策を講じることにより，全体システムとしてのリスクを許容できる程度まで低減することである。安全策の設計には，決定論的方法が用いられる。

システム全体に対する事故シーケンスを考えるので，不安全事象の網羅性が担保される可能性は高い。それぞれに対してリスクを評価することの重要性と有効性は，これまでの原子力産業界などにおける実績によって示されている。そうであっても，厳密に見れば事故シーケンスの一つ一つは異なったものになるので，事故シーケンスの種類は無限に存在することになる。このことから，あらかじめ事故シーケンスを想定したとしても，まったくそのとおりに事象が進展することはほとんどありえない。

しかしながら，事故の具体的な条件が設定されなければ，その事故に対処するための安全設計を行い，また事故対策を講じることは不可能である。

そこで，システムを異常な状態に導く可能性のある事故シーケンスのうち，類似した事故シーケンスを広く包括する代表的な事故シナリオをいくつか抽出する。そして，その発生を仮定して安全策を立案する。この事故シナリオが「設計基準事象」である。

したがって，設計基準事象は，それとまったく同様な事故シーケンスが現実に発生するものではなく，いわば架空の事象であるが，その発生を想定して立てた安全策は，設計基準事象と類似の他の多くの事故シーケンスに対しても有効なものとなる。

それでも，事故シーケンスを漏れなく想定することはできないので，事前に対応方策をシステムに十全に組み込んでおくことはできない。このことは，不安全に至らしめる可能性のある除去しきれないハザードがつねに存在していると考えなければならないことを意味している。

## 9.2.3　決定論的安全設計と確率論的安全設計の併用

システムの設計の初期段階において事前にシステムに安全を造り込んでおくという考えは，両者共通である。いずれも，すでに完成した設計に後付け的に安全を追加するものではない。また，保守・点検なども事故防止の重要な要素であることから，システムの安全設計に当たっては，システム運用時における点検・検査・整備方式を考慮しなければならない。

不安全事象が発生する確率は，システムの構造が明確にならない限り評価できないので，まず安全を造り込む構造を決めて，その上でリスクを評価するという，決定論的安全設計と確率論的安全設計の両方の考え方を用いる必要がある。

そこで，9.4節に述べる深層防護における各安全バリア（機能的バリア）自体の設計・安全評価は，決定論的原理および手法に基づいて行った上で，設計された安全バリアのシステム全体の安全性に対する効果は確率論的な考え方と手法で評価する。一度，具体的な安全バリアの構成が決まれば，想定したさま

ざまな事象シナリオに対するリスクを決定することが原理的には可能である。大規模システムの安全設計の現在の方法には，このように決定論的安全設計と確率論的安全設計が併用されており，大規模システムの安全設計に有効な現実的方法であろう。

いずれにしても，決定論的安全設計方策も確率論的安全設計方策も，システム安全設計においてシステムに組み込む安全策そのものを与えるものではなく，結局のところ安全策の案出は設計者の経験やセンスに基づく独創に依存することになる。

事故原因は，機器の不具合よりは運用時における人的・組織的要因にあることが圧倒的に多いことから，安全確保には，とりわけシステムの運用・保守段階における安全性解析/リスク評価の方法・方法論を確立するための研究が大切である。また，安全設計においては現実的には発生しがたい厳しい事象を想定せざるをえないが，それは未解明事象であることが多いので，それらの解明を図る研究も必要である。

## 9.3　システムの安全設計と安全解析

安全設計者は，システムの設計過程において事前に安全を造り込むために，対象システムとそれに付随する安全関連システムの初期設計段階から，設計作業と並行して設計案が目標とした安全性を達成しているかを確認するシステム安全解析を行っている。

このシステムの安全設計におけるシステム安全解析のプロセスを，図9-6に示す。この図には，上述したシステムの安全設計思想の位置づけも示されている。なお，図9-6におけるシステム安全解析の詳細は，次章を参照されたい。

もし所与の安全性目標の達成が不十分であれば，図9-7に示すように，それが達成されるまで設計見直しと安全性解析を繰り返す。

ここで留意すべきことは，安全要求と他の設計要求事項との同時最適化である。一般的にいって，システムの設計において，安全は滅多に第一義となることのない目標である。つねにといってよいほど，安全要求はシステム設計に対

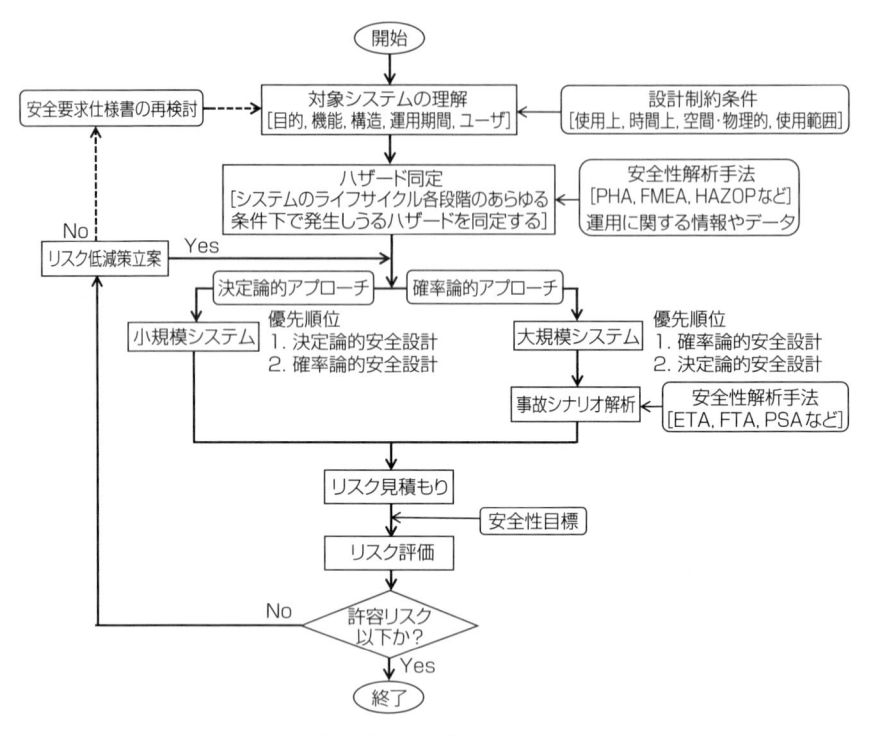

**図9-6** システムの安全設計におけるシステム安全解析のプロセス

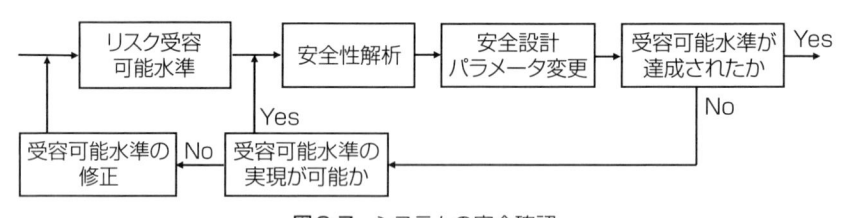

**図9-7** システムの安全確認

する制約条件として働き，運用効率，性能，使いやすさ，時間，費用などの他の設計要求事項と対立するであろう．

よって，システムの安全設計では，4.9.2項のシステム安全の共通原則の一つの，"システム設計におけるトレードオフの重要さおよび対立を認める"という観点に立たなければならないことになる．ここにも，組織の安全文化が強

く反映される．安全を軽視すれば，事故の発生に至ることは必定である．

そこで，設計者は，信頼性や安全性，保守性，事故コスト，廃棄など，各専門領域からの検討結果を設計のなかに取り入れて，コスト−ベネフィット解析に基づいてライフサイクルコストとバランスの取れた設計をする．これはシステムにとって最適な安全性の達成ということである．

いかなるリスク低減策によっても安全性目標としたリスクまでの低減が不可能な場合には，安全設計要求仕様書の決定過程にフィードバックして，受容可能リスク水準の修正，リスク移転，リスク保有のいずれのリスク対応方策にするかを決定し，安全設計要求仕様書を変更する．場合によっては，システム開発の中止もありうる．

## 9.4　システム安全設計の諸概念

システムの安全設計概念は，安全を設計するための設計戦略である．システム設計者は，システムの全ライフサイクルの各段階で起こりうる技術的失敗や欠陥，ヒューマンエラー，環境で発生する外的事象などを想定した上で，それらによるリスクが最小になるようにシステムを設計しなければならない．各分野独特の設計手法や考え方があるが，本書では，分野横断的に共通な安全設計の考え方について紹介する．

### 9.4.1　深層防護の概念

大規模・複雑なシステムでは，起こりうる可能性のあるすべての不安全事象や事象シーケンスを網羅することは不可能なので，深層防護（Defense-in-Depth）と呼ばれる概念に基づく安全設計が原則となる．

深層防護は，「多様性と独立性を持つ安全防護障壁あるいは安全バリア（safety barrier）を多数備えることにより，仮に何らかのハザードが顕在化して，要素の単一故障が発生したとしても，それによってどの安全バリアの機能喪失も起こることがないように，さらには，万一事故につながる事象シーケンスが生起したとしても，安全バリアによって事故に至ることを防止して，システムの安

全性目標を達成する」という思想である。

　ここでいう多様性（diversity）とは，要求される機能を実行する異なる手段を意味し，異なる物理的原理または異なる設計方法で達成される。多様性は，共通モード故障/共通原因故障に対する防御手段として用いられる。しかし，設計者が予測できない状態は存在するので，これによって共通モード故障/共通原因故障の発生を完全に防げるわけではない。逆に，ランダム故障を増やすことになる可能性もある。また，独立という仮定が満たされないときには，非常に小さな確率であっても事故の可能性は残る。この独立の仮定を無効にするのが，つまり，多様かつ冗長なシステムにとっての現実の懸念は，物理的な装置の代わりに用いるソフトウェアおよび運用時のヒューマンエラーである。

　深層防護は，以下に示すような5つのレベルで考えることが基本である[2]。

① 故障（不安全状態）やエラーの発生防止：固有安全（本質安全），高信頼性，フールプルーフ
② 故障の拡大抑制：フェールセーフ，フォールトトレランス，冗長性，多様性
③ 事故への波及防止：自己制御性
④ 事故の拡大緩和：格納機能
⑤ 環境への影響の緩和：避難も含む

　当然のことながら，環境への影響が大きいシステムほど安全関連システムへの配慮が重要になる。

　このように，深層防護は，一つの安全バリアで防ぎきれなかった不安全事象の影響を，次の段階で異なる手段によって抑制し，被害を最小にとどめる考え方である。

　安全策を何段階にも構成し，安全性を高める多重防護（multiple protection）も，深層防護とほぼ同じ意味で用いられている。しかし，深層防護には，不安全事象が事故に向かって深く進展するに従い異なる防護策を多層的に備えるという含みがある。

　そうすると，小規模システムにおける決定論的安全設計は，安全バリアの下

位レベルの①および②で安全が実現できるとした設計思想であると考えることができる。

また，ハザードの一つであるヒューマンエラーに対する深層防護では

① システムが正常状態から逸脱することを抑制して，不安全状態の発生を予防する「発生防止」
② 不安全状態が発生したとしても，それがシステム全体に波及して事故にならないようにする「拡大抑制」
③ 万一事故になってしまった場合にも，周囲・環境への影響を最小限にくい止めるようにする「影響緩和」

の3つのレベルを考えることが基本である[1]。

事故原因は機器の不具合よりは運用時における人的・組織的要因にあることが圧倒的に多い。そして，運用時における即発的ヒューマンエラーの原因は設計に帰するところが多いので，レベル②，③のヒューマンエラー予防策がシステム安全設計の対象となる[3]。

**深層防護の誤謬**

少なくとも大規模システムでは，深層防護に基づく安全設計は当たり前のことであるが，必ずしも安全バリアの数（深さ）を増やすほど安全性が向上するわけではない。なぜなら，各安全バリアに潜伏している安全上の欠陥の発見が難しくなる「深層防護の誤謬」といわれる問題に突き当たるからである。したがって，安全バリアの数は，ハザードの大きさ，達成すべき安全性目標，個々の安全バリアの信頼性，安全管理に対する意識レベルなど，対象に応じて解釈して合理的に決められるべきものである。

### 9.4.2 安全バリアの概念

安全バリアの概念は，「特定の行為や不安全事象の発生を防ぐことを目的とする防止（prevent）バリア，および不安全事象の発生を防げなかった場合の影響を阻止し，拡大を防ぐことを目的とする防護（protect）バリアによって安全

を確保すること」である[4]．前者は事前方策で，後者は事後対策である．一般にはこれら2つの安全バリアが使われる．

システムの安全設計以外にも，安全バリアは2つの意味で事故を理解し防止するために重要である．第一は，通常は，トラブルや事故の発生は安全バリアによって阻止されているので，事故が起こったときには，1つ以上の安全バリアが欠落していたこと，あるいは正常に機能しなかったことを意味する．したがって，失敗した安全バリアを探すことが事故解析にとって重要である．第二は，一度事故の原因を特定し納得のいく説明を見つければ，安全バリアは同じまたは類似の事故が将来起こるのを防ぐ手段となりうることである．

各安全バリアが有効に機能するためには単にバリアがあるだけではなく，ある前提条件が満足されていなければならない．物理的バリアは正しく設計・施工され，さらに多くの場合には定期的な点検・保守が行われていなければ，いざというときに所期の機能を発揮することができない．家の周りにフェンスを張り巡らせても，破れたまま放置していたのでは防犯に役立たない．ここで，正しい設計・施工や定期的点検・保守を担保するのは安全管理の思想で，これは概念的バリアと呼べる．

概念的バリアが機能するためには，安全管理に従わなければならないという規範が組織内に確立されていなければならない．

**ハード安全バリア**

ハード安全バリアに相当するのが，Hollnagelの分類による物理的バリア，機能的バリアである[4]．

- 物理的バリア：不安全な事象や行為が起こるのを物理的に防ぐものである．人にその意味を認識・解釈させる必要がない．壁，手すり，ガードレール，防火壁，格納容器，シートベルト，エアバッグなどはこの例である．
- 機能的バリア：不安全な事象や行為が起こるのを防ぐような条件を機械・システムに能動的に設定・介入させる物理的なもの，論理的なものである．その目的の達成には，機械・システムに組み込まれた自動制御

系のように，その存在が人に見えたり，その機能が認識されたりすることを要しない．ブレーキアシスト，自動ブレーキ，横滑り制御機器，インターロック，安全装置，スプリンクラー，パスワードなどがそれである．

システムの安全設計においては，機能的バリアの設計を行うことになる．機能的バリアのハードウェアやソフトウェア自体の設計は，設計に利用できる原理や方法があるので，確実な設計が成されることは期待できる．しかし，内的・外的事象の想定までとなると容易ではない．たとえば，米国における安全の研究や米国のスリーマイル島原発事故（TMI-2）を契機として，深層防護をくぐり抜けるいわゆる多重故障シナリオが存在して，その顕在化を防ぐにはハード安全バリアでは不十分で，ソフト安全バリアが重要であることが明らかとなった[5]．

さらに，ハード安全バリアの設計において，システムの運用・保守の仕方を前提としなければならないこともあるが，原理や法則がないだけに，その想定が難しい．また，ハード安全バリアの安全評価においては，人間行動について規範的な想定（人間をいわば機械の一部と見なして，期待される対応操作を実行するものと想定）が行われている場合が多く，その想定が妥当であるという根拠は十分に提供されていない．したがって，安全評価の結果にはかなりの不確定性が含まれている恐れがあり，たとえ代表値が高い安全の達成を示しているとしても直ちに十分安全であると断定するわけにはいかない．

いかにハードウェア故障の偶発性や安全バリアの数の問題を議論したとしても，安全確保には十分ではない．なぜなら，これまでの事故事例からも明らかなように，各安全バリアは人的あるいは組織要因によって簡単に破られてしまうからである．その一方では，システムの複雑さが高まるにつれて事故原因の数が多くなり，ますますその完全な予測が不可能となることから，緊急時にはやはり人間の幅広い柔軟性，創造性に頼らざるをえない状況がある．それゆえ，ソフトによる安全バリアがますます重要となっている．

### 9.4.3 フェールセーフの概念

フェールセーフ (fail-safe) は，機械やシステムに故障や破壊，誤操作など不都合なことが発生することをあらかじめ想定し，それらが起きた際に致命的な状態や事故につながらないように最初から安全を設計に組み入れるという設計思想である．つまり，フェールセーフの概念は，決定論的な安全の実現である．

しかし，それぞれの産業分野で，安全を守るためのフェールセーフ技術が生み出されてきたこともあってか，フェールセーフの統一された定義はなく，定義には 2 つの傾向が見られる．一つは「ある部分の故障や破壊が直ちに不安全な状態の生起に至らないように安全バリアを何重にも備えること」をフェールセーフとするものである．たとえば，一部の部材が壊れても，その破壊が構造全体に大きな影響を与えることなく安全に飛行を継続できるようにする航空機のフェールセーフ構造 (fail-safe structure) やリダンダント構造 (redundant structure)，バックアップなど二重系化の概念をフェールセーフとする定義である．もう一つは，「絶対的な安全側の状態の存在を前提として，故障時には安全側の状態に固定すること」をフェールセーフとする定義である．たとえば，鉄道信号システムでは，機器や回路に故障が生じても，あるいは操作の誤りが生じても危険が生じないように，安全側に動作するように構成することをフェールセーフと定義している．

たとえ，このように定義が異なっていても，リスクという尺度を用い，そのリスクを軽減するための技術と捉えると，それらは同一となる．しかも，コンピュータ制御という分野共通の技術が普及することにより，リスク軽減のための技術も共通に議論できるようになってきている．

### 9.4.4 フールプルーフの概念

フールプルーフ (fool proof) は，機械やシステムの設計において，使用者に誤使用や誤操作など危険な誤りを起こさせないようにする，万一誤使用や誤操作をした場合には次の操作に進めないようにするなどによって安全を確保する設計の考え方である．

指定された以外の器具は接続できない構造のソケット，プラスとマイナスを間違えると接続できない構造のキャップなどはフールプルーフ設計の典型例である．また，ロボットの動作範囲に人間がいる限り，ロボットの電源が入らない構造にするのもフールプルーフ設計である．誤使用や誤操作が不安全につながる場合に対する設計として，ある特定の条件がそろっていない限り，次の操作や動作ができないようにするインターロックがある．ギアシフトレバーがパーキングに入っていない限りエンジンの始動ができない自動車，ドアが閉まった状態でない限り電源が入らない電子レンジなどは，インターロックの例である．

このように，フールプルーフは，安全が確認されない限り本来の機能を実行させない，あるいは逆に，本来の機能の実行中でも，安全が確認されない状態になったら，その機能を停止させて安全を確保するという，重要な決定論的な安全設計思想につながる．

### 9.4.5 フォールトトレランスの概念

フォールトトレランス（fault tolerance）は，故障やエラーによって機能を遂行できない状態になっている部品やサブシステムなどが存在しても，他の部分がその不具合をカバーして，システムとしては要求される機能を正しく遂行し続けるようにする設計思想である．

フォールトトレランスを実現する技術に，各種の冗長技術がある．冗長性（redundancy）とは，「アイテム中に要求機能を遂行するための2つ以上の手段が存在すること」と定義されている．つまり，冗長設計は，システムの構成要素や機能の実現手段を複数用意して，一部に故障やエラーが発生してもシステムのフォールトに至らないよう配慮した設計である．また，通常動作と並行して，常時自分自身をテストして，誤りを検出するセルフチェッキングもフォールトトレランス技術である．

フォールトトレランスは，信頼性の向上を目指している．信頼性向上が安全性向上に結び付く場合には，要求される機能をできる限り維持することが安全確保となるので，この場合のフォールトトレランスは，確率論的な安全の実現

である。

### 9.4.6　フォールトアボイダンスの概念

フォールトアボイダンス（fault avoidance）は，フォールトトレランスと対峙する概念で，システムまたはシステムを構成する要素の信頼性を高めて，可能な限りフォールトそのものの発生を回避しようとする設計の考え方である。高信頼性の部品や機器の採用，高信頼性化設計，徹底的なテスト・検証，人間系では要員の訓練や手順書の整備などがフォールトアボイダンスの典型的な要素である。フォールトアボイダンスであっても，フォールトを完全に排除することはできない。フォールトアボイダンスは，確率論的な安全の実現である。

### 9.4.7　フェールソフトの概念

フェールソフト（fail soft）は，トラブルが発生した際に，機能が完全に喪失するのではなく，故障した部分を切り離して，正常な部分を稼働させて運用を続行するという設計の考え方である。

## 9.5　大規模システムの安全設計の考え方

大規模な技術システムのような大きなリスクを有するシステムを設計する場合には，安全確保を第一にフェールセーフのシステム設計を旨とすべきである。ただし，フェールセーフが必ずしも絶対に安全であるということにはならない。なぜなら，現実には，想定外の不安全事象が起こる可能性を否定できないからである。また，すべてのシステムに対してフェールセーフを実現できるわけではないが，まずはフェールセーフの可能性を検討すべきである。そして，フェールセーフが実現できない場合には，深層防護などのフォールトトレランス技術を用いて信頼性（結果として安全性）の高いシステムを設計する。それでも，システムが機能喪失する可能性はゼロではない。万一，想定外の不安全事象が起こっても，フェールセーフであれば安全を確保できる可能性が高いことが期待できる。

## 9.6 安全原則とリスク低減設計の方策

システムに安全を組み込むという概念は、新しいものではない。文献 [6] に、1891 年に John Cooper が米国機械学会（ASME）に機械装置の安全設計を扱う最初の論文を発表し、"安全のために必要な方法のすべてが最初から設計に組み込まれるべきだ"と述べたことが紹介されている。

システム設計への安全の造り込みにおいてとりうる安全の原則は、事故シーケンスの発現の抑制、すなわちハザードの抑制という観点から、次のように分類できる。

① ハザードの排除あるいは隔離
ハザードを排除あるいは隔離して、ハザードのない状態にして安全を確保する原則である。または、エネルギーレベルや化学的性質などをハザードとならない状態に限定して使用することで安全を確保する原則である。

② 故障やエラーなどの発生抑制
システム要素が危険側に逸脱して動作しないようにすることで安全を確保する原則である。高信頼性要素の採用、フールプルーフ構造の採用、保全、教育・訓練によるヒューマンエラーの防止などで実現する。

③ ハザードの制御
機械を停止させることにより安全な状態を維持、または安全な状態に遷移させることで安全を確保する原則である。フェールセーフシステムおよびフェールソフトのシステム構造の採用が挙げられる。

④ ハザードの影響が伝搬する経路の制御
人を機械に近づけさせない柵などでハザードの影響伝搬を空間的に制御することにより安全な状態を維持する、または信号機や踏切遮断機などによる時間的な制御によって安全な状態に遷移させる、あるいは防具などによってハザードの影響が身に及ぶのを防止するなどで安全を確保する原則である。

リスク対応の観点では、①の安全原則はリスク回避に相当する。その他の安

全原則は，リスク低減により，残存リスクが許容リスク水準以下になるようにする原則である。

## 9.6.1 リスク低減設計の方策

図 9-6 に示したように，リスク評価の結果，リスクの低減が必要となったハザードに対して，リスク低減方策を立案することになる。リスク低減方策としては，設計者が講じるものと使用者が講じるものがあるが，ここでは，設計者が講じる方策について紹介する。

MIL-STD-882 のシステム安全の指針では，リスク低減手順に以下の優先順位を適用するよう提案されている [7]。

① ハザードの除去：設計においてハザードを除去することによって，またはシステムの運用からハザードをもたらす状態そのものを取り除くことによって，システムは本質的に安全なものとなる。
② ハザードの低減：ハザードの発生を低減すること。事故につながるハザードが減れば，事故の可能性は低くなる。同様に，故障などのハザードに至る条件の発生を減らせば，ハザードが発生する可能性は減少する。ハザードの低減には，ロックアウト，インターロックなどの安全バリア，冗長性などの技術が利用される。
③ ハザードの制御：ハザードが発生しても，それが事故につながる可能性を低減する。ハザード制御技術の目的は，ハザードを検出して，できるだけ早く安全な状態に遷移させることである。ハザード制御技術には，隔離と封じ込め，安全バリア，フェールセーフなどが用いられる。
④ 損害の最小化：事故の影響（結果）あるいは損失を少なくすること。事故は設計対象であるシステムの境界の外で起こるために，システム設計だけではその事故による損失をなくせないことが多い。しかし設計者は，警告や不測の事態での対応策を事前に準備することはできるので，それを実施すべきである。

ここでいう設計の優先順位は，これらの技法のなかの一つを採用するという

ことを意味しているものではない。なぜなら，すべてのハザードが予測されるわけではないし，ハザードの除去あるいは低減には膨大なコストがかかるかもしれないし，誤った設計が行われるかもしれないので，すべての技法が必要となるからである。

また，機械安全の国際安全規格 ISO 12100（JIS B 9700）には，リスクの低減は，スリーステップメソッドといわれる次の優先順位で行わなければならないことが定められている[8][9]。

① 本質的安全設計によるリスクの低減
② 安全防護および付加保護方策によるリスクの低減
③ 使用上の情報の提供によるリスクの低減

これは，システムに求められる本来の機能を維持しながら，安全設計者がシステムに安全を造り込むために，リスク低減を行う仕方・方策を示すもので，リスク低減に使用する具体的な手段・方法を指すものではないと考える。

以下に，それぞれのリスク低減の方策について簡単に説明する。

## 9.6.2　本質的安全設計によるリスクの低減

最初に実行すべき最も重要な位置づけにあるのが本質的安全設計である。本質的安全設計（inherently safe design）は，大きく分けて次の 2 つの考え方に基づいている。

（1）設計の段階において，各種処置方策を適切に選択することで，可能な限りハザードを除去する，あるいはそのハザードから生じる危害の大きさを低減させること
（2）設計上の工夫により，可能な限り不安全事象が発生しないように，また，人間が危険区域内に入る必要性を可能な限り少なくすることで，人のハザードへの暴露を制限すること

これらをまとめて本質的安全設計と呼ぶ。この本質的安全設計は，本節冒頭の安全原則①～③を包含している。

本質的安全設計の(1)の前半部分の文が意味しているのは, 本質安全 (intrinsic safety) あるいは固有安全 (inherent safety) とも呼ばれるハザードがまったくない状態にして達成される安全で, 安全の原則①に相当する概念である。よく例に出されるのは踏切事故をなくすために踏切を立体交差にする方策である。ただし, 本質安全といえども設計の想定外の不安全事象が起きれば安全は崩れてしまう。たとえば, 立体交差の橋脚が崩落する事故の確率はゼロではない。なお, この本来の本質安全に加えて, 故障などが生じた場合に, 制御や対策を施さなくとも, 自然落下などの物理現象を利用して自ら安全状態に落ち着く自己制御性を持たせること, 質量や速度を小さくしたり電圧を低くしたりしてエネルギー自体を許容可能なレベルまで小さくすることや, フェールセーフによって達成される安全も本質安全とする見解もあり, それが (1) の後半部分の意味するところである。つまり, 故障（不安全状態）の発生を減らす高信頼性設計, 冗長設計ならびにフールプルーフ, 故障の拡大を抑制するフェールセーフやフォールトトレランス, ロックアウト, インターロックなどの安全バリアなどの技術によって確保される安全である。

　(2) は, 人間がハザードに近づかなくて済むように隔離と封じ込めなど設計に工夫をこらすことを必要とする。

　本質的安全設計に基づくリスク低減方策について, 国際安全規格 ISO 12100（機械安全）には多くの本質的安全設計の項目が挙げられている。そのなかに, 本質的安全設計を行う上での重要な項目である人間工学原則の順守, 安全に関する制御システムへの本質的安全設計の適用があるので紹介しておく。

### 人間工学原則の順守

　ヒューマンエラーの発生は避けられないものであるので, 本質的安全にはヒューマンエラーを防止する設計が不可欠である [1]。設計段階から機械を運転する人や保守などをする人の生理学的特性・心理学的特性, 精神的ストレス, 人間オペレーターと機械とのインタフェースなどをシステム設計に考慮しておけば, ヒューマンエラーの多くは回避できる。これらに関連したリスク低減方法が, 人間工学原則の順守である。なお, これに関連した設計原則として, 9.14 節で人間中心設計について述べてある。また, 厚生労働省労働基準局

が出している「機械の包括的な安全基準に関する指針」[10] や ISO 12100 には，オペレーターの安全を確保するための方法が規定されており，設計の手助けになる．

**安全に関する制御システムへの本質的安全設計の適用**

安全に関する制御システムは，スリーステップの第 2 ステップの安全防護策や安全装置に使われる電気・電子による制御システムであることが多い．もちろん，制御システムの設計に誤りや不適切な部分があったり，構成部品に故障が発生したり，動力源が変動・故障したりすると，さまざまな不安全事象が起こり，危害が人間に及ぶ可能性がある．したがって，このような事態のリスクを低減するために，安全に関する制御システムに使われているセンサや電子部品および機構に対して本質的安全設計を適用することが重要になる．

このための制御システム設計上の安全原則として

- 起動/停止の論理的原則
- 非対称故障モード要素の使用
- 重要構成部品の二重化
- 自動監視の使用

などが国際安全規格 ISO 12100-2 に述べられている [11]．

このような設計の考え方は明らかに本質的安全設計の一部であり，非対称故障モード要素の使用はフェールセーフの考え方につながり，重要構成部品の二重化はフォールトトレランスの考え方につながる．ただし，多重化されていたとしても，共通原因（common cause）によって，すべての機能が同時に失われることが起こりうることに注意しなければならない．航空機の全油圧系統の機能が失われた事故や，全電源を喪失した原子力発電所の事故などはその例証である．

なお，制御システムの安全関連部を設計する場合の考え方や考慮すべき一般原則については，国際規格 ISO 13849-1（JIS B 9705-1）に規定されている．また，安全関連制御システムに電気・電子・プログラマブル電子によるシステ

ムを適用する場合の枠組みを定めた国際規格 IEC 61508（JIS C 0508）がある。これらについては，たとえば文献 [12]，[13] などに詳しく解説されている。

### 9.6.3 安全防護および付加保護方策によるリスクの低減

　これは本質的安全設計によってリスクを受容可能なレベルまで低減できない場合に，人を保護するための方策である。安全防護には，安全防護物であるガードまたは保護装置を使用する方策がある。

　ガードとは「物理的バリアを利用して，とくに人の身体を保護するために使用される機械の部分」をいい，保護装置は「ガード以外の安全防護物」で，インターロック装置，トリップ装置，機械的動作の制限装置などの従来から安全装置と呼ばれてきている装置類である。たとえば，産業ロボットを柵で囲っておき，人間が柵の外にいることが確認されない限りロボットを動かないようにする（隔離の安全）ための装置や，ロボットの電源が切れて停止していない限り柵の開錠ができないようにする（停止の安全）ための装置などである。

　付加保護方策には，設備などへの非常停止機能の追加，システムの本来の機能にプラスして安全機能を果たす安全装置，発生した危害の進展を防止する手段などがある。

　このように，機器や機械が複雑化してきたために，コンピュータなどを含む高機能な電子機器を用いて安全を確保する安全防護策および付加保護方策も取られている。

　大規模な技術システムの安全確保には，とりわけ安全機能を果たすシステムが重要であるので，次項に安全機能の実現について述べる。

### 9.6.4 安全機能と機能安全

　安全を実現しようとする機能を安全機能（safety function）という。たとえば，自動車のエアバッグシステムは，衝突時に作動して乗員を衝撃から守る安全機能を持つ。IEC 61508（JIS C 0508）では，安全機能（safety function）は「安全関連システムが制御対象システムの安全な状態を維持し，または安全な

状態に遷移させるために履行する機能」と定義されている．わかりやすくいえば，安全機能は，特定の不安全事象に対して，安全関連システムによって制御対象の安全な状態を達成または保持する機能である．逆にいえば，安全関連システムが遂行するこうした機能が，安全機能ということである．

ここでいう安全関連システム（SRS：Safety-Related System）とは，特定の制御対象のリスクを受容可能なレベルまで低減するために用いられるシステムであり，制御対象を安全な状態に遷移させたり，制御対象の安全な状態を維持したりする機能を担うシステムのことである．安全関連システムには，電気・電子・プログラマブル電子による安全関連システム，他技術による安全関連システム，リスク軽減施設による安全関連システムなどがある．

安全関連システムは，果たす役割によって，安全関連保護システムと安全関連制御システムに大別される．

安全関連保護システムは，ハザードとなりうる制御対象とは独立していて，制御対象の動作が不安全状態を引き起こすのを防止するために設けられるシステムである．例としては，FAロボットなどの緊急停止システムが挙げられる．これはFAロボットの危険な動きを検出して，十分短い時間内にロボットを停止させ安全な状態にするシステムである．

もう一方の安全関連制御システムは，制御対象に組み込んで制御対象の挙動を制御するためのシステムである．例としては，列車制御システム，自動車ブレーキ制御システムなどが挙げられる．安全関連制御システムでは，制御対象を安全な状態に制御する機能が安全機能となる．したがって，制御システムが故障により機能喪失した場合には，制御対象自身がハザードとなる．

安全関連システムはさまざまな技術によって実現されうるが，最近では大規模技術システムに限らず多くの機械や製品の安全な状態の達成または維持に，コンピュータなどを含む高機能な電子機器を用いた安全関連システムが使用されている．したがってシステム全体の安全には，コンピュータや電気・電子機器などを用いた安全関連システムの安全設計・評価が極めて重要になっている．

電気，電子およびプログラマブル電子技術を用いた安全関連システムを対象とした国際安全規格としてIEC 61508がある．この機能安全規格は，潜在的

バグを完全には排除しきれないソフトウェアを用いて実現する安全関連システムの安全設計・評価に大きな方向性を与えた．各産業分野では，IEC 61508 を拠り所としたドメイン規格の整備が進みつつある．

　制御対象および制御対象が備えている制御システム全体の安全のうち，安全機能（安全関連システムまたは他のリスク低減策）が正常に機能することによって実現される安全が"機能安全（functional safety）"と呼ばれる[14]．この機能安全という用語は，極めてわかりにくく，いまだに"機能の安全"なのか"機能による安全"なのか判然とせず，両方の解釈が並列で広く受け入れられているのが実態のようである．要するに，機能安全とは，安全関連システムや保護機能だけに向けられた概念で，能動的に付加された機能によって確保される安全のことである．

　機能安全の実現には，機能ユニット（functional unit）が使われる．機能ユニットは，特定の目的を遂行することのできるハードウェア，ソフトウェアまたはそれらの両者から成る製品である[14]．機能ユニットの代わりに，より一般的な用語「アイテム」を使用する規格もある．

　しかしながら現実には，安全機能が確実に達成されることは望めない．なぜなら，機能ユニットのハードウェア故障やソフトウェア故障を安全に排除することは不可能であるし，また，安全関連システムの開発・運用の各段階においてヒューマンエラーが紛れ込んでいる可能性もゼロではないからである．

　それでは，安全関連システムは，どのように開発・運用すべきなのであろうか．そのためのガイドラインとなるのが IEC 61508 である．IEC 61508 の主な目的は以下の 2 つである．

- 安全関連系の安全要求仕様書において，安全機能に対し適切な安全性能目標を設定すること．
- 安全関連システムの設計・開発および運用において，設定された安全機能の安全性能目標を確実に達成すること．

　これらの目的の達成のために，IEC 61508 は安全度（safety integrity）およ

びシステム安全ライフサイクル（system safety lifecycle）という概念を導入している。このように，IEC 61508 には"システム安全"の思想や各種の方策の組み合わせによるリスク低減のアプローチが取り入れられている。

　安全機能設計は，リスクを受容可能レベル以下にするようにリスク低減を実施するという考え方である。そのためには，安全度合いを決めるための尺度が必要で，それが安全度水準（SIL：Safety Integrity Level）と呼ばれる尺度である。SIL は，作動要求当たりの機能失敗平均確率および単位時間当たりの故障確率を規定している。しかし，第 3 章に述べたように，安全度を測るための尺度はリスクであるので，SIL は安全関連システムの故障によってどのくらいの被害が予想されるかにより SIL の水準を割り当てる，という使い方をすることになる。すなわち，被害が大きいと予想される場合には高い SIL を，予想される被害が小さい場合には低い SIL を割り当てることになる。

　電気・電子システムを基にした安全防護策や付加保護方策，あるいは安全関連システムは，電気・電子的な構成部品の故障や外乱による暴走，システムの寿命などを考慮すると，必ずしも完全な機能安全を備えているとはいえない。したがって，このような安全関連システムは，あくまでセカンダリープロテクション（採用した安全確保策の機能を不全にさせる不安全事象が発生する恐れのある装置）であることに留意しなければならない。そのような不安全事象の発生防止策として，リスクの程度つまりシステムの信頼度に応じてプライマリープロテクション（安全確保策自体の機能を不全にさせる不安全事象が発生する恐れのない装置，たとえばエレベーターの機械的拘束装置）を講じなければならない。プライマリープロテクションとは十分な安全性を有する機械的な安全防護策で，たとえば，くさび，スピンドル，車輪止めなどの機械的安全バリアを組み込んだ装置のことである。

　機能安全は本質安全に対比する概念とされるが，IEC 61508（JIS C 0508）の機能安全は，システムの重要な構成要素である安全関連システムが実現する安全であることから，機能安全の対義語は本質的安全というよりは，むしろシステム全体としての安全を考える"システム安全"であると考えられる。"機能

安全"と"システム安全"は対立する概念ではなく，システム全体としての最適安全性を実現するための役割分担であると捉えるべきであろう．

### 9.6.5 使用上の情報の提供によるリスクの低減

リスク低減のステップメソッドの①および②を踏んでも残ったリスクに対しては，第3番目のステップとして，使用上の情報を提供する．使用上の情報は，たとえば，文章，語句，標識，信号，記号などで表示したり，残留リスクを避けるためのマニュアルや説明書などを提供したりすることになる．とくに機械やシステムのすべての運転モードを考慮して，機械やシステムの"意図する使用"についての情報を使用者に提供する必要がある．

以上のスリーステップメソッドで重要なのは，この優先順位に従って設計段階でリスク低減策をシステムに造り込まなければならないことである．後になって，あるいは事故が起こってから，安全装置などを後付けするのは間違いである．

もう一つ重要な点は，リスクの低減においては，製造メーカーや設計者の責任が第一であり，使用者の注意は，順番としては最後ということである．使用上の情報提供の果たす役割は大きいが，それは使用者が認識し実行して初めて効果のあるものにすぎない．リスクを除去または低減できる方策があるのに，コストを重視して，使用上の情報だけで使用者の注意に安全確保を委ねてしまうようなことはあってはならない．かつて製造物責任法が施行された当時，使用上の情報提供（注意・警告ラベルなど）の活用が氾濫したようなことを決して繰り返してはならない．

## 9.7 フェールセーフを実現するための設計技法

### 9.7.1 安全側故障と危険側故障

一般的にいって，故障はそれ自体が不安全事象と等価ではない．システムの部品の故障には，システムの状態を危険側（不安全側）に導くものと，安全側に

導くものがある。製品やシステムにおいて，あるモードの故障が全体システムを安全な状態にする，あるいは安全な状態を維持するならば，このモードの故障を安全側故障（safe failure）という。同様に，あるモードの故障が全体システムを不安全な状態にするならば，このモードの故障を危険側故障（dangerous failure）という。

安全関連システムのように，図9-2に示した信頼性と安全が重なる領域に位置するシステムでは，信頼性が確保されていれば安全も確保されることになる。しかしながら，故障によって信頼性が確保されなくなると安全も確保できない危険側故障となってしまう。安全に関係しない領域の信頼性は，安全側故障とみなすことができる。これを図9-8に示す。

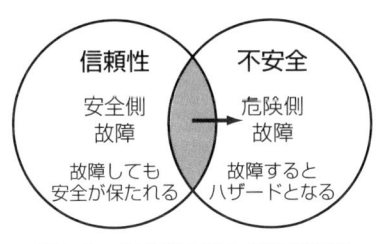

**図9-8** 安全側故障と危険側故障

電気，電子およびプログラマブル電子技術を用いた安全関連システムによる機能安全の達成を左右する要因の一つは，この安全関連系の故障と故障の検出である。機能安全では，安全関連システムが正しく機能しなくなったときに，制御対象システムが危険側故障（不安全側故障）になる場合と安全側故障になる場合がある。

危険側故障は，安全機能の遂行に役割を果たす，要素および/またはサブシステムおよび/またはシステムに関する次のような故障である。①安全機能を作動させる要求があったときに安全機能の作動を妨げる，あるいは安全機能の遂行を失敗させる故障，②安全機能の作動を要求された場合に，安全機能が正しく作動する確率を下げる故障で，制御対象システムを不安全な状態に陥らせる。これに対して，安全側故障は，①安全機能の誤作動が制御対象システムを安全状態にする，または安全状態を維持させる結果となる故障，②制御対象を安全状態に置く，または安全状態を維持するように安全機能が誤作動する確率を上げる故障である。この場合には，制御対象システムを不安全な状態に陥らせることはない。

それでは，安全と信頼性，どちらを優先すべきであろうか．
　人命を預かるようなシステムで，安全側故障が存在する場合には，まず安全を確保する構造を構築した上で，信頼性を高めるというのが順番である．それでは，安全側危険が存在しない場合はどうであろうか．飛行中の飛行機のエンジンの停止は，墜落の危機に陥れる危険側故障である．エンジンの制御には，電気・電子・ソフトウェアから成る制御系が使われている．つまり，エンジン制御系は，安全と信頼性が重なる安全関連システムで，このように安全側が存在しない状態では，機械部品も含めて，安全関連システムの必要な機能をいかに継続させるかという信頼性が最優先課題となる．

## 9.7.2　フェールセーフの要請

　システムの要素あるいはサブシステムが故障した場合，システムが安全側になるように要素あるいはサブシステムを設計することが，フェールセーフ設計の第一歩である．弁の安全設計に，「フェールオープン」と「フェールクローズ」と呼ばれる仕組みがある．「フェールオープン」は，電源が失われると，自動的に弁が開かれる仕組みで，「フェールクローズ」は逆に弁が閉じる仕組みである．1.3 節に記した福島第一原発の 1 号機の非常用復水器（IC）の弁は，異常時に外部に蒸気が漏れるのを防ぐために，「フェールクローズ」であった．しかし，運転員は弁が開いているものと思い込んでいた．このことが，初期事故対応を遅らせた．それに対して，4 号機の非常用ガス処理系（SGTS）の排気管に設置された弁は，異常時に原子炉建屋内に放射性物質が溜まるのを防ぐために，「フェールオープン」の仕組みになっていた．この排気管は，排気筒に向かう配管を通して 3 号機のベント配管とつながっていた．これが盲点となり，3 号機でベント作業をするたびに 4 号機の建屋に水素が逆流して爆発した．このように，福島第一原発では，安全設計思想の異なる弁が混在していたことが，緊急時の事故対応を一層難しくしたと指摘されている．
　フェールセーフが要請するのは，故障の発生は認めるが，安全側に導く故障しか認めないということである．このような故障を非対称故障と呼ぶ．非対称故障とは，故障すると必ずある特定の状態になり，それ以外にはならないよう

にすることを意味する．安全側の故障モードにさせることは，かなりの場合に，物理的原理などを利用することで可能になる．よく挙げられる例に踏み切りの遮断機がある．遮断機は，正常に働いていれば，列車が来ない間は開いているが，故障すると，列車が来る・来ないにかかわらず，重力により遮断機が自動的に降りてしまうという構造である．遮断機が重力に逆らって，自然に上がるということはありえない．このように，故障すると必ず閉まる方向に固定されるので，安全側の非対称故障となる．

故障発生時，安全側の故障モードになる確率が危険側の故障モードになる確率よりも著しく高い特性を非対称誤り特性という．非対称誤り特性を持つ部品であれば，それを前提にシステムを設計することにより，故障の発生があっても制御対象システムの状態が安全側になる確率を高くすることが可能となる．このように，故障が発生しても事故には至らないように設計するのがフェールセーフ設計である．

もちろん，フェールセーフ性を備えていても危険側の故障が現実にはわずかであるが存在する．また，装置そのものはフェールセーフであっても，たとえば，信号現示を無視した運転などヒューマンファクターまで考慮に入れるとシステムとしては万全とはいえず，その対策も必要になる．

また，安全設計思想の異なる機器や装置が混在するシステムでは，知識の継承と緊急時対応の不断の訓練がとりわけ重要になる．

さらに，システムの安全確保には，自己診断機能により安全機能そのものの故障を自ら検出し，安全側に停止または保持するような安全設計も重要になる．そのためには，安全側がどのような状態であるかがわかっていなければならない．

## 9.7.3　安全確認型と危険検出型

機械全体をフェールセーフに構成できない場合も多いが，そのような場合には，センサなどを用いた安全装置や制御系でフェールセーフを実現することになる．この場合，センサや安全装置の故障が安全側故障になるように，安全装

置を設計しなければならない．そのためには，安全確認型という考え方が重要となる．

- 安全確認型システムとは，安全が確認されたときだけ，機械の運転を許容するシステム
- 危険検出型システムとは，危険を検知したとき，機械の運転を停止するシステム

と定義することができる．この違いを，次の2つのブレーキシステムで見てみる．

　自動車や自転車のブレーキは，運転者が危険を検知したとき，エネルギーを加えて作動させる危険検出型のブレーキシステムである．したがって，危険の検知に失敗した場合やエネルギー供給系統に不具合が起こった場合には，ブレーキがかからない状態に陥ってしまう．これに対して，列車の非常用空気ブレーキは，安全確認型のブレーキシステムである．つねにコンプレッサーで空気が十分に加圧されているときはブレーキが解放されており，空気が抜けると自動的にブレーキがかかる．したがって，コンプレッサーの故障や空気溜めの漏れ，配管の破損といった障害時にはすべてブレーキがかかり，走れない安全側の状態が継続され，フェールセーフが実現されることになる．つまり，安全確認型システムを用いない限り，フェールセーフは実現されない．

　以上のように，フェールセーフを実現するためには，非対称故障，安全確認型など，いくつかの原理が存在する．

## 9.8　安全関連システムの安全設計の考え方

　以下に安全性と信頼性が重なる安全関連システムの例として，電気系と機械系の簡単な系統を取り上げ，安全設計（信頼性設計）の考え方を示す[15]．

## （1）信号制御系の設計例

原子力プラントでは，事故が起こるとプラントを緊急停止（スクラムと呼ぶ）するが，そのときのいわゆる電気系に属する信号制御系の論理構成をどう設計するかを検討してみる。2系統のうち1系統の信号でスクラムする論理「1 out of 2」と，3系統のうち2系統の信号でスクラムする論理「2 out of 3」とを比較する。

この系統は，安全関連システムに属する待機系である。普段は作動せず事故が発生したときだけ動く待機系の信頼性は，要求時に稼動するか否かの確率であるアベイラビリティで評価される。その確率は，作動を確認するための試験の周期に依存し，1 out of 2では1系統の信号出力失敗確率（/h）と試験周期（h）の半分（近似的に成立）との積の2乗となる。同様にして2 out of 3では，組み合わせの数を考えると，アベイラビリティは失敗確率（/h）と試験周期（h）の半分との積の2乗の3倍となり，わずかだが信頼性が下がる。これが第1故障モード「スクラム失敗」に対する評価である。一方，第2故障モード「誤スクラム（スクラムしなくてよいときに誤ってスクラムしてしまう）」が発生すると，プラントが止まるので稼働率は下がるし，緊急停止することになるのでプラントへの悪影響も懸念される。そのアベイラビリティは，1 out of 2では，組み合わせの数を考えると，1系統の誤信号出力確率（/h）と使命時間（h）（プラントの運転継続時間となる）との積（近似的に成立）の2倍となる。ところが2 out of 3では，組み合わせの数を考えると，1系統の誤信号出力確率（/h）と使命時間（h）との積の2乗の3倍となり，大幅に誤スクラムの確率が下がる。

表 9-1

|  | 1 out of 2 | 2 out of 3 |
|---|---|---|
| スクラム失敗 | $\left(P_{\mathrm{fs}} \times \dfrac{T_{\mathrm{s}}}{2}\right)^2$ | $3 \times \left(P_{\mathrm{fs}} \times \dfrac{T_{\mathrm{s}}}{2}\right)^2$ |
| 誤スクラム | $2 \times (P_{\mathrm{ss}} \times T_{\mathrm{m}})$ | $3 \times (P_{\mathrm{ss}} \times T_{\mathrm{m}})^2$ |

$P_{\mathrm{fs}}$：信号出力失敗確率，$T_{\mathrm{s}}$：試験周期，$P_{\mathrm{ss}}$：誤信号出力確率，$T_{\mathrm{m}}$：使命時間

さて，このときどちらの構成を取るかは，トレードオフの問題となるが，スクラムの信頼性は同等で，誤スクラムの確率が大幅に低い 2 out of 3 を選択するのが妥当な判断であろう。そして，おそらく総合的な安全性から見ても有利な選択になっているものと考えられる。

### (2) 機械系の設計例

次に機械系の安全設計（信頼性設計）の例として，簡単なポンプがある安全系（これも待機系に属する）の設計を考える。この場合，1 out of 2 の設計とは 100％容量のポンプが 2 台ある系統に，2 out of 3 の設計とは 50％容量のポンプが 3 台ある系統に相当する。

機械系の待機系では，ポンプの起動失敗と起動後のトリップの 2 つの故障モードを考慮する必要がある。1 out of 2 でのアベイラビリティは，1 系統の起動失敗確率（/h）と試験周期（h）の半分の積と，1 系統の起動後のトリップ確率（/h）と使命時間（h）の積（信頼性）の和の 2 乗となる。2 out of 3 でのアベイラビリティは，1 out of 2 のアベイラビリティの 1.5 乗倍と大幅に安全性（信頼性）が上がり，50％運転，すなわちグレースフルデグラデーション（機能低下で運転継続）が可能となる。

表 9-2

|  | 1 out of 2 | 2 out of 3 |
|---|---|---|
| 系統 | 100％×2 | 50％×3 |
| アベイラビリティ | $\left(P_{\mathrm{fs}} \times \dfrac{T_{\mathrm{s}}}{2} + P_{\mathrm{t}} \times T_{\mathrm{m}}\right)^{2}$ | $\left(P_{\mathrm{fs}} \times \dfrac{T_{\mathrm{s}}}{2} + P_{\mathrm{t}} \times T_{\mathrm{m}}\right)^{3}$ |

$P_{\mathrm{fs}}$：起動失敗確率，$T_{\mathrm{s}}$：試験周期，$P_{\mathrm{t}}$：トリップ確率，$T_{\mathrm{m}}$：使命時間

さて，このときどちらの構成を取るかは，トレードオフの問題となるが，グレースフルデグラデーションが可能であり，システムが完全に故障する確率が大幅に低い 2 out of 3 を選択するのが妥当な判断であろう。そして，おそらく経済性で考えても，総合的な安全性から見ても，有利な選択になっているものと考えられる。

現代社会では，電化製品の制御から，各種の社会インフラシステムの制御・維持・管理まで，コンピュータが積極的に利用されている。現代の技術システムにおいては，コンピュータを利用した制御システムや安全関連システムが不可欠で，それだけにシステムの安全のかなりの部分がコンピュータ（ソフトウェアを含む）に依存している。次節にソフトウェアの安全設計について述べる。

## 9.9　ソフトウェアの安全設計

　コンピュータ自体はフェールセーフにつくれたとしても，ソフトウェアに誤りがあれば致命的となるので，ソフトウェアはシステム安全において極めて重要な構成要素となっている。いかにしてバグのないソフトウェアをつくるのか，いかにして安全なソフトウェアをつくるのか，これらを解決しないことには，コンピュータ制御の実用化はできない。したがって，システムの安全設計においては，ソフトウェアの安全とソフトウェアの信頼性の検討は必須である。

### 9.9.1　ソフトウェアのシステム安全

　とりわけ，航空宇宙機，原子力プラント，化学プラント，列車，医療機器など，いったん事が生じたら人命やシステムに致命的な影響を及ぼすようなセーフティクリティカルなシステムの制御・管理には，コンピュータが不可欠となっている。

　多くのシステムにおいて，コンピュータは，電気・機械部品の動作の制御やシステムの制御を司ったりするだけでなく，インタフェースの役割や，要素間あるいはサブシステム間の相互作用を制御する重要な役割も果たしている。

　その分，コンピュータの障害が原因となった事故や，インタフェースを介した要素やサブシステム間の相互作用，および人間とコンピュータとの相互作用に起因する新たなタイプの事故が増えている。第1章に，ほとんどの事故は隙間の問題であると述べたように，この種の事故もまさに隙間の問題としての事

故である．今後，社会はますますコンピュータに依存することになっていくであろう．そうなると，ソフトウェアシステムの本来の機能喪失や安全機能の喪失が起これば社会全体を混乱に陥れかねない．

## 9.9.2　ソフトウェア安全

　システムの安全を考えるならば，ソフトウェアの信頼性とソフトウェア安全を共に高めなければならない．従来，ソフトウェア安全はソフトウェア信頼性と同一視されがちだったが，セーフティクリティカルな部分やシステムの制御にコンピュータシステムが適用されることが多くなるにつれ，両者は区別され，安全が重要視されるようになってきた．前述したように，信頼性と安全とは異なった概念であり，基本的には，本来の機能と安全の機能も別の概念であるので，それぞれを向上させる手法も異なる．

　ソフトウェアの信頼性と安全性を高めようとするなら，いずれのエラーも考慮しなければならない．既存のソフトウェア工学の技法の圧倒的多数は，信頼性の問題だけを扱ってきた．

　ソフトウェア安全（software safety）は「不安全なソフトウェアの状態がないこと」と定義され，不安全な状態とは，生命や財産の喪失のような致命的な事故・災害（mishap）を引き起こす状態である．つまり，ソフトウェア安全とは，ソフトウェアがハザードを誘発することなく，システムのなかで意図するソフトウェア機能が実行されることを意味する．

　そのため，ソフトウェア安全は"システムの意図する機能が実行されるか否かにかかわらず，ソフトウェアがハザードを誘発する状態を引き起こさない確率"によって評価される．

　セーフティクリティカルなソフトウェアとは，システムを直接あるいは間接的にハザードが存在する状態に陥れることにつながる，あらゆるソフトウェアをいう．さらに，セーフティクリティカルなソフトウェア機能とは，他のシステム要素の動作，または環境条件と同期して，ハザードが存在するシステム状態を直接または間接的につくり出すようなソフトウェアの機能をいう．

ところで，大規模なソフトウェアをバグなしにつくることも，テストによりすべてのバグを見つけることも現実的に難しく，ソフトウェアにバグが存在しないことを保証することはほとんど不可能である。仮にバグを完全になくせたとしても，それはソフトウェア安全を保証することにはならない。

　ソフトウェアは，ハードウェアのようには偶発的な摩耗故障を起こさない。よって，コンピュータのハードウェアの信頼性を高める技法は，ソフトウェア設計のエラーを減らすのには何の効果もない。

　ソフトウェアの故障は，論理エラーや設計のエラーなどの決定論的原因故障（systematic failure）に起因する。決定論的原因故障は，設計・開発工程や製造工程，運用手順や修正手順における誤りを原因としていて，決定論的に発生する故障のことを指す。

　また，ソフトウェアテストと運用上の信頼性の測定技法では，ソフトウェアが要求された動作を実行するかどうかを判断するだけである。その動作自体が安全であるかどうか，何か機能が抜けていないかどうか，指定された動作以外の動作をすることがあるかどうかについては判断されない。

　現に，ソフトウェア関連の事故は，ソフトウェアがその要求仕様を満たし，運用信頼性が極めて高かった場合でも起きている。それは，ソフトウェア安全問題の大部分がコーディングエラーではなく，以下のようなソフトウェア安全要求仕様の誤りから発生していることによるといわれている。

- システムの安全要求仕様とソフトウェアの安全要求仕様とが整合していない。
- システムの他の部分とソフトウェアとのインタフェースが正しく理解されておらず，ソフトウェアの安全要求仕様に反映されていない。
- ソフトウェアはソフトウェア安全要求仕様を正しく実装しているが，ソフトウェア安全要求自体がシステムにとって安全でない動作を指定している。
- ソフトウェア安全要求仕様がシステム安全に必要な動作を指定していない。
- ソフトウェア安全要求仕様の指定を超えて，ソフトウェアが意図されな

い不安全な動作をする。

結果として，以下のようなソフトウェア安全が満たされない事象が発生して，システム安全に影響を与えることになる。

- システムをハザードが存在する状態に陥れることにつながる出力値やタイミングで動作するセーフティクリティカルなソフトウェアとなる。
- 何らかの方法で制御または応答することが求められているハードウェアの故障をソフトウェアが検知または処理することに失敗する。

このソフトウェア安全要求仕様について以下に補足する。

ソフトウェアの安全要求仕様は，システムの安全を達成するために必要となる安全要求仕様のうちのソフトウェアに対する部分をいう。ソフトウェア安全要求仕様は，ソフトウェア安全機能要求事項およびソフトウェア安全度要求事項の2点から構成される。前者は，システムの安全確保のためにソフトウェアが行うべき機能を記述したものである。その例としては，制御対象システムの安全状態を確保するための機能や，ハードウェアおよびソフトウェア自身の異常を検出する機能，応答時間特性などが挙げられる。また後者は，前者の各機能において要求される信頼度であり，IEC 61508 においては，ソフトウェアの誤作動の発生頻度に対する許容範囲として示される。そのために，安全度水準（SIL）がソフトウェアに対しても定義されている。

安全度のうちソフトウェアに依存する部分は，ソフトウェア安全度（software safety integrity）と呼ばれる。

ところで，セーフティクリティカルなシステム用のソフトウェアにソフトウェア安全度水準（SIL）を割り当てるには，次のような不足な点があることが指摘されている[16]。

- ソフトウェアへの SIL の割り当て方法が不明確
    システムの SIL が算出された後に，ソフトウェアにどのようにして SIL を割り当てるかの方法論がまだ曖昧である。
- ソフトウェアモジュールへの SIL の割り当て方法が不明確
    システムに組み込まれるソフトウェアモジュールに，安全へのかかわ

り具合に差がある．ソフトウェアモジュールの独立性を踏まえた上で，個々のモジュールに対する SIL の割り当て方法を明確にする必要がある．
- システムとしての安全を網羅しきれていない
システムの安全を確保するには，開発のときだけでなく，運用や保守時のヒューマンファクターを考慮することも重要である．IEC 61508 は"計画から廃棄に至るまでの全ライフサイクルを通じた規格である"との建前をとっているものの，実体は物づくりの規格に留まっているように思われる．
- SIL 算出に用いる具体的なデータが不足している
SIL を重要な尺度としているものの，その根拠となる発生頻度などの算出に用いるための具体的なデータが不足している．

### 9.9.3　ソフトウェア安全解析

　ソフトウェア安全を達成するには，次章で解説する標準的な"システム安全解析手法"をソフトウェアに適用することである．

　それでも，ソフトウェアがどのようなハザードや不安全事象を起こす可能性があるかを完全に解析することは極めて困難で，セーフティクリティカルなシステムの制御・管理に用いるソフトウェアの安全を保証できるほどソフトウェア安全を解析する方法は，まだ開発されていない．

　そのため，ソフトウェアがシステムをハザードの存在する状態にすることを防ぐために，ハードウェアインターロックまたは人間による制御をシステム設計に付け加えることで，ハザードをもたらすソフトウェアの挙動を制御するようにすることも重要である．それに加えて，ソフトウェアインターロック，フェールセーフのソフトウェア，およびソフトウェア監視またはセルフチェックメカニズムといった形で，ソフトウェア自体に安全保護機能を組み込むことである．

### 9.9.4 安全関連ソフトウェア

安全関連システムにおいて安全機能を実現するために使用されるソフトウェアは，安全関連ソフトウェア（Safety-related software）と呼ばれる。安全関連ソフトウェアには，アプリケーションプログラムのみならず，ヒューマン・マシン・インタフェースのためのソフトウェアも含まれる。

安全関連ソフトウェアの主な役割は，安全機能，すなわち制御対象システムの安全状態を達成したり維持したりするための機能を実装することである。それ以外にも，安全関連システムのハードウェアを診断して故障を検出するための機能もソフトウェアで実装する場合があり，これもまた安全関連ソフトウェアである。

安全機能を実現する安全関連ソフトウェアにおいては，相応の安全性が求められることになる。つまり，ソフトウェアの不具合に起因して生じる安全機能の機能失敗の可能性は十分低いものでなければならない。IEC 61508 では，ここでもやはり安全度の考え方を用いており，ソフトウェアにおいても一定の安全度が達成されなければならない。安全度のうち，ソフトウェアに依存する部分をソフトウェア安全度（Software Safety Integrity）と呼んでいる。

ソフトウェアの不具合はすべて決定論的原因故障であり，ソフトウェア安全度は決定論的原因安全度の一部である。

決定論的原因故障は設計・開発工程や製造工程，運用手順や修正手順における誤りを原因としていて，決定論的に発生する故障のことを指す。決定論的原因故障は，ランダムハードウェア故障のように，信頼性工学に基づく手法によって発生を予測することが困難である。つまり，決定論的原因安全度は，ハードウェア安全度のように目標機能失敗尺度やアーキテクチャの制約条件を用いて評価することができない。そのため，IEC 61508 では，ソフトウェアの決定論的原因故障に対する対策を以下の 2 つに分けている。

- 安全関連システムの開発および運用におけるエラーの混入を防ぐことにより，決定論的原因故障の発生を回避する。そのために，開発および運用の各フェーズにおいて適切な技法を用いることを要求して，それを IEC 61508-2 付属書 B の表 B.1 から表 B.5 において示している。

- 安全関連システムの運用中に決定論的原因故障が発生してしまった場合には，その影響を抑制する．

## 9.9.5　安全関連システムのソフトウェア開発者

　もちろん，正確な安全要求仕様とそれを完全に満たすソフトウェアを作成するのは，適切で重要な目標である．しかし，専門分野の技術者，システム技術者，安全技術者，ソフトウェア技術者は，もしこの目標が達成されないと何が起こるかを十分に検討しておく必要がある．しかし，Leveson は，システム安全技術者はしばしばソフトウェア工学を教えられていないし，ソフトウェア技術者は基礎工学とシステム安全について適切な教育を受けていないことが多いし，また，ソフトウェア技術者が他のシステム開発者から孤立して仕事している傾向に悩まされてきたとも述べ，これら技術者間のコミュニケーション不足の問題があることも指摘している [6]．

　それでは，主として誰が，制御システムや安全関連システムのソフトウェアを構築するのであろうか．多くの分野で，それはソフトウェア技術者であろう．

　ちなみに，航空機の飛行制御システムのソフトウェア開発の事例を，遠藤著『ハイテク機はなぜ落ちるか』[17]の記述を基にして以下に記す．

　かつてコックピットはパイロットの聖域であったが，操縦の自動化が進むと，今度はそこはシステムエンジニア（ソフトウェア設計者）のプレイグラウンドになった．ソフトウェア設計者らは，航空機の運動をいくつかの基本的な幾何学的パターンに分け，それから飛行モードを構成した．このコンセプトは，飛行力学や制御理論の専門家でもなく，操縦はおろか飛行の経験もほとんどないソフトウェア設計者らによってつくられているのだ．パイロットは自動操縦システムに自分の意思を伝えるために，飛行モードを選択する．自動操縦の設計コンセプト（考え方）がパイロットの持っている操縦イメージと合っていれば問題は少ないのであるが，果たして，実際はそうなっているのだろうか．飛行モードのわかりにくさについて，オハイオ大学のウッズ教授らが調査して

いる。ウッズ教授は"パイロットにはモード認識が欠けており、自動化機能のアーキテクチャ（構成）についてのメンタルモデル（パイロットが頭のなかで描いている自動化のイメージ）と現実の自動化システムの作動との間にギャップがある"と指摘している。しかし、このようなギャップが起こる最大の原因は、飛行中のモードトランジション（転移）がコントロールソフトウェアのところどころに組み込まれていて、それがパイロットの知らないうちに起こることである。

　現在の自動操縦システムは正常な運航を管理する場合には問題を起こさないが、異常な運航を処理しようとするときその欠陥を露呈する。

　事故が起こったときだけセンセーショナルに報道されるが、実際には、モードで処理できない正常運航からの逸脱はしょっちゅう起こっている。それが大きな事故にならずに済んでいるのは、パイロットの手動操縦の機能が残されていて、それを使って修正操舵が行われ、無難に処理されているためである。自動操縦といっても、運航の安全は人間パイロットの柔軟な適応能力を前提にしなければ成り立たないのである。

　しかし、自動操縦からパイロットの手動操縦への引き継ぎが、いつもうまくいくとは限らない。システムの動きを十分に認識していないと、ときには誤操作さえも起こる。1.3節に述べた中華航空機の事故は、まさにこの事例である。

　制御システムが階層化すれば、それと表裏一体であるソフトウェアも階層構造になる。そのソフトウェアの開発作業も階層化している。上位の階層のプログラムは、何百人という下位階層のプログラマがつくったサブプログラムを土台にして作業する。したがって、彼らは各機器の動きを具体的にコントロールする方法については知る必要がない。

　ハネウェル社が開発したボーイングB777型機用のソフトウェア「VIA2000」は、500万行という膨大なものだが、これを40社以上のソフトウェアメーカーが違った場所で同時に並行して開発している。

　システム設計の階層化の結果、誰もシステム全体を見通すことができなくなった。これでは、形式的にではなく実質的に、全体の責任を負うことなどできない。

## 9.10 ソフトウェアの信頼性

　ソフトウェアにはハードウェアと異なり劣化故障がないので，ソフトウェアの信頼性は，仕様の誤りやコーディングミスといった決定論的原因故障に影響される．したがって，この決定論的原因故障にどのように対処するかということが，ソフトウェアの信頼性向上には重要になる．対処策を考える観点には，①仕様の作成やプログラミングといった人間に大きく依存する作業に無謬を期待することは非現実的という考え方と，②仕様そのものをソフトウェアが用いられる系の公理に基づいて証明し，その仕様から機械的にプログラムを生成することによって対処可能であるという考え方がある．

　①の観点に立つ対策の主流は，誤り（バグ）を発生させないようなソフトウェアの開発方法，出来上がったソフトウェアの正しさをチェックする方法である．

　その代表的方法は，ソフトウェアに対しても冗長性を利用してソフトウェアの信頼性を高めることである．この種の冗長性は，複数バージョンのアルゴリズムの記述（$n$-バージョンプログラミング）と結果についての多数決（投票）による決定や，コンピュータの計算結果についての組み込まれた妥当性検査，およびその検査に合格しない場合の代替ルーチンの実行，あるいはデータダイバーシティといった手法である．複数のバージョンという方法には，人が違えば犯すエラーも異なるので，異なるアルゴリズムを設計，プログラミングする可能性が高いという仮定がある．しかし，単独で記述されたそれぞれのソフトウェアルーチンにおけるエラーは，統計的に独立ではないということが実験で明らかにされ，その仮定は完全には成立しないことがわかっている．その理由は，人は問題のより難しい部分でエラーを犯す傾向があり，ランダムにエラーを犯すのではないからだ．独立して開発されたソフトウェアルーチン間の共通原因故障の問題は，簡単には解決されない．

　現実的には，バグのない大規模ソフトウェアを開発することは困難なので，不可避的につくり込んでしまったバグをソフトウェアの運用に至る前までにいかにして除去するかという方法論が重要になる．潜在的な決定論的原因故障を少なくするには，ソフトウェアライフサイクルにおける各フェーズの作業を厳

格に実施することである.さらに,開発やテストのプロセスを評価する組織や,人間の能力と独立性を重視することも,決定論的原因故障を減らす対策である.

一方,②の誤りのないプログラムは可能であるとする立場では,仕様を命題論理,述語論理,時相論理といった形式的手法で記述して,その仕様が公理系に対し矛盾のないことを証明するフォーマルメソッド(形式的手法)の研究が盛んである.ただ,記述された仕様を公理系から証明する作業の困難さから,ソフトウェア産業界に普及することに否定的な見解も多い.また,公理系と仕様はあくまでも頭のなかで考えた範囲のものであり,そのプログラムが現実に運用される場面と完全に一致するか否かという問題もある.

ソフトウェアの信頼性は数値で決定できないので,ソフトウェアの信頼性評価については,ハードウェアの信頼性以上に,多くの課題がある.とくに,ソフトウェアの製造プロセスや運用では人間のかかわる要素が多いので,評価自体に困難を伴う.たとえば,以下のような重要な課題がある.

- ソフトウェアの信頼性評価
  出来上がったソフトウェアのテストに関して,すべての可能性をチェックすることは不可能なので,どのくらいの範囲をテストしたか,またはできるかというカバレージの概念を採用している.この立場では,信頼性はあくまでも検査したパス率から決まる.
  しかし,運用の観点からは,ソフトウェアの信頼性はシナリオ依存で,生起する事象の因果関係やタイミングが重要となる.したがって,当然のことながら予測される信頼性の評価の確度は低い.また,運用場面で異常が発生したときの信頼性評価に対する影響は,そのソフトウェアが用いられる目的や状況により千差万別で,一意に予測できない.
- 知識工学,ニューロ,ファジィ,自己組織化,複雑系などのソフトウェア創発的にミクロな機構からマクロな現象が生じるので,事象の因果関係が説明できず,信頼性理論の範疇外とされる.すなわち,この種のソフトウェアは,性能さえ良ければそれでよいシステムには適用できるが,

信頼性や安全は保証されない。
- ネットワーク化した構成物
  自律分散的，動的に構成に変化が生じるので，事象の因果関係が固定的に説明できず，信頼性理論の範疇外である。これからのシステム構築ではネットワーク化が必然ではあるが，残念ながら現状では信頼性や安全の保証はない。

## 9.11　人間の信頼性解析

### 9.11.1　システムの安全設計と人間の信頼性とのかかわり

　システム運用時のシステムの安全性はもちろんのこと，システムや機械が故障した際の人間によるバックアップにおいても，あるいはまた人間の関与があるシステム安全関連系においても，システムの安全には人間の信頼性が直接かかわる。よって，システムの安全設計において，人間の信頼性を解析（HRA：Human Reliability Analysis），評価し，それを設計に考慮することが不可欠なのである。

　8.2 節に述べたシステム設計にかかわる原則 6「システムの安全評価においては人間信頼性を考慮せよ」は，このことを示している。この原則はまた，システムにおける人間の役割を大局的観点に立って解析・評価することを指している。よって，システムの安全評価における人間信頼性解析には，システムのライフサイクル全体を見渡すことを必ず念頭に置いておく必要がある。

### 9.11.2　人間信頼性解析の実際

　人間信頼性解析（以降，HRA と略記する）は，信頼性工学のアナロジーとして生まれた。人間はシステムを構成する部品とされ，手順書のとおり「人間部品」が機能するか否かが関心事であった[18]。この時代の HRA の典型は，後述する THERP 手法，TRC 手法[19] および SLIM 手法である。これらは，米国スリーマイル島原発事故以降，原子力の分野でも広く使われている。

　最近は，人間を単なる部品としてではなく，「主体性をもって自ら判断する

生身の存在」として扱う,「第二世代 HRA」と呼ばれる手法が開発されている [6]〜[8]。第二世代 HRA の特徴は,下記の認識に基づいて,「認知」「物事の前後関係（文脈性といわれる)」「組織」を積極的に評価に取り込もうとする点にある。

- 従来の HRA では,「ランプで機器状態を確認する」といった,手順書に定められたタスクを単位に評価を行う。しかし,失敗の原因を探るためには,行動の背後にある認知過程に立ち入る必要がある。
- 人間は,手順書に書かれていなくても,行うべきことを自ら判断して行動する。経験・知識をベースに,前後関係や予測に基づいて行動を決める。このような文脈性を扱える手法が必要である。
- 組織における仕事のやり方,すなわち組織文化は個々人の判断行動を大きく左右する。従来の HRA に,組織因子の扱いを取り込むべきである。

(1) THERP 手法

THERP（Technique for Human Error Rate Prediction）は最もよく知られ,広く利用されている手法である。米国スリーマイル島原発事故を契機にハンドブックにまとめられ,原子力の HRA を席巻することになる。批判も多いが,代わる手法がないとして,今日でも広く利用されている。手順書に従ってステップバイステップに行うタスクの評価に使われる。

THERP ハンドブックには,ふんだんにノウハウが盛り込まれているが,基本は単純である。THERP 手法は,一連のタスクを構成するタスクステップを枝にしたイベントツリーを定義して,各枝に成功失敗確率を割り付けることによってタスク全体の成功失敗確率を求める手法である。

THERP 手法には,人間信頼性評価手法ならではの特徴がある。ハンドブックにタスク別に示されている標準の人的エラー確率を実際の状況に合わせて変更する。たとえば,一つの仕事を複数の人間で行うことによって人間系の信頼性を高めようとする「人間多重系」の評価方法が挙げられる。機械系であれば,多重系を構成する要素が故障する機会は独立と考えるのが普通であるが,人間は「他人を過度に信頼する」傾向があるので,完全独立な多重系とは思え

ない。このような人間の特性を評価に盛り込むため，THERP 手法は「依存性モデル」と呼ばれる評価モデルを導入した。具体的には，人間多重系を独立系だと考えてハンドブックにある標準の人的エラー確率を 2 回掛けるのではなく，標準より大きな人的エラー確率を標準の人的エラー確率に掛けて保守的な評価を行う仕組みである。

（2）TRC 手法

多くの場合，人間の時間応答は対数正規分布で近似できることが知られている。早くタスクを終わる人も，時間がかかる人もいるが，横軸に時間，縦軸に時間内にタスクを終了した人の割合をプロットしてみると，概ね対数正規分布に従うことが多い（図 9-9 参照）。そこで，制限時間内にタスクを終了した人の割合を 1 から引けば，制限時間内にタスクを終了できない人の割合が得られるので，時間制限のあるタスクの人間信頼性の評価に利用できる。これを異常診断タスクに用いたのが TRC（Time Reliability Correlation）手法である。実験データに基づいて，タスクを開始してからの時間と，それまでにタスクを終了した人（チーム）の割合を，それぞれ対数でプロットしたものである。直線近似すると，任意の時間においてタスクを終了している人（チーム）の割合（成功確率）を推定できる[20]。

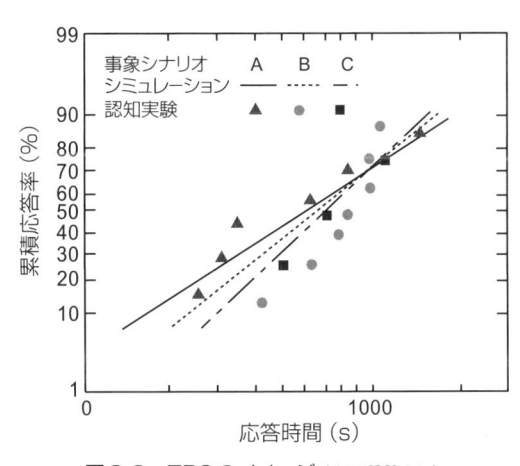

図 9-9　TRC のイメージ（古田[20]より）

我が国でも，ヒューマンクレジット（運転員の行為に対する信頼）に関する検討の一部として TRC 手法を用いた例がある。図 9-9 に示すように，プラントシミュレータを用いて設計想定事象の判別に要する時間を計測し，カーブフィッティングによってパラメータを推定して人間信頼性を定めている。

### (3) 第二世代 HRA 手法

第二世代 HRA の代表選手としては，米国 NRC が開発した ATHEANA（A Technique for Human Event Analysis）手法がある [21]。ATHEANA 手法は「正しいと判断して，実は不適切な行動」を行ってしまう可能性を評価するために用いる。ATHEANA 手法以外にも文脈性を考慮した手法として MERMOS 手法や CREAM 手法が知られている。MERMOS 手法は，フランス EdF が開発した手法で，N4 型軽水炉プラントを皮切りに，同国の原子力プラントの PRA に広く使われている [22]。CREAM 手法は適用分野を特定せずに開発された一般性を持った手法であるが，シビアアクシデント時に用いられるガイドラインの評価に適用した例がある [23]。

## 9.12 「人間−機械」系の安全設計

人間と人工物とのかかわり合いは，人間，機械・システム，環境を要素として構成される「人間−機械・システム−環境」系における相互作用として捉えることができる。ここでいう機械・システムは，ハードウェア，人によって制御されるもの（制御対象），制御対象を自律的に制御するコンピュータ（ソフトウェア），ヒューマン・マシン・インタフェースなどの集合に対する一般名である。

図 9-1 に示したように，人間，機械・システム，環境の間には 3 つの境界面（インタフェース）が存在し，この境界面を介して人間，機械・システム，環境が相互作用する。人間と機械システムとの境界面をヒューマン・マシン・インタフェース（HMI：Human-Machine Interface）と呼ぶ。これを介して人間と機械・システムが情報や作用を互いにやり取りする。したがって，「人間−機械・システム−環境」系における人の行為は，人間自身，機械・システム（ハー

ドウェア，ソフトウェア），環境（作業環境，ストレッサー，管理体制など）それぞれの特性や属性との間の動的な相互作用のもとで時々刻々に決定，実行されることになる。

この人間と機械システムとの動的な相互作用の過程で，ヒューマンエラー（human error）と呼ばれる事象が発生し，その結果として，人工物の目的や機能が適切に果たされない事態，最悪の場合には事故につながったりする。

米国原子力規制委員会（NRC）の運転データ分析評価部の調査によると，米国の原子力発電所で発生したデジタルシステムの故障のタイプ（1990年から1993年までに発生した）を分類すると，ソフトウェアエラー30件（38%），ヒューマン・マシン・インタフェースエラー35件（32%），ランダム機器故障9件（11%）となることがわかった。ソフトウェアとヒューマン・マシン・インタフェースエラーで7割を占めることとなる。

また，米国原子力発電所におけるデジタルシステムの保守に関連する28件のエラー事象（1990年〜1996年）を根本原因に応じて，手順関連，入力エラー，組み立て，試験およびその他のカテゴリーに分類した。その結果，手順関連のカテゴリーの件数が最も多く，28件のエラー事象のうち12件（43%）であった。これらは不適切な手順，あるいは手順不順守である。入力エラーのカテゴリーでは，11件のエラー事象（39%）があった。これには，キーボードを通して指令かデータを入力することが含まれている。組み立てのカテゴリーには，適切な電気接続に起因する2件のエラー事象（7%）があった。全体の8割以上が，手順関連および入力のエラーである[24]。

トラブルや事故を引き起こす契機となった不安全行為を即発的なエラーと呼ぶことがある。即発的なエラーの背後には，不適切な設計，不適切な自動化，見逃された製造ミスや保守ミス，審査・監督の不備，ずさんな手順書，訓練不足などの潜在的な原因がある。とくに，即発的エラーの根源は設計にあることが多いので，ヒューマンエラー防止策を考慮した設計が極めて重要になる。

なお，ヒューマンエラー防止策を考慮した安全設計については，多くの分野におけるヒューマンエラー防止策の実例が紹介されている文献[1]を参照されたい。

## 9.13 「人間-機械」系設計の原則

4.6 節に述べたシステムズアプローチと 9.4.2 項の安全バリアの概念が組み合わされている，「人間-機械」系設計の原則を，古田編著『ヒューマンファクター 10 の原則』[20] に見ることができる．同書は，ヒューマンファクターを理解し，ヒューマンエラーを防ぐために，ヒューマンファクターでとくに重要な考え方を 1 つの大原則と 10 の原則という形で述べたものである．本節では，そのなかから，本書および「人間-機械」系の安全設計に関係する原則を選び出して以下に概要を紹介する．なお，ここで付した原則の番号は，同書における原則の番号とは一致していない．

- ヒューマンファクターの大原則："安全確保においてはハードとソフトの双方による安全バリアを考慮に入れたシステムズアプローチを実施せよ"
  この原則はヒューマンファクターというよりも安全確保の基本原則を述べたもので，10 の原則の基盤をなすものである．
- 原則 1："人間中心設計に則り，組織，チーム，人間，認知の順に概念設計せよ"
  この原則は，技術が先行して組織や人間をそれに合わせる従来型のモノづくりではなく，組織や人間の特性に合わせてモノづくりを行う人間中心設計を主張している．人間中心設計に目標指向のシステムズアプローチを組み合わせるならば，システム設計はトップダウンで，全体システム，組織，チーム（集団），人間，認知の順番を原則に進められるべきである．したがって，システム設計が下位レベルの設計の枠組みを決めることになる．
  なお，人間中心設計の概念については次節に示す．
- 原則 2："システムの安全評価においては，人間信頼性を考慮せよ"
  この原則は，システム全体の安全確保にとって重要な人間の寄与分の評価に関するものである．この評価結果に基づいてシステムの全体構成を検討する．

人間信頼性の解析については本書9.11節に，システムの安全評価は次章に詳しく述べてある。
- 原則3："人間と機械の各々に期待する役割と特性を明確にしてタスクを割り当てよ"
 ここで，タスクとは，システムのある目標を達成するために必要な人間の一連の行為を適切に並べたものをいう。

この原則3は次節以降に関係するので，少し説明を加えておく。システム設計において人間に期待するタスクを規定する作業をタスク設計，そのために行う分析をタスク分析と呼ぶ。

原則1に基づけば，システム設計の次に組織管理・集団作業とタスクの設計が決まる。タスク設計は組織から認知までの全レベルに関連する。その後に，これら上位レベルのタスク設計を前提条件としてヒューマンインタフェースの設計が行われる。ヒューマンインタフェースにおけるタスク設計は，人間，認知のレベルに関連する。インタフェースをすべて決めてしまってからユーザに課すタスクを考えたり，作業チームの必要人数を考えたりすることは，人間中心設計の観点から避けるべきである。もちろんすべてが完全なトップダウンで設計可能とは限らないので，下位レベルの設計結果を上位レベルにフィードバックして修正をかけることが必要となる。

タスク分析は，9.15節に述べる人間と機械の役割分担で重要となるので，ここに一般的な事項を示しておく。人間とコンピュータの相互作用（HCI：Human-Computer Interaction）を扱う分野では，人間のさまざまなタスクを支援するツールや環境の設計のためのタスク分析は，次のような要目を考慮に入れて実施することを推奨している[25]。

- タスク分析はユーザとその環境を含む広範な分析を統合するものである。
- タスク分析はユーザの目標を理解することを含む。
- タスク分析は設計と開発プロセスのすべての段階に関連する。タスク分析の焦点，方法，粒度と情報の提示は，段階で異なることを認識すべきである。

- 目標が明確な作業に対して作業開始前にタスク分析を行う場合，分析の実際は，時間，予算，人員，関与するユーザとの相談時間などの要因に左右される。

これまで提案されてきたタスク分析の手法は次のとおりである[20]。

① 階層分解系
    階層タスク分析（HTA：Hierarchical Task Analysis），目標-手段タスク分析（GMTA：Goal Means Task Analysis）など。
② イベントツリー系
    運転操作イベントツリー（OAET：Operator Action Event Tree），操作シーケンスダイアグラム（OSD：Operational Sequence Diagrams）など。OSD はさらに時間的 OSD，空間的 OSD，時間・空間を考慮した OSD に分かれるが，時間的な OSD がよく用いられる。
③ フロー系
    意思決定フローチャート（DAF：Decision/Action Flow Diagram），信号フローグラフ分析（SFG：Signal Flow Graph）など。
④ 認知タスク分析系
    重要行動/意思決定評価法（CADET：Critical Action and Decision Evaluation Technique），影響モデル評価法（IMAS：Influence Modeling and Assessment）など。

タスク分析手法は，これらの手法で実施しなければならないというものではない。目的によって適切なタスク分析手法を選定すればよい。なお，設計のためのタスク分析にあたって重要なことは，問題によって解析者が適切とする方法があれば，それを用いることである。

## 9.14 人間中心設計の概念

簡単にいえば，人間中心設計の概念は，人間と相互作用（対話型操作）を行う機械・システムの開発に当たり，使う人の立場や視点に立って設計を行うと

いうことである．人間中心設計の概念は，人間工学，認知工学，HCI などの分野で示されていた方法論や解決策を統合する概念として，認知心理学の大家である D. Norman らによって提唱されたとされる．

使用者が具体的な場合には，ユーザ中心設計（UCD：User-Centered Design）という用語も使われる．これとは逆に，より一般的に誰にとっても使いやすいことを目指すとすると，人間中心の概念はユニバーサルデザイン（UD：Universal Design）の概念につながる．

さまざまな分野を対象とした国際規格において人間中心設計（HCD：Human-Centered Design）の概念に基づく規格が制定されている[26]．現時点においてガイドラインとして有用なものは，米国 NRC の NUREG シリーズにある規制方針とその具体的方法論[27]～[29]，あるいは国際標準規格（ISO：International Standard Organization）[30]や国際電気標準会議（IEC：International Electrotechnical Commission）の規格がある[15]．

1999 年に国際規格化された ISO 13407：対話型システムのための HCD プロセス（日本の翻訳規格は JIS Z 8530:2000）は，プロセス系のような特定の技術システムの専門家向けではなく，一般ユーザ向けの人間中心設計のプロセスを定めている．この規格のなかで，人間中心設計は，システムのユーザビリティを高めるために対話型システムの開発に用いられるアプローチの一つであり，効率性・パフォーマンスを向上させ，労働条件を改良し，人間の健康・安全に関する阻害要因をなくしていくものと定義されている．

この規格における人間中心設計のプロセスは，まず人間中心設計の必要性を特定した上で，設計する機械・システムが"特定されているユーザおよび組織の要求事項"を満足するまで，次の 4 つのステップを繰り返すものである．

① 利用の状況の把握と明示（必要な技術：ユーザの要求を知る技術）
② ユーザと組織の要求事項の明示（必要な技術：ユーザ要求をシステム要求に変換する技術）
③ 設計による解決案の作成（必要な技術：デザインや設計案をつくりこむための技術）
④ 要求事項に対する設計の評価（必要な技術：デザイン / 設計案の妥当性

を評価する技術）

　大規模な「人間–機械」系であるプロセス系でも，同様な規格として ISO 11064 や IEC 964 が作成されつつある．ISO 11064：Ergonomic design of control centres の規格は，人間工学の観点から原子力や化学プラントなどのプロセスシステムの制御室すべてに適用できる手続きを規定している [30]．この規格も JIS 化されており，最終的には 8 部構成（JIS Z 8503-1〜8：プロセスシステムの制御盤のための人間中心設計）となる．

　より良い制御室をつくるには，運転員を中心とした人間，それを支援するハードウェアやソフトウェア，さらにそれを取り巻く環境のみならず，運転管理まで含めて総合的に設計する必要がある．このための基本となる設計思想には

- 人間中心設計
- エラートレラントなシステムの設計（たとえ人間が誤りを犯してもシステムへの影響を少なくするようにシステムを設計すること）
- 繰り返しとフィードバックを含む設計
- 各ステップにおけるタスク分析

の 4 つがある．

## 9.15　「人間–機械」系におけるタスク配分設計

　技術の進歩は，それまで人間が行っていた作業の自動化を実現させた．そしてその便利さゆえに，技術的に自動化できるものは何でも自動化するという設計者の論理によって，どんどん自動化が進んだ．このような技術主導の自動化を，技術中心の自動化という．確かに，このような自動化システムは，「人間–機械」系の安全性や運用効率などの向上に貢献してきた．

　しかし，機械・システムから人間を排除する方向に進めた自動化では，設計段階で予測できなかった状況や，機械では対応できない難しい状況への対応は，やはり人に頼らざるをえないとう皮肉な事実が明らかにされることとなっ

た．これは，「自動化の皮肉」[31]という言葉で認知心理学者が警鐘を鳴らした現象の一つである．

技術中心の自動化への反省から，1980年代後半には，人間の特性に適合していて，人間との協調が図れるような自動化とはどういうものかが議論されるようになった．そうしたなかから生まれたものが，人間中心の自動化である．

人間中心の自動化とは，"人間を機械の上位に置き，最終決定権は機械ではなく人間に与えるべきである．つまり，人間と機械が共存するシステムの安全を確保する責任は人間にある"とする考え方である．

人間中心の自動化についての研究を精力的に進めてきたのは，早くから多種の自動化システムを備えた航空機を設計・運用するなかで多くの問題，とりわけ安全問題を経験してきた航空分野であった．

さらなる技術の進歩は，システムの内部や外部の状態および状況を知覚・認識し，それに基づいて必要なタスクを選択して，それを実行するという，高い知能と自律性を備えた自動化システムを出現させた．このような「人間中心の自動化」は，人間と機械の役割分担を変えることになった．

これによってより安全性の向上が図られたものの，その一方で，自動化システムに対する過信（over-trust）や不信（distrust），過度な依存（reliance），過適応（over-adaptation），自動化の驚き（automation surprise）といった不安全事象の生起につながる負の副作用の存在も指摘されている．

このような変遷を経て，大規模な「人間–機械」系におけるタスク配分設計（タスク割り当て）も大きく変化してきている．現在は，「人間–機械」系における人間と機械それぞれを単独要素と捉えて単独なタスク配分を考えるのではなく，「人間–機械」系を人間と機械とが協調して共通の目的を達成する結合系（Human-Machine Joint System）と捉えて，それぞれに協調作業としてのタスク配分を考える方向に発展している[32]．

人間の状況認識や制御スキルのレベルを低下させることなしに，人間と機械とが協調して共通の目的を達成するために，あくまでも機械が人間を支援するようにタスク配分設計を行うのである．

人間と機械とが協調/共生する自動化を進める上で，まず解決しなければならない課題は，人間が何をし，機械が何をするのかという役割分担を決めることである．それにはまず共通目的を達成するためにはどのようなタスク（あるいは機能）が必要であるかを考えなければならない．つまり，役割分担とは，人間と機械がそれぞれにどのようなタスクを分担するかを決めることである．これはタスク配分，あるいは機能配分と呼ばれる．

　これまでのタスク配分（機能配分）は

① 自動化できるタスクをすべて自動化し，残されたタスクを人間に割り当てる
② タスクごとに人間と機械の能力を比較し，優れた能力を持つほうに当該タスクを割り当てる．いったん決まったタスク割り当ては固定され，その後も人間と機械の役割分担は決して変わらない

という静的機能配分であった．
　これらの配分方式は，それぞれに大きな問題や限界があり，人間と機械の協調作業としてのタスク配分とは程遠いものである．
　協調へ進める方策の一つは，人間および機械それぞれが担当するタスクを，時間経過のなかで変更することである．このようなタイプの機能配分は，動的機能配分と呼ばれる．
　このような動的機能配分の実例は，航空機，原子力発電プラント，鉄道，自動車などにみられる．
　なお，参考までに記すと，稲垣著『人と機械の共生のデザイン』[32]は，人間と機械とが協調/共生する「人間-機械」系を設計するための考え方をわかりやすく述べた好著である．システムの安全設計の助けとなるだろう．

## 9.16　新しいタイプのシステム安全設計問題

　最近の大規模技術システムにはコンピュータが大量に導入されているので，機械やシステムを使う人間オペレーター（操作員や運転員，操縦者）が行う情

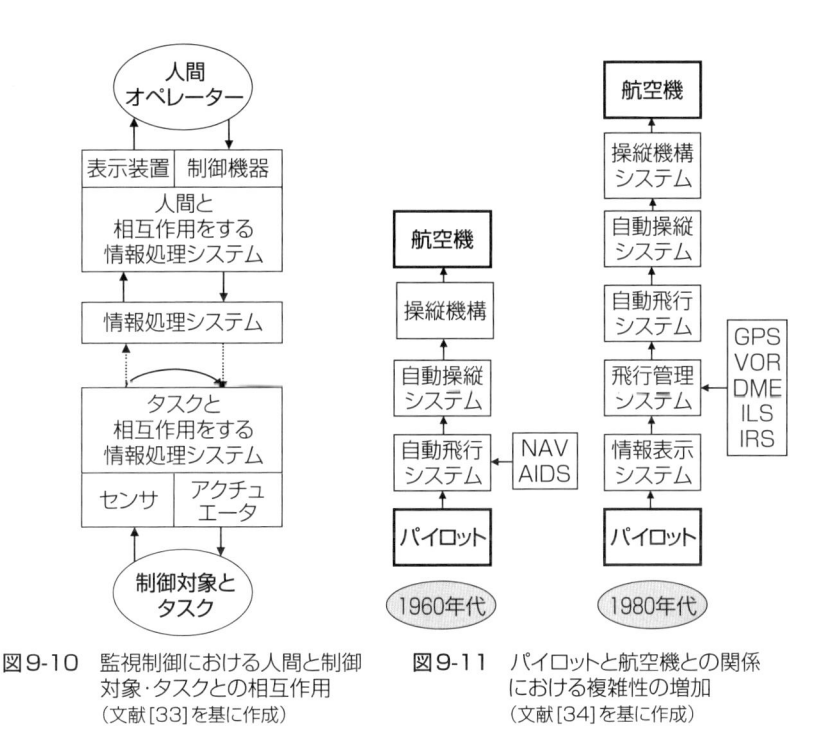

**図9-10** 監視制御における人間と制御
対象・タスクとの相互作用
（文献[33]を基に作成）

**図9-11** パイロットと航空機との関係
における複雑性の増加
（文献[34]を基に作成）

報処理と機械/システムでの情報処理は，それぞれ独立に独自のルールやアルゴリズムに従って行われる[33]。この様子の概略を図 9-10 に示す。

9.9.2 項「ソフトウェア安全」の航空機の事例で紹介したように，コンピュータによる情報処理系をサブシステムに持つ大規模で複雑なシステムでは，人間が感知しない形で自動制御が行われるので，人間オペレーターにとってシステム内部で何が起きているのかがわかりにくい，透明感の乏しいシステムとなり，安全を脅かす新たな問題の発生を見ることになった[34]。この様子の一例として，航空機の例を図 9-11 に示す。

このような機械やシステムでは，人間オペレーターが実行するタスクと，機械やシステムが実際に実行するタスクとは大きく異なることになり，両者の間に物理的な乖離と認知的な乖離が存在する。さらに，遠隔操縦の監視・探査機や作業ロボットでは，これらに加えて時間的・空間的な隔たりも存在している。

物理的な乖離とは，人間オペレーターと，機械・システムが実行するタスクとの間に，情報処理系が重層構造をなして介在していること，時間的／空間的な隔たりがあることから，人間と機械のかかわり合いが間接的になっていることである。

　認知的な乖離とは，膨大な情報変換過程の介在により，人間オペレーターの行為（心的世界）と，それに対する機械・システムの挙動（物理的世界）とに同型性がなくなり，互い対応が付きにくくなっていることである。

　こうした変化は，人間オペレーターの役割を操作・操縦（control）から監視・制御（supervisory control）に変えた。すなわち，人間オペレーターは手足などの運動機能を使うよりも，診断，推論，記憶，計画，意思決定，評価といった認知機能を十分に働かせて機械やシステムとかかわることとなった。

　これらの特徴は，これまでのヒューマン・マシン・インタフェースの問題とは異質の問題を発生させることになった。それは，人間オペレーターが機械やシステムに備わった機能を十分に使いこなせず，機械やシステムを使う目的を果たせないという問題である。すなわち，人間オペレーターと機械／システムとの協調が上手くとれない問題である。紛れもなく，これは安全に直結した問題である。

　人間にとって機械／システムがブラックボックス化して，自動化の驚きばかりでなく，緊急時対応での技能低下を招き，種々の大事故の原因と指摘されて，最近は上に述べた「人間中心の自動化」への転換が一層強く主張されている。

　このような問題は，単に自動化・自律化技術の高機能化を目指すだけで解決できるものではない。それには，人間オペレーターと機械との間の乖離を埋め，人間オペレーターと機械とが協調／共生行為を果たす「人間−機械」系を実現するための知的支援技術と，ヒューマン・マシン・インタフェースの新しい設計原理や設計方法の確立が望まれる。

　また，安全に直接かかわるヒューマンエラーの発生抑止には，人間の情報処理過程におけるヒューマンエラー防止策のすべてを考慮した機械／システム設計を行うことが肝要となる[1]。

とりわけ，ヒューマンエラーが事故に拡大するのを防ぐには，安全バリアを備えた機械/システム設計が必須である。

## 参考文献

[1] 柚原直弘，稲垣敏之，古川修編：ヒューマンエラーと機械・システム設計，講談社，2012年
[2] 柚原直弘，氏田博士ら：安全学を創る（その1），日本大学理工学研究所所報，第100号，2003年
[3] 氏田博士：ヒューマンエラーと安全設計，特集「品質危機とヒューマン・ファクタ～未然防止の基本と実際～」，品質管理誌，2001年9月号
[4] E. Hollnagel：Barriers and Accident Prevention, Ashgate Publishing, 2004.（小松原明哲監訳：ヒューマンファクターと事故防止，海文堂出版，2006年）
[5] WASH-1400：Reactor Safety Study, USNRC, 1975.
[6] N. Leveson：Safeware, Addison-Wesley, 1995.（松原友夫監訳：セーフウェア，翔泳社，2009年）
[7] Department of Defense：MIL-STD-882D Standard Practice for System Safety, 2000.
[8] 松本俊次監修，日本機械工業連合会編：エンジニアのための機械安全，日刊工業新聞社，2008年
[9] 向殿政男監修：機械安全，日本規格協会，2007年
[10] 厚生労働省労働基準局：「機械の包括的な安全基準に関する指針」の改正について，基発第0731001号，2007年
[11] ISO 12100-2：機械類の安全性―基本概念，設計の一般原則，2004年
[12] 向殿政男監修：制御システムの安全，日本規格協会，2007年
[13] 佐藤吉信：機能安全の基礎，日本規格協会，2014年
[14] IEC 61508-4:2010 / JIS C 0508-4:2012：電気・電子・プログラマブル電子安全関連システムの機能安全 第4部
[15] IEC964：原子力発電所制御室設計，1989年
[16] 中村英夫：鉄道分野における安全確保の仕組みと国際規格，デザインウェーブマガジン，2006年12号
[17] 遠藤浩：ハイテク機はなぜ落ちるか，講談社ブルーバックス，1998年
[18] 藤田祐志：第2世代人間信頼性評価手法の動向，原子力学会「HMS部会」総合講演，1999年
[19] NUREG/CR-1278：Handbook of Human Reliability Analysis with Emphasis on Nuclear Power Plant Applications, USNRC, 1983.
[20] 古田一雄編著：ヒューマンファクター10の原則，日科技連出版社，2008年
[21] NUREG-1628：Technical Basis and Implementation Guidelines for A Technique for Human Event Analysis (ATHEANA), USNRC, 2000.
[22] C. Bieder and others：MERMOS: EDF's New Advanced HRA Method, in Proceedings of PSAM4, Springer-Verlag, pp.129–134, 1998.
[23] E. Hollnagel：Cognitive Reliability and Error Analysis Method, Elsevier, 1998.
[24] NUREG/CR-6636：Maintainability of Digital Systems: Technical Basis and Human Factors

Review Guidance.
[25] J. Redish, D. Wixon : Task Analysis, in J. A. Jacko, A. Sears Eds., The Human-Computer Interaction Handbook, Lawrence Erlbaum Associates, New Jersey, 2002.
[26] Y. Fujita : Nuclear Safety, 30[2], 209, 1989.
[27] NUREG-0800 Rev.2 : Standard Review Plan, Part18: Human Factors Engineering, USNRC, 1996.
[28] NUREG-0700 Rev.2 : Human-System Interface Design Review Guidelines, USNRC, 2002.
[29] NUREG-0711 Rev.1 : Human Factors Engineering Program Review Model, USNRC, 2002.
[30] ISO 11064：プロセスシステムの制御盤のための人間中心設計，1989.
[31] L. Bainbridge : The Ironies of Automation, in J. Rasmussen, K. Dancan and J. Leplat Eds., The Psychologist: Bulletine of the British Psychological Society, 3, 107–108.
[32] 稲垣敏之：人と機械の共生のデザイン，森北出版，2012年
[33] T. Sheridan : Telerobotics, Automation, and Human Supervisory Control, The MIT Press, 1992.
[34] C. Billings : Aviation Automation, Lawrence Erlbaum Associates, 1997.

# 第10章

# システム安全解析

本章では，システム安全解析の思想，予防型のシステム安全解析の進め方と安全性解析手法の概要を述べる。さらに，どのような安全性解析手法を選択するかは，安全解析のアプローチに関しても重要になるので，安全性解析手法の選択についても略述する。複雑な社会-技術システムあるいは大規模システムの安全解析には，確率論的安全解析（PSA）が不可欠である。そこで，確率論的安全解析に使われるイベントツリー解析（ETA：Event Tree Analysis）とフォールトツリー解析（FTA：Fault Tree Analysis）に必要な数学的知識を若干述べる。また，安全性解析手法のなかでも，とくに多くの技術システム分野で，故障モード・影響度解析（FMEA：Failure Modes and Effects Analysis）とフォールトツリー解析が要求されるので，FMEAについても少し詳しく述べる。正しいシステム安全解析を行うには，安全設計と同様に，対象に関する専門知識，豊かな実務経験が不可欠である。

## 10.1 システム安全解析の目的

システム安全解析の目的は，事前にハザードの除去あるいは制御によって，システムにおけるリスクが最終的に定められた水準以下にあることを確認することにある。そのため，システム安全解析は2つの立場で実施される。一つは，図9-6に示したように，システム設計者が概念設計段階から安全も考慮に入れて設計作業を進める際に，設計者によって実施される安全解析である。もう一つは，図10-1に示すような，システム安全技術者（system safety engineer）による安全の観点からの設計支援と安全に関する設計審査である。第7章で述

べたシステム安全プログラムの中核をなす安全解析は後者である．本章で述べる安全解析は，後者の立場である．どちらにしても，安全解析手法は共通である．違いはその目的にある．そのため，安全評価に用いる指標・尺度および判断する内容は異なることになる．このことを理解しておかないと，誤解や無益な議論を生むことになる．

後者の立場による安全解析は，想定した事象に対して安全設計が行われた現行のシステムに対して安全解析を実施するのが基本である．そして，その目的とするところは，設計者が作成したシステム設計仕様書の安全要件および設計された安全策に対して，安全解析を通じてリスクが最終的に定められた水準以下にあることをシステムライフサイクルにわたって確認することである．

すでに高いレベルで安全設計がなされているシステムで想定外の重大事象が起きることは稀である．しかしながら，とりわけ大規模複雑システムでは，実際には安全設計で想定した以外の事象が起こる．そのために，安全解析は，基本的には，各仕様書の安全要件自体に漏れや誤りがないかの確認，ハザードの判別と必要な修正処置の決定，コスト－ベネフィット解析を行う際に考慮しなければならない安全関係事項の決定，安全設計のための要求事項の決定，運用および試験に関する安全要求事項の決定，安全性目標あるいは要求値が達成されているかどうかの判定などについて実施される．正しいシステム安全解析を行うには，安全設計と同様に，対象に関する専門知識，豊かな実務経験が不可欠である．

安全に関する項目や要求を満たす最終製品をできる限り経済的に製造するには，ハードウェアができてしまった後よりも，製図板上で変更を行うほうが，より簡単で経済的でかつ能率的である．それには，システム安全技術者は，設計のできるだけ早い段階から安全の観点からの設計支援を実施して，潜在する安全上の問題をシステムのライフサイクルのできるだけ早い段階において明確にして，費用のかかる修正や計画変更を防がなければならない．

この設計支援活動の進め方の例として，ある米国のヘリコプターメーカーにおけるシステム安全技術者と設計者の連携活動を示す．システム安全技術者が，ある設計のなかにハザードがあることを確認したとすると，図 10-1 に示すように，まず設計者と製図板上の問題としてそのハザードの検討を行う．

図10-1　安全技術者による安全設計支援(Fux[7]より)

　その結果，不利な事柄やコスト増加なしにハードウェア/ソフトウェアの小変更だけでハザードの除去あるいは制御が可能であれば，設計者はその変更を施した図面を完成させる。しかし，その変更がもっと重要なもので設計者レベルにおいて決定ができない場合は，技術部門長と設計グループの技術者も参加してその決定に当たる。それでもなおその問題が解決されなければ，システム安全技術者はプロジェクト管理者と，場合によっては技術部門の最高責任者との話し合いを行う。この過程を経るなかで，すべてのレベルの安全管理者が何らかの形で安全に直接関与することになる。

## 10.2　安全解析の思想

　第3章で述べたように，不安全事象はシステムの創発的な特性（emergent property）を持つ。よって，複雑な社会-技術システムや大規模・複雑システムでは，トラブルや事故は単に故障だけで起こるものではない。よって，起こるトラブルや事故を想定することは容易ではなく，実際には安全設計や運用で想定した以外の事象も起こる。そのため，システム安全解析の思想は，システム安全設計の思想と同じ，4.9.1項のシステム安全アプローチの基本概念，4.9.2項のシステム安全の共通原則，および確率論的アプローチになる。つまり，想定漏れとならないように，事象の組み合わせの連鎖（事象シーケンス）を可能な限り体系的に想定して，それら個々の事象シーケンスについても安全解析を

行い，もし現行の設計案に重大な事象が発生する可能性が発見されれば，設計にフィードバックして事前にシステムに安全策を組み込むようにする。そのために，社会–技術システムあるいは大規模・複雑なシステムの安全解析には，確率論的安全解析（PSA）が不可欠である。PSA は，原子力分野で開発された安全解析法で，確率論的リスク解析（PRA：Probabilistic Risk Analysis）とも呼ばれる。PRA という用語は主に米国で使われているが，他の国では PSA とされているようである [1]。ちなみに，国際原子力機関（IAEA）は，PRA を安全にかかわる決定に用いることを PSA と定義している [2]。この定義は，10.5 節の図 10-2 の安全解析に相当するものである。また，米国原子力エネルギー協会では，PRA は原子力発電所の運転や保守に伴うリスクを定量化する手法であると述べている [3]。つまり，PSA の過程のなかに PRA が位置することになる。

## 10.3　事前解析に基づく予防型のアプローチ

　一般に，システムはハードウェア（機械・電気・電子システム）面とソフトウェア（制御システム）面の機能を備えている。そして，システムの安全を脅かすハザードは，それぞれのシステムの概念開発（企画），設計，製造，運転，保守，廃棄の各フェーズに潜んでいる。したがって，断片的な安全技術および事後解析，あるいはこれまでのようなハードウェアに主眼を置いた工学的安全評価や，運用時におけるヒューマンファクターのみに主眼を置いた安全評価だけでは高い安全性の達成は難しい。とりわけ，大規模，複雑化したシステムや大量に販売された製品は，事故時に莫大な損失と悲劇をもたらすことから，システムの安全化には，システム安全アプローチに立つ予防型のシステム安全解析が必須である。

　予防型のシステム安全解析では，システムのライフサイクルにわたって，ハザードのリスクを解析（徹底した事前解析・評価）して，あらかじめリスクを目標レベル以下に抑える制御策（ハザードの除去および制御を行う安全設計）を立案する。

　そのために，基本的には，ハザードの同定と必要な修正の決定，トレードオ

フの調査を行う際に考慮しなければならない安全事項の決定，安全設計のための要求事項の決定，運用および試験に関する安全要求事項の決定，安全性目標あるいは要求値が達成されているかどうかの判定などを実施することになる．

このシステム安全の事前解析を活用する目的は，以下のとおりである．

- 開発段階において，ハザードやそれを顕在化させる条件を同定し評価することで，ハザードを除去または制御できるようにするため．
- 運用段階において，対象のシステムをよく調査し，その安全性を向上させる運用方針と運用手順を定めるため．
- 運用許諾段階において，規制当局に対し，対象のシステムが許容できる安全性を有していることを実証するため．

## 10.4　大規模システムの安全性解析法

大規模システムの安全性解析法には，決定論的方法と確率論的方法の 2 種類の方法がある．決定論的安全解析（DSA：Deterministic Safety Analysis）では，システムの安全性を解析・評価するために通常考えうる異常・事故を最大級の事故事象（これを設計基準事故と呼ぶ）を含めて想定して，その異常あるいは事故に至る過程を解析して，基準や指針で定められた手法を用いて安全性を評価する．決定論的安全解析では，安全バリアそれぞれの安全性を解析・評価するので，安全バリアのロバストネス，バリア間の独立性などが明らかにできる．

ここで議論となるのは，DSA における仮定である単一故障基準（Single Failure Criteria：考えられる初期事象を現象で分類，そのうち最も厳しい事象を代表として想定し，それに加えて安全にかかわる機器のうち最も重要な機器の一つが故障すると想定して，それでも安全性が十分に確保できることをもって安全性を担保できるものと評価する）の有効性である．確かに厳しい事態を想定して（設計基準事故）それで安全性を担保しているので，単一故障基準は考え方としては納得しやすいものであるが，実は事象の網羅性を保証していないことが，最近の事故事例やリスク論に基づく安全評価から明らかとなって

きた．

　確率論的安全解析（PSA：Probabilistic Safety Analysis）は，ヒューマンエラーや機器の故障などを発端として被害の発生に至る事象の組み合わせの連鎖である事象シーケンスを体系的に列挙し，それぞれの事象シーケンスについてその発生確率を確率論に基づいて定量的に推定し，それがもたらす影響をシミュレーションモデルなどを用いて推定することにより，安全性を総合的に評価するものである．このように，PSA は，事が起こりうる頻度，結果の重大さ，そして安全策に要する資源を考慮して，多数の事象シーケンスのなかから安全策を組み込むべき重要な想定外事象（事故シナリオ）を合理的に割り出す．もし，すべての事象シーケンスに安全策を講じようとすれば，多大な経済的負担を生じてシステムの存在意義そのものが失われかねない．ここにリスクに基づく安全解析（評価）を行う必要と価値が生じる．

　もちろん確率論的安全解析にも確率計算に至るまでの過程に決定論的な面もあるが，システム全体に対する事象シーケンスを考える過程で，ある程度の不安全事象の網羅性が担保されること，および評価にリスクという基準を用いることから，確率論的安全解析の有効性は高い．

　しかしながら，PSA あるいは PRA に用いるデータや事故に関する知識には不確実さがあるため，PSA の結果はつねに不確実さを伴ったものとなる．したがって，PSA の結果を用いるときには，この不確実さについての十分な理解が必要である．

　たとえば，不確実さの一つに人間の信頼性がある．PSA あるいは PRA には，人間の信頼性の評価が不可欠である．なぜなら，完璧な自動化システムはないので，必ず人間に期待する部分が存在するからである．また，機械の故障をバックアップするのは人間であるので，異常事態や想定外事象におけるシステムの安全性は人間の信頼性に大きく依存するからである．それゆえ，人間信頼性を評価する手法，すなわち人間信頼性解析（HRA：Human Reliability Analysis）の必要が生じる．適切な HRA なしには適切な PRA はありえないといっても過言ではない．しかしながら，人間の持つ不確実さの幅が大きいために，信頼性には幅があり，それはまた状況にも依存する．

　それでも，確率論的安全解析は，定量的で有用な情報を提供するので，広範

に利用されている．PSA 手法の進展に応じて段階的にその活用が図られてきており，すでに原子力発電所の定期安全審査や事故管理の整備に活用されるなど，安全管理に取り入れられてきている．

　以上に述べた，決定論的方法も確率論的方法も，システム安全設計においてシステムに組み込む安全策そのものを与えうる方法ではなく，結局のところ安全策は設計者の経験やセンスに基づく独創に依存する．安全策としての安全バリア自体の設計の有効性は決定論的方法に基づいて評価し，設計されたシステム全体の安全性は確率論的方法で評価するという現状の組み合わせは，安全設計の有効な支援方法であろう．決定論的方法と確率論的方法の特徴の比較を表10-1 に示す．

表 10-1　決定論的方法と確率論的方法の特徴

|  | 決定論的方法 | 両論併用 | 確率論的方法 |
|---|---|---|---|
| 設計に対して | △ | ○ | × |
| 運用フェーズに対して | × | ○ | △ |
| 安全解析・評価に対して | △ | ◎ | ○ |

◎有用，○可能，△支援，×不可

　決定論的安全解析でも確率論的安全解析でも，ETA，FTA，FMEA が用いられるので，それらを 10.6 節で説明する．

## 10.5　システム安全解析のプロセス

　システム安全解析（system safety analysis）のプロセスは，ハザード同定（hazard identification），安全性解析（ハザード解析），安全評価（safety evaluation），安全制御策の立案（safety control design）の 4 つのパートから成る．これは，リスクアセスメント（risk assessment）のプロセスに，リスク特定，リスク解析，リスク評価，リスク対応策の選定が含まれるのと同様である．
　図 10-2 に，システム安全解析のフローを示す．
　以下に，各ステップの内容について略述する．

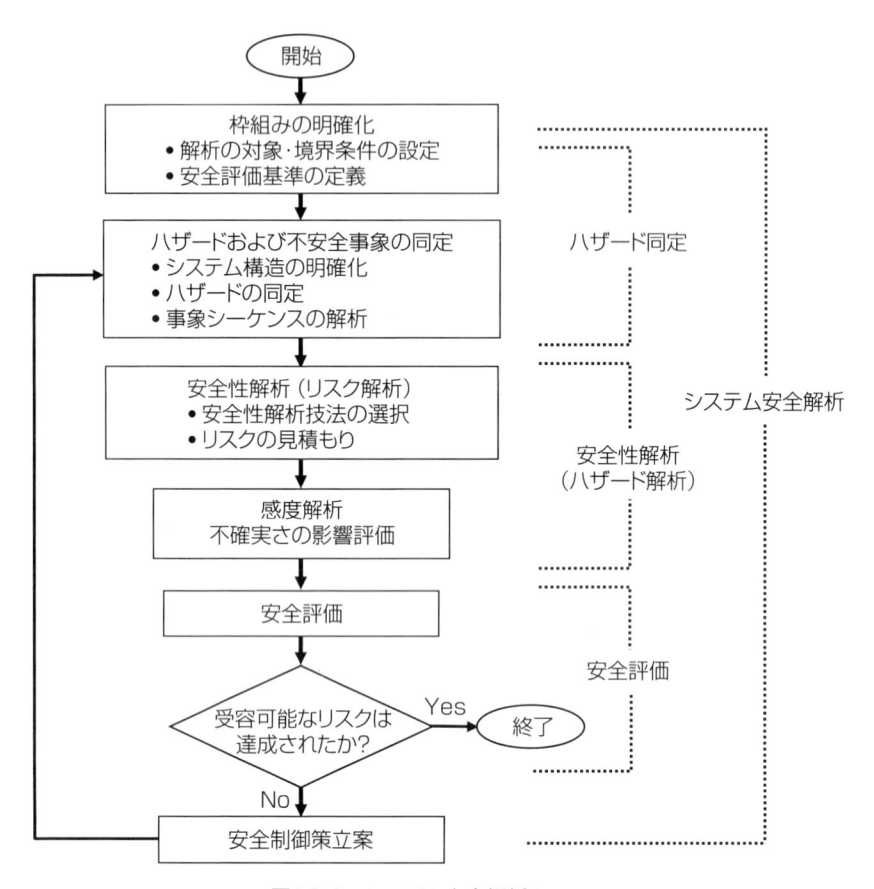

**図10-2** システム安全解析のフロー

(1) 枠組みの明確化

ここでは，安全解析・評価の目的，対象とするシステム，システム境界，事故事象や環境条件を定める。また，どのような安全評価基準を用いるかを定める。

(2) ハザード同定
(a) システム構造の明確化
　まず，解析対象のシステムおよびサブシステムの構造，サブシステム間の相互作用の記述を行う。その際には，安全解析の目的に照らして，構造をどの程度の詳細さで記述すべきかを決定することが肝要となる。とくに，他のサブシステムとの相互作用の記述が重要になる。

(b) ハザードの同定と事象シーケンスの解析
　一般的には，ハザードの同定には，次のような各種の活動が役に立つはずである。

- 関連する過去の経験から学んだ教訓，トラブル報告，および事故とインシデントの記録を調査する。
- 過去のシステムに関するハザード解析結果を調べる。
- 公表されているハザードのリストやチェックリストを活用する。
- 規格類を調べる。それらは，過去に事故を引き起こした既知のハザードを反映していることが多い。たとえば，国際電気標準規格 IEC 60812 には一般的な故障モードが，国際安全規格の JIS B 9702（ISO 1421）機械類の安全性—リスクアセスメントの原則の付録にはハザードのリストがある。
- 運転員と自動装置との間（ヒューマン・マシン・インタフェース）の相互作用について調べる。

　なお，ハザードの同定は，分野によってはハザードの特定といわれる。本書では，原子力産業分野と同じく，同定（identification）と特定（specification）を区別して用いる。ハザードの同定とは，あるものが，すでにわかっているハザードと同じものであると見きわめることである。一方，公表されているハザードリストが存在しない，あるいはリストにないハザードを予想する場合は，ハザード同定とは区別して，ハザード特定（hazard specification）と呼ばれる。

### (3) 安全性解析（ハザード解析）

#### (a) 安全性解析手法の選択

安全性解析はハザード解析（hazard analysis）とも称される。

安全性解析のための新しい手法や応用法の開発，既知の方法の改良もシステム安全学の重要な分野である。これまでに多くの安全性解析手法が提案されていて，それらには信頼性解析手法と共通するものが多い。一般的にいって，解析手法の説明は，信頼性解析の立場で説明されることが多い。信頼性解析では，部品や機器の故障や，ソフトウェアの機能不全に注目する。そして，それらがシステムの機能に及ぼす影響をボトムアップの手法（たとえばFMEA）を用いて評価する。一方，安全性解析では，構成要素の動作は適切であるが，それが不適切な時間あるいは誤った環境条件で行われるといったような，構成要素の適正・不適正両方の動作の組み合わせからいかにして危険な状態が起こるかを評価するトップダウンの手法も必要となる。したがって，信頼性解析手法を安全性解析に適用する際には注意を要する。事故や不安全事象は，部品や機器の故障やソフトウェアの機能不全がなくても起きる。安全性解析では，故障やソフトウェアの機能不全は，事故や不安全事象を発生させるハザードの候補の一つにすぎない。このことを図10-3に示す（図9-3再掲）。

信頼性解析では，ランダム故障の確率を評価するが，これはハザードや事故の確率にはならない。高い信頼性ということが高い安全性を保証するわけではないし，安全は必ずしも高い信頼性を必要としない。

どちらの場合でも，解析手法自体は共通しているものが多いので，解析手法の説明が信頼性解析あるいは安全性解析のいずれの立場でなされているのかに注意して互いに読み替えるようにする。つまり，対象とする事象を「望ましくない事象（信頼性解析では故障に，安全性解析では不安全事象に該当）」として，故障を不安全事象に，あるいはその逆に置き換えて読むようにすればよい。そのようにすれば，

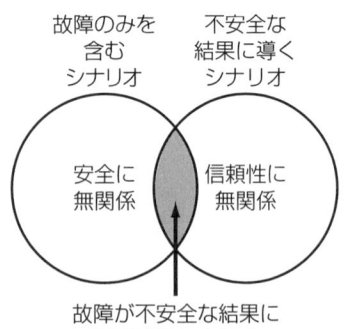

図10-3　信頼性と安全との関係

望ましくない事象を起こすハザードの同定および解析のための手法として両者を区別することなく適用できる。

さらに，安全性解析手法の選択に当たっては，解析対象のシステムおよび解析の文脈に適したものを選ぶようにしなければならない。

どのような手法を使うにせよ，安全性解析の目標は

- 望ましくない結果を導く最も重要なシナリオを特定する
- これらのシナリオを決定的に重要なものとするハザードを同定する
- このハザードの除去あるいは制御を確実なものにする

ために，システムの安全をシナリオベースで理解することである。

安全性解析手法はその数理的方法によって定性的方法，半定量的方法，定量的方法に，あるいは論理的見地から帰納的方法と演繹的方法に分類される。

定性的方法は，事象の発生確率および結果の重大さを"高い""普通""低い"といったようなレベルで定義し，リスクレベルを定性的基準に照らし合わせて判定する。多くの場合，定性的方法は半定量的方法や定量的方法に先立って実施される。

半定量的方法は，事象の発生確率および結果の重大さに関して数値による評定尺度を用い，その2つを組み合わせた式を使ってリスクレベルを導き出す。評定尺度は，線形，対数，またはその他の関係を用いてもよい。使用する方法もさまざまである。

定量的方法は，事象の発生確率および結果の重大さの実用値を算定し，状況設定のときに定義する具体的な単位でリスクレベルの値を算出する。このリスクレベルは，あくまでも推定値であることを認識する必要がある。完全な定量的解析は，解析対象のシステムまたは活動に関する十分な情報やデータの不足，人的要因の影響などのために，必ずしも可能または望ましいとは限らない。このような状況下では，それぞれの分野に精通している専門家による，相対的なリスクの半定量的または定性的方法が依然として有効である。

帰納的方法は，部品や機器の故障モードを抽出することから開始し，それらの故障モードが発生したときに上位のサブシステム，さらにシステムに与える

影響を予測して，重要な故障モードを特定するボトムアップの方法である。

演繹的方法は，システムや機器に発生することが望ましくない事象から開始し，その要因を段階的にサブシステムあるいは部品などの下位レベルにおける望ましくない事象に展開していくトップダウンの方法である。

文献 [4] には 101 種の安全性解析の方法/方法論および手法が収録されており，個々の目的，方法/方法論の概略，適用対象，完全さ，難しい点，参照先などが説明されている。また，JIS Q 31010:2012 には，リスク解析に使用する 31 種の手法の特徴，用途，適用可能性，ならびに選択に影響する要因が記載されている。安全性解析手法の選択には，これらを参照するとよい。

(b) リスクの見積もり

ハザードが引き起こすリスクを見積もる。リスクの大きさを見積もる方法は，マトリックス法，リスクグラフ法，積算法，加算法に分かれて，それぞれの方法のなかで，リスクに影響する要因として，被害の重大さ，発生確率，暴露の頻度および時間，暴露される人数など，何を考慮するかによって，さらにいくつかに分かれる。これらのリスク見積もり方法には，定量的，半定量的，定性的（被害の重大さ，発生確率を 4~5 ランクに区分）なものがある。定量的見積もりが望ましいが，実際には，主観が入る見積もりにならざるをえないのが実情である。

見積もり方法には，標準や規格によるもの，特定の企業が推奨するものなどがあり，決定版として標準化されたものはない。とはいえ，MIL-STD-882C:1993「システム安全プログラムの要求事項」の考え方がベースになっている。

リスク見積もりの方法は，MIL-STD-882C，ANSI/RIA R15.06:1999 などに記載されている。また，MIL-STD-882C の内容の一部が JIS B 9702:2000 (ISO 14121:1999) の付属書（参考）および解説に引用されている。安全関連の電気・電子・電子制御システムのリスク見積もり法は，IEC 62061 の付属書 A に記載されている。

(4) 不確かさおよび感度

　リスクの解析には，しばしば無視できない不確かさが伴う。リスク解析結果を解釈し，それを有効なものとするためには，不確かさの理解が必要である。リスクの特定および解析に用いるデータ，方法およびモデルに付随する不確かさの解析は，それらの適用に重要な役割を果たす。不確かさの解析では，パラメータおよび仮定の変動に由来する結果のばらつきまたは不正確さの算定が行われる。不確かさの解析に密接に関連する分野が，感度解析である。

　感度解析は，正確でなければならないデータと，感度が低い，すなわち全体の正確さにあまり影響をもたらさないデータとを区別するために用いられる。それには，個々の入力パラメータの変化に対する，リスク変動規模の大きさおよび重篤度の算定が伴う。

　リスク解析の完全性および正確さについては，できる限り完全な形で明記することが望ましい。解析の論拠となるパラメータおよびその依存度を明記する。できれば不確かさの原因を究明して，データならびにモデルの不確かさについて言及することが望ましい。

(5) 安全評価

　リスクの見積もり結果（インデックス）を安全性目標と比較して，リスク低減が必要か，あるいは安全性が達成されているか否か（許容可能なリスクであるかどうか）を判断する。結果によって，どのリスクへの対応が必要か，対応の優先順位はどうするかについて安全方策の検討の要・不要の決定を下す。

　リスク評価で留意すべき点は，同定したハザードおよびリスクに対して一つずつ評価を行い，漏れのないようにすることである。

(6) 安全制御策の立案

　許容可能なリスクが達成されなかった場合は，改めてリスクを目標レベル以下に抑える安全制御策を立案する。

　安全制御策には，広く受け入れられている優先順位がある。これは，ハードシステムでも安全に関連する制御システムでも同様である。

① ハザードの除去（本質的安全設計（inherently safe design）方策によるハザードの除去）
② ハザードの低減（安全防護方策によるリスクの低減）
③ ハザードの制御（安全バリアによるリスクの低減）
④ 損害の低減（損害最小化の手法や情報提供によるリスクの低減）

これらの手法のどれか一つだけを採るべきだという意味ではなく，より高いレベルのものがより望ましい。実際には，複数の安全制御策を取り入れることになる。また，ハードシステムと制御システムの設計は異なる部門で実施され，安全解析および安全制御策の検討も別々に行われることが多い。よって，それぞれの結果を統合して，整合のとれた効果的な安全制御策を決定することが必要になる。

決定された安全制御策に対して，再度安全解析を実施する。

JIS B 9700-1:2004 機械類の安全に関する規格に，これに類似の優先順位が，リスク低減の達成を意図した方策（保護方策）として規定されている。

安全設計の詳細は第 9 章に述べられている。

## 10.6　システムライフサイクルにおける安全性解析

多くのサブシステムで構成される大規模システムでは，個々のサブシステムの仕様が正しくても，システム全体としては不安全になることもある。よって，サブシステムの詳細設計仕様の決定には，システム全体としての仕様を定めるシステム設計仕様書が必要である。システム安全解析では，設計者が設計初期の段階で作成するシステム設計仕様書における安全要件自体に漏れや誤りがないか，システムライフサイクルにわたって安全要件が満たされた設計となっているかなどを確認する。

安全性解析（ハザード解析）は，図 10-4 に示すように，実施される時期や目標に基づいて 5 つの段階に分けられる。

図に示すように，予備ハザード解析，サブシステムハザード解析，システムハザード解析，運用・支援ハザード解析が実施段階順に並べた最小限の安全性

| 安全解析活動 | 管理段階 — 概念設計審査 — 予備設計審査 — 詳細設計審査 — 最終受け入れ審査 | | | | | |
|---|---|---|---|---|---|---|
| | 企画・概念開発 | 設計 | フルスケール開発 | 試験 | 運用・保守 | 廃棄 |
| 安全設計 | 初期 ◇ | 最終 | ◇必要に応じて更新 | | | |
| 安全性解析 | ━━━━━━━━━━━━━━━━━━━━━━━━━━━━━━━━━━━━━━━━━━━━ | | | | | |
| 予備ハザード解析 | PHA ◇ | ◇必要に応じて更新 | | | | |
| サブシステム/システムハザード解析 | | SSHA/SHA | ◇必要に応じて更新 | | | |
| ソフトウェア安全解析 | | SwSHA ◇ | ◇ | ◇必要に応じて更新 | | |
| 運用・支援ハザード解析 | | O&SHA ◇ | | | ◇手順解析を継続 | |
| 統合ハザード解析 | | IHA ◇ | ◇ | ◇必要に応じて更新 | | |
| 安全アセスメント&報告書 | ◇ | ◇ | | ◇ | | |

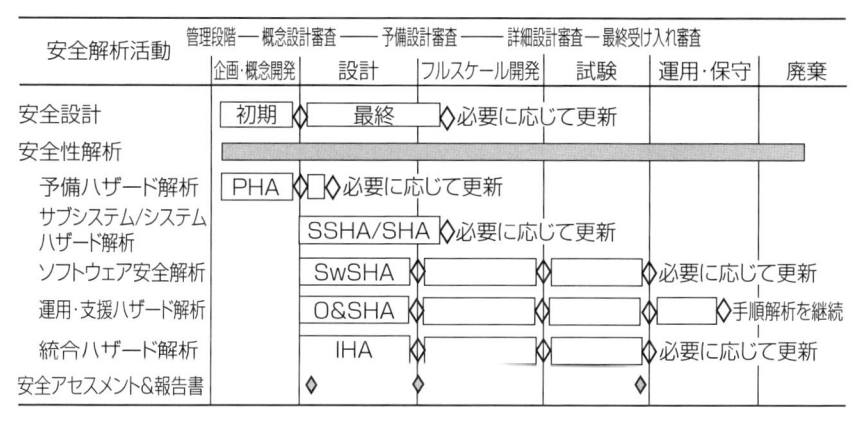

**図10-4** ライフサイクルにおける安全性解析（ハザード解析）(NASA[5]を基に作成)

解析である。以下に，各段階で利用される代表的な安全性解析（ハザード解析）手法と解析目的について概略を述べる。各段階における安全性解析は，何らかの変更・更新が行われるたびに反復される。これらの解析は，ソフトウェアシステムの安全に対しても同様に実施される[6]。

## 10.6.1　概念開発段階において — 初期ハザード解析

　設計者が設計初期の段階で作成したシステム設計仕様書における安全要件（ハードウェアおよびソフトウェアで実現する安全確保に必要な機能など）自体に漏れや誤りがないかを確認する。この時点では，まだシステムの概念的形態しかないので，システム構成を規定する必要がない。この初期段階でのハザード解析は，これ以降の安全性解析の基礎になるので最も重要なものである。

### (1) 初期ハザードリスト（PHL：Preliminary Hazard List）

　PHL はハザード解析の最初に実施される。システム設計仕様書の安全要件においてハザード解析で焦点を当てる必要がある領域，たとえば放射線ハザード，電気ショックといったトップレベルの領域を特定する。これによって，設

計および開発の過程で追跡・解決を要するハザードとそのリスクのマスターリストの初期枠組みが得られる。

### (2) 予備ハザード解析（PHA：Preliminary Hazard Analysis）

PHA は，対象とするシステムの設計および運用に関係しているハザード，危害を生じうる事象の特定を目的とした帰納的解析法である。この解析はシステム概念開発段階，遅くても開発初期の段階で開始することが望ましく，これによって無用な設計変更などを避け，より効果的かつ経済的にシステムの安全を確保することができる。この解析は，設計および操作手順の詳細がほとんど決まっていないシステムの概念開発段階において実施されるものであり，目的は安全上重要なサブシステム/コンポーネントとそれによるハザードを同定し，結果として予想されるシステムハザードのリスクの程度などを定性的に判定することである。PHA によって，設計および開発の過程で追跡・解決を要するハザードのリスト（HL：Hazard List）を作成する。

PHA は，今後の検討の先駆けとなる。同定された安全上重要なサブシステム/コンポーネントは，設計段階において故障モード・影響解析（FMEA），およびさらなるハザード解析の対象となる。

また，PHA はライフサイクルの早い段階に開始されるので，PHA における

BELL HELICOPTER　　409 PRELIMINARY HAZARD ANALYSIS

| ハザード (発生) | 如何にして発生するか | ハザード発生の原因 | 安全上の問題点 (発生の影響) | 安全アセスメント | 相対的リスク (ハザードレベル) | 詳細解析レベル (構成要素) |
|---|---|---|---|---|---|---|
| ・空気取り入れ口閉塞 | ・物の吸い込み | ・物を吸い込んだ | ・エンジンの突然停止<br>・悪天候下で運転 | ・単エンジンのパワー利用可能 | B | 空気取り入れ口 |
| ・エンジン火災 | ・エンジンまでの燃料経路の漏れ<br>・戦闘損傷 | ・燃料の | ・エンジンルームの火災 | ・消火剤が二度噴射される<br>・鎮火時、単エンジンのパワー利用可能 | E | 動力装置<br>燃料サブシステム |
| ・パワー制御不動 | ・通常操作<br>・整備 | ・パワー制御<br>・急激なあるいは<br>前のハザード<br>・ヒューマンエラー | ・1エンジンのみ制御できる電力供給 | ・エンジン停止、あるいは過回転での不動なら着陸 | C | 動力装置 |
| ・エンジンマウント取り付け具あるいは締め付け具の損傷 | ・ボルトの不安全な締め付け<br>・取り付け具あるいは締め付け具の機能 | ・人的ミス<br>・材料の破壊 | | ・3つのマウントのうち1つが損傷しても基地までの安全飛行が適うようにマウントと機体がエンジンを適切に支持している | E | 動力装置<br>機体<br>取り付け具 |

EXAMPLE

図10-5　ベルヘリコプターYAH-63のPHAの例（Fox[7]より）

検討課題にはトレードオフ調査や設計代替案の検討が含まれる．変更が行われるたびに PHA が更新されるので，解析は反復される．結果は後の解析のための基本線として，システム安全要件の作成や安全設計仕様書の作成に使用される．

PHA の詳細な手順については IEC 60300-3-9:1995 を参照されたい．

参考までに，PHA の例を図 10-5 に示す．これは，ベルヘリコプター YAH-63 の開発に使われた PHA（エンジン部の一部）を邦訳したものである．標準 PHA ワークシートとしてとくに定められたものはなく，それぞれ独自の工夫をしたものが使われる．

(3) エネルギー伝搬・防護解析（ETBA : Energy Trace and Barrier Analysis）

ETBA は，熱エネルギー，電気エネルギー，位置エネルギー，放射線エネルギーなどの意図しない各種エネルギーの伝搬，拡散，放出などに起因して起こる事故や災害の予知活動に有用な手段である．解析の目的は，意図しないエネルギーが意図しない地点や空間に流れても，その流路上にあるターゲット（人，モノ，環境）に及ぼすエネルギー伝搬を抑止する壁面，緩衝材，空間，アース，過電流遮断器のような安全バリアによる事故や災害の抑止策を検討することである．

## 10.6.2　概念開発段階から設計段階において—サブシステムハザード解析（SSHA : Subsystem Hazard Analysis）

SSHA の目的は，設計段階において，各サブシステムまたはコンポーネントの機能に関して安全の立場から検討するものである．すなわち，性能劣化，故障または不用意な機能割り当てなど，故障モードまたは運転モードに関連するハザードを同定する．さらに，それらのハザードの安全性に対する影響を求めるものである．SSHA は，サブシステムの設計が詳細になった時点で直ちに開始され，設計が固まると更新される．

これらの SSHA の結果によって，ハザードのリスクを除去，または許容レベルまで低減するために，あるいはハザードを抑制するために必要な修正を特定

して，安全要件に対するサブシステム仕様の改良設計案を評価する。

その後に，SSHAは次の段階のシステムハザード解析（SHA）に結びつけられ，サブシステムの設計変更がシステムの安全性に影響を与えているかどうかを判断するために用いられる。

(1) フォールトハザード解析（FHA : Fault Hazard Analysis）

FHAは，一連の事象，あるいは事象の連鎖に基づく機能的（ボトムアップ）手法である。FHAの目的は，システムレベルの安全に対して致命的となる要素のフォールトとその要因となるハザード（9.1節参照）を求めることである。すなわち，要素のフォールト（多重故障およびヒューマンエラーを含む）の発生率やハザードの致命度などから，そのフォールトがサブシステムおよび上位システムに及ぼす影響を定性的あるいは半定性的に解析する。形式的にはシステムに対するにPHAに相当するものである。

(2) 故障モード・影響解析（FMEA : Failure Modes and Effects Analysis）

FMEAは，元々は1950年代に米国の軍用航空機産業において開発され，1960年代にNASAによって使われたハザード同定の手法で，システムの信頼性解析や安全解析，システム設計における改善策の立案を行う際に用いられる。

システム安全解析におけるFMEAの目的は，想定外の故障や災害の可能性を漏れなく探して，現行の設計で十分な対策が行われているかどうか，つまり現行の安全管理を判断することである。

FMEAは，ハードウェア/ソフトウェアの故障，ヒューマンエラーなども扱える。そのため，技術システムの設計，製造，運用，保守の段階で利用される。現在では，航空宇宙，原子力，電気・電子，自動車などの製造産業のみならず，医療安全[8]など幅広い分野で活用されている。

FMEAは，要素の多数の故障モードから少数の故障や災害へとたどるボトムアップのアプローチである。FMEAは2つの部分からなる。一つはシステム構成要素の単一故障モードの列挙で，もう一つはその故障モードによる影響の解析である。具体的には，あるシステム（装置なども）について，そのシス

テムを構成要素に分解して，各構成要素の故障モード（信頼性解析では）あるいはハザード（安全性解析では）を抽出して，抽出された故障モードあるいはハザードごとに，上位のサブシステムに及ぼす影響，システムへ及ぼす影響および安全性などへの影響をワークシート形式で解析する。そして，その結果が要件を満たさない場合は，さらなる改善策を立案する。

　FMEAの手法の詳細は文献[9]，手順は文献[10]などを参照されたい。

　なお，FMEAについては10.8節で概要を述べる。

(3) イベントツリー解析（ETA：Event Tree Analysis）

　ETAは，起因事象から始めて，システムの最終事象に拡大していく顕在化プロセスを解明するボトムアップの手法である。顕在化プロセス中の要素の故障や人間の行動，および顕在化プロセスの発生を阻止するために設けられた複数の安全バリアの機能などをハザードとして扱える。故障する場合と故障しない場合，人間の行動や安全バリアの働きが成功する場合と失敗する場合に分けながら，事故進展のシナリオを数えあげる。次に，その最終的な状態から事故シーケンスを特定する。以上の作業がイベントツリー解析である。ETAは，ハ

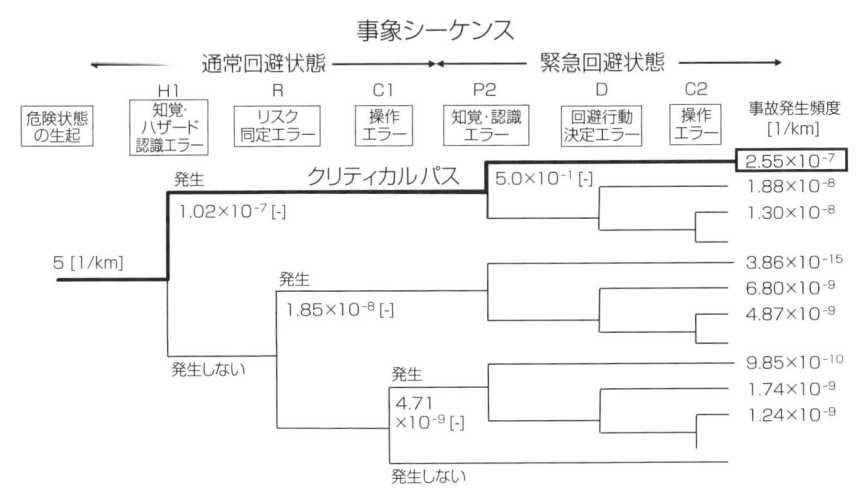

図10-6　自動車の追突事故についてのETA[11]

ザードの同定というよりも，事故シナリオを抽出する手法で，各分岐点における分岐割合を推定することにより，事故の発生頻度を計算することができる。

ETA は確率論的安全解析にも使用される。その際には，初期事象を漏れなくリストアップすることが重要である。

自動車の追突事故についての ETA の例を図 10-6 に示す。

## (4) フォールトツリー解析（FTA：Fault Tree Analysis）

FTA は，望ましくない事象を生起させる要因を解析する手法である。1962 年，ミニットマン・ミサイルの開発にあたり，その信頼性評価用としてベル電話研究所やボーイング社が中心となって開発した。1969 年，米国防省が全兵器メーカーに安全性評価を義務付けたことから，この手法が民間，とくに航空機メーカーに普及した。原子力の分野では，1974 年 WASH-1400 のなかで，初めて原子力発電所のリスク評価にイベントツリー解析（ETA）とともに用いられた[23]。

フォールトツリー（FT）は，頂上事象（top event）と呼ばれる「望ましくない事象（信頼性解析の場合は特定の故障や機能不全，安全性解析の場合は特定の不安全事象や事故）」を想定して，その原因となる故障や不具合，ヒューマンエラーなどの事象を上位レベルから順次最下位レベルの基本事象（basic event）と呼ばれる事象（互いに独立と考えられる事象）まで後ろ向きにブール論理（主に論理積および論理和）展開したものである。つまり，FT は頂上事象と基本事象との関係をブール論理によって図的に表現したものである。

FTA は，FT の最下位の基本事象の発生確率から最初に想定した頂上事象の発生確率を算出するとともに，頂上事象と故障（機能不全）あるいは事故（不安全事象）の因果関係を明らかにする演繹的（トップダウン）な解析手法である。FTA の数理的構造と，ネットワーク構造や連結グラフとの関係も明らかにされている。この FTA は，ハザードの予測や複雑なシステムにおけるハザードの詳細解析に使える定量的解析にも，事故解析やハザードの直接的原因だけを求める大雑把な定性的解析にも使用できる。FTA の実行時には FMEA の結果も利用される。

さらに，ハードウェア FTA の枝がシステムのソフトウェアにつながってい

るときには，ハードウェアフォールトツリーのその箇所の枝を制御しているソフトウェアの部分にソフトウェアフォールトツリー手法（SFTA）を適用して，抑止やインターロックあるいはハードウェアによって安全上重要な機能を適切に防護する。

複雑なシステムに対する大規模なフォールトツリー作成のためのコンピュータアルゴリズム，シミュレーション手法，フォールトツリーを取り入れた解析およびシンセシス法なども開発されている。FTA の手法については文献 [12]，手順には [13] が参考になる。

なお，FTA の詳細は 10.9 節で述べる。

**(5) ハザード・操作性解析（HAZOP：Hazard and Operability Study）**

HAZOP は，新規に開発する化学プロセスの安全を確保するために，1960 年代に英国の ICI 社によって開発された安全解析の手法で，いまでは化学産業における標準となっている。

HAZOP の基本ステップは，次のようである [14]。

① None，More，Less，Reverse といった HAZOP 特有の 7 つの標準ガイドワード（guide word）と，流量や圧力，温度などのプロセスパラメータ（システム状態）を組み合わせて（たとえば，None ＋流量＝流量なし），目標とする管理値（設計意図あるいは運転意図）からの「偏差（deviation）」が生じる可能性をプロセスに沿って体系的に想定する。
② その「偏差」の原因となりうる故障や誤操作などを同定する。
③ それによって，システムに発生しうる影響（異常）と結果を評価する。
④ システムに，故障や誤操作を予防する方策，あるいは影響を検知・緩和する方策が十分に備えられているかどうかを検証する。

このように，HAZOP の基本的な考え方は FMEA に類似しており，解析には FMEA ワークシートと同じような HAZOP ワークシートが用いられる。HAZOP ワークシートの項目で FMEA ワークシートと異なるのは，プロセスパラメータと偏差である。プロセスパラメータは FMEA ワークシートの構成要素（アイテム）に，偏差は故障モードに相当する。FMEA の故障モードの想

定には熟練を要するが，HAZOPではガイドワードという枠組みに従って考えることができるので，未経験者にとっても想定するのが容易である。

HAZOPのガイドワードは，他の分野におけるプロセス（工程）に合わせた表現に変えることが可能なので，化学以外の産業分野，たとえばソフトウェア安全解析，自動車の機能安全解析，治療・処置の安全解析などでも利用されている。

(6) スニーク回路解析（SCA：Sneak Circuit Analysis）

これはボーイングエアロスペース社の開発によるもので，広く安全性や信頼性の検討に用いられる。最小コストで安全が確保できるシステムライフサイクルの初期段階において，この方法を，電気/電子システム，あるいは油圧システムのように電気/電子システムに等価に置き換えうるシステム，ソフトウェアシステム（SSCA）などに適用して，不適当な動作を誘発したり望ましい機能の遂行を妨げたりする潜在的な異常状態や異常シグナルフローなどを見つけ出し，設計変更や運用モードの特定などを行う。古くは，アポロ宇宙船，F-16戦闘機などの安全性解析にもこの方法が使われた。

## 10.6.3　設計から製造段階において―システムハザード解析（SHA：System Hazard Analysis）

SHAは予備設計審査あたりの時点で開始され，設計が更新あるいは変更されていく間は続く。SHAは，サブシステム間のインタフェース（ハードウェア/ソフトウェアインタフェース，ヒューマン/システムインタフェース）に起こりうる従属/独立あるいは同時に発生する故障や不安全事象，ソフトウェアやシステムの機能的欠陥，安全関連制御系や安全装置の誤操作などのヒューマンエラー，一つのサブシステムの通常運転が他のサブシステムあるいはトータルシステムの運転に及ぼす影響などがシステムおよび環境に及ぼすハザードを同定・評価し，システムがシステム要求仕様の安全基準に適合していることを確認するトータルシステム設計の総合的解析である。

前段階のSSHAと目的達成の方法は似ているが，それぞれの目標は異なっ

ている。SSHAでは個々のコンポーネントの作動や故障がどのようにシステムの安全性に影響するかを調べるが，SHAでは一緒に作動するコンポーネントやサブシステムの通常モードと故障モードがどのようにシステムの安全性に影響を与えるかを判断する。

システムハザード解析には，上述のFHA，ETA，FTA，SCAや，後に示すSwAHAなどが用いられる。

統合ハザード解析（IHA：Integrated Hazard Analysis）
　大規模システムでは，膨大な数の要素やサブシステム，システムが組み合わされていて，それらが一緒に運転される。この解析の前に統合PHAが実施される。IHAは他のハザード解析と並行して実施される。IHAの目的は，結合された要素やサブシステムの間，操作インタフェースやシステムの間に存在するハザードを，その原因および制御の仕組みと共に同定・評価して，受容可能なリスクレベルのシステムにすることである。

## 10.6.4　製造から運用段階において

(1) 運用・支援ハザード解析（O&SHA：Operating and Support Hazard Analysis）
　この解析はシステム受け入れに先立って実施される。O&SHAは，システムの試験，実装，運用と保守，支援の段階における，ヒューマンエラー，環境，手順，ソフトウェアを含む試験・支援用機器類，ヒューマン・マシン・インタフェースなどに関連するハザードを同定・評価して，システム操作，運転員・保守員，機器類などに関する安全要件を決定する。O&SHAは，オペレーターが承認された手順の各ステップを正確に実行したときにシステムが期待されたように機能するかを検証して，安全設計要求仕様を満たす設計であることを確認するのにも使われる。O&SHAの結果によって，製造，試験，運搬，保管，運転，整備，緊急脱出，避難，救助，訓練，処置などのすべての運用・整備段階における警報，注意，特別または緊急時の手順，必要な安全装置，制御策，設計変更などが決められる。
　ハザードを同定する手法は，いくつか開発されている。それらは基本的に

は，たとえばシステムの事象シーケンスなどのモデルによっている。起こりうる事態について「もし～ならば，何が起きるのか？（what-if）」，あるいは「～の環境/条件下で，もし～をすれば，どのような不安全状態が起きるのか？」といった一連の質問をすることで人々の個人的知識をハザードの同定に利用する，構造化された手法である。

(2) トライポッド・デルタ

6.8.1 項の (3) で説明したトライポッド・デルタは，人間が何らかの形で関与しているトラブルの事例における共通要因を，組織的要因の観点から分析し，一般化された教訓として整理する手法である[15][16]。

トライポッド・デルタは，プロセスプラントの保守作業分野と比較的類似した作業環境を対象として開発されたものであり，プロセスプラント以外の保守作業現場における組織的要因の分類にも適用可能である。したがって，トライポッド・デルタは，システムの運用や保守作業現場における事故を未然に防止するための予見的分析手法としても利用できる。

本手法では，トラブル発生の流れを分析し，個人の不安全行動などを誘発する要因を，「ハードウェア，コミュニケーション，日常業務，防護，手順書，エラー誘発条件，設計，保守管理，矛盾する目標，訓練，組織」などから見いだす。

組織的要因分類の判断基準として，以下の 11 種類が例示されており，要因の名称，保守作業において遭遇する可能性のある例が挙げられている。この例示に沿って，ブレーンストーミングにより，当該システムの予想される事故要因を特定する。

① ハードウェア
  - 何らかの理由によって，一時的に基準外の機器や工具を使用
  - 購買側の事情（価格など）により，既存品と同等の別メーカーの部品を使用
② 設計
  - 過剰な正確性を要求する作業工具を設計

- 設計思想とは著しく異なる使い方をする工具などの使用
③ 保守管理
  - 作業計画段階で認識できる危険の看過
  - 保守計画段階や管理者レベルで潜在的危険性の認識が希薄
  - 点検統括者と作業責任者の業務範囲の不明確
④ 手順書
  - 記載事項の不足した手順書
  - 失敗ややり直しが許容されない作業手順の運用
⑤ エラー誘発条件
  - 日常的な逸脱や軽微な手順の変更を黙認する風潮
  - 手順の逸脱などがあっても周囲や管理者に発覚しにくい状況
⑥ 日常業務
  - 作業量に対して従事する人員が少ない現場
  - 現場で感じられている危険性やトラブルの可能性の放置
  - 過去の点検などで問題となった事項への対応不十分
⑦ 克服できない矛盾した目標
  - 業務改善が，全体のスケジュールや現場全体に与える影響が大きすぎて実施できないという現場の状況
  - ある程度の危険よりも，それ以上に工程順守を優先する風潮
⑧ コミュニケーション
  - 不明確なコミュニケーション上のルール（ダブルチェック，担当外作業）
  - 管理者と現場との不十分なコミュニケーション
  - 不十分な注意喚起
⑨ 組織
  - エラーに対する認識の温度差
  - 技術向上意識の不足
  - 危険が潜在しているという感性の鈍化
⑩ 訓練
  - 経験のある作業における危険性の不十分な把握

- 類似した作業経験に対する準備不足や訓練の怠慢
⑪ 防護
- エラーやトラブルが起きた際の防護が脆弱
- トラブルが起きた際の連絡手段や避難誘導手段の不具合
⑫ その他
上記の 11 個以外の背景要因があれば，それも列記する。

## 10.6.5　全体論的安全解析

　大規模システムの多くの事故事例からもわかるように，事故原因は機器の故障や不具合よりも運用時における人的要因にある。しかしその背後には，設計，製造，保守，さらにはより上流の管理や組織における潜在的要因の複雑な組み合わせがある。したがって，安全の実現には，それらの要因が複雑に組み合わさって事故に進展する過程に対する安全性解析が必要になる。また，大規模システムの施設のなかでの事故への進展を考えるとすると，たとえば地震や外部からの受電などの外部事象の影響，さらに公衆への影響の評価などが必要になる。よって，システムの安全解析には，システム構築の初期の概念開発から運用・保守までのシステムライフサイクル，さらには組織要因を包括した安全性解析（全体論的ハザード解析）が重要である。それには，事故の全体プロセスの理解と最も重要な原因の要因の同定を支援する枠組みあるいは手続きが必要である。

(1) 確率論的安全解析（PSA：Probabilistic Safety Analysis）

　1984 年に米国原子力規制委員会（NRC）から PSA の手順書が発行されている [17]。確率論的安全解析は，事故シーケンスとその発生確率，損害の規模を明らかにし，評価する手法である。

　一般的に PSA は，どのような事象の組み合わせが起これば重大な事故につながるかを考え，解析は事象の発生確率から事故の発生確率を計算する ETA と，それら個々の事象の発生確率をシステムの構成要素にまでさかのぼって求める FTA を組み合わせて行われる。

多重な安全バリアの有効性を喪失させる問題の根本は，人間が共通要因となることである．このため，実運用での安全評価には，ヒューマンファクターの問題を考慮することが大切である．しかし，人間が絡んだ共通原因故障の信頼性評価の結果は誤差幅が大きく，安全性の解釈には注意を要する．

なお，PSA については 10.10 節でさらに説明する．

### (2) STPA

6.9.2 項の (1) で述べた STPA (System Theoretical Process Analysis) は，複数のコントローラーが介在する複雑なシステムに対する安全解析の方法論である．STPA は，安全制約の働きを無効にする潜在要因と，それが実際に人や対象物にとってハザードとなる動的な過程の筋書きとしてハザードシナリオを同定する．

ハザードシナリオは，不適切な制御命令，指示情報の欠落，フィードバック情報の欠落などのハザードと，発生する中間の事象や状態の遷移を，その条件，タイミング，動作などと共に表したものである．

STPA の記述の仕方と手順は文献 [18] に詳しく解説されている．

STPA はまた，フォールトツリーなどの安全性解析手法が不得意とするところを補完する安全性解析手法としても利用できる．

## 10.6.6 事故解析において

発生した事故の解析は，安全設計やシステムの安全をライフサイクルにわたって維持するための貴重な教訓およびデータを提供するフィードバック機能を果たすもので，この解析によって安全解析の妥当性の検討，安全解析や試験で確認できなかったハザードの明確化が図られる．

事故解析には，6.9 節で述べた種々の手法などが用いられる．

### (1) バリエーションツリー解析 (VTA : Variation Tree Analysis)

バリエーションツリー (VT) は，事故などを頂上事象として，事故発生の経緯を記述するものである．通常あるべき状態や行われるべき動作などからの変

動（variation）に着目して，それらの変動がどのようにつながったのかを明らかにするものである．

バリエーションツリー解析は，作成した VT のなかから事故を回避しえたポイントを特定して，対策立案につなげる方法論である．

(2) CAST

CAST（Causal Analysis based on STAMP）は，前述の STAMP を基にした事故解析手法である[18]．事象の連鎖をベースにした種々の手法に対して，CAST は，社会−技術システムの事故がなぜ起こったのか，同様の損失をいかにして防止するかを，社会−技術システムにおける安全制御構造の弱点およびすべての潜在的要因の変化に焦点を当てて調べる手法である．この目的の達成には，後知恵バイアスを最小限にして，なぜ人々がそのように行動したのか，そのときどんな情報が与えられていたのかを究明することになる．CAST を用いても，一つの原因の要因あるいは変数を同定することにはつながらないが，事故から最大限に学ぶための基礎が提供される．

### 10.6.7 廃棄段階において

廃棄に関する安全性解析には，廃棄作業に加えて，環境へのインパクトも考えることが必要である．この際にも，リスク評価が基本となり，少なくとも設計時や運用時と同等のリスクレベルであることが望まれる．もしそれを満たしていない場合は当然のことながら設計へのフィードバックも必要になる．ここで用いる手法には，上に述べた FMEA，ET，FTA などが適用できる．

## 10.7　ソフトウェア安全解析

システムのハザード解析を十分に実施するためには，ソフトウェアもその対象に含める必要がある．なぜなら，ソフトウェアは機械類のように人に直接危害を及ぼすわけではないが，たとえばソフトウェアの不具合がきっかけとなって全体システムを不安全な状態に陥らせてしまう可能性があるからである．

(1) ソフトウェアハザード解析（SwHA：Software Hazard Analysis）

SwHA は一種の SSHA である。ソフトウェアが，とくにさまざまなタイプの制御または監視システムの構成要素である場合は，あらゆる他の要素と同じように，システム安全解析の対象に含まれる。SwHA の目的は，コンピュータの動作とシステムの他の部分とのインタフェース部分が，システムハザードに潜在的に寄与しているかどうかを評価することである。もし，かなり危険なコンピュータの動作が同定されたときには，代わりの機能の設計を求めるか，あるいはソフトウェアの設計やコードを追跡して，徹底的な解析を必要とする部分を特定する。

その後，ソフトウェア仕様がシステム設計基準を満たしているか，実装されるソフトウェアがシステムの安全を損なったり，安全性を低下させたりしていないか，あるいは新しいハザードを生み出していないかなどを判断するために，ソフトウェアを評価する。これらの作業は困難なので，ソフトウェアが完成するまで待つのではなく，通常はソフトウェア開発プロセスの段階ごとに実施する。

(2) ソフトウェア安全性解析手法

ソフトウェアを含めてシステムの安全解析を行うための手法として，比較的早くから使用されているものに，ソフトウェアフォールトツリー解析（SFTA：Software Fault Tree Analysis）[19]，ソフトウェア故障モード・影響解析（SFMEA：Software Failure Modes and Effects Analysis）[20]，ソフトウェア HAZOP[21] がある。

これらは，ソフトウェアを含まないシステムに対して用いられてきた解析手法である FTA，FMEA，HAZOP を，ソフトウェアに対しても適用したものである。これらの解析手法が有効であるという報告もあるが，実際に適用する際には，難しい面もあるようである。

SFTA では，リーフノード（ツリーの先端にあるノード）をコンピュータの挙動を記述する出力にして，ハザードをもたらす出力の原因となりうる入力と経路をすべて同定するために，その出力から逆方向にプログラムコードの論理

までたどり（つまり，その出力をつくり出すあらゆる経路をコードのなかから見いだす），ハザードをもたらす出力の原因となりうる経路がコード中に存在するかどうかを判断する．ソフトツリー解析とも呼ばれるこの技法は，定量的評価を与えるものではない．ハザードをもたらす出力への経路が見つかった場合には，経路を除くようにする．

　ソフトウェア故障モード・影響解析（SFMEA）はソフトウェア欠陥ハザード解析（SFHA）とも呼ばれ，ソフトウェアが関連した設計上の欠陥の同定にも使われる．これには PHA および SSHA の結果が役立ち，SFMEA の結果は FTA にも利用される．

　ソフトウェア HAZOP は，化学プラントなどの設計に対する安全性解析の手法である HAZOP の考え方をソフトウェアに対して適用する方法であり，ガイドワード（10.6.2 項の（5）参照）も流用されている．しかしながら，本来の HAZOP はプラント状態のパラメータを扱うための手法であるため，ソフトウェアに適用するには，アイテムの取りかたやガイドワードの解釈が問題となる．

　さらに，従来の安全性解析手法を基にした，新たな手法を提案する動きもある．たとえば，HAZOP をソフトウェアシステムに向けて改良した手法として SHARD が提案されている [22]．また，形式的に記述された仕様に対する解析手法も，さまざまなものが提案されている．

　一方，従来の安全性解析手法の原理的な限界を指摘する意見もある．ソフトウェアシステムにおいては，多くのコンポーネントが複雑に関係しているため，動作タイミングなどの不整合から重大な不具合が発生する可能性がある．ソフトウェアシステムのハザード解析においては，この種の決定論的原因故障の可能性について解析することが重要となるが，従来の単純な因果律に基づく手法では限界があり，これをシステム論に立脚した新たな解析手法によって乗り越えることができるという提案がある [23]．この提案は，6.9.2 項および上に述べた STPA（System Theoretical Process Analysis）に発展しているが，その基底には，HAZOP があるものと思われる．

いずれにしても，具体的な事例を通じたソフトウェア安全解析手法の有効性の評価，および解析実施経験の蓄積が今後必須といえる。

## 10.8　故障モード・影響解析（FMEA）手法

FMEA における解析対象が，部品や機器あるいはソフトウェアの場合には故障モードが，人の行うタスクの場合にはエラーモードが使われる。

FMEA に故障モードやエラーモードを用いる理由は，故障・災害は潜在的であるので，それらを漏れなく予測するのが困難であるのに対して，故障モードやエラーモードは顕在的であるので，それらを漏れなく予測することが可能になることにある。

要素の故障モードあるいはエラーモードの抽出は，FMEA を行う上で最も重要である。なぜなら，FMEA の後段でこの故障モード/エラーモードについて影響解析を行うので，最初に抽出されなかった故障モード/エラーモードについては，まったく解析が行われないことになるからである。また，FMEA を行う際には，故障モード/エラーモードと故障（機能不全，機能喪失）を混同しないことが重要である。

そこで，用語を簡単に説明する。

- システム構成要素：構成部品や機器，単位操作などの，システムを構成する最小機能要素。
- 故障モード：故障の起こり方（IEC 60812 の定義）で，何らかの原因によって生じた構造破壊，状態変化，特性変化。そして，その影響が故障・災害である。
- エラーモード：要素がタスクの場合の故障モード。つまり，期待される標準的行為が規定されている場合に，その標準的行為からの逸脱の起こり方。
- 故障：機能不全，機能喪失のことで，ハードウェアの故障（機械的/電気的故障など），ソフトウェアの故障（software failure），人間の故障（ヒューマンエラー），プロセスの故障（違反/失敗）など。

- タスク：規定された目標を達成するために構成された一連の人間行動。
- 影響：故障モードが，他の構成要素，上位のサブシステム，システム，および安全，外部環境などに及ぼす影響。
- 原因：故障モードやエラーモードの原因として考えられる事柄。
- 致命度：故障モードやエラーモードの重大さで，故障モードやエラーモードの発生頻度や影響の大きさなどに基づく。
- 対策：故障モードやエラーモードの発生防止，影響緩和のために講ずるべき是正措置。

　FMEA はシステムの全ライフサイクルにわたって利用される。標準 FMEA ワークシートとしてとくに定められたものはなく，規格にあるものや企業/機関が作成したものが用いられる。実務には，それらを基に，それぞれ独自の工夫をしたものが使われる。FMEA ワークシートの評価項目は，設計段階，製造段階，工程用，運用段階など，ライフサイクルの各段階における解析目的に合わせて変更される。

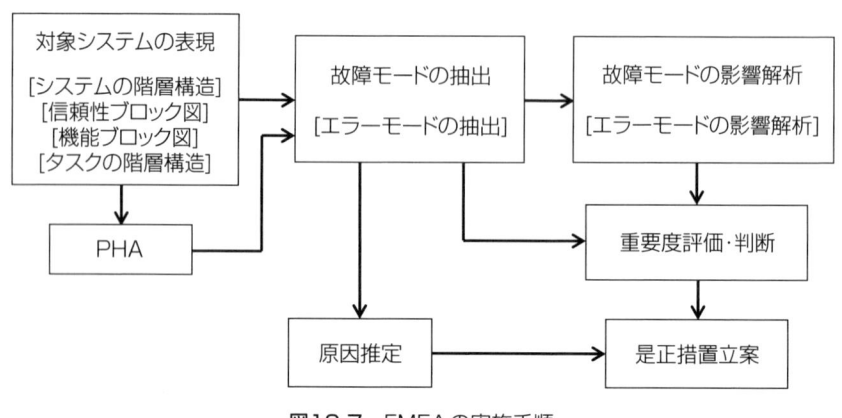

### FMEA の実施手順

　FMEA の実施手順を図 10-7 に示す。これを図 10-8 に示す基本的なワークシートの例で具体的に説明する。

図10-7　FMEAの実施手順

```
┌─────────────────────────────────────────────────────────────┐
│                          FMEA                                │
│  システム _____                                          │
│  ┌──────┬────────┬──────────────────────┬──────┬──────┐     │
│  │      │        │        影  響         │      │      │     │
│  │アイテム名│故障モード├──────┬──────┬──────┤ 評価 │是正措置│   │
│  │      │        │サブシステム│システム│安全性│      │      │     │
│  ├──────┼────────┼──────┼──────┼──────┼──────┼──────┤     │
│  │      │        │      │      │      │      │      │     │
│  ├──────┼────────┼──────┼──────┼──────┼──────┼──────┤     │
│  │      │        │      │      │      │      │      │     │
└─────────────────────────────────────────────────────────────┘
```

図10-8　FMEAワークシートの例

① 解析対象の選定

解析対象のシステムの階層構造あるいはタスクの階層構造（目的手段階層構造）を求める。階層構造については 4.8 節に述べてある。

解析対象の部品あるいは機器，タスクを選定する。選定に際しては，上位のサブシステム間で同じレベルの構成要素とする必要がある。そのため，信頼性ブロック図や機能ブロック図が使われる。信頼性ブロック図や機能ブロック図については次節で説明する。

② 故障モードあるいはエラーモードの抽出

構成要素の故障モードあるいはタスクのエラーモードを漏れなく抽出，列挙する。故障モードあるいはエラーモードの抽出には，IEC 60812 などの規格類や事例，参考書などを利用するとよい。また，PHA の結果が役立てられる。

③ 故障モードあるいはエラーモードの影響の解析

故障モード/エラーモードが，上位のシステムやタスク，安全，外部環境などに及ぼす影響を故障モード/エラーモードごとに予測する。故障モード/エラーモードの影響には，システム内部および当事者や第三者の健康・生命に与える一次的影響はもちろん，システム外部の社会環境や一般公衆に与える二次的影響も含まれる。故障モード/エラーモードのなかには，上位のシステムやタスクまで影響しないものも，社会環境や一般公衆へ影響が及ばないものもある。影響の波及を予測するために

は，システムの系統図，ロジックダイアグラム，エネルギーフローダイアグラム，タスクフローチャート，操作手順書などが参考になる。

④ 影響度の評価・判定

故障モード/エラーモードごとにその影響の重大さを，発生頻度，影響の大きさなどいくつかの指標に基づいて定性的あるいは準定量的に評価する。影響度の定量的評価のための尺度はいくつかあるが，現行設計の適否の判定には，危険優先指数（RPN：Risk Priority Number）や故障等級などの定量的な相対評価尺度よりも，準定量的な致命度マトリクス（MIL-STD-1629），さらには［カテゴリー：安全〜破局］の重要度の定性的尺度，［カテゴリー：合格〜不合格］の定性的な絶対評価法が合理的かつ実用的である。

⑤ 原因推定と対策の検討

故障モード/エラーモードへの対策を立案するために，まず故障モード/エラーモードの考えられる原因を推定する。機器故障の原因には，構造，使用方法，使用条件が考えられる。また，エラーモードの原因には個人的要因，組織的要因，環境的要因，社会的要因が考えられる。次に故障モード/エラーモードの発生防止策，影響の緩和策を検討する。対策の検討では，現行の設計で十分か，必要なシステム設計の改善策，さらには保全作業計画への反映，取り扱い説明書への追記などについて検討する。

## 10.9 フォールトツリー解析（FTA）手法

### 10.9.1 FTA の基礎知識

FTA の基礎となる知識について説明する。

(1) 機能ブロック図と信頼性ブロック図

一般にシステムの構造は，図 10-9 に示すようなブロック図（block diagram）やシグナルフロー線図（signal flow diagram）の図式モデルで与えられる。シス

(a) ブロック図

(b) シグナルフロー線図

図10-9　システムの構造

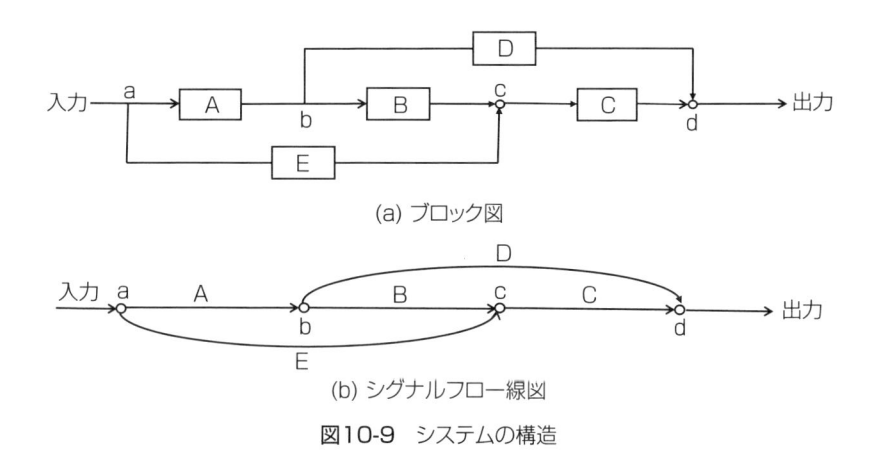

テムを構成する要素（あるいはサブシステム）の機能に着目して構成したブロック図は，機能ブロック図と呼ばれる．つまり，機能ブロック図はシステムを構成している部品間の機能（機械的，電気的，熱的）のつながりを示したもので，システムの仕様と設計図面を基に作成される．そして，要素の機能の故障を扱うものを信頼性ブロック図（reliability block diagram），信頼性グラフ（reliability graph）と呼ぶ．信頼性ブロック図は，システムを構成している部品間の故障のつながり（機能の未接続状態）を示している．そのため，部品が故障したときにシステムに与える故障の影響を調べるのに役立つ．信頼性解析ではブロック図あるいはシグナルフロー線図をそのまま用い，各要素それぞれの故障率を与える．これらの図式モデルを基にしたシステムの信頼性解析は，信頼性グラフ解析（RGA：Reliability Graph Analysis）と呼ばれる．RGA の基礎となる理論はコヒーレントシステム理論（coherent system theory）あるいはコヒーレント構造理論（coherent structure theory）と呼ばれるもので，Barlow および Proschan によって体系化されている．

　一般に，システムの機能ブロック図や信頼性ブロック図は，直列系と並列系の組み合わせで構成される．よって，直列系と並列系についての理解が基礎になる．直列系では，システムを構成する要素のうちどれか一つでも正しく機能しなくなる（故障）と，システムとしての機能が失われる．一方の並列系では，

システムを構成する要素のすべてが正しく機能しなくなった（故障）ときに，システムの機能が失われる．図 10-10 に，直列系と並列系の信頼性ブロック図の例を示す．

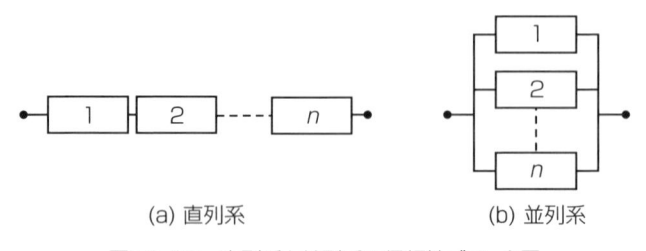

図10-10　直列系と並列系の信頼性ブロック図

## (2) FTA の特徴

事故や不安全事象は，部品や機器の故障やソフトウェアの機能不全がなくても起きるので，システムの安全解析では，人や技術システム（ソフトウェアシステムを含む），組織，環境など，多くの要素におけるハザードが対象となる．よって，図 10-9 のようなシステムの機能ブロック図や信頼性ブロック図だけを対象とする安全解析は，自動車のブレーキ系や原子炉冷却系のように故障が安全に直結する場合（信頼性解析と安全解析が同じ意味）に限られる．車の追突事故や列車の脱線事故などの望ましくない事象の生起の要因を求める場合には，システムの機能ブロック図や信頼性ブロック図はシステム安全解析の一部に含まれるにすぎない．故障以外の不安全事象を含むシステムの安全解析に役立つのがフォールトツリー解析（FTA）である．

## (3) 直列系および並列系の信頼度

定量的なシステム安全解析には，要素やサブシステムの故障の発生確率が使われるので，最も基本となる直列系および並列系の信頼度を途中の計算を省いて次に示しておく．

$n$ 個の独立な要素が直列に結合された系全体の信頼度を求める．直列系で

は，$n$ 個の要素のうちどれか一つでも故障すると系の機能が失われる。

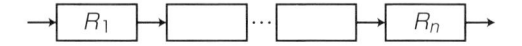

```
→[ R₁ ]→[   ]…[   ]→[ Rₙ ]→
```

したがって，直列系全体の信頼度を $R_s(t)$，不信頼度を $F_s(t)$，各要素の信頼度を $R_i(t)$，不信頼度を $F_i(t)$ とすれば，$R_s(t)$ は $n$ 個の要素のいずれもが故障しない確率として計算される。各要素は独立と仮定したから，独立事象の確率の性質より次の式が成り立つ。

$$R_s(t) = R_1(t) \cdot R_2(t) \cdots R_{n-1}(t) \cdot R_n(t) = \prod_{i=1}^{n} R_i(t) = \prod_{i=1}^{n} (1 - F_i(t)) \quad (10.1)$$

故障率 $\lambda_i(t)$ と信頼度 $R_s(t)$ の関係は

$$R_s(t) = \prod_{i=1}^{n} \exp\left[-\int_0^t \lambda_i(t)dt\right] = \exp\left[-\sum_{i=1}^{n} \int_0^t \lambda_i(t)dt\right] = \exp\left[-\int_0^t \sum_{i=1}^{n} \lambda_i(t)dt\right] \quad (10.2)$$

となる。したがって $\lambda_i(t)$ が一定で $\lambda_i$ のとき

$$R_s(t) = \exp[-\lambda_s t] = \exp\left[-\left(\sum_{i=1}^{n} \lambda_i\right)t\right]$$

$$\therefore \lambda_s = \sum_{i=1}^{n} \lambda_i \quad (10.3)$$

式 (10.3) が各要素とシステム全体の故障率の関係を示す式である。

次に $n$ 個の要素が並列に結合されたシステム全体の信頼度を求めてみよう。ただし $n$ 個の要素はすべて同じ機能を果たしているものとする。このようなシステムを並列冗長システムという。並列冗長システムでは $n$ 個の要素のうちどれか一つでも正常であればシステム全体の機能は維持される。すなわち，このようなシステムでは $n$ 個の要素がすべて故障したときのみシステム全体の機能が失われる。

並列冗長システム全体の信頼度を $R_p(t)$，不信頼度を $F_p(t)$ とすると

$$R_p(t) = 1 - F_p(t) = 1 - \prod_{i=1}^{n} F_i(t) = 1 - \prod_{i=1}^{n} (1 - R_i(t)) \quad (10.4)$$

故障率 $\lambda_i(t)$ と信頼度 $R_p(t)$ の関係は

$$R_p(t) = 1 - \prod_{i=1}^{n} \left( 1 - \exp\left[ -\int_0^t \lambda_i(t) dt \right] \right) \quad (10.5)$$

となる。ここで各要素の故障率が一定すなわち $\lambda_i(t) = \lambda_i$ とすれば

$$R_p(t) = 1 - \prod_{i=1}^{n} \left( 1 - \exp^{-\lambda_i t} \right) \quad (10.6)$$

となる。さらにすべての要素の故障率が等しく $\lambda_i = \lambda$ とすれば

$$R_p(t) = 1 - \left( 1 - e^{-\lambda t} \right)^n \quad (10.7)$$

の関係が得られる。

(4) パスセットアプローチ

信頼性グラフによる表現では，システム全体の信頼度は，図 10-9 の矢印の向きにたどったときに，入力と出力を結ぶ少なくとも 1 つのパスのなかに含まれるすべての要素（パスセットあるいはタイセットと呼ばれる）が所期の機能を果たす確率として定義される。図 10-9 では，要素の組み合わせ {A, D}，{A, B, C} あるいは {C, E} のいずれかの組み合わせにおける要素が同時に機能するとき，システム全体が機能するので，それぞれがパスセットである。このように，信頼性グラフは，どの要素とどの要素が機能していればシステム全体が機能するかを表すのに便利な表現法であり，このようなアプローチをパスセットアプローチあるいはタイセットアプローチと呼ぶ。なお，パスセットについては後の節で詳しく説明する。

図 10-10 の直列系および並列系が機能するための必要条件は，図 10-11 に示す論理ゲートでも表すことができる。

図10-11 直列系と並列系のブール論理表現

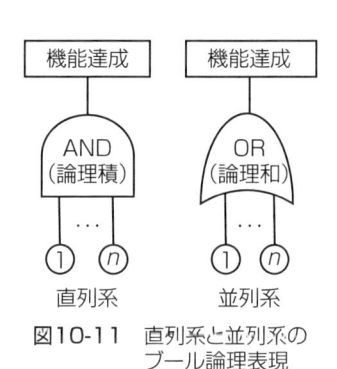

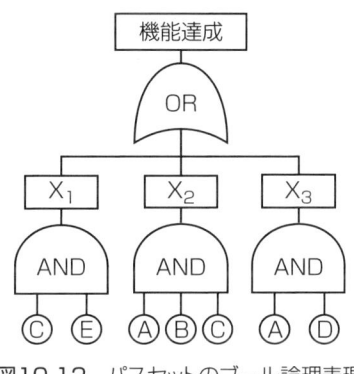

図10-12 パスセットのブール論理表現

図の AND ゲート（論理積）および OR ゲート（論理和）は，以下のことを表す．

- AND ゲート（論理積）は，全入力事象が発生したら出力が発生する事象
- OR ゲート（論理和）は，入力事象の 1 つが発生したら出力が発生する事象

そうすると，図 10-9 のブロック図のパスセットは，図 10-12 のブール論理で表現できる．

## (5) カットセットアプローチ

安全解析では，起こってほしくないことが起こる条件を考える．システムの機能ブロック図や信頼性ブロック図が与えられた場合では，どの要素とどの要素が機能を果たさなければ望ましくない事象（事故など）が確実に生起することになるか，つまり機能を果たさない要素の組み合わせの集合（カットセット）を考える．カットセットは，どの要素とどの要素の組み合わせが機能しなければ望ましくない事象が生起するかを表すのに便利な論理表現法であり，このようなアプローチをカットセットアプローチと呼ぶ．1 つのシステムには多くのカットセットが存在しうる．図 10-9 では，要素の組み合わせ {A, C}，{A, E}，{C, D} あるいは {B, D, E} のいずれかの組み合わせにおける要素が同時に機能

を果たさないとき，システムの望ましくない事象が生起するので，それぞれがカットセットである。なお，カットセットについては後の節で詳しく説明する。図 10-9 のブロック図のカットセットは図 10-13 のブール論理で表現できる。

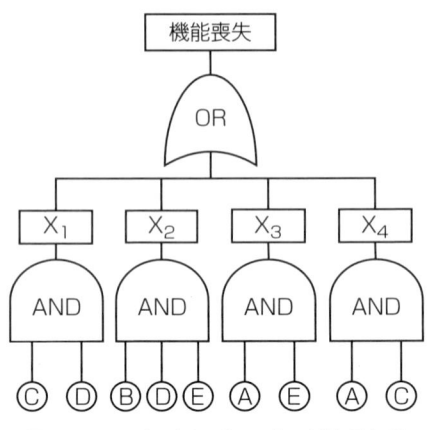

**図10-13** カットセットのブール論理表現

### (6) 信頼性（解析）と安全（解析）における論理の双対関係

さて，ここまでは，図 10-9 のような機能ブロック図あるいは信頼性ブロック図で示されたシステムの信頼性解析と安全解析のアプローチの違いを見てきた。

- 信頼性（解析）
  システムの機能は，構成要素が所与の機能を正しく発揮することによって果たされる。つまり，起こってほしくないことが起こらない条件を考える。
- 安全（解析）
  システムの不安全事象は，構成要素が所与の機能を正しく発揮しないことによって起こる。つまり，起こってほしくないことが起こる条件を考える。

つまり，システムの信頼性ブロック図で表されたシステムに対する安全解析を行うときには，信頼性ブロック図そのままではなく，図 10-14 に示すようにその論理を双対変換したブロック図を基にしなければならない。

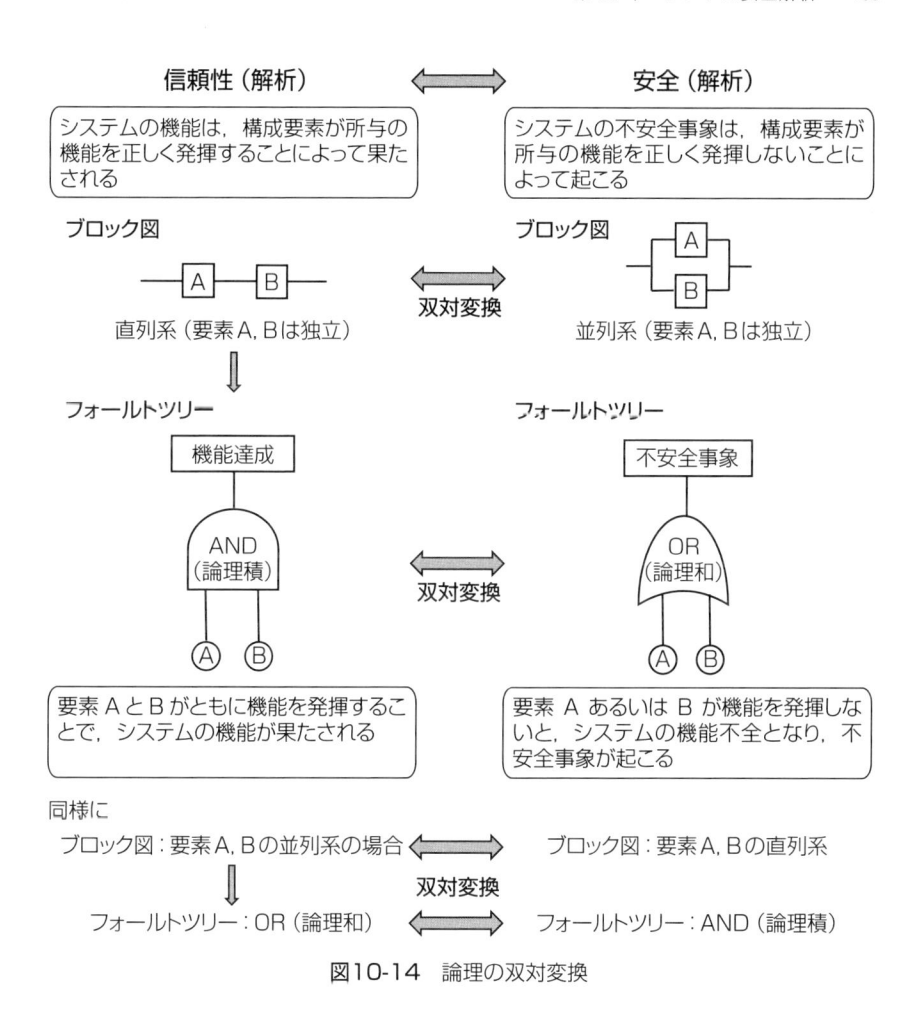

## 図10-14 論理の双対変換

**信頼性（解析）**
システムの機能は，構成要素が所与の機能を正しく発揮することによって果たされる

ブロック図：直列系（要素A, Bは独立）

フォールトツリー：機能達成 — AND（論理積） — A, B
要素AとBがともに機能を発揮することで，システムの機能が果たされる

⇔ 双対変換 ⇔

**安全（解析）**
システムの不安全事象は，構成要素が所与の機能を正しく発揮しないことによって起こる

ブロック図：並列系（要素A, Bは独立）

フォールトツリー：不安全事象 — OR（論理和） — A, B
要素AあるいはBが機能を発揮しないと，システムの機能不全となり，不安全事象が起こる

同様に
ブロック図：要素A, Bの並列系の場合 ⇔ ブロック図：要素A, Bの直列系
フォールトツリー：OR（論理和） ⇔ フォールトツリー：AND（論理積）

図10-14　論理の双対変換

### （7）フォールトツリーによる安全解析のための論理の双対変換

　さて，図 6-9（a）のようなシステムの信頼性ブロック図で表されたシステムに対して，フォールトツリー（Fault Tree：FT）による安全解析を行うときには，上に述べたように信頼性ブロック図そのままではなく，その論理を双対変換したブロック図を基にしなければならない。

以上のことを，故障が安全に直結している次の具体例で示す．

いま，あるシステムの安全機能 S（故障がリスクの増加に直ちにつながるような機能：safety function）のシステム構成は，図 10-15 の信頼性ブロック図で表されている．この安全機能の信頼性は，各要素の故障率を用いて上述した式 (10.4)，式 (10.8) で計算できる．

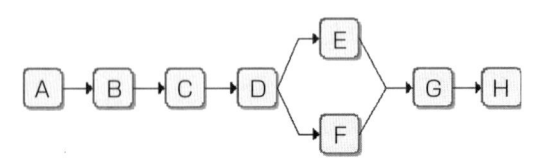

図10-15　安全機能Sの信頼性ブロック図

次に，フォールトツリーを用いて，この安全機能 S の安全解析を行ってみる．図 10-15 の不安全事象は，安全機能 S の喪失である．ここで，信頼性ブロック図の直列構成の部分は，どれか一つでも故障すると安全機能 S の喪失が起こるので，フォールトツリー図ではこの部分の要素は OR ゲートで接続される．逆に並列構成の部分の要素は AND ゲートで接続される．そうすると，安全機能 S の喪失は図 10-16 のフォールトツリーで表される．このフォールトツリーを基に，式 (10.4)，式 (10.8) を用いて安全機能 S の喪失の生起確率が計算できる．

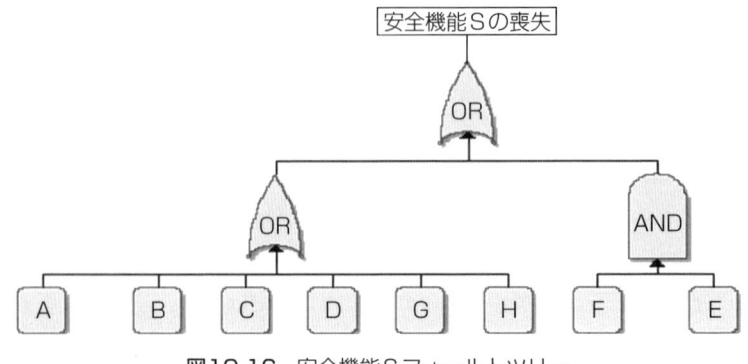

図10-16　安全機能Sフォールトツリー

## 10.9.2 FTA実施のための基礎知識

FTAの実施に必要な基礎的知識について説明する。

### (1) フォールトツリーに使われる記号

フォールトツリーの作成には，多くの記号が用いられる。基本的な記号を図10-17に示す。これらの記号でほとんどのFTを作成できるが，場合によっては特殊な表現を用いることもある。

**事象（状態）の表現**

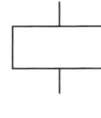

- **頂上事象もしくは中間事象**
  解析対象の事象（頂上事象）もしくは頂上事象に至る途中で出てくる"状態"に関する事象で，さらにその事象を発生させる事象に展開できる事象（下にFTが展開される事象）。

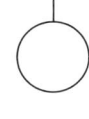

- **基本事象**
  FT図を展開していったとき，それ以上展開できない事象，または発生確率が単独で得られる末端事象。とくに人間の行為が基本事象の場合には，二重丸を使って区別することがある。

- **非展開事象（省略事象）**
  さらに展開は可能であるが，そのための情報が足りない，あるいはあまり意味がないために，解析を省略する事象。

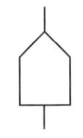

- **通常事象**
  故障や欠陥ではなく，通常発生する状態や正常な事象であるが，上位の事象発生には必要な事象。

**論理記号**

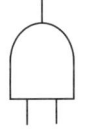

- **ANDゲート**
  ゲートの下側の事象（入力）がすべて発生したときに，ゲート上側の事象（出力）が生起する。

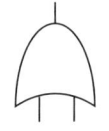

- **ORゲート**
  ゲートの下側の事象（入力）のいずれかが発生したときに，ゲート上側の事象（出力）が生起する。

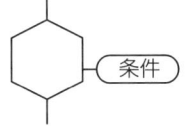

- **抑制ゲート**
  ゲートの下側の事象（入力）の発生に加えて，ある条件が成立したらゲート上側の事象（出力）が生起する。条件が成立しないときには，出力は生起しない。

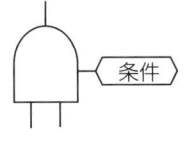

- **条件付きANDゲート**
  ANDゲートの下側の事象（入力）のなかのいくつかが，事象の順序関係，持続時間，所要時間などの条件が成立したときに，ゲート上側の事象（出力）が生起する。条件が成立しないときには，出力は生起しない。

図10-17　FTに用いられる基本的な記号

## (2) フォールトツリーの作成

フォールトツリーは，解析するシステムの望ましくない事象（頂上事象）から下位の要因（基本事象）へと，トップダウン的に展開していく。頂上事象の下の段に，その直接原因となるサブシステムや要素の異常状態（不安全事象，故障，不良状態）やヒューマンエラーなどの欠陥事象（fault event）を並べて描いて，頂上事象との間をゲートで結ぶ。次に，この第1段の欠陥事象について，その直接原因となる欠陥事象を2段目に並べて描いて，欠陥事象との間をゲートで結ぶ。これを繰り返して，基本事象，通常事象，非展開事象になったら，それを最下段として，それ以上の展開はしない。

なお，下位レベルに展開していく際に，事象の抜けや想定外事象を極力減らすために，下位のレベルに事象抽出のためのガイドラインとして，たとえば3要因カテゴリー（内部要因，外部要因，それらの間の相互作用），5M（Material：材料，Machine：機械，Man：人，Method：方法，Measurement：測定）といったような全体枠を設定するとよい。

## (3) 若干の数学的準備

上の手順で作成されたオリジナルのフォールトツリーには，同じ基本事象や中間事象がいろいろなところに出てくることがある。同一事象が2か所以上に現れているフォールトツリーでは，事象間の独立性が失われており，頂上事象や中間事象の生起確率などの定量的解析を行う場合や，フォールトツリーの頂上事象と中間事象，基本事象間の論理構造を求める場合に，誤った結果が導びかれることになるので注意が必要である。

このような場合には，ブール代数の基本則を利用して，オリジナルのFTをブール等価FT（Boolean equivalent fault tree）に変換し，そのブール等価FTによってオリジナルFTの定量的解析や論理解析を行うようにしなければならない。さらに，事象の重複以外にも，オリジナルFTをブール等価FTに変換しなければならない場合がある。

このように，FTAには，ブール代数の演算規則，確率事象の論理積および論理和の確率，ブール等価FT，ミニマルカットセット，ミニマルパスセットの知識が必要なので，これらについて説明する。

(3)-1　ブール代数の演算規則

ブール代数は以下の4つの演算規則がある。

- べき等律　　$A \cdot A = A$，$A + A = A$
- 吸収律　　　$A \cdot (A + B) = A$，$A + A \cdot B = A$
- 分配律　　　$(A + B) \cdot (A + C) = A + (B + C)$
　　　　　　　$(A \cdot B) + (A \cdot C) = A \cdot (B + C)$
- 交換律　　　$A + B = B + A$，$A \cdot B = B \cdot A$

ここで，記号・は論理積を，＋は論理和を表す。事象A，B，Cそれぞれの値は1（事象発生）または0（事象未発生）としてブール演算を行う。

(3)-2　確率事象の論理積および論理和の確率

事象A，B，C，…，Nの発生確率を，$P(A)$，$P(B)$，$P(C)$，…，$P(N)$とすると，これらの事象の論理積・論理和の確率は，表10-2に示した式で求められる。事象の論理積・論理和の確率は，頂上事象や中間事象の生起確率の計算に使われる。

表10-2　確率事象の論理積・論理和の確率

| ① N個の独立事象<br>　A，B，C，…，N<br>論理積の確率<br>論理和の確率 | ブランケット手順<br>$P(A \cdot B \cdot C \cdots N) = P(A) \cdot P(B) \cdot P(C) \cdots P(N)$<br>$P(A + B + C + \cdots + N)$<br>$= 1 - (1 - P(A))(1 - P(B)) \cdots (1 - P(N))$<br>$= P(A) + P(B) + P(C) + \cdots + P(N)$<br>　$- P(A \cdot B) - P(B \cdot C) - \cdots - P(C \cdot N) + P(A \cdot B \cdot C \cdots N)$ |
|---|---|
| ② N個の排他的事象<br>　A，B，C，…N<br>論理和の確率 | $P(A + B + C + \cdots + N) = P(A) + P(B) + P(C) + \cdots + P(N)$ |
| ③ 独立でない2事象<br>　（従属性があるとき）<br>論理積の確率 | ベイズの定理<br>$P(A \cdot B) = P(A) \cdot (P(B) \mid P(A))$<br>　　　　$= P(B) \cdot (P(A) \mid P(B)) > P(A) \cdot P(B)$<br>ここで，$P(B) \mid P(A)$，$P(A) \mid P(B)$は条件付き確率 |

この表に示されているように，事象 A と事象 B が互いに独立ならば，その同時生起確率は各事象の発生確率の積に等しくなる。一方，両事象に従属性があるときには，同時生起確率は各事象の発生確率の積よりも大きくなる。

(3)-3　ブール等価 FT（Boolean Equivalent Fault Tree）

FT の頂上事象から基本事象に向かって各論理ゲートにブール代数演算を施していって，最終的に頂上事象を基本事象の論理積の論理和として表す。各論理積がミニマルカットセットになる。これによって，頂上事象が生起する要因が明確になる。なお，ブール等価 FT における中間事象は，オリジナル FT の中間事象とは異なるので，新たに解釈することが必要になる。

図 10-18(a) のオリジナル FT にブール演算を施すと

$$T = G_1 \cdot G_2 = (A \cdot B) \cdot (A + C) = (A \cdot B)$$

となり，オリジナル FT と論理的に等価な FT，図 10-18(b) が求まる。

ミニマルカットセットは {A, B} である。

(3)-4　カットセット

FT を用いた安全解析におけるカットセット（cut sets）は，システムの頂上事象（不安全事象）が確実に生起する基本事象（ここでは，通常事象，省略事象などを含めて基本事象で代表する）の組み合わせ（集合）である。一つのシステムには多くのカットセットが存在しうる。ここで，あるカットセットのなかのすべての基本事象が生起しなくても，このカットセットの頂上は生起することもありうることに注意しなければならない。なぜなら，このカットセットのなかの基本事象のいくつかが組み合わさったカットセットが他に存在する可能性があるからである。そこで，カットセットのうち，頂上事象を引き起こすのに必要な最小の基本事象の組み合わせのセットを，ミニマルカットセット（minimal cut sets）と定義する。つまり，頂上事象は，ミニマルカットセットのなかのすべての基本事象が発生したときに生起する。ミニマルカットセット

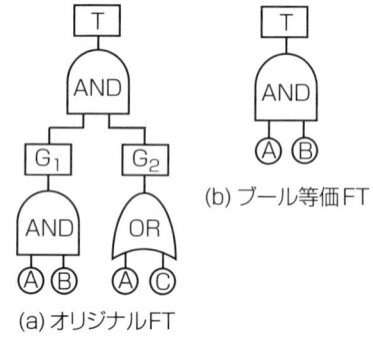

(a) オリジナル FT

(b) ブール等価 FT

図10-18　ブール等価 FT

を用いることで，定量的解析を簡素化できる。

上述のように，安全解析では起こってほしくないことが起こる条件を考えるので，ミニマルカットセットはそのための情報を提供する。

ミニマルカットセットを求める2つの方法を以下に述べる。

(a) FT上で求める方法

FTの基本事象から頂上事象に向かって論理ゲートごとにミニマルカットセットを求めていく方法である。これを図10-18(a)のオリジナルFTで説明する。ANDゲート$G_1$では入力の事象の論理積{A, B}がミニマルカットセットになり，ORゲート$G_2$では入力の事象の論理和{A}，{C}がミニマルカットセットになる。頂上事象TのANDゲートで論理積{A, B}と{A, B, C}が得られるが，後者には前者が含まれるので，論理積{A, B}が最終的に求まるシステムのミニマルカットセットである。これが図10-18(b)になっている。このように，FT上でANDゲート，ORゲートのミニマルカットセットを組み合わせて，システムのミニマルカットセットを求める。この方法は，ゲート数が多い場合は適さない。

(b) ブール演算で求める方法

FTの頂上事象から基本事象に向かって各論理ゲートにブール代数演算を施していって，最終的に頂上事象を基本事象の論理積の論理和として表す。

これを，図10-9の信頼性ブロック図で表されたシステムの安全解析で示してみる。

安全解析であるので，図10-9の信頼性ブロック図のシステムについて，頂上事象「システムが故障」が発生するとした場合のオリジナルFTが図10-19(a)である。

このオリジナルFTにブール代数演算を施して得られたブール等価FTが図10-19(b)である。システムのミニマルカットセット{A, C}，{A, E}，{C, D}および{B, D, E}が得られる。これは図10-13のカットセットに一致している。

なお，同一事象が2か所以上に現れているFTでは，頂上事象の生起確率は，オリジナルFTではなく，ブール等価FTで計算しなければならない。

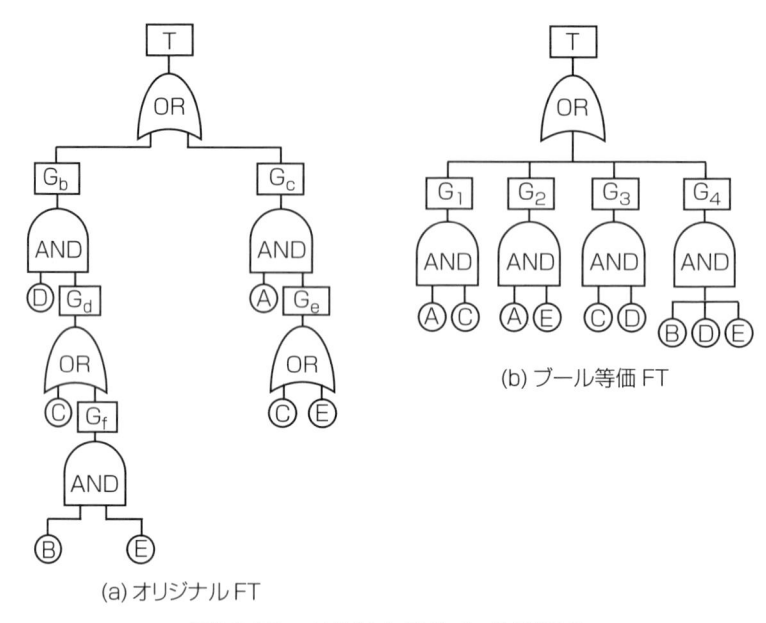

図10-19　オリジナルFTとブール等価FT

(a) オリジナルFT

(b) ブール等価FT

### (3)-5　パスセット

FTAを用いた安全解析におけるパスセット（path sets）は，頂上事象を確実に生起させない基本事象の組み合わせ（集合）である。つまり，パスセットのなかに含まれるすべての基本事象の組み合わせが発生しないときに初めて，頂上事象は生起しない。パスセットのうち，頂上事象を引き起こさないのに必要な最小の基本事象の組み合わせのパスセットを，ミニマルパスセット（minimal path sets）という。ミニマルカットセットが頂上事象を生起させるための必要十分条件を決定するのに対して，ミニマルパスセットは頂上事象を生起させないための必要十分条件を決定する。よって，ミニマルパスセットは，どの故障やパスを起こさなければシステムが故障しないのか，あるいは事故が起きない（安全解析における頂上事象の補事象）のかということ，つまりシステムの信頼性の情報を示すものである。

ミニマルパスセットを求める方法を以下に示す。

ミニマルカットセットとミニマルパスセットは互いに補集合の関係にある。したがって，ミニマルパスセットを求めるには，まず解析対象のブール等価 FT と双対な FT (dual fault tree) を求め，次いでその双対 FT のミニマルカットセットを求めると，それが元の FT のミニマルパスセットとなる。

双対 FT とは，図 10-14 に示したように，元の FT の AND ゲートを OR ゲートに，OR ゲートを AND ゲートに置き換え，さらに各事象をその補事象に置き換えた FT のことである。

図 10-9 の信頼性ブロック図について，頂上事象を「システムが故障しない」とした FT のミニマルパスセットを求めてみる。

図 10-19 の FT のブール等価 FT に双対な FT が図 10-20 である。

この双対 FT にブール代数演算を施すと，システムのミニマルパスセット $\{A, D\}$, $\{C, E\}$ および $\{A, B, C\}$ が得られる。これは図 10-12 のパスセットに一致している。

なお，同一事象が 2 か所以上に現れている FT では，頂上事象の生起確率は，オリジナル FT ではなく，ブール等価 FT で計算しなければならない。

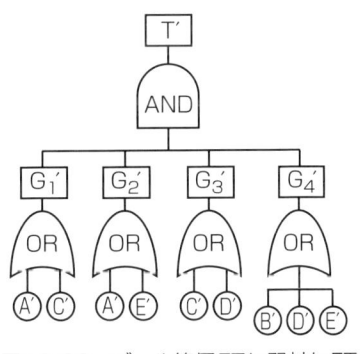

図10-20　ブール等価FTに双対なFT

### (1) 頂上事象の生起確率の計算

FT の頂上事象の生起確率を求めるに際しては，事象の独立性に関して注意する必要がある。

事象に独立性があるときでも，次のような場合には頂上事象の生起確率の計算には注意が必要である。

- FT のなかの 2 か所以上に同一の基本事象が含まれる場合には，頂上事象の生起確率は，その FT に対してブール演算を行ってブール等価 FT

（Boolean equivalent fault tree）に変換した後の FT で求めなければならない。

- 同一の基本事象（共通事象）が，AND ゲートあるいは OR ゲートで結合されている場合には，論理ゲートの出力の生起確率の計算には注意が必要である。

この場合の例を図 10-21 に示す。$P_A$ は共通事象の発生確率，$P_T$ は論理ゲートの出力の生起確率である。

事象 A と事象 B の発生に何らかの共通な原因があるとき，あるいは事象 A が発生すると事象 B も発生するとき，事象 A と事象 B の間に従属性があるという。

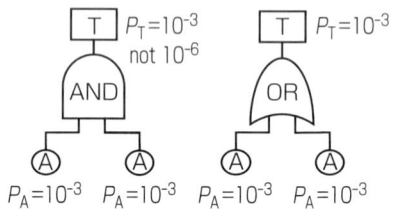

図10-21　論理ゲートへの入力が共通事象のとき

この場合，事象 A と事象 B の発生確率は等しいと見なければならない。

事象間に従属性があるときの頂上事象の生起確率の計算には次の注意が必要である。

- 構成した FT の基本事象のなかに，原因を共通とする要素がある場合には，それらの要素群を原因が独立である要素群から分離して，等価 FT に再構成する。その上で，FTA の手法でミニマルカットセットを求める。

この場合の例を，図 10-22 に示す。

いま，図 10-22 の事象 X と事象 Z に共通原因となる事象 C があることが特定されている。そこで，事象 X と事象 Z それぞれの原因を，独立原因 X′, Z′ と共通原因 C に分けて FT を作成する。これが図 10-22 (a) のオリジナル FT である。そのミニマルカットセットを次のように求める。

$$T = W + Y = (D \cdot X) + (A \cdot Z) = [D \cdot (X' + C)] + [A \cdot (Z' + C)]$$
$$= D \cdot X' + A \cdot Z' + C \cdot A + C \cdot D$$

この結果が図 10-22 (b) のブール等価 FT である。

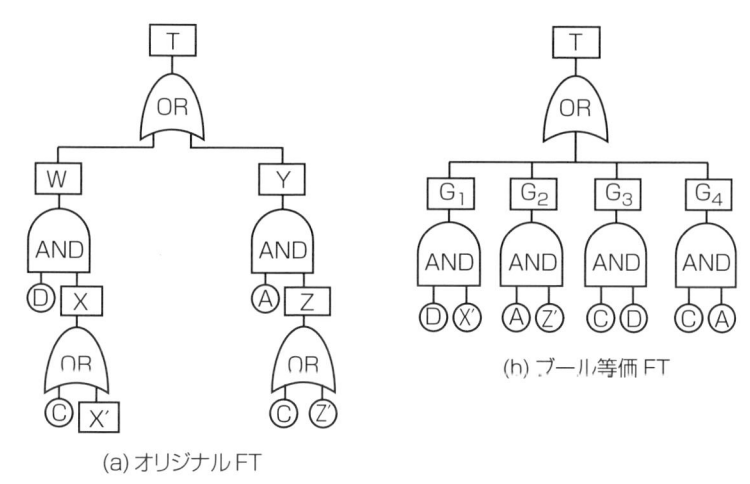

図10-22 共通原因の例

(a) オリジナル FT

(b) ブール等価 FT

　従属性の例に，従属故障がある。いま，事象 A と事象 B が要素やサブシステムの故障で，それらの間に従属性がある場合には，そのような故障を従属故障と呼ぶ。

　従属故障には，以下にあげるような種類がある。いずれの種類でもその従属性は，本質的には何らかの共通原因に基づいている。

① 共通原因故障

　単一の出来事に起因して複数の要素の故障が同時に起こるものである。たとえば，複数の設備を同じ部屋に設置していたために火災によって同時に使用不能になるなどはこの例である。福島原発の非常用電源は，同じ部屋内に設置されていて，津波で冠水してすべての電源が機能を喪失した。

② 共通モード故障

　複数の同一要素が同じ故障モードで故障するものである。たとえば，ある設計ミスによって同一設計の機器が同様の故障をする場合や，同時に使用した機器が同時に寿命を迎えて損耗故障を起こす場合などが考えられる。

③ 伝搬型故障

ある要素の故障が原因となってその影響が伝搬することで他の要素が故障するものである。たとえば，高圧燃料ポンプの故障の影響で高圧の燃料が下流の燃焼器に流れ続けて燃焼器が焼損する，バッテリーが発火した影響が他の周辺機器に及んで高温となり他の機器が故障するなどである。

④ 共有設備の故障

複数のシステムで補助系統などを共有している場合に，共有部分が故障するとどちらのシステムでも使用不能になることである。家庭の主ブレーカーが落ちると，家中のすべての電気製品が使えなくなるのはその事例である。

## 10.9.3　フォールトツリー解析の展開手順

以上を総括すると，FTA の展開手順は次のようになる。

- ステップ 1
  オリジナル FT からブール等価 FT を求める。
- ステップ 2
  頂上事象を発生させる事象の最小の組み合わせ（ミニマルカットセット）を求める。
  フォールトツリー解析では，ミニマルカットセット（システムを故障に至らしめる機器の組み合わせの集合）の重要性が指摘できる。すなわち，システムの信頼性向上策は，組み合わせの少ない（すなわち故障確率の高い）ミニマルカットセットに対する策にすればよい。
- ステップ 3
  前項で述べた確率の計算ルールに基づいて必要な中間事象と頂上事象の生起確率を求める。場合によっては，感度解析を行う。

## 10.10 確率論的安全解析（PSA）

原子力では，確率論的リスク評価（PRA：Probabilistic Risk Assessment）の名の下，1975 年の WASH-1400 によって PSA の本格的な取り組みが始まった[24]。10.2 節で述べたように，国際原子力機関（IAEA）は，PSA のなかに PRA が位置するものとしている。

システムは，何らかの想定に基づいて設計されるので，その範囲で安全性を確認するのが安全評価の基本である。しかし，実態を見ると，設計想定外の事象も起きる。したがって，設計想定に沿った評価に加え，設計想定外の事象についても安全評価を行い，重大な事象が発生する可能性が発見されれば事前に手を打つ必要が生じる。原子力プラントも例外ではない。

しかし，すでに高いレベルで安全設計がなされているシステムで想定外の重大事象が起きることは稀である。想定外の事象を網羅的に捉えようとすると多くを検討しなければならない。さらに，すべてに対策を講じようとすれば多大な経済的負担を生じて，システムの存在意義そのものが失われかねない。ここにリスクに基づく安全評価を行う必要性と価値が生じる。すなわち，PRA では，結果の重大さ，不安全事象が起こりうる頻度，そして対策に要する資源を考慮して，多数の可能性のなかから手を打つべき重要な設計想定事象（事故シナリオ）を合理的に割り出す。これによって，前章に述べた決定論的なシステム設計を補完することができる。

9.11.1 項に述べたように，システムの安全には人間の信頼性が直接かかわるので，PRA における適切な人間信頼性解析（HRA：Human Reliability Analysis）なしには適切な PRA はありえないといっても過言ではない。

### 10.10.1　確率論的安全解析（PSA）による事故シーケンスと影響の定量化

PSA を用いて事故シーケンスを定量化して，シーケンスそれぞれの重要度をランク付けする。また，これによって事故のロジックモデルを求められる。これも PSA の主たる目的の一つである。

事故シーケンスの定量化のプロセスは，次のタスクの実行である．

① 事故シーケンスのブール等価式（Boolean equivalent equations）の導出
② 事故シーケンスの一括
③ 基本評価
④ システムの詳細評価
⑤ 重要度および感度解析

これらのタスクを実行した結果として，次のようなことが明らかになる．

- 卓越した事故シーケンス，およびそれらの事故シーケンスに対するカットセット
- それらの事故シーケンスに含まれるシステムに対するミニマルカットセット
- 事故シーケンス，システム，カットセット，要素に対する重要な対応策
- 従属およびヒューマンエラーの影響
- リスクに最も影響するシステム，要素，手順への洞察

## 10.10.2　確率論的安全解析（PSA）のプロセス

　PSA は，通常時は異常もなく安定して運転継続されているプラントにおいて，何らかの事象の発生により事故につながる可能性を評価するものである．そのプロセスを図 10-23 に示す．まず点推定としてのリスク評価では，イベントツリーやフォールトツリーを用いて事故のシナリオを同定し，記述する．次いで，起因事象の発生頻度，機器故障率，ヒューマンエラー率，シビアアクシデント時の物理現象の解析，放射性物質の移行や健康影響の解析などを用いて，これらのツリーの定量化を行って事故シナリオごとの発生頻度と各事故シナリオの影響を評価する．この影響とはその事故シナリオが発生した場合の個人の条件付き死亡確率で表現される．そして個人の死亡リスクは，すべての事故シナリオの発生頻度と条件付き死亡確率の積和で表される．

　このため，まず起こりうる起因事象を想定し，そこから安全機能の有効性

を見てイベントツリーを作成し，そして個々の安全機能の有効性については
フォールトツリーで評価する。

```
起因事象の選定
発生頻度の評価
イベントツリーの作成 ── プラント安全機能の
                        作動成功基準の検討
事故シーケンスの定量化 ── プラント安全機能の
                          フォールトツリーの作成
                       ── ミニマルカットセットの算出
                       ── アンアベイラビリティ評価
点推定値
感度解析 ── 起因事象発生頻度
           ヒューマンエラー
           従属故障
           機器故障率データ
推定値の不確かさ
```

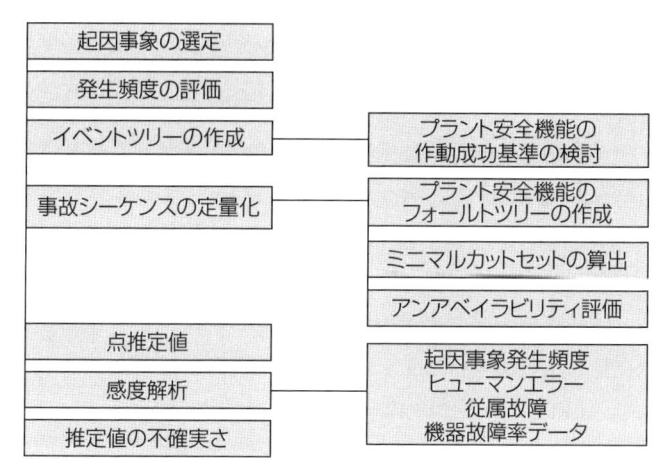

図10-23　ETA/FTAを用いた安全解析のプロセス

(1) イベントツリー解析

イベントツリー解析の典型例として，図10-24に原子力プラントにおける大破断冷却材喪失事故（LOCA : Loss of Coolant Accident）を初期事象として，必要とされる安全系の作動/不作動によりシナリオが分岐している様子を示す。

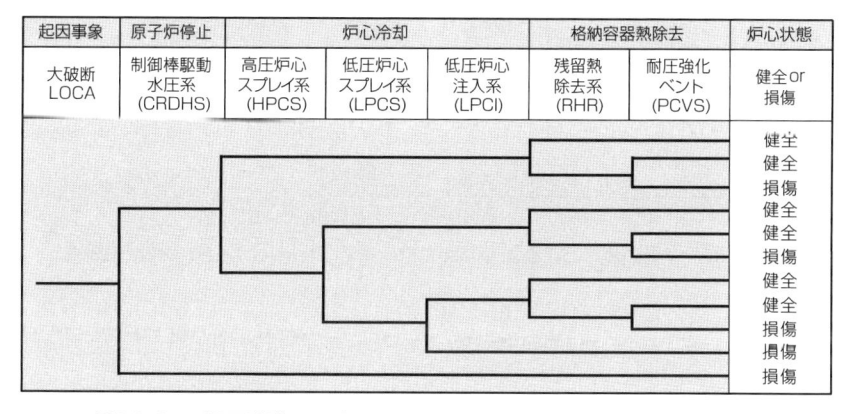

| 起因事象 | 原子炉停止 | 炉心冷却 | | | 格納容器熱除去 | | 炉心状態 |
|---|---|---|---|---|---|---|---|
| 大破断 LOCA | 制御棒駆動水圧系 (CRDHS) | 高圧炉心スプレイ系 (HPCS) | 低圧炉心スプレイ系 (LPCS) | 低圧炉心注入系 (LPCI) | 残留熱除去系 (RHR) | 耐圧強化ベント (PCVS) | 健全or損傷 |
| | | | | | | | 健全 |
| | | | | | | | 健全 |
| | | | | | | | 損傷 |
| | | | | | | | 健全 |
| | | | | | | | 健全 |
| | | | | | | | 損傷 |
| | | | | | | | 健全 |
| | | | | | | | 健全 |
| | | | | | | | 損傷 |
| | | | | | | | 損傷 |
| | | | | | | | 損傷 |

図10-24　深層防護のレベルごとに分岐するイベントツリーの作成と評価

各分岐の確率計算とそれぞれの分岐の現象解析の結果を総合してリスクを評価している。この場合は、5つのシナリオの損傷確率の和を求めることにより、炉心損傷確率を計算できる。

## (2) 深層防護のフォールトツリー解析

図 10-25 に深層防護の個々の安全機能毎に展開したフォールトツリーの例を示す。この場合、図 10-24 のイベントツリーの左から3つ目の分岐である低圧炉心注水系（LPCI）の機能喪失確率は、待機系の試験周期が決まれば計算できる。LPCI の試験周期を3か月とすると、ポンプ故障確率は、3つの故障モードの故障率と試験周期の半分の積から計算でき、$1.1 \times 10^{-2}$ となる。同様にして、A 系統機能喪失の確率は $2.3 \times 10^{-2}$ となる。3系統が独立してあるのでその3乗となり、LPCI の機能喪失確率は $1.2 \times 10^{-5}$ である。

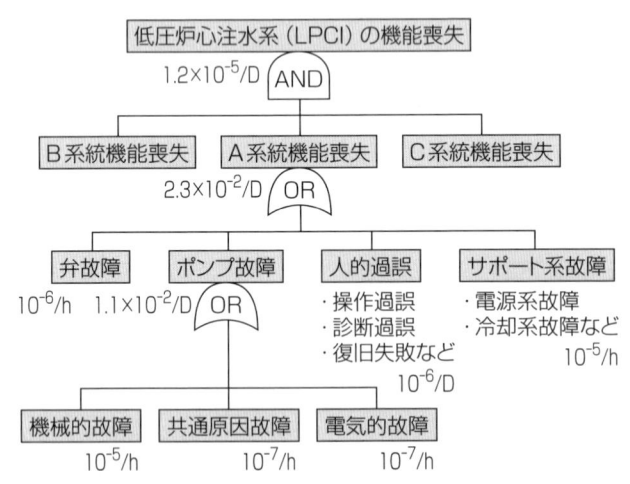

**図10-25** 深層防護における個々の安全機能毎のフォールトツリーの作成と評価

## 10.11 確率論的安全解析におけるリスク評価の課題

　安全確保には，事前の安全解析が重要である．また，大規模・複雑システムでは，想定漏れとならないように，事象の組み合わせの連鎖（事象シーケンス）を可能な限り体系的に想定して，それら個々の事象シーケンスについても安全解析を行う必要がある．この安全解析は未来の予測であり，それにはリスク概念が不可欠である．確率論的安全解析（PSA）のようなリスクベースの方法は，原子力・化学プラント，有毒物質などの安全アセスメントや環境アセスメントに利用されており，有効性は認められつつある．リスクを基本とすることにより，経済性と安全性を両立できる合理的な設計のみならず，合理的な運用方式まで整備でき，技術的なリスクを抑制する合理的な規制方針も決定できる．

　それゆえ，今後，安全設計・運用そして規制の考え方は，リスクベースの考え方になると見られる．リスクベースの取り組みでは，起こりうる事象の網羅性とその発生確率の精度が重要である．

　ハードウェアの故障率データはランダム故障に基づく静的な統計値であり，また機器の故障率は運用の仕方や環境条件でも大きく異なるので，システム設計時に想定した故障率がシステムのライフサイクルにわたって不変であることはない．時不変の故障率を用いた確率論的安全解析におけるリスク評価は，機器の経年劣化や寿命を考慮するプラントのライフサイクルを見込んだ評価とはなっていない．現在はそこまで考慮したリスク評価までには至っておらず，さらなる検討を要する．また，寿命の長い機器やシステムの信頼度予測では，少数サンプルの室内実験だけでは不十分な場合が多く，多数の機器やシステムの使用実績データを用いて解析する必要が生じる．しかし，実際の運用上では，故障率は保全作業の影響を受けるほか，故障の原因や故障モードも複雑となり，また他の機器が故障した機会に当該機器も取り替えられるなど，単一故障モードの単純なモデルでは対応できないという問題が生じる．さらに，新規開発の機器やシステムでは，使用実績がないことから，統計データは不十分となる．そのため，巨大技術システムでは，信頼性・安全性解析には他の分野のデータを利用したり，あるいは専門家の判断に基づいたりしているのが現状である．少数サンプルデータの扱いや，専門家の判断の客観的な定量化の研究が

望まれる。

　機能安全や制御システムに用いられるソフトウェアの信頼性評価および安全評価も難しい。ソフトウェアプログラムでは，検査したパス率から信頼性が決まる。この信頼性は，シナリオにおける因果関係やタイミング，条件にも依存するので，その精度は低い。さらに，信頼性と安全は異なるので，高い信頼性のソフトウェアであっても，安全を担保するものではない。加えて，ソフトウェアにおける不安全事象や異常状態が発生したときの影響は，状況によって千差万別で，一意に予測できない。

　ヒューマンエラーの発生確率の見積もりにも課題がある。とくに，実運用での安全確保には，状況が反映されたヒューマンエラーの発生確率をきちんと押さえることが大切である。なぜなら，システムに組み込まれた多重の安全バリアの有効性を喪失させる問題の根本は，人間が共通要因となることにあるからである。したがって，有効な確率論的安全解析には，ヒューマンエラーの定量的評価が必要で，それには故障率（ヒューマンエラーを含む）データの精度向上が必須の要件である。しかしながら，人間の持つ不確定性の幅の大きさのために，確率論的安全解析に用いる信頼に足るデータを得ることは困難であり，多様な人間行動を予測して整理することも難しい。このことは，運転員のレベルでも該当することなので，運転員や保守員のエラーまで含めて安全評価をすることは，ほとんど至難の業であろう。ましてやこれに組織・管理要因まで含めて議論するとなると，それに適う確率論的安全解析手法は確立されていないといってよく，これからの大きな課題として残っている。

　このため，たとえハードウェアの構成だけを考慮した確率論的安全解析におけるリスク評価によって事故の生起確率は10万年に1回と評価されていたとしても，実際の事故発生頻度との間には数桁の差が生じることもある。つまり，専門家が技術システムにおける不安全事象の生起確率は極めて小さいと評価したものの，実際は確率論的安全解析には考慮されなかった生起確率の大きなヒューマンエラーなど運用上の諸要因が絡んでいて事故の発生確率は数桁も大きかった，ということが往々にしてある。一般公衆は，その辺の怪しさを感じ取っているのではないかと思われる。

　ITリスクの評価でも，フォールトツリー解析などの手法は有効であるが，上

記のようにその評価の際にはデータの精度に十分に注意する必要がある。とくにセキュリティ問題のリスク解析では，人為的な行動（悪意のある）の確率を推定する必要があり，これはこの分野の専門家の判断に大きく依存することになる。

以上の事由から，確率的安全解析におけるリスクの定量に大差が生じる。したがって，リスクベースの取り組みは，リスクの相対比較や安全措置の立案には有効だが，リスクの絶対値は大きな誤差幅を持つため，絶対的な値を議論する安全性目標に対してリスクを用いるときは十分な注意が必要である。とりわけ大規模複雑システムでは，解析実施者によって結果の相違が大きいため，評価の考え方や評価手法の確立を図る努力が継続されている。また，リスク情報の品質と現実問題への適切な適用に関する検討は，未だに不十分である。

## 参考文献

[1] 山口彰：確率論的安全評価（PSA）と確率論的リスク評価（PRA），日本原子力学会誌，Vol.54, No.6, 2012 年
[2] IAEA : Report of the Advisory Group on Development of a Manual for Probabilistic Risk Analysis and its Application to Safety Decisions, IAEA, Vienna, 14–18, May, 1984.
[3] NEI : 06-09 Rev0, Risk-Informed Technical Specifications Initiative 4b; Risk-Managed Technical Specifications (RMTS) Guidelines, Industry Guidance Document, Nov., 2006.
[4] System Safety Society : System Safety Analysis Handbook, 1997.
[5] NASA : NPG: 8715.3 NASA Safety Manual Procedures and Guidelines.
[6] DoD : Joint Software Systems Safety Engineering Handbook, 2010.
[7] G. Fox : YHA-63 System Safety, Proceedings of the 3rd International System Safety Conference, 1977.
[8] 飯田修平編著：FMEA の基礎知識と活用事例（第 3 版），日本規格協会，2014 年
[9] IEC 60812 : Analysis techniques for system reliability-Procedure for failure mode and effects analysis (FMEA), 1985.
[10] JIS C 5750-4-3：ディペンダビリティ・マネジメント 第 4-3 部
[11] 柚原直弘：予防安全の評価，No.01-07 JSAE シンポジウム―進化をつづける予防安全技術，自動車技術会，2007 年
[12] IEC 61025 : Fault Tree Analysis, 1990.
[13] JIS C 5750-4-3：ディペンダビリティ・マネジメント 第 4-4 部
[14] Chemical Industry and Safety Council : A Guide to Hazard and Operability Studies, Chemical Industries Association, 1977.
[15] 東京大学工学部システム創成学科シミュレーションコース，「ライフサイクルシミュレーション」トラブル事例とその分析，平成 16 年 5 月 21 日

[16] UK club：Analysis of Major Claims, in The Human Factor—An Insight, 1990.
[17] NUREG：CR-2815 (BNL-NUREG-51559); Probabilistic Safety Analysis Procedures Guide, 1984.
[18] Nancy Leveson：Engineering Safer World, The MIT Press, 2011.
[19] N. Leveson：Safeware, Addison-Wesley, 1995.（松原友夫監訳：セーフウェア，翔泳社，2009 年）
[20] H. Pentti and H. Atte：Failure Mode and Effects Analysis of Software-Based Automation Systems, STUK-YTO-TR 190, Radiation and Nuclear Safety Authority, 2002.
[21] F. Redmill, M. Chudleigh, and J. Catmur：System Safety: HAZOP and Software HAZOP, John Wiley & Sons, 1999.
[22] D. Pumfrey：The Principled Design of Computer Systems Safety Analyses, PhD Thesis, University of York, 1999.
[23] N. Leveson：A New Accident Model for Engineering Safer Systems, Safety Science, Vol.42, No.4, Elsevier, 2004.
[24] NRC：WASH-1400 Reactor Safety Study, USNRC, 1975.

# 第5部

# 社会とのかかわりに関する諸概念

システムの巨大化・複雑化と高度化に伴い，安全問題が社会化する現象があらゆる技術分野で発生している。もはや，技術システムの開発は，最初から社会との関係性を前提としなければならない。ここでは，システムの安全に取り組む技術者が考慮すべき「システムと社会とのかかわり」をさまざまな視点で考察する。

# 第11章
# 安全問題と社会との相互作用

　技術，とりわけ「社会-技術システム」が国民的合意の下で発展していくには，人々の価値観・倫理観や行動様式（安全文化）だけでなく，社会的受容や事故による社会・環境への影響も考慮することが不可欠である。ここでは，それにかかわる「社会-技術システム」の社会的受容の背景，科学・技術者の社会的責任，技術者倫理，社会的動機付け，法律，規制や規格，報道の役割などについて論じる。

## 11.1 リスク受容と社会的背景

　科学・技術の成果が日常生活の隅々に浸透した現代では，「社会-技術システム」は多くの人々，環境とダイナミックな相互作用を持ち，技術システムのあり方は，広く人間と社会にも深くかかわる。

　高い安全性は，安全の価値を高く評価する社会でなければ実現できない。人間の生命や安全の価値が高く評価される社会にあっては，要求される安全性の水準は極めて高いものとなり，他の面でいかに優れたものであっても，その社会が要求する安全性の基準に合致しないものは社会から排除される。すなわち，「社会-技術システム」の社会的受容には，対象システムの必要性，社会的意味などが総合的に評価されることになる。

　しかし，安全性の基準には絶対的なものはなく，社会的背景，時代や文化，地域によっても異なるので，対象システムの必要性（不必要性），社会的意味などを総合的に評価するための合意可能なガイドラインの作成が必要となる。

　それには，専門家以外の人々も科学・技術に関するある程度のリテラシーを

身につける必要がある．同様に，安全を専門とする人々も，社会や経済などの分野の幅広い知識が不可欠となる．

松本は著書において [1]，「科学・技術システムによって，どの程度のひずみが発生し，社会問題となるかを事前に察知することを可能とする知恵と，知恵を生むしかけを社会に構築することが必要である．その任は，自己言及・自己組織型科学技術社会学こそが担えるものである」と述べている．

また，安全やリスクは個人の主観的な価値，あるいは社会的な価値であるので，人々がいかなる技術を受け入れ，技術がいかに使われるべきか，すなわち「社会−技術システム」の社会的受容は，社会のあり方と関連付けて考えなければならない．

あるリスクを社会が許容できるか否かは，不安全事象の発生確率や，人的・経済的損失の程度のみによって決定されるものではなく，社会がその危険を伝統的に受け入れていたか，事故の原因となった行為がその社会でどの程度価値あるものと評価されているか，当事者がその危険を認容していたか，あるいは社会の構成員の大部分が加害者にも被害者にもなる可能性があるか，その危険の身近さなどによって，大きく変化する．

つまり，価値観の違いによって安全性の評価結果は当然変化することになるので，評価結果の変容を社会大衆の非合理性と捉えるべきではない．

安全問題は社会の合意形成の問題に帰着するので，「社会−技術システム」の社会的受容を考える上で，リスクの受け手と便益の受け手との関係を理解することも重要である．リスクの受け手と便益の受け手が一致しているときには，リスク−ベネフィットの議論が成立しやすく，また合理的でもある．

問題は公害問題のように，便益の享受者とリスクを甘受する者とが異なる場合である．被害者は何ら便益を得ることがなく，被害のみを受けることが多い．この場合には，被害者側はリスクゼロを要求することになり，ここに被害者と加害者の対立が生じる．しかし，絶対安全・リスクゼロの実現は技術的・経済的に無理なので，完全に合理的な解決は本来存在しない．

したがって，このような場合には，社会全体としてのリスク−ベネフィット

で議論しなければならない。そのため，「社会-技術システム」の社会的受容には，技術システム問題への取り組みや管理技術の確立などの課題以外に，社会に対する説明とそれに基づく合意という手続きが必要である。

## 11.2　安全性目標設定の社会的視点

　受容可能なリスクのレベルをどの辺におくべきか（安全性目標）も，「社会-技術システム」の社会的受容にかかわる基本的な問題である。

　安全性目標の設定には，行政の立場や専門の枠にとらわれない，市民の視点からの意見が大事である。そのためには，技術的問題であっても，専門家だけでなく非専門家の公衆も議論に参加する必要がある。そのとき，次の3つのことに注意する必要がある。

① 技術の受け入れや進め方について，つねに人々の間での対話を通じて合意を形成し，専門家だけに社会的判断を任せてはならない。科学・技術の専門家は，その対象とする世界の専門家であって，社会的制度の下では社会的意思決定に参加する一社会人に過ぎない。

② 専門家は科学的・技術的知見や技術の限界を語り，公衆はその限界を知りつつ技術の受け入れや進め方を選択する。そのために，非専門家が社会的意思決定をするに当たって，その時点でわかっている科学的・技術的知見を最大限に利用できる仕組みをつくることが必要である。それには，専門家と社会的意思決定にかかわる非専門家とのコミュニケーションが極めて重要である。それが透明な場で行われて，初めて社会的意思決定として納得されるものになる。

③ 技術にかかわる専門家のなかにリスク受容の観点に立って議論する雰囲気をつくり，巨大複雑システムの使命や技術が抱えるリスクや地球環境への影響を評価し，外部に発信することが望まれる。技術者も積極的にリスクコミュニケーションに参加して，それを周りに広げていかなければならない。

## 11.3 科学者・技術者の社会的責任

　福島第一原子力発電所の大事故による甚大な被害を経験したいまこそ，科学者・技術者の社会的責任を問い直すことが必要である。

　一般公衆より科学や技術の限界をよく知っている科学者・技術者は，役に立つと強調したり，安全を保証したりすることではなく，科学・技術の限界を語り，限界を超えれば科学や技術は災厄となりうることを正直につねに語る必要がある。それも科学者・技術者の役割であり，果たすべき社会的責任である。

　科学・技術の所産は二面性があり，人類の利益にも災厄にもなる。利得ばかりを語る科学者・技術者は失格なのである。

　福島第一原子力発電所事故やその影響を報じるテレビ番組に出演した原子力関係の科学者・技術者のなかには，可能な限り危険性を低く見積もり，「チェルノブイリとは違う」と言い続けた人たちもいた。人々は報道を通じて彼らが原子力発電の開発に関係してきたことを知っており，これほどの重大事故を引き起こしながら，平気な顔でテレビに登場して「安全だ」とばかり言う専門家をもはや信用していないのだ。危険があることを正直に語ることこそ，パニックを防ぐ一番の方法なのである。

## 11.4 リスク認知とリスクコミュニケーション

　一般にリスク認知でいうリスクは，すでに述べた工学的分野のそれではなく，わからないものに対する恐れという感情そのものである[2]。

　具体的には，リスク認知の次元は以下の3種類である。

- 怖い：制御不能，結果が致命的，非自発的，将来世代に及ぶ
- 未知：観察不能，遅延効果，新奇
- リスクにさらされる人数

リスク認知には，以下のように条件によりさまざまなバイアスがかかる。

- 非自発的にさらされる：大気汚染とスポーツ
- 不公平に分配される：原発（リスクとベネフィットの不公平）

- 個人的予防行動では避けられない：大気汚染と喫煙
- 未知・新奇
- 人工的：自然界のリスクに比較して
- 隠れた・取り返しのつかない被害：放射線被曝の後発障害
- 子供や妊婦に影響
- 通常と異なる障害：苦しみが大きい
- 被害者がわかる：身近な人
- 科学的に未解明
- 信頼できる複数情報源からの矛盾した情報：行政と消費者団体

代表的なリスクの相対位置を図 11-1 に示す。

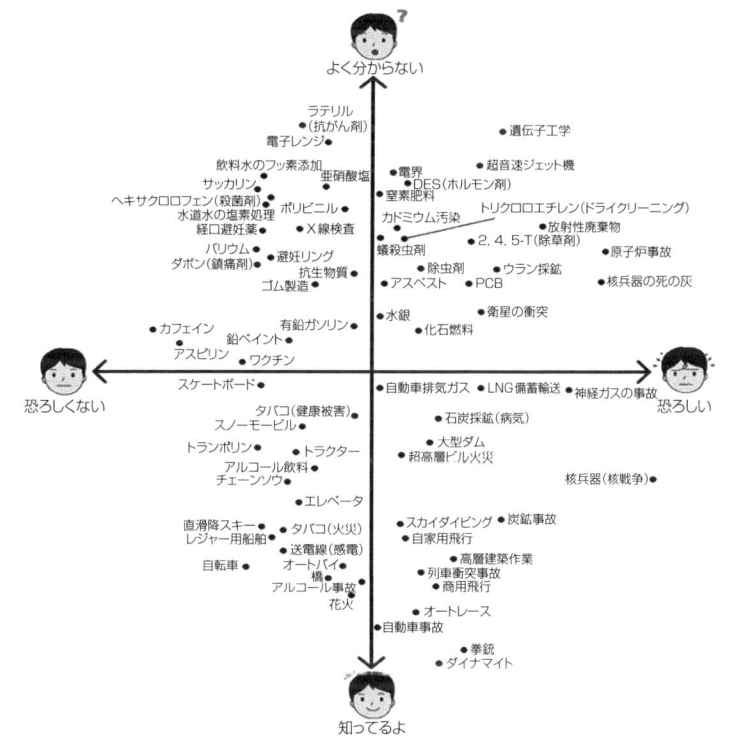

図11-1　代表的なリスクの相対位置（木下[3]より）

「受動的リスク（自分ではコントロールできないリスク）」と「自発的リスク」によって，リスクの認知レベルが異なることはよく知られている。人が受動的なリスクを受容するのは，「みんなでいろんなリスクを分担する代わりに，それぞれのリスクの結果として得られるメリットも公平に配分され，自分もそれを享受している」からである。「自発的リスク」という言葉は，喫煙や登山のような，自分から進んでリスクを背負うことを意味している。

リスクコミュニケーションの定義も，さまざまなものがある。しかし，現在では，NRC（National Research Council）による以下のような定義が一般的となりつつある。本書でもこの定義に従う。

NRCの定義によると，リスクコミュニケーションとは，「個人，機関，集団間での情報や意見のやりとりの相互作用過程」である[4]。NRCは，人々が互いに理解し合うことは困難なことであり，それゆえリスクコミュニケーションも簡単ではありえないと述べている。

リスクコミュニケーションは，政策決定の合意形成過程におけるリスク評価に深く関与する因子の一つである[5]。リスクコミュニケーションの時代的変遷を，Leissの3つのフェーズとFischhoffの7段階を用いて表したものを下に示す[6]。リスクコミュニケーションは，第1フェーズの"専門家による科学的なリスク評価"，第2フェーズの"科学的な数値の把握に加え，「信頼」が必要"を経て，いまの第3フェーズの"非専門家は「パートナー」"に移り変わっている。リスクコミュニケーションにおける専門家の役割の変化は明らかである。

第1フェーズ（1975～84）：専門家による科学的なリスク評価
- 第1段階：数値を把握すればよい
- 第2段階：数値を市民に知らせればよい

第2フェーズ（1985～94）：科学的な数値の把握に加え，「信頼」が必要
- 第3段階：数値の意味を知らせればよい
- 第4段階：類似のリスクをこれまで受け入れてきたことを知らせればよい
- 第5段階：「得な取引」であることを伝えればよい

- 第6段階：ていねいに対応すればよい

第3フェーズ（1995～）：非専門家は「パートナー」
- 第7段階：パートナーとして扱わねばならない

## 11.5　高度技術システムに対する安心の要件

　高度技術システムに対して，人々が安心と感じられるには，最低限どんなことが必要とされるのであろうか。

　それには，まず「安心」と「安全」との関係を考えなければならない。

　人々が安全を希求するのは，自身の生命を守ろうとする人の本性であり，人々が安全な社会のなかで，安心して暮らしたいと願うのは当然のことである。

　近年，「安全」と「安心」という言葉をセットにして，「安全・安心な～」や「～の安全・安心」のように使われている事例を見聞きすることが多い。なかには，「安心・安全」と逆の組み合わせになっている例も見られる。

　「安全」と「安心」という言葉を区別して用いていることが示唆するように，安全と安心は異なる概念である。第3章で述べたように，安全は"現実の状態"であるのに対して，安心は"不安や心配がなく，落ち着いた気持ちでいるという主観的な心の状態"なのである。

　したがって，"現時点や将来において安全でなければ（被害に遭う可能性がないことが自明でなければ），不安になる"ことは間違いないが，"安全であるとされても，安心とは感じない"という状態が存在しうることになる。いわゆるリスク認知の問題である[7]。

　技術者・専門家のなかには，安全であれば，一般の人々は安心していると考える人が少なくないようである。それに対して，一般の人々にとって高度技術システムを理解することは難しく，また事故時の被害の大きさやその及ぶ範囲が不明であることなどから，専門家によって安全とされても，多くの人は安心とは感じていない。

　異なる概念をセットにした「安全・安心」は，「安全」と「安心」の両立を意味する。それでは，それらの両立を図るには何をなすべきなのであろうか。

　安全の実現・保持にかかわる人々は，直接，人の心の状態を変えることはで

きない．できることは，まず現実の状態である安全を実現・保持させて，人々に安心してもらうようにすることである．しかし，安全だからといって，それが人々の安心に直接つながることを保証していることにはならない．

つまり，安全は安心のための必要条件であるが十分条件ではないということである．

したがって，人々が高度技術システムを受け入れるには，技術システムが安心と思えることが要件となる．それでは，社会-技術システムや高度技術システムを人々が安心と思えるには，何が必要なのであろうか．

その要件は，図11-2に技術システムの安全を社会的な安心に変えるための中核原則として示したものになろう[8]．

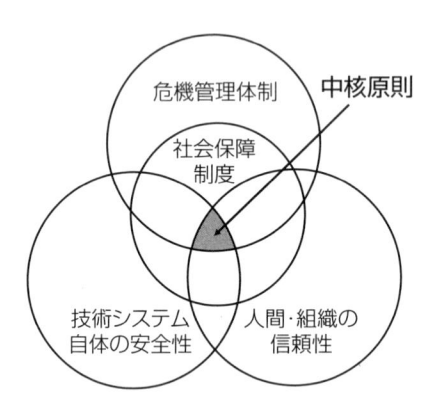

図11-2 技術システムの安全を社会的な安心に変えるための中核原則

安心のためには，少なくとも

- 技術システム自体の安全性が高いこと
- 技術システムを運用する人や組織が信頼できるとみなされること
- トラブルや対策を含めた技術情報が開示されていること
- 意思決定の過程がオープンになっていること
- 万一の事故に備えた危機管理体制（緊急時対応）が確立されていること
- 被害や損害を補償する仕組みが用意されていること

など，技術システムの安全について最善が尽くされていることを目に見える形で人々が確認できることを必要とする．もちろん，発生した不安全事象や事故は公開され，その教訓は技術者に継承されなければならず，秘密裏に処理されるようなことはあってはならない．

人々がこのことを確認できるには，技術のインフォームドコンセント（説明と同意）とでも呼ぶべきオープンコミュニケーションが不可欠である．このよ

うなアプローチは，すでに健康・医療分野では，医療のインフォームドコンセントとして知られている。

そのため，技術者には，高度科学・技術を非専門家でも理解・納得できるように，わかりやすく，繰り返し説明する努力が要求される。一般に専門家の話は，自身が関係している技術システムが安全であることを強調し過ぎていると相手から判断されるようである。

本当に望まれるオープンコミュニケーションは，当事者ではなく，第三者機関による公平な評価とその調整過程の公開である。このことは，1993年の米国ネバダ州での高レベル廃棄物処理場設置問題のキャンペーンにおいて，当事者が公衆の求める原子力産業やエネルギー省の信頼性や場所選定の公平性を証明する情報の提供を十分に行わず，安全性に関する技術的保証だけを主張した結果，公衆の理解が得られずキャンペーンが失敗に終わったという事実[9]にも表れている。

また，安心と思えるには，運悪く被害の発生があっても"最善を尽くした上でのことなのでやむをえない"として人々が受け入れることができるようになっていなければならない。そのためには，信頼できる企業組織であることや，意思決定と責任の主体が明確で，災いを分かち合う仕組みになっている社会（社会保障制度）であることが必要である。

財団法人エネルギー総合工学研究所がこの20年ほど実施している原子力，エネルギー問題関係の意識調査のアンケート結果に基づいて作成した安全と安心の関連を図11-3に示す。上に示した安心のための要件が見て取れる。

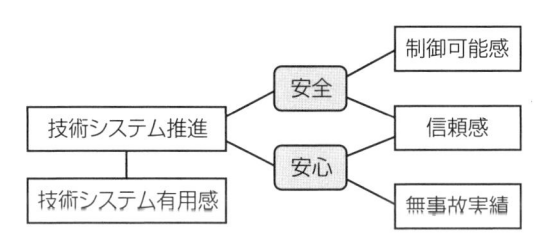

図11-3　安全と安心と受容の関係

## 11.6 企業，技術者が問われる「倫理」

　企業は社会を構成している一員である以上，人々の支持がなければ成り立たない。最近のさまざまな事故や企業の不祥事の事例に見られるように，倫理性を問われる問題が続出している。これらの原因の本質は，技術者や医療に携わる人々の倫理の問題だけでなく，組織・管理・経営などの企業倫理と複合した倫理問題となっていることが多い。企業には，企業組織・企業人として，法令の順守，倫理要綱・規定，社会規範などに基づく企業倫理の確立とその実践を目指すコンプライアンス経営が問われている。

　個々の技術者に専門職固有の職業倫理（engineering ethics）が求められるのは当然である。なぜなら，専門知識を持たない公衆は，専門家を信頼せざるをえない立場にあって，日々の生活の安全を専門家に委ねているからである。それゆえに，技術者は大きな責任を負うのである。このことから，国内外の学協会や技術者団体の倫理要綱で，技術者は公衆の安全，健康，福祉の向上・増進，環境保護に最善を尽くすといったことが義務付けられている。

　しかし，技術者の責任となると，難しい問題が生じる。技術者がつくり出した人工物は，契約者以外の直接契約関係のない第三者にも影響を与える。また，技術者の予想できない影響を公衆に与えてしまうこともある。さらに，技術者が人工物をつくる行為は，概ね企業組織の一員として分担した仕事に伴うものであり，技術者には企業組織の業務規定に従う義務がある。そのため，技術者と結果との因果関係を特定することは難しく，仮に特定できたとしても誰に責任を求めればいいかが問題である。斉藤は，こうしたことから生じる問題が，製造物責任に結びつく問題であるとして，技術者の職業倫理において必要とされることは，製造物責任法や損害賠償法などの法律に前提とされている基本的な価値観を取り出すための法の社会学であると唱えている[10]。丸山は，企業の社会行動における倫理性を維持するには，企業の社会的責任を明確に認識していた創業者精神の伝達と第三者機関による監視が必要であるとしている[11]。

　これからの社会においては，科学者や技術者の職業倫理がより一層重要になる。我が国では，1999年に設立された日本技術者教育認定機構（JABEE：

Japan Accreditation Board for Engineering Education）の趣旨を受け入れた工学系高等教育機関（大学・高専）の学科やコースでは，教育プログラムのなかに「技術者倫理」を設置することが求められている．しかし，すべての工学系高等教育機関の教育プログラムが JABEE の認定を受けているわけではなく，「技術者倫理」の学習は十分でないのが現状である．

なお，「技術者倫理」は engineering ethics の訳である．1970 年代，米国の理工学系大学で engineering ethics の講義が始まった．この engineering ethics を我が国に導入する際，engineering は「技術業」と訳されたが，「技術業倫理」では違和感があり，「技術業」を行うのは「技術者」であるということで，「技術者倫理」が多く用いられている．他に，「工学倫理」とした訳もある．

## 11.7　安全のための社会的動機付け

一般的に言えば，より安全な状態の実現にはコストがかかるので，社会全体をより安全な方向に動かしていくためには，安全を実現する強い動機付けが必要になる．社会的な動機付けとして，経済的利害，法的な規制，社会的な信用・声望などが考えられる．

① 経済的効率による動機付け
　通常の場合，あるレベルまでは安全性の向上と経済的利益は両立する．しかし，社会がそれ以上の安全性を要求する場合には，その費用が利益を上回るので，経済的効率は有効性を持たない．

② 法的な規制
　最低限度の画一的な安全実現には有効である．しかし，社会の安全のために，法があえて高いレベルの規制を行う場合，経済的ロスは避けられず，規制全体の合理性・整合性を細かく検討する必要があろう．

③ 社会的信用・声望の喪失による動機づけ
　社会的信用は，多くの業者にとってきわめて重要である．しかし，社会的信用を得るための努力が，不祥事や事故そのものを減少させる努力であれば良いのだが，不都合なデータや出来事，不具合，トラブルなどの

隠匿や内部的処理という方法に至ることもある。

とくに，不具合やトラブル，インシデントなどの情報の隠匿は，情報の公開・共有による再発防止を妨げ，組織内部での情報の分有・遮断による事故発生の可能性を増大させかねない。このような問題を解決するには，いわゆる事故情報の隠匿が事故そのものより悪質であると考える安全文化の醸成，事故情報の秘匿の犯罪視，内部告発者の保護などの対応が必要とされよう。

## 11.8　法律は安全にどこまで寄与できるか

### 11.8.1　安全問題と法律のかかわり

　最近，企業ぐるみの事故や不祥事が多発している。とりわけ，責任ある立場の人間の「事象は予見していたが，その対策までは考慮しなかった」というオストリッチファッション（ダチョウは，襲われると砂に頭を埋めて，見えなければ何も起こらないと思い込んでしまう）による未必の故意は，明確な罪の意識もないまま安全文化の醸成に向けた地道な取り組みを根底から無力化してしまう，という意味において最悪である。

　法律は，本来予防を目的としていることから，このような組織事故に対しては，技術的対策と法的対策の両者が有効に融合して初めて安全向上策が機能することになる。したがって，たとえば，原産地偽装や禁止物の使用など，不正競争防止法を無視するほどにモラルの欠落した企業や，組織ぐるみの不祥事を起こした企業に対しては，懲罰的賠償のような社会的制裁が必要である。

　また，不利益を被る弱者保護の立場からすべての大型車両に追突防止装置の取り付けを義務付けるなどの，社会の視点に立った法的措置なども必要である。

　逆に，事故に関係した個人に対しては，事故に学ぶためにも，米国における航空分野の免責制度のような対応も必要である。

　最近では，我が国における1995年の製造物責任法（PL：Product Liability）

の施行などもあって，安全の問題が企業の死活問題になることが広く認識されてきた．この法律の主旨は，消費者保護の観点から，製品の安全性確保は製造者に強く依存するとの認識に基づいた，これまでの「過失責任（過失の存在を立証することが必要）」の原則から「欠陥責任」への転換である[12]．製品安全を追求するには，製造物責任が発生することを事前に防止する体制（製造物責任予防と事後的な製造物責任防御）の充実を図ることが重要であり，これは企業の責任である．行政機関に対しては，情報公開法が2000年に施行され，当然ながら国民の安心のために安全の方針，審査や対策に対する説明責任が強く要求されている[13]．

PL法の成立，後に述べる規制の行為論への変革や大和銀行のリスク管理問題などは，日本人の意識改革を要請していると考えるべきであろう．制度（慣習，規則，法など）は文化を反映するものであるから，宗教的背景を持って個人の確立を目指す欧米人の法体系と，「同心円的仲間意識」に精神的基盤を求め責任の所在が不明確になりがちな日本人の精神性に合った法体系とはまったく違う，という認識に立ち議論すべきであろう．

### 11.8.2　法律の機能

科学技術に関する法律の関与は，業法その他による科学技術に関する全般的な規制と，事故発生後における処置の決定との2種類が考えられる．科学技術の専門家にとっては，前者を法律問題と捉えることが多いだろうが，多くの法律専門家が自分たちの仕事と感じるのは，事故発生後の処置のほうであろう．法的な規制は，純法律的なものというより，各分野の専門家と法律専門家の合作とういうべきものである．

#### (1) 事前抑止の手段としての法

特定の科学技術分野の技術水準や信頼性・安全性の評価は，科学技術の問題であり，法律専門家は関与し難い．関与の仕方は，一般人の視点から見て評価の手法が合理的で満足できるか，規制内容が一般人の求める信頼性・安全性を満足しているか，規制によってその技術分野にかかわる者が不当に有利あるい

は不利に取り扱われないかなどの確認，さらには形式の付与であり，規制内容を法律専門家が直接に決定するものではない。

　裁判などで，規制の存否を含む法的規制の適切性が争われることもあるが，その基礎となる科学的な判断は科学技術の専門家の鑑定に委ねられることが通常である。もし，互いに矛盾する鑑定結果が提出されれば，そのいずれを採用するかは裁判官の判断に委ねられる。科学的真実についての裁判所の判断は，学説の真偽それ自体の判断ではなく，一定の法的決定を導くためにはどの程度の信憑性があれば可とすべきかという，法律判断の問題と捉えることが一般的である。

## (2) 事後処理手段としての法

　事故が生じた場合，科学技術の専門家の取りうる再発防止処置にはさまざまなものが考えられるが，法律専門家に委ねられる事後処理の範囲はそれほど広くなく，刑事制裁，民事制裁，行政処分の3種類である。

① 刑事制裁は，事故の責任者の行為を犯罪と認定してその責任を問うことである。事故でしばしば適用される規定は，業務上過失致死傷罪である。また，公害罪（人の健康に係る公害犯罪の処罰に関する法律）や，各種の業法などの取締法規違反に対して，刑罰が規定されている場合もある。

② 民事制裁は，事故の加害者と被害者の間に契約関係がある場合の契約責任と，それ以外の場合の不法行為責任が主に考えられる。乗物の事故による乗客の損害や医療ミスによる損害などの契約上の義務不履行は，「債務不履行による損害賠償責任」の問題となりうる。企業やその担当者の過失ある行為が問われる場合は，「不法行為による損害賠償責任」の問題となる。PL法上の責任も不法行為責任の一種とされる（一般の不法行為では製造者などの過失が要件となるが，PL法上の責任は製造物の欠陥を要件とする）。いずれの場合も具体的には，被害者による加害者への損害賠償金の請求という形を取ることになろう。

③ 行政処分のうち，事故の発生にかかわることが多いものは，許認可の停止や取消などである。事故の内容によっては，事故発生を理由に，各大臣，都

道府県知事，市町村長などによって，行政処分がなされることもある．

## 11.9　安全性向上のための規制と規格

### (1) 安全と規制

　規制の対象があまりにも広汎かつ細部にわたるようになってきたことや，環境への影響にも配慮しなければならなくなってきたことから，個々の行為の結果に対する処方箋型規制から規範規制に変えようという議論がなされている．これは結果論的な法体系から行為論（経緯論，手順論，枠組み論）的な法体系への変換とも取れる．事故を起こしたから罰するのでなく，起こさないような仕組みをつくらないから罰するという動向にある．

　たった一人の証券ディーラーの背信行為を長期にわたり見抜けなかったことで，米国からの事業撤退と大幅な株価の低落を招いた大和銀行の事件で，リスク管理システムの不備を株主から訴えられたのはその先駆けであろう．

　米国では，性能基準型規制として，リスク情報に基づく規制（Risk-Informed Performance-Based Regulation）を指向しており，日本でもその動きが出てきている．そのメリットは，以下に示すように安全のあり方について社会と共通の尺度で議論ができることである[14]．

- 安全にかかわる種々の因子の影響を体系的に位置づけ，重要度を検討する枠組みが得られるので，重要度に応じた合理的な安全規制・管理に役立つ．
- 公衆のリスクを定量的に表現できるので，公衆，規制機関，事業者の間で達成すべき安全の水準を議論する上で役立つ．
- 安全確保の努力を体系的に説明でき，安全規制における意思決定の透明性の向上やアカウンタビリティ（説明責任）の向上に役立つ．
- 不確かさを明示的に扱える．

　規制側の組織としては，内閣府に安全・環境院のような，個別の官庁から独立しかつ全体を統一的に見ることができる組織をつくり，その下に安全・環境諮問委員会と安全・環境研究所をつくって，方針の策定とそれに必要な研究を

する組織を設けることが望まれる.

(2) 安全と規格

　過去に起こった事故やその原因を広い分野にわたって集め，共通事象や共通原因を解析し，それを原理や法則としてまとめれば，システムの設計・製作時における事前方策の立案を支援することが可能となる.

　1990年にケルンで開催された第1回安全科学国際会議で，共通基盤をつくるための科学的アプローチの必要性が議論され，これが国際安全規格策定のもとになったといわれる.

　国際安全規格は，世界中の人々が，できる限り異なる分野も含めて，安全確保の共通基準を定めようとする規格である．たとえば，機械に関する国際安全規格S 12100は，機械類全般に関する安全確保の技術的方法を定めた規格である[15]．

　それは図2-3に示したように，各種機械類で共通に要求される安全基準および安全方策（技術原則と呼ばれる）と，個別の製品に要求される安全基準および安全方策の2通りに分類することができる．制御システム一般の設計に関する安全規格（国際安全規格ISO 13849-1）や電気/電子/プログラマブル電子による安全性確保に関する安全規格（国際安全規格IEC 61508）などは，技術原則の例である．

## 11.10　安全性向上のための報道の役割

　寺田寅彦は正しく怖がることが大切と述べ，またモンテニューは最も恐れるものは恐怖といっている．マスコミの取材傾向には，以下のように多くの特徴があり，公衆に悪い影響を与える可能性がある．したがって，メディアの特徴を十分に理解したうえで，技術者，そして公衆は，メディアへの情報発信や情報理解を心がけることが肝要である．

- 恐怖を売るのが商売
- 情緒に重点が置かれる傾向
- 被害者の取り上げ方に偏りがある

- 日本/日本人に偏る傾向
- 緊迫性のないことを軽視する傾向
- 話題性/新規性に偏る傾向
- 慢性的にリスクを軽視する傾向

一方，報道の行動基準として以下の3点を望みたい。

① 情報の基準
  - 現場の担当者に危険性認識があるか否かが情報提示の基準
  - その感受性をできるだけ高める努力が必要
② 情報の操作
  - 報道機関は，第4の権力と呼ばれるくらいに社会的力が強い
  - 情報提示には，①の現場担当者とは違う意味で基準が必要
③ 情報の公平性
  - 社会的影響の大きい事象は，報道される優先順位が高い
  - 現代の組織事故は，世間で発生する「社会的影響の大きい事象」にほぼ分類できる

JCO事故に関する報道からの教訓として，谷原[16]はメディアから見たリスク問題を以下のように整理している。

① 危険情報と安全情報
  - わかったこととわからないことの切り分けがポイント
  - 不確定情報は危険側で，安全が確認できれば確認情報として
② 本当に知りたいマスコミ情報
  - 「事実を報せる」が一義的意味
  - 人工物の災害での課題：自然災害であれば事前に準備してコメント作成が可能
  - 住民の安全のため；行動指示情報，対処法を知ることができる情報
③ 人工物の災害での顔の見える専門家
  - 人工物の災害での課題：自然災害であれば顔の見える専門家が存在
  - 視聴者に事態を理解してもらえる解説ができ，かつ第三者と見なせ

る専門家が必要
④ 事故一報の迅速性
- 人工物の災害での課題：平時のコミュニケーション
- テレビ，ラジオの活用（瞬時に，同時に，不特定多数に）
- 公開の遅れは事故隠しの疑いありと見られる
⑤ リアルタイムデータの公開
- 人工物の災害での課題：政府機関の役割
⑥ 人工物の災害が稀なこと
- 危機管理体制の充実，全国共通語の必要性
⑦ 社会的影響の大きい事象は，報道される優先順位が高い

## 参考文献

[1] 松本三和夫：科学技術社会学の理論，木鐸社，1998 年
[2] 吉川肇子：リスクとつきあう，有斐閣選書，2000 年
[3] 木下冨雄：私たちの社会はリスクとどうつきあうか，原子力安全委員会・安全目標専門部会主催「リスクと，どうつきあうか—原子力安全委員会は語りあいたい」，2002 年
[4] National Research Council : Improving risk communication, National Academy Press, 1989.
[5] P. Slovic : Perception of Risk: Reflection on the psychometric paradigm in Krimsky and Golding ed., Social theory of risk, 1987.
[6] W. Leiss : Three Phases in the Evolution of Risk Communication Practice, Annals of the American Academy of Political and Social Science, Vol.545, 1996.
[7] 中谷内一也：安全。でも、安心できない，ちくま新書，2008 年
[8] 柚原直弘，氏田博士 他：安全学を創る，日本大学理工学研究所所報，第 100 号，2003 年
[9] 安井至：市民のための環境学ガイド，http://www.yasuienv.net/REOnly.htm
[10] 斎藤了文：工学倫理の考え方（＜特集＞工学倫理を考える），京都大学文学部哲学研究室紀要 Prospectus, 2000.
[11] 丸山瑛一：企業における技術者集団，現代社会のなかの科学／技術（岩波講座「科学／技術と人間」3 巻，7 章），岩波書店，1999 年
[12] 高梨俊一：くらしの法律—PL 法成立にあたって—，日本大学理工学部市民大学秋季講座，1996 年
[13] 堀部政男：情報公開法の制定の意義と今後，ジュリスト，No.1156，1999 年
[14] 原子力安全協会：リスクベースマネージメントに関する諸外国の動向調査，1998 年
[15] 安全技術応用研究会編：国際化時代の機械システム安全技術，日刊工業新聞社，2000 年
[16] 谷原和憲：メディアから見た原子力リスク問題—原子力の安全と放射線リスクに関する講演と討論の会（第 4 回），東北大学，2001 年

# おわりに

　安全問題は 21 世紀の課題であるといわれるように，今後ますます安全であることが強く求められる．技術システムが不可欠となっている日々の生活のあらゆる面において安全を脅かす事態が多発している．このような現在の悪状況を克服して，誰もが安全と感じられる社会を実現するためには，産官学それぞれにおける積極的な取り組みと，産官学連携の危機管理・安全確保体制の整備が不可欠である．

　安全な社会の実現に大きな役割を担い，かつ安全問題に一番に直面しているのは，人工物を製造あるいは運用・使用している企業である．現に，企業にあっては，製造物責任法に加えて，企業が引き起こした事故や不祥事に対してこれまで以上に厳しく社会的責任が問われるようになり，安全問題が企業の死活問題となることが広く認識されるようになってきた．

　目先の利益を重視するあまり安全を軽んじてはならない．安全は企業価値であると認識して経営戦略に位置づけて，独立した安全専門の部門を設置し，多数の安全専門の人材を重用することが重要である．つまり，安全専門家 (safety professional) の専門能力を生かすさまざまな場が企業に用意されていなければ，安全な社会の実現は望めないといっても過言でない．欧米では，安全専門家であることを認定する仕組みがあり，その資格は就職や転職に際して有利で，所有者は厚遇されるとのことである．

　安全な社会の実現には，分野を問わずに広範な安全の問題を解決するための知識・能力を備えた数多の安全専門家が必要になる．そのような人材の養成は，当然のことながら教育機関の責務である．しかしながら，我が国の大学や大学院にあっては，欧米に比べて安全専門家の養成教育が大きく遅れている．

　このような状況から抜け出して，安全を希求する社会の期待に応えるために，安全を対象とする学問を独立した学術領域と認識して，教育システム・カ

リキュラムを整備し，安全分野を専門とする人材の育成に注力しなければならない。

それには，まずもって，分野横断の安全を対象とする学問体系を構築する必要がある。本書の目的の一つはその試みである。

本書のシステム安全学の知識体系を教育カリキュラム（案）の形態にまとめたのが図1である。カリキュラム（案）は，5つのコア領域（共通基盤）の知識と参照学問領域（基礎科目）の知識から構成されている。5つのコア領域の知識は，第4章「分野共通化の概念」と第3章「安全の基本概念」から導き出した4つの基本思想を具体的知識に展開して，それを体系的に組み上げたものである。それを学科目（仮称）の下に束ね，さらにその学科目を構成する科目に細分化した。その一部が図1に示されている。領域それぞれの知識は，第4章以降に順に説明されている。参照学問領域はコア領域を支える基礎科目から

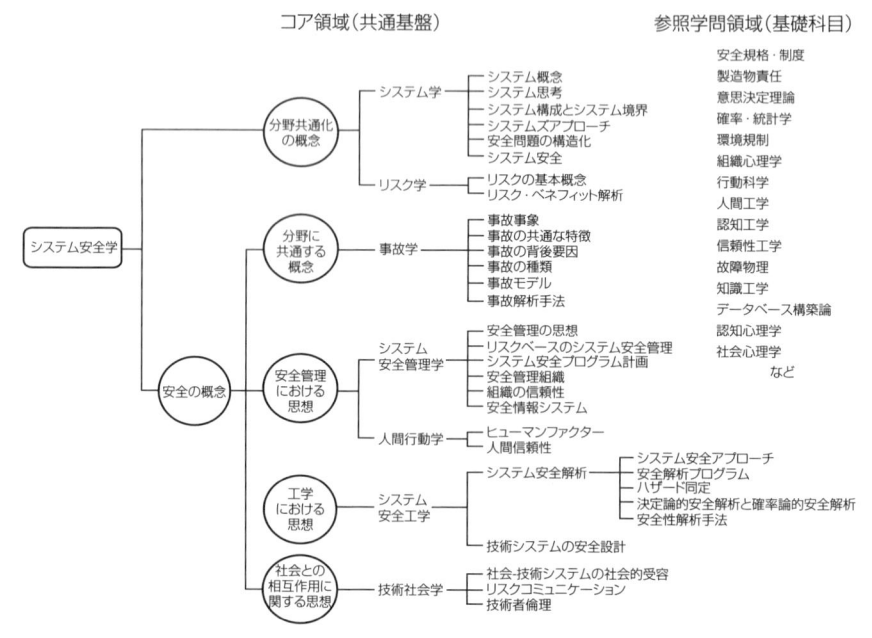

図1　システム安全学の知識体系―カリキュラム（案）形態

なる知識の集合体である。参照学問領域には，確率・統計学，信頼性工学，認知工学，認知心理学，組織心理学などがある。

それぞれのコア領域の知識は，分野を問わずに用いることのできる共通方法・方法論などの知識の集合体であるが，それぞれは異なる視点からのアプローチであり，それぞれを独立した領域と考えるのが自然である。よって，安全の実現・確保，安全問題の解決には，5つのコア領域それぞれの知識をあくまでも均等に重視して，各コア領域における方法・方法論や手法と，参照学問領域のそれらとを有機的に結合させて用いることが重要である。

このように，本書のシステム安全学は，これまでの分野ごとの安全に関する学問を横断する，理工学分野と人文社会学分野との融合領域の学問となっている。ちなみに，コア領域（共通基盤）と参照学問領域（基礎科目）の科目に基づいた安全専門家教育体制を考えると，それは5つの学問領域から構成される学部1学科に相当する規模となる。

安全の実現・確保をシステム全体の観点に立って考えるシステム安全学における各コア領域が，第1章に示した現代の安全問題の構造におけるシステム要素やサブシステムの安全問題，システム要素間およびサブシステム間の隙間の安全問題を埋め，システム全体としての安全の達成に作用するものとなっていることを示したのが図2である。

一貫した安全性の事前評価と系統的な安全管理を謳う，すぐれて問題解決指向的であるシステム安全学が，誰にとっても安全な社会の構築に資することを期待するところである。

ところで，現場の安全担当者から「大学での安全分野の教育は，現場の経験や知を踏まえておらず，抽象的で役に立たない」「安全を実現するスキルは，実践から習得するのが一番」といった声を聞くことがある。しかし，むしろ，抽象化，普遍化することに意義があるのである。事故や失敗の事例を子細に検討し，その経験を抽象化・一般化して知識としておけば，似たような場面あるいはまったく違ったように見える場面でも同型と捉えて，一般化した知識を安全確保に役立てることができる。つまり，事故や失敗の経験は抽象化，普遍化されて初めて他への応用が広がるのである。これが，本書に述べた共通化基盤を

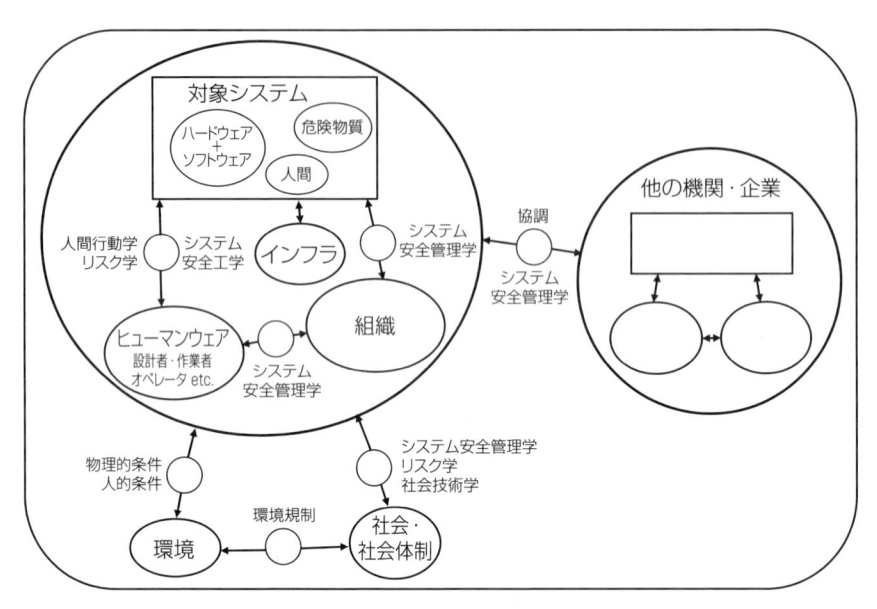

**図2** 安全の実現・確保を図るための橋渡し

形成する精神でもある。

　むろん，安全問題は社会の実践的問題なので，システム安全学の方法・方法論や手法の評価はその有用性にかかっている。今後は，教育カリキュラムのさらなる改良，教育機関と企業や各種機関とで実践の場を共有し，教育従事者，学生，技術者，研究者が自ら実践に参加し，実践の場を通じてシステム安全学の方法・方法論や手法を発展させていくアクションリサーチ活動によって，この新しい学問に整合的な体系を与え，安全問題の解決に資するべくその成長を図ることが目標となる。

　もう一点，教育機関と企業の責務として，公衆に対する技術リテラシー，リスクリテラシーの啓蒙についてふれておきたい。なぜなら，それらは技術システムの社会的受容に強く関係するからである。安全性（リスクの程度）は確かに受容に対する制約条件として働くが，それは安全が第一義であることを意味するものではない。つまり，技術システムの受容は，他の価値項目（ベネ

フィット）とリスクとのバランスで判断しなければならない。これは，4.9.2 項に述べたシステム安全の共通原則の一つである，"システム設計におけるトレードオフの重要さおよび対立を認める"という観点に合致する。

人々が，リスク–ベネフィットの判断ができるには，当該技術システムとその意義に関する最小限の知識が必要になる。しかし，企業がその知識を人々に求めたり，あるいは期待したりしてはならない。事業者の責任として，少なくともその技術システムで「できること」と「できないこと」，それによって得られる「メリット」と生じる「デメリット」，「守れるもの」と「守れないもの」などを人々に正しく伝えることが不可欠である。

技術立国の日本にとり，技術システムの社会的受容は一企業の利益の議論ではなく国家百年の計の問題である。しかし，技術システムの社会的受容の議論の実態は，安全か危険か，そしてその判断に基づいての推進か廃止かの二分論であることが多い。本来は，合理的なリスク–ベネフィットの議論に基づいて判断すべきである。

対象とする技術システムの社会的受容に係るリスクとベネフィットのトレードオフの線引きには，たとえば，以下の事項を考慮することが望まれる。

- 事故リスクや環境リスクなどを，他産業のリスクや自然災害のリスクと比較
- 地球温暖化・環境問題などに対する貢献，エネルギー，食料などのセキュリティ問題に対する効果
- そのシステムの経済性などのベネフィットを他産業のそれと比較
- 国家における当該産業技術の位置づけ（推進・規制，賠償責任，地域共生のあり方）
- 自主技術開発のリスクとベネフィット

最後に，産官学連携の危機管理・安全確保体制の整備，技術システムの輸出に関して述べたい。

電力や通信，交通，水などをサービスする「社会–技術システム」で想定外の事態が起きたときには，防災業務に従事する自衛隊，警察，消防との連携，避難者の誘導，救援物資の保管や輸送，インフラの復旧，国・自治体との連携，

自治体相互や省庁間の連携などのさまざまな問題が生じる。とても一事業者だけで対処できるものではなく，一事業者だけの問題と責任にしてはならない。

被害の最小化と素早い安全状態の回復を図る適切なアプローチが取れる危機管理・指揮統制の体制を国として整え，つねに全体システムで事故対応の訓練をしておくことが重要である。

7.1 節で述べたように，安全管理の概念は，制御という概念そのものであると認識できるので，危機管理を支援する防災・減災支援システムは，図 7-1 の制御システムの基本構造と同じ構造になる。それを制御システムの基本構造に重ねて示したのが図 3 である。

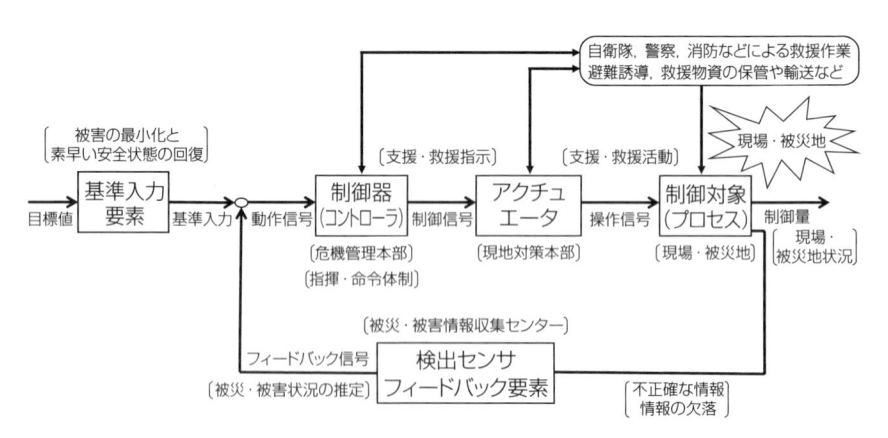

**図3　危機管理を支援する防災・減災支援システム**

図示したように，災害発生時には，計測・観測システムや通信機能の損傷などによって，現場と被災地の情報はわずかしか得られないことが普通である。しかも，我が国における情報収集の現状は，道路・交通関係は国土交通省，ガスや電力は経済産業省などと役所の縦割りになっていて，それぞれのデータは分断されている。したがって，事故・被害発生時に，現場の状況および現場地域の被災状況のデータ，地域の地理的データや気象データ，企業が持っている道路や交通データ，被災地の声などのソーシャルメディア由来のデータも含めて，データを統合して現場・被災地の全体像を把握・解析し，今後の被災の広

がりや被害規模を予測して最適な対策を立案する機能を持つ防災・減災支援システムが不可欠である。ほぼリアルタイムで収集され，非構造なものも含む多様なデータの処理には，ビッグデータの処理・分析技術が活用できる。予測には，計測・観測データとモデルが必要である。しかし，事故・災害発生時には，計測・観測データは時空間的に断片的にしか得られないことが多いので，モデルを用いてデータを補完する数理技法である「データ同化」などの最新の技法を活用する。

なお，図3の支援システムの構造は，事故時の防災・減災支援だけでなく，大規模自然災害時の救援や「社会–技術システム」の管理などにもそのまま適用できる。

防災・減災支援の体制については，米国の防災の枠組み・支援体制が参考になる。米国では，事故発生時には州政府も事故収束のために支援することが，国の防災の枠組みのなかに位置付けられている。具体的な支援体制については州政府の裁量に任されていて，必要な機材や支援物資の保管・後方支援も州政府の役割である。

技術立国を標榜する我が国にあっては，日本の先端技術システムの提供によって途上国の生活を支援することは，世界に対する責任である。その「技術システム」は，長きにわたって先方の社会に受容され，役立つようでなければ意味がない。それには，「技術システム」だけではなく，安全確保のための顧客サポートである「運用と技術の支援」「整備と修理」「部品の供給」「訓練」「マニュアル」をセットにしたトータルシステムとして輸出・提供できるようにすることが肝要である。そのため，我が国の先進技術自主開発能力の一層の強化と産業技術戦略のレベルの引き上げが望まれる。

「安全の実現・確保に王道はない」。安全は，システムのライフサイクルの各フェーズにおいて学術知や実践知を不断に適用する能動的な知的活動である安全管理活動によって実現・確保されるものである。永久に効果が持続する安全方策はないことを認識して，安全管理活動によってつねに安全方策を更新し続けることが大切である。

本書を世に出すに当たって，海文堂出版の岩本登志雄氏には，執筆が遅れに遅れたのを辛抱強くお待ちいただいた上に，多くの有益な助言をいただきました。ここに記して，心から厚く謝意を表します。

著者代表　柚原 直弘

# 索引

【アルファベットなど】
4Ms  *187*
AHP  *108*
Air Force Safety Agency  *21*
ALARP  *132*
AND ゲート  *401*
ANSI/RIA R15.06  *374*
ASRS  *257*
ATHEANA 手法  *350*
B-787 型機の発煙トラブル  *156*
CAST  *390*
CHIRP  *257*
complexity  *105*
concept  *27*
CREAM 手法  *350*
C-SHEL モデル  *188*
DC-10 型機の事故  *186, 271*
DEMATEL  *108*
ETA  *381*
ETBA  *379*
ETTO  *185*
EUCARE  *258*
FAA  *9, 21*
FHA  *380*
FMEA  *380, 393*
FTA  *382*
HAZOP  *383*
IAEA  *57, 144, 283, 284*
ICAO  *245*
IEC 60300-3-9  *379*

IEC 60812  *371, 395*
IEC 61508  *327*
INCOSE  *87*
IoT  *81*
ISM  *108*
ISO 12100  *323*
ISO 14620-1  *21, 219, 221*
ISO 31000  *214*
ISO/IEC Guide 51  *37, 51, 53, 128*
ISO/IEC Guide 73  *38, 128*
JCO の臨界事故  *6, 186, 271*
JIS B 9702  *371*
JIS Q 31010  *374*
JIS Z 8051  *37*
JIS Z 8115  *37*
JIS Z 8121  *87*
MERMOS 手法  *350*
MIL-STD-882  *21, 38, 41, 215, 219, 220, 322, 374*
mishap  *41*
MORT  *177, 190*
NASA  *21*
NASA/SP-2010-580  *21, 38*
NHB 1700-1  *21*
NRC  *351*
NTSB  *9*
O&SHA  *385*
OR ゲート  *401*
PHA  *378*
PHL  *377*

PSA　　*388*
RIPBR　　*286*
SCA　　*384*
SFMEA　　*391*
SFTA　　*391*
SHA　　*384*
SHEL モデル　　*187*
societal-technical system　　*4*
SRK モデル　　*270*
SSHA　　*379*
STAMP　　*181*
STPA　　*192, 389*
SwHA　　*391*
THERP 手法　　*348*
TMI 原子力発電所事故　　*5, 317*
TRC 手法　　*349*
VOICES　　*258*
VTA　　*389*
WASH-1400　　*415*
WHO　　*145*

【あ】
アクシデント　　*252*
アリアン V 型ロケット打ち上げ失敗
　　*302*
安全　　*35, 37, 38, 39, 42*
安全インタフェース　　*225*
安全化　　*205*
安全化技術　　*54*
安全化方策　　*205*
安全解析　　*162*
安全確認　　*232*
安全確認型システム　　*334*
安全側故障　　*331*
安全管理　　*47, 203*
安全管理活動　　*47, 208, 216*
安全管理組織　　*204*

安全関連システム　　*301, 327*
安全関連制御システム　　*325, 327*
安全関連ソフトウェア　　*342*
安全関連保護システム　　*327*
安全機能　　*326*
安全境界　　*66*
安全系　　*75, 301*
安全限界　　*66*
安全限度　　*132*
安全拘束　　*181*
安全情報　　*68*
安全情報システム　　*228, 253*
安全審査　　*230*
安全性　　*35, 50*
安全性解析　　*376*
安全性目標　　*132, 208, 212, 427*
安全制御策　　*375*
安全専門家　　*443*
安全対策　　*205*
安全度水準　　*329*
安全バリア　　*61, 151, 172, 274, 315*
安全評価　　*375*
安全プログラム計画　　*215*
安全文化　　*67, 215, 283, 289*
安全防護　　*326*
安全方策　　*205*
安全方針　　*211*
安全問題の構造　　*14*
安全要求規格　　*219*
安全要求適合性の評価　　*235*
安全要件　　*217*
安定性　　*45*

【い】
意思決定者　　*186*
違反行為　　*271*
イベントツリー　　*169, 190*

索　引　453

イベントツリー解析　381
インシデント　252
インタフェース活動　217
インタフェース設計　5
インターロック　319

【う】
運転中の安全余裕　66
運輸安全委員会　247
運用ハザード解析　232
運用・支援ハザード解析　385

【え】
英知　40
疫学的事故モデル　175
エネルギー伝搬・防護解析　379
エラー促進条件　191
エラーモード　195, 270, 393

【お】
オミッションエラー　194, 269

【か】
階層　88
階層構造化モデル　108
階層的安全制御構造　182
概念　27
外部インタフェース　225
科学的事故調査　248
学習する組織　100
確定論的な安全　308
確率論的安全解析　366, 368, 388
確率論的安全設計　309
確率論的な安全　309
確率論的リスク評価　415
過誤強制状況　265
過酷事故　161

可達行列　110
可達集合　111
カットセット　408
カットセットアプローチ　401
可用性　301
監視・制御　360

【き】
起因事象　151
危害　37, 51
機械安全の国際規格　31
危機管理　58, 206, 239, 241
危険側故障　331
危険検出型システム　334
技術システム　24
技術者倫理　435
機能　93
機能安全　328
機能階層構造　116
機能共鳴事故モデル　183
機能構造　93
機能的バリア　316
機能配分　358
機能ユニット　328
基本事象　382
逆解析　162
脅威　76
教育カリキュラム　213, 444
共通原因　325
共通原因故障　314, 413
共通モード故障　314, 413
許容可能なリスク　37
許容リスク　137
緊急時対応　237

【け】
軽微な事故　155

決定論的安全解析　367
決定論的安全設計　307
決定論的原因故障　305, 339, 342
決定論的な安全　308
原因　149
限界状態設計法　140

【こ】
航空機事故調査委員会　8
航空機事故調査マニュアル　245
後件肯定　165
高信頼性組織　293
構成管理　225
構造化された不確かさ　45
構造化されない不確かさ　45
構造主義　86
国際原子力機関　57
故障　304, 393
故障事象　151
故障モード　393
故障モード影響解析　380
個人事故　160
コスト-効果　208
コスト-ベネフィット解析　313
コミッションエラー　195, 269
固有安全　324
根本原因　151, 189
根本原因解析　189
根本原因分析　276

【さ】
最終安全評価報告書　236
最小ハザード設計　120
最小（機能）要素　88
最大システム　89
サイバネティックアプローチ　205
サイバネティックス　55, 104

サブシステム　88
サブシステムハザード解析　379
残留リスク　137

【し】
シグナルフロー線図　396
事故　150
事故解析　162
事故シーケンス　48, 49, 150, 307
自己制御性　324
事故対応　448
事後対策　316
事故調査　245
事故調査マニュアル　245
事故の構造　166
事故分析　162
事故モデル　149, 166
事象シーケンス　151, 307
システミック　88
システム　87
システム安全　19, 21, 118, 119, 207
システム安全アプローチ　120, 207
システム安全インタフェース　225
システム安全解析　229, 363
システム安全解析のプロセス　311
システム安全学　24, 26, 81
システム安全管理　119
システム安全管理者　213
システム安全管理組織　214
システム安全技術者　363
システム安全工学　120
システム安全の共通原則　121, 207
システム安全部門　217
システム安全プログラム　220
システム安全プログラム計画　222, 223
システムオブシステムズ　89
システム解析　163

システム階層構造　88
システム階層のスパン　89, 95
システム環境　89
システム境界　89, 95, 97
システム思考　85, 98
システムズアプローチ　28, 85, 104, 105
システムダイナミックス　108
システム統合　163
システム同定　163
システムの安全設計　300
システムの構造　87, 88
システムハザード解析　384
システム理論に基づく事故モデル　180
事前警戒原則　134
事前方策　316
実行の淵　59, 195
失敗まんだら　101
自動化の皮肉　357
シナリオ作り　70
社会−技術システム　4, 25
社会のリスク　130
重大事故　155
受容可能リスク　53
順解析　162
冗長性　319
冗長設計　319
情報安全　81
情報システムの安全問題　78
情報システムのセキュリティ問題　78
情報セキュリティ　76, 81
情報の概念　55
常用系　74
初期ハザードリスト　377
職業倫理　434
深層防護　61, 313
深層防護の概念　57
深層防護の誤謬　315

信頼性　74, 301
信頼性技術　54
信頼性ブロック図　397
信頼度　74

【す】
スイスチーズモデル　172
隙間の問題　16, 109
スニーク回路解析　384
スリーステップメソッド　323
スリップ　195, 270
スリーマイル島原子力発電所事故　5, 317

【せ】
制御システム　204
制御の概念　47, 55
制御理論に基づく事故モデル　180
正常状態　58
製造物責任法　436, 443
生存基盤科学　32
静的機能配分　358
静的不安定　46
性能基準型規制　439
性能規定　136
製品賠償責任　118
セカンダリープロテクション　329
セキュリティ　76, 303
設計基準事故　160
設計基準事象　310
設計想定外事故　161
設計文書　235
先行安全指標　67
先行集合　111
潜在的原因　152
潜在的失敗　153
潜在的状況要因　172

潜在的要因　48

【そ】
相互作用　92
総体論的事故モデル　178
想定　69, 70
想定外　71, 96
創発　178
創発性　93
創発的事故モデル　178
即発的エラー　152, 172, 303
組織過誤　250
組織事故　6, 25, 160, 244, 277
ソフト安全バリア　274
ソフトウェアHAZOP　391, 392
ソフトウェア安全　220, 338
ソフトウェア安全技術者　224
ソフトウェア安全度　340, 342
ソフトウェア安全度水準　340
ソフトウェア故障モード影響解析　392, 391
ソフトウェアの信頼性　345
ソフトウェアハザード解析　391
ソフトウェアフォールトツリー解析　391
ソフトシステムズアプローチ　107

【た】
待機系　75, 335
第5のディシプリン　100
多重防護　314
タスク　394
タスク設計　353
タスク配分　358
タスク分析　353
タスク分析の手法　354
多様性　314

単一故障基準　367

【ち】
チェルノブイリ原子力発電所事故　6, 53
近道行為　186
チャレンジャー号事故　6, 229
中華航空A-300-600型機事故　8
頂上事象　382
直接的原因　152

【て】
適応制御能力　63
データ同化　449
デンジャー　42

【と】
同型性　86, 101, 104
統合による解析　165
動的機能配分　358
動的システム理論　264
動的平衡　40
ドミノモデル　170
トライポッド・デルタ　173, 386
トライポッド・ベータ　190
トラブル　156
トランスサイエンス　44
トランスレーショナルアプローチ　27

【な】
内部インタフェース　225

【に】
ニアミス　155
二律背反のジレンマ　276
人間オペレーター　15, 303
人間-機械・システム-環境系　300

索　引　457

人間信頼性解析　347, 368, 415
人間中心設計　354, 355
人間中心の自動化　357
人間とコンピュータの相互作用　353
認定安全専門家　213

【の】
ノーマルアクシデント　158

【は】
破局的事故　155
ハザード　41
ハザード解析　376
ハザード管理　57, 206
ハザードシナリオ　49, 389
ハザード・操作性解析　383
ハザード同定　226, 371
ハザード特定　371
ハザード報告書　235
パスセットアプローチ　400
ハード安全バリア　274, 316
ハードシステムズアプローチ　106
バリエーションツリー　169, 190
バリエーションツリー解析　389
パレート解　186

【ひ】
非対称故障　332
ビッグデータ　449
ヒヤリ・ハット　156
ヒューマンエラー　7, 60, 264
ヒューマンエラーマネジメント　234, 261
ヒューマンファクター　262
ヒューマン・マシン・インタフェース　350
評価の淵　59, 195

【ふ】
不安全　42
フェールセーフ　318
フェールソフト　320
フォールト　304
フォールトアボイダンス　320
フォールトツリー　169, 190
フォールトツリー解析　382, 398
フォールトトレランス　319
フォールトハザード解析　380
不確実性　51
不確実性回避　51
付加保護方策　326
複雑性　105
福島第一原子力発電所事故　10, 53, 161, 265
不祥事　277
不確かさ　45
物理的バリア　316
不適切制御動作　196
プライマリープロテクション　329
ブール等価 FT　406
フールプルーフ　318
プログラム　210
プログラム管理　210
プログラム総括管理者　222
プロジェクトマネジメント　225
プロセス　209
プロセスシステム　92
プロダクトシステム　91
ブロック図　396

【へ】
米運輸安全委員会　9
米連邦航空局　9
ペリル　42

【ほ】
ボーイング B-787 型機バッテリー発火トラブル　9
防護　315
防災・減災支援システム　448
防止　315
方法　104
方法論　104
ポストノーマルサイエンス　44
ボパールの化学プラント事故　53
本質安全　137, 324
本質安全設計　120
本質的安全設計　323

【ま】
マネジメント　47

【み】
ミステイク　270
ミニマルカットセット　408

【め】
メンタルモデル　59

【も】
モデル　166

【よ】
要因　149
予備ハザード解析　378
予防型のシステム安全解析　366

【ら】
ラプス　195, 270
ランダムハードウェア故障　304

【り】
理解の錯誤　166
リスク　37, 38, 51, 127, 128
リスク管理　205
リスク管理の原則　135
リスク管理目標　135
リスクコミュニケーション　430
リスク情報に基づく規制　439
リスクテイキング行動　270
リスク低減方策　322
リスク認知　428
リスクの概念　50
リスクの受忍可能性　142
リスクの見積もり　374
リスクベースドアプローチ　119
リスクベースの安全管理　208
リスク－ベネフィット　208
リスクマネジメント　241
リスクリテラシー　282
隣接行列　109

【れ】
レアイベント　11, 242
レジリエンス　63, 64, 291
レジリエンスエンジニアリング　64, 291
連続的事故モデル　168

【ろ】
ロバスト性　58
ロバスト制御　60
ロバスト設計　60

ISBN978-4-303-72983-7

**システム安全学──文理融合の新たな専門知**

2015年 9月10日 初版発行  © N. YUHARA / H. UJITA 2015

著 者　柚原直弘・氏田博士　　　　　　　　　　　　　　検印省略
発行者　岡田節夫
発行所　海文堂出版株式会社
　　　　　本　社　東京都文京区水道2-5-4（〒112-0005）
　　　　　　　　　電話 03(3815)3291(代)　FAX 03(3815)3953
　　　　　　　　　http://www.kaibundo.jp/
　　　　　支　社　神戸市中央区元町通3-5-10（〒650-0022）
日本書籍出版協会会員・工学書協会会員・自然科学書協会会員

PRINTED IN JAPAN　　　　　　　　　印刷　田口整版／製本　誠製本
JCOPY ＜(社)出版者著作権管理機構 委託出版物ン
本書の無断複写は著作権法上での例外を除き禁じられています．複写される場合は，そのつど事前に，(社)出版者著作権管理機構（電話03-3513-6969，FAX 03-3513-6979, e-mail: info@jcopy.or.jp）の許諾を得てください．

＜著者紹介＞

**柚原 直弘**（ゆはら なおひろ）工学博士

1969年　日本大学大学院理工学研究科博士課程機械工学（航空）専攻単位取得
同年　　日本大学理工学部機械工学科助手
1972年　同航空宇宙工学科専任講師
1976年　同助教授
1978年　南カリフォルニア大学・Institute of Safety and Systems Management客員研究員
1981年　日本大学理工学部航空宇宙工学科教授
2008年　日本大学名誉教授，現在に至る

この間，飛行力学，飛行制御，人間-機械系，先進車両制御，システム最適化，エージェント・ベースド・シミュレーションなどの研究に従事。
日本大学理工学研究所研究プロジェクト「安全学の構築」，ならびに日本大学理工学部情報教育研究センター研究プロジェクト「安全情報システム構築」の代表研究者。
自動車技術会論文賞（1988年），精密工学会論文賞（1991年），International Conference on Advanced Vehicle Control Best Paper Award（2000年，2004年），European Conference on Manual Control and Human Decision Making Best Paper Award（2005年）など受賞。
〔著書〕柚原直弘・稲垣敏之・古川修編『ヒューマンエラーと機械・システム設計』（講談社サイエンティフィク，2012年）

**氏田 博士**（うじた ひろし）工学博士（東京大学）

1974年　九州大学工学部応用原子核工学科卒業
同年　　株式会社日立製作所入社，原子力研究所に配属
2011年　東京工業大学大学院理工学研究科原子核工学専攻特任教授
2014年　キヤノングローバル戦略研究所上席研究員，現在に至る

原子力プラントのリスク評価，安全解析，ヒューマンファクター，ヒューマンインタフェース，地球温暖化抑制と中長期のエネルギービジョンなどの研究に従事。
日本人間工学会橋本賞（1993年度最優秀論文），人工知能学会研究奨励賞（1994年度），日本原子力学会技術開発賞（2003年度）など受賞。
〔著書・訳書〕『ヒューマンエラーと機械・システム設計』（部分執筆，講談社サイエンティフィク，2012年），『ヒューマンファクターと事故防止』（分担翻訳，海文堂出版，2006年），『ヒューマンファクター10の原則』（部分執筆，日科技連出版社，2008年），『社会技術システムの安全分析』（分担翻訳，海文堂出版，2013年），『実践レジリエンスエンジニアリング』（分担翻訳，日科技連出版社，2015年）など